한번에 끝내주기!

택시운전

자격시험 총정리문제

부산 울산 경남

에듀크라운
국가자격시험문제 전문출판

최고의 적중률!! 최고의 합격률!!
크라운출판사
자동차운전면허서적사업부
http://www.crownbook.com

택시운전 자격증을 취득하기 전에

택시운전 자격증을 취득하여 취업에 영광이 있으시기를 기원합니다.

여러분들이 취득하려는 택시운전 자격증은 제 1종 및 2종 보통 이상의 운전면허를 소지하고 1년 이상의 운전경험이 있어야만 취득이 가능합니다. 또한 계속해서 얼마나 운전을 안전하게 운행했는지 등의 결격사항이 없어야 택시운전 자격증을 취득할 수 있습니다.

다수의 승객을 승차시키고 영업운전을 해야 하는 택시 여객자동차는 사람의 생명을 가장 소중하게 생각해야 하는 일이기 때문에 반드시 안전하고 신속하게 목적지까지 운송해야 하는 사명감이 있습니다. 따라서 택시운전 자격증을 취득하려고 하면, 법령지식, 차량지식, 운전기술 및 매너 등 그에 따른 운전전문가로서 타의 모범이 되는 운전자여야만 합니다.

이 택시운전 자격시험 문제집은 여러분들이 가장 빠른 시간내에 이 자격증을 쉽게 취득할 수 있게 시험에 출제되는 항목에 맞춰서 법규 요약 및 출제 문제를 이해하기 쉽게 요약 · 수록하였으며, 출제 문제에 해설을 달아 정답을 찾을 수 있게 하였습니다. 또한 택시운송사업 발전과 국민의 교통편의 증진을 위한 정책으로 「택시운송사업의 발전에 관한 법규」가 제정되면서 택시운전 자격시험에 이 분야도 모두 수록했습니다.

끝으로 이 시험에 누구나 쉽게 합격할 수 있도록 최선의 노력을 기울여 만들었으니 빠른 시일내에 자격증을 취득하여 가장 모범적인 운전자로서 친절한 서비스와 행복을 제공하는 운전자가 되어 국위선양과 함께 신나는 교통문화질서 정착에 앞장서 주시기를 바랍니다. 감사합니다.

– 엮은이 씀 –

택시운전 자격증 시험문제

차 례

택시운전 자격시험 안내

01. 자격 취득 절차

① 응시 조건/시험 일정 확인 → ② 시험 접수 → ③ 시험 응시
※합격 시 → ④ 자격증 교부, ※불합격 시 → ① 응시 조건/시험 일정 확인

02. 응시 자격안내

1) 1종 및 제2종 ('08.06.22부) 보통 운전면허 이상 소지자
2) 시험 접수일 현재 연령이 만 20세 이상인 자
3) 운전경력이 1년 이상인 자(2종 소형, 원동기 면허보유기간은 제외)
   *운전면허 보유기간 기준이며 취소 및 정지기간은 제외
4) 택시운전 자격 취소 처분을 받은 지 1년 이상 경과한 자(택시운전자격이 취소된 날로부터 1년이 지나지 아니한 자는 운전자격시험에 응시할 수 없음. 단, 정기적성검사 미필로 인한 면허 취소 제외)
5) 여객자동차운수사업법 제 24조 제3항 및 제4항에 해당하지 않는 자
6) 운전적성정밀검사 (한국교통안전공단 시행) 적합 판정자

여객자동차운수사업법 제24조 제3항 및 제4항

③ 여객자동차운송사업의 운전자격을 취득하려는 사람이 다음 각 호의 어느 하나에 해당하는 경우 제1항에 따른 자격을 취득할 수 없다.
1. 다음 각 목의 어느 하나에 해당하는 죄를 범하여 금고(禁錮) 이상의 실형을 선고받고 그 집행이 끝나거나(집행이 끝난 것으로 보는 경우를 포함한다) 면제된 날부터 2년이 지나지 아니한 사람
   ㉮ 「특정강력범죄의 처벌에 관한 특례법」 제2조제1항 각 호에 따른 죄
   ㉯ 「특정범죄 가중처벌 등에 관한 법률」 제5조의2부터 제5조의5까지, 제5조의8, 제5조의9 및 제11조에 따른 죄
   ㉰ 「마약류 관리에 관한 법률」에 따른 죄
   ㉱ 「형법」 제332조(제329조부터 제331조까지의 상습범으로 한정한다), 제341조에 따른 죄 또는 그 각 미수죄, 제363조에 따른 죄
2. 제1호 각 목의 어느 하나에 해당하는 죄를 범하여 금고 이상의 형의 집행유예를 선고받고 그 집행유예기간 중에 있는 사람
3. 제2항에 따른 자격시험일 전 5년간 다음 각 목의 어느 하나에 해당하는 사람
   ㉮ 「도로교통법」 제93조제1항제1호부터 제4호까지에 해당하여 운전면허가 취소된 사람
   ㉯ 「도로교통법」 제43조를 위반하여 운전면허를 받지 아니하거나 운전면허의 효력이 정지된 상태로 같은 법 제2조제21호에 따른 자동차등을 운전하여 벌금형 이상의 형을 선고받거나 같은 법 제93조제1항제19호에 따라 운전면허가 취소된 사람
   ㉰ 운전 중 고의 또는 과실로 3명 이상이 사망(사고발생일부터 30일 이내에 사망한 경우를 포함한다)하거나 20명 이상의 사상자가 발생한 교통사고를 일으켜 「도로교통법」 제93조제1항제10호에 따라 운전면허가 취소된 사람
4. 제2항에 따른 자격시험일 전 3년간 「도로교통법」 제93조제1항제5호 및 제5호의2에 해당하여 운전면허가 취소된 사람

④ 구역 여객자동차운송사업 중 대통령령으로 정하는 여객자동차운송사업의 운전자격을 취득하려는 사람이 다음 각 호의 어느 하나에 해당하는 경우 제3항에도 불구하고 제1항에 따른 자격을 취득할 수 없다. 〈개정 2012. 12. 18., 2016. 12. 2.〉
1. 다음 각 목의 어느 하나에 해당하는 죄를 범하여 금고 이상의 실형을 선고받고 그 집행이 끝나거나(집행이 끝난 것으로 보는 경우를 포함한다) 면제된 날부터 최대 20년의 범위에서 범죄의 종류 · 죄질, 형기의 장단 및 재범위험성 등을 고려하여 대통령령으로 정하는 기간이 지나지 아니한 사람
   ㉮ 제3항제1호 각 목에 따른 죄
   ㉯ 「성폭력범죄의 처벌 등에 관한 특례법」 제2조제1항제2호부터 제4호까지, 제3조부터 제9조까지 및 제15조(제13조의 미수범은 제외한다)에 따른 죄
   ㉰ 「아동 · 청소년의 성보호에 관한 법률」 제2조제2호에 따른 죄
2. 제1호에 따른 죄를 범하여 금고 이상의 형의 집행유예를 선고받고 그 집행유예기간 중에 있는 사람

03. 시험 접수 및 시험 응시안내

1) 시험 접수
   ① 인터넷 접수 (신청 조회〉택시운전〉예약접수〉원서접수)
      *인터넷 접수 시, 사진은 그림파일 JPG 로 스캔하여 등록
   ② 방문접수 : 전국 19개 시험장
      *현장 방문접수 시 응시 인원 마감 등으로 시험 접수가 불가할 수 있으니 인터넷으로 시험 접수 현황을 확인하고 방문
   ③ 시험응시 수수료 : 11,500원
   ④ 시험응시 준비물 : 운전면허증, 6개월 이내 촬영한 3.5 x 4.5cm 컬러사진 (미제출자에 한함)
2) 시험 응시
   ① 각 지역 본부 시험장 (시험시작 20분 전까지 입실)
   ② 시험 과목 (4과목, 회차별 70문제)
      1회차 : 09:20 ~ 10:30
      2회차 : 11:00 ~ 12:10
      3회차 : 14:00 ~ 15:10
      4회차 : 16:00 ~ 17:10
      *지역 본부에 따라 시험 횟수가 변경될 수 있음

04. 합격 기준 및 합격 발표

1) 합격기준 : 총점 100점 중 60점 (총 70문제 중 42문제)이상 획득 시 합격
2) 합격 발표 : 시험 종료 후 시험 시행 장소에서 합격자 발표

05. 자격증 발급

1) 신청 대상 및 기간 : 택시운전자격 필기시험에 합격한 사람으로서, 합격자 발표일로부터 30일 이내
2) 자격증 신청 방법 : 인터넷 · 방문 신청
   ① 인터넷 신청 : 신청일로부터 5~10일 이내 수령 가능 (토 · 일요일, 공휴일 제외)
   ② 방문 발급 : 한국교통안전공단 전국 19개 시험장 및 7개 검사소 방문 · 교부 장소
3) 준비물
   ① 운전면허증
   ② 택시운전 자격증 발급신청서 1부 (인터넷의 경우 생략)
   ③ 자격증 교부 수수료 : 10,000원 (인터넷의 경우 우편료를 포함하여 온라인 결제)
   ④ 운전경력증명서(전체기간)

06. 시험 과목 및 출제 기준

구 분	과 목	출 제 범 위	문항 수	비고
교통 및 여객자동차 운수사업 법규 (20문항)	여객자동차 운수사업 법령 및 택시운송사업의 발전에 관한 법규	목적 및 정의	20	객관식 70문항
		여객자동차운수사업법, 택시운송사업의 발전에 관한 법규 등		
		운수종사자의 자격요건 및 운전자격의 관리		
		보칙 및 벌칙		
	도로교통법령	총칙		
		보행자의 통행방법		
		차마의 통행방법		
		운전자 및 고용주 등의 의무		
		교통안전교육		
		운전면허		
		범칙행위 및 범칙금액		
		안전표지(총칙)		
	교통사고처리특례법령	특례의 적용		
		중대 교통사고 유형 및 대처법		
		교통사고 처리의 이해		
안전운행 (20문항)	안전운전의 기술	인지판단의 기술	20	
		안전운전의 5가지 기본 기술		
		방어운전의 기본 기술		
		시가지 도로에서의 안전운전		
		지방 도로에서의 안전운전		
		고속도로에서의 안전 운전		
		야간, 악천후 시의 운전		
		경제운전		
		기본 운행 수칙		
		계절별 안전운전		
	자동차의 구조 및 특성	동력전달장치		
		현가장치		
		조향장치		
		제동장치		
	자동차 관리	자동차 점검		
		주행 전후 안전수칙		
		자동차 관리요령		
		LPG 자동차		
		운행 시 자동차 조작 요령		
	자동차 응급조치 요령	상황별 응급조치		
		장치별 응급조치		
	자동차 검사 및 보험	자동차 검사		
		자동차 보험 및 공제		
운송서비스 (20문항)	여객운수종사자의 기본자세	서비스의 개념과 특징	20	
		승객만족		
		승객을 위한 행동 예절		
	운송사업자 및 운수종사자 준수사항	운송사업자 준수사항		
		운수종사자 준수사항		
	운수종사자가 알아야 할 응급처치 방법 등	운전예절		
		운전자 상식		
		응급처치방법		
지리 (16개 지역 중 1개 지역 선택 후 응시) (10문항)	시(도)내 주요지리	주요 관공서 및 공공건물 위치	10	
		주요 기차역, 고속도로 등 교통시설		
		공원 및 문화유적지		
		유원지 및 위락시설		
		주요 호텔 및 관광 명소 등		

01 교통 및 여객자동차 운수사업 법규 요점정리

제1장 여객자동차 운수사업법규 및 택시운송사업의 발전에 관한 법규

제1절 목적 및 정의

01. 목적 (법 제1조)

① 여객자동차 운수사업에 관한 질서 확립
② 여객의 원활한 운송
③ 여객자동차 운수사업의 종합적인 발달 도모
④ 공공복리 증진

02. 정의 (법 제2조)

1 자동차(제1호)
자동차관리법 제3조(자동차의 종류)에 따른 승용자동차, 승합자동차를 말한다.

2 여객자동차운수사업(제2호)
여객자동차운송사업, 자동차대여사업, 여객자동차터미널사업 및 여객자동차운송플랫폼사업을 말한다.

3 여객자동차운송사업(제3호)
다른 사람의 수요에 응하여 자동차를 사용하여 유상으로 여객을 운송하는 사업을 말한다.

4 여객자동차운송플랫폼사업(제7호)
여객의 운송과 관련한 다른 사람의 수요에 응하여 이동 통신 단말 장치, 인터넷 홈페이지 등에서 사용되는 응용 프로그램(운송플랫폼)을 제공하는 사업을 말한다.

5 관할관청(규칙 제2조제1호)
관할이 정해지는 국토교통부장관, 대도시권광역교통위원회나 특별시장 · 광역시장 · 특별자치시장 · 도지사 또는 특별자치도지사를 말한다.

6 정류소(규칙 제2조제2호)
여객이 승차 또는 하차할 수 있도록 노선 사이에 설치한 장소를 말한다.

7 택시 승차대(규칙 제2조제3호)
택시운송사업용 자동차에 승객을 승차 · 하차시키거나 승객을 태우기 위하여 대기하는 장소 또는 구역을 말한다.

제2절 법규 주요내용

01. 택시운송사업의 구분 (시행령 제3조)

1 일반택시운송사업
운행 계통을 정하지 아니하고 사업구역에서 1개의 운송 계약에 따라 자동차를 사용하여 여객을 운송하는 사업. 이 경우 경형 · 소형 · 중형 · 대형 · 모범형 및 고급형으로 구분

2 개인택시운송사업
운행 계통을 정하지 아니하고 사업구역에서 1개의 운송 계약에 따라 자동차 1대를 사업자가 직접 운전(질병 등 국토교통부령이 정하는 사유가 있는 경우를 제외)하여 여객을 운송하는 사업. 이 경우 경형 · 소형 · 중형 · 대형 · 모범형 및 고급형으로 구분

02. 택시운송사업의 구분 (규칙 제9조제1항)

구분	내용
경형	• 배기량 1,000cc 미만의 승용 자동(승차 정원 5인승 이하의 것만 해당한다)를 사용하는 택시운송사업 • 길이 3.6m 이하이면서 너비 1.6m 이하인 승용 자동차(승차 정원 5인승 이하의 것만 해당한다)를 사용하는 택시운송사업
소형	• 배기량 1,600cc 미만의 승용 자동차(승차 정원 5인승 이하의 것만 해당한다)를 사용하는 택시운송사업 • 길이 4.7m 이하이거나 너비 1.7m 이하인 승용 자동차(승차 정원 5인승 이하의 것만 해당한다)를 사용하는 택시운송사업
중형	• 배기량 1,600cc 이상의 승용 자동차(승차 정원 5인승 이하의 것만 해당한다)를 사용하는 택시운송사업 • 길이 4.7m 초과이면서 너비 1.7m를 초과하는 승용 자동차(승차 정원 5인승 이하의 것만 해당한다)를 사용하는 택시운송사업
대형	• 배기량 2,000cc 이상의 승용 자동차(승차 정원 6인승 이상 10인승 이하의 것만 해당한다)를 사용하는 택시운송사업 • 배기량 2,000cc 이상이고 승차 정원 13인승 이하인 승합자동차를 사용하는 택시운송사업(광역시의 군이 아닌 군 지역의 택시운송사업에는 해당하지 않음)
모범형	배기량 1,900cc 이상의 승용 자동차(승차 정원 5인승 이하의 것만 해당한다)를 사용하는 택시운송사업
고급형	배기량 2,800cc 이상의 승용 자동차를 사용하는 택시운송사업

03. 택시운송사업의 사업구역 (규칙 제10조)

1 택시운송사업의 사업구역은 특별시 · 광역시 · 특별자치시 · 특별자치도 또는 시 · 군 단위로 한다. 다만, 대형 택시운송사업과 고급형 택시운송사업의 사업구역은 특별시 · 광역시 · 도 단위로 한다. (제1항)

2 택시운송사업자가 다음의 어느 하나에 해당하는 경우에는 해당 사업구역에서 하는 영업으로 본다. (제7항)

① 해당 사업구역에서 승객을 태우고 사업구역 밖으로 운행하는 영업

② 해당 사업구역에서 승객을 태우고 사업구역 밖으로 운행한 후 해당 사업구역으로 돌아오는 도중에 사업구역 밖에서 승객을 태우고 해당 사업구역에서 내리는 일시적인 영업
③ 주요 교통 시설이 소속 사업구역과 인접하여 소속 사업구역에서 승차한 여객을 그 주요 교통 시설에 하차시킨 경우에는 주요 교통 시설 사업 시행자가 여객자동차운송사업의 사업구역을 표시한 승차대를 이용하여 소속 사업구역으로 가는 여객을 운송하는 영업

※ 사업구역과 인접한 주요 교통 시설 및 범위(규칙 제13조)
① 고속철도 역의 경계선을 기준으로 10킬로미터
② 국제 정기편 운항이 이루어지는 공항의 경계선을 기준으로 50킬로미터
③ 여객이용시설이 설치된 무역항의 경계선을 기준으로 50킬로미터
④ 복합환승센터의 경계선을 기준으로 10킬로미터

04. 택시운송사업의 사업구역 지정·변경 등 (법 제3조의2, 형법 제3조의 3)

1 사업구역심의위원회의 기능(법 제3조의2)

여객자동차운송사업의 사업구역 지정 · 변경에 관한 사항은 국토교통부장관 소속 사업구역 심의위원회에서 심의한다.

2 사업구역심의위원회의 구성(영 제3조의3)

사업구역심의위원회의 위원은 다음의 사람 중, 전문 분야와 성별을 고려하여 국토교통부장관이 임명하거나 위촉한다. 임기는 2년이며 한 차례에 한정하여 연임이 가능하다.

① 국토교통부에서 택시운송사업 관련 업무를 담당하는 4급 이상 공무원
② 특별시 · 광역시 · 특별자치시 · 도 또는 특별자치도(이하 "시 · 도"라 한다)에서 택시운송사업 관련 업무를 담당하는 4급 이상 공무원
③ 택시운송사업에 5년 이상 종사한 사람
④ 그 밖에 택시운송사업 분야에 관한 학식과 경험이 풍부한 사람

3 사업구역심의위원회가 사업구역 지정 · 변경을 심의할 때 고려할 사항(법 제3조의2제2항)

① 지역 주민의 교통 편의 증진에 관한 사항
② 지역 간 교통량(출근 · 퇴근 시간대의 교통 수요 포함)에 관한 사항
③ 사업구역 간 운송 사업자(여객자동차운송사업의 면허를 받거나 등록을 한 자)의 균형적인 발전에 관한 사항
④ 운송 사업자 간 과도한 경쟁 유발 여부에 관한 사항
⑤ 사업구역별 요금 · 요율에 관한 사항
⑥ 운송 사업자 및 운수 종사자(자격을 갖추고 운전 업무에 종사하고 있는 자)의 매출 및 소득 수준에 관한 사항
⑦ 사업구역별 총량에 관한 사항

05. 여객자동차운송사업의 결격사유(법 제6조)

다음에 해당하는 자는 여객자동차운수사업의 면허를 받거나 등록을 할 수 없다. 법인의 경우 그 임원 중에 해당하는 자가 있는 경우에도 또한 같다.

① 피성년후견인
② 파산선고를 받고 복권되지 않은 자
③ 이 법을 위반하여 징역 이상의 실형을 선고받고 그 집행이 끝나거나(집행이 끝난 것으로 보는 경우 포함) 면제된 날부터 2년이 지나지 않은 자
④ 이 법을 위반하여 징역 이상의 형의 집행 유예를 선고받고 그 집행 유예 기간 중에 있는 자
⑤ 여객자동차운송사업의 면허나 등록이 취소된 후 그 취소일부터 2년이 지나지 않은 자. 다만, '피성년후견인' 또는 '파산선고를 받고 복권되지 아니한 자'에 해당하여 면허나 등록이 취소된 경우는 제외한다.

06. 개인택시운송사업의 면허 신청(규칙 제18조)

개인택시운송사업의 면허를 받으려는 자는 관할관청이 공고하는 기간 내에 다음의 각 서류를 관할관청에 제출해야 한다.

① 개인택시운송사업 면허신청서
② 건강진단서
③ 택시운전자격증 사본
④ 반명함판 사진 1장 또는 전자적 파일 형태의 사진 (인터넷으로 신청하는 경우에 한정)
⑤ 그 밖에 관할관청이 필요하다고 인정하여 공고하는 서류

07. 사업의 상속 신고(규칙 제37조)

여객자동차운송사업의 상속 신고를 하려는 자는 다음의 각 서류를 관할관청에 제출하여야 한다.

① 여객자동차운송사업 상속 신고서
② 피상속인이 사망하였음을 증명할 수 있는 서류
③ 피상속인과의 관계를 증명할 수 있는 서류
④ 신고인과 같은 순위의 다른 상속인이 있는 경우에는 그 상속인의 동의서

08. 자동차 표시(법 제17조)

운송사업자는 여객자동차운송사업에 사용되는 자동차의 바깥쪽에 다음 사항을 표시하여야 한다.

1 표시 대상 : 택시운송사업용 자동차(규칙 제39조)

※ 대형(승합자동차를 사용하는 경우로 한정) 및 고급형 택시운송사업용 자동차는 제외한다. (제1항)

① 자동차의 종류(경형, 소형, 중형, 대형, 모범)
② 관할관청(특별시 · 광역시 · 특별자치시 및 특별자치도는 제외)
③ 운송가맹사업자 상호(운송가맹점으로 가입한 개인택시운송사업자만 해당)
④ 그 밖에 시 · 도지사가 정하는 사항

2 표시 방법(제2항)

표시는 외부에서 알아보기 쉽도록 차체 면에 인쇄하는 등 항구적인 방법으로 표시하여야 하며, 구체적인 표시 방법 및 위치 등은 관할관청이 정한다.

09. 교통사고 시 조치

1 사업용 자동차의 고장, 교통사고 또는 천재지변으로 인해 다음 상황 발생 시 조치 사항(법 제19조제1항)

① 사상자가 발생하는 경우 : 신속히 유류품을 관리할 것
② 사업용 자동차의 운행을 재개할 수 없는 경우 : 대체 운송 수단을 확보하여 여객에게 제공하는 등 필요한 조치를 할 것. 다만, 여객이 동의하는 경우는 그러하지 아니함.
③ 국토교통부령으로 정하는 바에 따른 조치(규칙 제41조제1항)
㉠ 신속한 응급수송수단의 마련
㉡ 가족이나 그 밖의 연고자에 대한 신속한 통지
㉢ 유류품의 보관
㉣ 목적지까지 여객을 운송하기 위한 대체운송수단의 확보와 여객에 대한 편의 제공
㉤ 그 밖에 사상자의 보호 등 필요한 조치

2 중대한 교통사고(법 제19조제2항, 영 제11조)

① 전복 사고 ② 화재가 발생한 사고
③ 사망자가 2명 이상, 사망자 1명과 중상자 3명 이상, 중상자 6명 이상의 사람이 죽거나 다친 사고

❸ 중대한 교통사고 발생 시 조치 사항(규칙 제41조제2항)

24시간 이내에 사고의 일시 · 장소 및 피해 사항 등 사고의 개략적인 상황을 관할 시 · 도지사에게 보고한 후 72시간 이내에 사고보고서를 작성하여 관할 시 · 도지사에게 제출하여야 한다. 다만, 개인택시운송사업자의 경우에는 개략적인 상황 보고를 생략할 수 있다.

10. 운송사업자의 준수사항 (법 제21조, 영 제12조, 12조의4, 44조의3)

① 일반택시 운송사업자는 운수종사자가 이용자에게 받은 운송수입금의 전액에 대하여 다음의 각 사항을 준수하여야 한다. 다만 군(광역시의 군은 제외)지역의 일반택시운송사업자는 제외한다.

1) 1일 근무시간동안 택시요금미터(운송수입금 관리를 위하여 설치한 확인 장치를 포함)에 기록된 운송수입금의 전액을 운수종사자의 근무종료 당일 수납할 것.

2) 일정금액의 운송수입금 기준액을 정하여 수납하지 않을 것.

3) 차량운행에 필요한 제반경비(주유비, 세차비, 차량수리비, 사고처리비 등을 포함)를 운수종사자에게 운송수입금이나 그 밖의 금전으로 충당하지 않을 것.

4) 운송수입금 확인기능을 갖춘 운송기록출력장치를 갖추고 운송수입금 자료를 보관(보관기간은 1년)할 것.

5) 운송수입금 수납 및 운송기록을 허위로 작성하지 않을 것.

② 법에 따른 운수종사자의 요건을 갖춘 자만 운전업무에 종사하게 하여야 한다.

③ 여객이 착용하는 좌석안전띠가 정상적으로 작동할 수 있는 상태(여객이 6세 미만의 유아인 경우에는 유아보호용 장구를 장착할 수 있는 상태를 포함)를 유지하여야 한다.

④ 운송사업자는 운수종사자에게 여객의 좌석안전띠 착용에 관한 교육을 하여야 한다.

⑤ 운수종사자의 음주 여부 확인 및 기록(영 제12조의4)

1) 운송사업자는 운수종사자의 음주여부를 확인하는 경우에는 국토교통부장관이 정하여 고시하는 성능을 갖춘 호흡측정기를 사용하여 확인해야 한다.

2) 운수종사자의 음주여부를 확인한 경우에는 해당 운수종사자의 성명, 측정일시 및 측정결과를 전자적 파일이나 서면으로 기록하여 3년 동안 보관, 관리하여야 한다.

11. 운수종사자의 준수사항 (법 제26조제1항)

❶ 운수종사자는 다음의 어느 하나에 해당하는 행위를 하여서는 아니 된다.

① 정당한 사유 없이 여객의 승차를 거부하거나 여객을 중도에서 내리게 하는 행위. (구역 여객자동차운송사업 중 일반택시운송사업 및 개인택시운송사업은 제외)

② 부당한 운임 또는 요금을 받는 행위 (구역 여객자동차운송사업 중 일반택시운송사업 및 개인택시운송사업은 제외)

③ 일정한 장소에 오랜 시간 정차하여 여객을 유치하는 행위

④ 문을 완전히 닫지 아니한 상태에서 자동차를 출발시키거나 운행하는 행위

⑤ 여객이 승하차하기 전에 자동차를 출발시키거나 승하차할 여객이 있는데도 정차하지 아니하고 정류소를 지나치는 행위

⑥ 안내방송을 하지 아니하는 행위(국토교통부령으로 정하는 자동차 안내방송 시설이 설치되어 있는 경우만 해당)

⑦ 여객자동차운송사업용 자동차 안에서 흡연하는 행위

⑧ 휴식시간을 준수하지 아니하고 운행하는 행위

⑨ 운전 중에 방송 등 영상물을 수신하거나 재생하는 장치(휴대전화 등 운전자가 휴대하는 것을 포함)를 이용하여 영상물 등을 시청하는 행위. 다만, 다음 각 목의 어느 하나에 해당하는 경우에는 그러하지 아니하다.

가. 지리안내 영상 또는 교통정보안내 영상

나. 국가비상사태 · 재난상황 등 긴급한 상황을 안내하는 영상

다. 운전 시 자동차의 좌우 또는 전후방을 볼 수 있도록 도움을 주는 영상

⑩ 택시요금미터를 임의로 조작 또는 훼손하는 행위

⑪ 그 밖에 안전운행과 여객의 편의를 위하여 운수종사자가 지키도록 국토교통부령으로 정하는 사항을 위반하는 행위

❷ 운송사업자의 운수종사자는 운송수입금의 전액에 대하여 다음의 각 사항을 준수하여야 한다. (법 제21조제1항제1호, 제2호)

① 1일 근무 시간 동안 택시요금미터에 기록된 운송 수입금의 전액을 운수 종사자의 근무 종료 당일 운송 사업자에게 수납할 것

② 일정 금액의 운송 수입금 기준액을 정하여 수납하지 않을 것

❸ 운수종사자는 차량의 출발 전에 여객이 좌석안전띠를 착용하도록 음성방송이나 말로 안내하여야 한다. (규칙 제58조의2)

12. 여객자동차운송사업의 운전업무 종사자격

❶ 여객자동차운송사업의 운전업무에 종사하려는 사람이 갖추어야 할 항목(규칙 제49조제1항)

① 사업용 자동차를 운전하기에 적합한 운전면허를 보유하고 있을 것

② 20세 이상으로서 해당 자동차 운전경력이 1년 이상일 것

③ 국토교통부장관이 정하는 운전 적성에 대한 정밀검사 기준에 맞을 것

④ ①~③의 요건을 갖춘 사람은 운전자격시험에 합격한 후 자격을 취득하거나 교통안전체험교육을 이수하고 자격을 취득할 것 (실시 기관 : 한국교통안전공단)

⑤ 시험의 실시, 교육의 이수 및 자격의 취득 등에 필요한 사항은 국토교통부령으로 정한다.

❷ 여객자동차운송사업의 운전자격을 취득할 수 없는 사람(법 제24조)

① 다음의 어느 하나에 해당하는 죄를 범하여 금고 이상의 실형을 선고받고 그 집행이 끝나거나 (집행이 끝난 것으로 보는 경우를 포함) 면제된 날부터 2년이 지나지 아니한 사람

㉠ 살인, 약취 · 유인 및 인신매매, 강간과 추행죄, 성폭력 범죄, 아동 · 청소년의 성보호 관련 죄, 강도죄, 범죄 단체 등 조직

㉡ 약취 · 유인, 도주차량운전자, 상습강도 · 절도죄, 강도상해, 보복범죄, 위험운전 치사상

㉢ 마약류 관리에 관한 법률에 따른 죄, 형법에 따른 상습죄 또는 그 각 미수죄

② ①의 어느 하나에 해당하는 죄를 범하여 금고 이상의 형의 집행유예를 선고받고 그 집행 유예 기간 중에 있는 사람

③ 자격시험일 전 5년간 다음에 해당하여 운전면허가 취소된 사람

㉠ 음주운전 또는 정당한 음주 측정 불응 금지 위반

㉡ 약물 복용 후 운전 금지 위반

㉢ 운전 중 고의 또는 과실로 3명 이상이 사망(사고 발생일부터 30일 이내에 사망한 경우를 포함)하거나 20명 이상의 사상자가 발생한 교통사고를 일으킨 사람

④ 자격시험일 전 3년간 음주운전, 공동 위험 행위 및 난폭운전에 해당하여 운전면허 정지처분을 받은 사람

❸ 일반택시운송사업 또는 개인택시운송사업의 운전자격을 취득할 수 없는 사람(영 제16조)

① 다음의 죄를 범하여 금고 이상의 실형을 선고받고 그 집행이 끝나거나 (집행이 끝난 것으로 보는 경우를 포함) 면제된 날부터 20년의 범위에서 대통령령으로 정하는 기간이 지나지 아니한 사람
  ㉠ 위 ❷의 ①에 따른 죄(예시 : 살인죄, 도주차량운전자의 가중처벌)
  ㉡ 성폭력 범죄의 처벌 등에 관한 특례법 제2조제1항제2호(추행 등 약취 · 유인죄)부터 제4호(강도강간)까지, 제3조(특수강도강간 등)부터 제9조(강간 등 살인 · 치사)까지 및 제15조(미수범 제외)에 따른 죄
  ㉢ 아동 · 청소년의 성보호에 관한 법률 제2조제2호(아동 · 청소년 대상 성범죄)에 따른 죄
② 죄를 범하여 금고 이상의 형의 집행유예를 선고받고 그 집행유예기간 중에 있는 사람

❹ 운전적성정밀검사의 대상(규칙 제49조제3항)

① 신규 검사(제1호)
  ㉠ 신규로 여객자동차운송사업용 자동차를 운전하려는 자
  ㉡ 여객자동차운송사업용 자동차 또는 화물자동차운송사업용 자동차의 운전 업무에 종사하다가 퇴직한 자로서 신규 검사를 받은 날부터 3년이 지난 후 재취업하려는 자. 다만, 재취업일까지 무사고로 운전한 자는 제외한다.
  ㉢ 신규 검사의 적합 판정을 받은 자로서 운전적성정밀검사를 받은 날부터 3년 이내에 취업하지 아니한 자. 다만, 신규 검사를 받은 날부터 취업일까지 무사고로 운전한 사람은 제외한다.
② 특별 검사(제2호)
  ㉠ 중상 이상의 사상 사고를 일으킨 자
  ㉡ 과거 1년간 도로교통법 시행규칙에 따른 운전면허 행정 처분 기준에 따라 계산한 누산점수가 81점 이상인 자
  ㉢ 질병, 과로, 그 밖의 사유로 안전 운전을 할 수 없다고 인정되는 자인지 알기 위하여 운송사업자가 신청한 자
③ 자격 유지 검사(제3호)
  ㉠ 65세 이상 70세 미만인 사람 (자격 유지 검사의 적합 판정을 받고 3년이 지나지 아니한 사람은 제외)
  ㉡ 70세 이상인 사람 (자격 유지 검사의 적합판정을 받고 1년이 지나지 아니한 사람은 제외)

※ 자격유지검사는 검사 대상이 된 날부터 3개월 이내에 받아야 한다.(규칙 제49조제7항)

13. 택시운전자격의 취득(규칙 제50조)

일반택시운송사업, 개인택시운송사업 및 수요응답형 여객자동차운송사업(승용자동차를 사용하는 경우만 해당)의 운전업무에 종사할 수 있는 자격을 취득하려는 자는 한국교통안전공단이 시행하는 시험에 합격하여야 한다.

❶ 자격시험의 실시 방법 및 시험 과목 등(규칙 제52조)

① 실시방법 : 필기시험
② 시험과목 : 교통 및 운수관련 법규, 안전운행 요령, 운송서비스 및 지리에 관한 사항
③ 합격자 결정 : 필기시험 총점의 6할 이상을 얻을 것

❷ 자격시험의 응시(규칙 제53조)

① 자격시험에 응시하려는 사람은 택시운전자격시험 응시원서에 다음의 서류를 첨부하여 한국교통안전공단에 제출하여야 한다.
  ㉠ 운전면허증
  ㉡ 운전경력증명서
② 택시운전자격이 취소된 날부터 1년이 지나지 아니한 자는 운전자격시험에 응시할 수 없다. 다만, 정기 적성검사를 받지 아니하였다는 이유로 운전면허가 취소되어 운전자격이 취소된 경우에는 그러하지 아니하다.

❸ 자격시험의 특례(규칙 제54조)

① 한국교통안전공단은 다음에 해당하는 자에 대하여는 필기시험의 과목 중 안전운행 요령 및 운송서비스의 과목에 관한 시험을 면제할 수 있다.
  ㉠ 택시운전자격을 취득한 자가 택시운전자격증명을 발급한 일반택시운송사업조합의 관할구역 밖의 지역에서 택시운전업무에 종사하려고 운전자격시험에 다시 응시하는 자는 교통 및 운수관련 법규 과목도 면제(필기 시험 과목 중 "지리에 관한 사항"만 응시하면 된다)
  ㉡ 운전자격시험일부터 계산하여 과거 4년간 사업용 자동차를 3년 이상 무사고로 운전한 자
  ㉢ 무사고 운전자 또는 유공 운전자의 표시장을 받은 자
② 필기시험의 일부를 면제받으려는 자는 응시원서에 이를 증명할 수 있는 서류를 첨부하여 한국교통안전공단에 제출하여야 한다.

❹ 택시운전자격의 등록 등(규칙 제55조)

① 한국교통안전공단은 운전자격시험을 실시한 날부터 15일 이내에 한국교통안전공단의 인터넷 홈페이지에 합격자를 공고하여야 한다.
② 운전자격 시험에 합격한 사람은 합격자 발표일 또는 수료일부터 30일 이내에 운전자격증 발급신청서에 사진 1장을 첨부하여 한국교통안전공단에 운전자격증의 발급을 신청해야 한다.
③ 발급신청서를 받은 한국교통안전공단은 택시운전자격 등록대장에 그 사실을 적은 후 택시운전자격증을 발급하여야 한다.

❺ 운전자격증명의 발급 등(규칙 제55조의2)

① 운송사업자 또는 운수종사자는 운전업무 종사자격을 증명하는 증표(운전자격증명)의 발급을 신청하려면, 운전자 발급 신청서에 사진 1장을 첨부하여 한국안전교통공단, 일반택시운송사업조합 또는 개인택시운송사업조합에 제출하여야 한다.
② 신청을 받은 운전자격증명 발급 기관은 신청인에게 운전자격증명을 발급하여야 한다.

14. 택시운전자격의 게시 및 관리(규칙 제57조)

① 여객자동차운송사업의 운수종사자는 운전업무 종사자격을 증명하는 증표를 발급받아 해당 사업용 자동차 안에 항상 게시하여야 한다.(법 제24조의2제1항)
② 운전자격증명을 게시할 때는 승객이 쉽게 볼 수 있는 위치에 항상 게시하여야 한다.(규칙 제57조제1항)
③ 택시운전자격증은 취득한 해당 시 · 도에서만 재발급할 수 있다.
④ 운수종사자가 퇴직하는 경우에는 본인의 운전자격증명을 운송사업자에게 반납하여야 하며, 운송사업자는 지체 없이 해당 운전자격증명 발급 기관에 그 운전자격증명을 제출하여야 한다.(규칙 제57조제2항)

15. 택시운전자격의 취소 등의 처분 기준(규칙 제59조)

1 일반 기준(규칙 별표5 제1호)

① 위반 행위가 둘 이상인 경우로서 그에 해당하는 각각의 처분 기준이 다른 경우에는 그 중 무거운 처분 기준에 따른다. 다만, 둘 이상의 처분 기준이 모두 자격정지인 경우에는 각 처분 기준을 합산한 기간을 넘지 아니하는 범위에서 무거운 처분 기준의 2분의 1 범위에서 가중할 수 있다. 이 경우 그 가중한 기간을 합산한 기간은 6개월을 초과할 수 없다.

② 위반 행위의 횟수에 따른 행정 처분의 기준은 최근 1년간 같은 위반 행위로 행정 처분을 받은 경우에 적용한다. 이 경우 행정 처분기준의 적용은 같은 위반 행위에 대한 행정 처분일과 그 처분 후의 위반 행위가 다시 적발된 날을 기준으로 한다.

③ 처분관할관청은 자격정지 처분을 받은 사람이 다음의 어느 하나에 해당하는 경우에는 ① 및 ②에 따른 처분을 2분의 1 범위에서 늘리거나 줄일 수 있다. 이 경우 늘리는 경우에도 그 늘리는 기간은 6개월을 초과할 수 없다.

가중 사유	㉠ 위반 행위가 사소한 부주의나 오류가 아닌 고의나 중대한 과실에 의한 것으로 인정되는 경우 ㉡ 위반의 내용 정도가 중대하여 이용객에게 미치는 피해가 크다고 인정되는 경우
감경 사유	㉠ 위반 행위가 고의나 중대한 과실이 아닌 사소한 부주의나 오류로 인한 것으로 인정되는 경우 ㉡ 위반의 내용 정도가 경미하여 이용객에게 미치는 피해가 적다고 인정되는 경우 ㉢ 위반 행위를 한 사람이 처음 해당 위반 행위를 한 경우로서 최근 5년 이상 해당 여객자동차운송사업의 모범적인 운수종사자로 근무한 사실이 인정되는 경우 ㉣ 그 밖에 여객자동차운수사업에 대한 정부 정책상 필요하다고 인정되는 경우

④ 처분관할관청은 자격정지 처분을 받은 사람이 정당한 사유 없이 기일 내에 운전 자격증을 반납하지 아니할 때에는 해당 처분을 2분의 1의 범위에서 가중하여 처분하고, 가중 처분을 받은 사람이 기일 내에 운전 자격증을 반납하지 아니할 때에는 자격취소 처분을 한다.

2 개별 기준(규칙 별표5 제2호 나목)

위반 행위	처분기준	
	1차 위반	2차 이상 위반
택시운전자격의 결격사유에 해당하게 된 경우	자격 취소	-
부정한 방법으로 택시운전자격을 취득한 경우	자격 취소	-
일반택시운송사업 또는 개인택시운송사업의 운전자격을 취득할 수 없는 경우에 해당하게 된 경우	자격 취소	-
다음의 행위로 과태료 처분을 받은 사람이 1년 이내에 같은 위반 행위를 한 경우 ㉠ 정당한 이유 없이 여객의 승차를 거부하거나 여객을 중도에서 내리게 하는 행위 ㉡ 신고하지 않거나 미터기에 의하지 않은 부당한 요금을 요구하거나 받는 행위 ㉢ 일정한 장소에서 장시간 정차하여 여객을 유치하는 행위 [참고] 위의 위반행위로 1년간 3회의 처분을 받은 사람이 같은 위반 행위 시 자격 취소	자격정지 10일	자격정지 20일
운송수입금 납입 의무를 위반하여 운송수입금 전액을 내지 아니하여 과태료 처분을 받은 사람이 그 과태료 처분을 받은 날부터 1년 이내에 같은 위반 행위를 세 번 한 경우	자격정지 20일	자격정지 20일
운송수입금 전액을 내지 아니하여 과태료 처분을 받은 사람이 그 과태료 처분을 받은 날부터 1년 이내에 같은 위반 행위를 네 번 이상 한 경우	자격정지 50일	자격정지 50일
다음의 금지행위 중 어느 하나에 해당하는 행위로 과태료 처분을 받은 사람이 1년 이내에 같은 위반행위를 한 경우		
㉠ 정당한 이유 없이 여객을 중도에서 내리게 하는 행위	자격정지 10일	자격정지 20일
㉡ 신고한 운임 또는 요금이 아닌 부당한 운임 또는 요금을 받거나 요구하는 행위	자격정지 10일	자격정지 20일
㉢ 일정한 장소에서 장시간 정차하거나 배회하면서 여객을 유치하는 행위	자격정지 10일	자격정지 20일
㉣ 여객의 요구에도 불구하고 영수증 발급 또는 신용카드 결제에 응하지 않은 행위 [참고] 위의 위반행위로 1년간 3회의 처분을 받은 사람이 같은 위반 행위 시 자격 취소	자격정지 10일	자격정지 10일
중대한 교통사고로 다음의 어느 하나에 해당하는 수의 사상자를 발생하게 한 경우		
㉠ 사망자 2명 이상	자격정지 60일	자격정지 60일
㉡ 사망자 1명 및 중상자 3명 이상	자격정지 50일	자격정지 50일
㉢ 중상자 6명 이상	자격정지 40일	자격정지 40일
교통사고와 관련하여 거짓이나 그 밖의 부정한 방법으로 보험금을 청구하여 금고 이상의 형을 선고받고 그 형이 확정된 경우	자격 취소	-
운전업무와 관련하여 다음의 어느 하나에 해당하는 부정 또는 비위 사실이 있는 경우		
㉠ 택시운전자격증을 타인에게 대여한 경우	자격취소	-
㉡ 개인택시운송사업자가 불법으로 타인으로 하여금 대리운전을 하게 한 경우	자격정지 30일	자격정지 30일
택시운전자격정지의 처분 기간 중에 택시운송사업 또는 플랫폼운송사업을 위한 운전 업무에 종사한 경우	자격 취소	-
도로교통법 위반으로 사업용 자동차를 운전할 수 있는 운전면허가 취소된 경우	자격 취소	-
정당한 사유 없이 교육 과정을 마치지 않은 경우	자격정지 5일	자격정지 5일

16. 운수종사자의 교육 등(법 제25조)

1 운수종사자의 교육

① 운수종사자는 운전업무를 시작하기 전에 교육을 받아야 한다.

② 운송사업자는 운수종사자가 교육을 받는 데에 필요한 조치를 하여야 하며, 그 교육을 받지 아니한 운수종사자를 운전업무에 종사하게 하여서는 아니 된다.

③ 시 · 도지사는 교육을 효율적으로 실시하기 위하여 필요하면 특별시 · 광역시 · 특별자치시 · 도 · 특별자치도(이하 "시 · 도")의 조례로 정하는 연수기관을 직접 설립하여 운영하거나 지정할 수 있으며, 그 운영에 필요한 비용을 지원할 수 있다.

④ 운수종사자의 교육은 운수종사자 연수기관, 한국교통안전공단, 연합회 또는 조합(이하 "교육실시기관")이 한다.

⑤ 운송사업자는 운수종사자에 대한 교육계획의 수립, 교육의 시행 및 일상의 교육훈련업무를 위하여 종업원 중에서 교육훈련 담당자를 선임하여야 한다.(자동차 면허 대수가 20대 미만인 운송사업자의 경우 예외)

⑥ 교육실시기관은 매년 11월 말까지 조합과 협의하여 다음 해의 교육계획을 수립하여 시 · 도지사 및 조합에 보고하거나 통보하여야 하며, 그 해의 교육결과를 다음 해 1월 말까지 시 · 도지사 및 조합에 보고하거나 통보하여야 한다.

2 교육의 종류 및 교육 대상자(규칙 제58조 별표4의3)

구 분	내 용	교육시간	주 기
신규교육	새로 채용한 운수종사자 (사업용자동차를 운전하다가 퇴직한 후 2년 이내에 다시 채용된 사람은 제외)	16	
보수교육	무사고·무벌점 기간이 5년 이상 10년 미만인 운수종사자	4	격년
	무사고·무벌점 기간이 5년 미만인 운수종사자		매년
	법령 위반 운수종사자	8	수시
수시교육	국제 행사 등에 대비한 서비스 및 교통안전 증진 등을 위하여 국토교통부장관 또는 시·도지사가 교육을 받을 필요가 있다고 인정하는 운수종사자	4	필요 시

① 무사고·무벌점이란 도로교통법에 따른 교통사고와 같은 법에 따른 교통법규 위반 사실이 모두 없는 것을 말한다.

② 보수 교육 대상자 선정을 위한 무사고·무벌점 기간은 전년도 10월 말을 기준으로 산정한다.

③ 법령 위반 운수종사자는 운수종사자 준수 사항을 위반하여 과태료 처분을 받은 자(개인택시운송사업자는 과징금 또는 사업정지 처분을 받은 경우를 포함)와 특별 검사 대상이 된 자를 말한다.

④ 법령 위반 운수종사자(특별검사 대상이 된 자는 제외)에 대한 보수 교육은 해당 운수종사자가 과태료, 과징금 또는 사업정지 처분을 받은 날부터 3개월 이내에 실시하여야 한다.

⑤ 새로 채용된 운수종사자가 교통안전법 시행규칙에 따른 심화 교육 과정을 이수한 경우에는 신규 교육을 면제한다.

⑥ 해당 연도의 신규 교육 또는 수시 교육을 이수한 운수종사자(법령 위반 운수종사자는 제외)는 해당 연도의 보수 교육을 면제한다.

17. 보칙 및 벌칙

1 사업용 자동차의 차령(영 제40조 별표2)

① 여객자동차 운수사업에 사용되는 자동차는 자동차의 종류와 여객자동차 운수사업의 종류에 따라 차령 및 운행거리를 넘기지 못한다. 다만, 시·도지사는 해당 시·도의 여객자동차 운수사업용 자동차의 운행여건 등을 고려하여 안전성 요건이 충족되는 경우에는 2년의 범위에서 차령을 연장할 수 있다.(법 제84조 제1항)

② 여객자동차 운수사업의 면허, 허가, 등록, 증차 또는 대폐차(代廢車: 차령이 만료되거나 운행거리를 초과한 차량 등을 다른 차량으로 대체하는 것)에 충당되는 자동차는 자동차의 종류와 여객자동차 운수사업의 종류에 따라 3년을 넘지 아니하는 범위에서 차량충당연한 이내로 하여야 한다.(법 제84조 제2항)

* 대통령령으로 정하는 차량충당연한(영 제40조 제4, 5항)

1) 차량충당연한 : 승용자동차는 1년, 승합자동차는 3년

2) 차량충당연한의 기산일

㉠ 제작년도에 등록된 자동차 : 최초의 신규등록일

㉡ 제작년도에 등록되지 않은 자동차 : 제작년도의 말일

③ 여객자동차 운수사업에 사용되는 자동차(외국인만 운송할 것을 조건으로 일반택시운송사업의 한정면허를 받아 운행하는 자동차는 제외)의 운행연한(차령)과 그 연장요건은 다음과 같다.

차종	사업의 구분			차령
승용자동차	여객자동차 운송사업용	개인택시	경형·소형	5년
			배기량 2,400cc 미만	7년
			배기량 2,400cc 이상	9년
			환경친화적자동차 (환경친화적 자동차의 개발 및 보급 촉진에 관한 법률에 따른 자동차)	
		일반택시	경형·소형	3년 6개월
			배기량 2,400cc 미만	4년
			배기량 2,400cc 이상	6년
			환경친화적자동차	
	자동차 대여사업용	경형·소형·중형		5년
		대형		8년
	특수여객자동차 운송사업용	경형·소형·중형		6년
		대형		10년
	플랫폼 운송사업용	배기량 2,400cc 미만		4년
		배기량 2,400cc 이상		6년
		환경친화적자동차		
승합자동차	특수여객자동차운송사업용 또는 전세버스 운송사업용			11년
	그 밖의 사업용			9년
특수자동차	자동차 대여사업용	캠핑용 자동차		9년

2 과징금(영 제46조 별표5)

(단위 : 만원)

국토교통부장관, 시·도지사 또는 시장·군수·구청장은 여객자동차 운수사업자의 사업규모, 사업지역의 특수성, 운전자 과실의 정도와 위반행위의 내용 및 횟수 등을 고려하여 과징금 액수의 2분의 1의 범위에서 가중하거나 경감할 수 있다. 다만, 가중하는 경우에도 과징금의 총액은 5천만 원을 초과할 수 없다.

구 분	위 반 내 용	위반 횟수	과징금 액수	
			일반택시	개인택시
면허 또는 등록 등	면허·허가를 받거나 등록한 업종의 범위를 벗어나 사업을 한 경우	1차 2차 3차 이상	180 360 540	180 360 540
	면허를 받은 사업구역 외의 행정구역에서 사업을 한 경우	1차 2차 3차 이상	40 80 160	40 80 160
	면허·허가를 받거나 등록한 차고를 이용하지 않고 차고지가 아닌 곳에서 밤샘 주차를 한 경우	1차 2차	10 15	10 15
	신고를 하지 않거나 거짓으로 신고를 하고 개인택시를 대리운전하게 한 경우	1차 2차	–	120 240
운임 및 요금	운임 및 요금에 대한 신고 또는 변경 신고를 하지 않고 운송을 개시한 경우	1차 2차 3차 이상	40 80 160	20 40 80
	미터기를 부착하지 않거나 사용하지 않고 여객을 운송한 경우(구간 운임제 시행 지역은 제외)	1차 2차 3차 이상	40 80 160	40 80 160
차령 초과	차령 또는 운행 거리를 초과하여 운행한 경우	1차 2차	180 360	180 360
자동차의 표시	1년에 3회 이상 사업용 자동차의 표시를 하지 않은 경우		10	10

운전자의 자격요건 등	택시운송사업자가 차내에 운전자 격증명을 항상 게시하지 않은 경우		10	10
	자동차 안에 게시해야 할 사항을 게시하지 않은 경우	1차 2차	20 40	20 40
	운수종사자의 자격요건을 갖추지 않은 사람을 운전업무에 종사하게 한 경우	1차 2차	360 720	360 720
	운수종사자의 교육에 필요한 조치를 하지 않은 경우	1차 2차 3차 이상	30 60 90	
운송 시설 및 여객의 안전 확보	정류소에서 주차 또는 정차 질서를 문란하게 한 경우	1차 2차	20 40	20 40
	속도제한장치 또는 운행기록계가 장착된 운송사업용 자동차를 해당 장치 또는 기기가 정상적으로 작동되지 않은 상태에서 운행한 경우	1차 2차 3차 이상	60 120 180	60 120 180
	차실에 냉방 · 난방 장치를 설치하여야 할 자동차에 이를 설치하지 않고 여객을 운송한 경우	1차 2차 3차 이상	60 120 180	60 120 180
	차량 정비, 운전자의 과로 방지 및 정기적인 차량 운행 금지 등 안전 수송을 위한 명령을 위반하여 운행한 경우	1차 2차	20 40	20 40
	그 밖의 설비 기준에 적합하지 않은 자동차를 이용하여 운송한 경우	1차 2차	20 30	20 30

3 과태료 부과기준(영 제49조 별표6)

(단위 : 만원)

① 하나의 행위가 둘 이상의 위반행위에 해당하는 경우에는 그 중 무거운 과태료의 부과기준에 따른다.

② 위반행위의 횟수에 따른 과태료의 가중된 부과기준은 최근 1년간 같은 위반행위로 과태료 부과처분을 받은 날과 그 처분 후 다시 같은 위반행위를 하여 적발된 날을 기준으로 한다.

③ 과태료 부과권자는 다음의 어느 하나에 해당하는 경우에는 과태료 금액의 2분의 1의 범위에서 그 금액을 줄일 수 있다.

1) 위반행위자가 다음 중 어느 하나에 해당하는 경우
   - ㉠ 국민기초생활수급자
   - ㉡ 한부모가족 보호자
   - ㉢ 장애정도가 심한 장애인
   - ㉣ 1~3급 국가유공자
   - ㉤ 미성년자

2) 위반행위가 사소한 부주의나 오류로 인한 것으로 인정되는 경우

3) 위반행위자가 법 위반상태를 시정하거나 해소하기 위하여 노력한 것으로 인정되는 경우

4) 그 밖에 위반행위의 정도, 위반행위의 동기와 그 결과 등을 고려하여 줄일 필요가 있다고 인정되는 경우

④ 과태료 부과권자는 다음의 어느 하나에 해당하는 경우에는 과태료 금액의 2분의 1의 범위에서 늘릴 수 있다. 다만, 과태료 상한(1천만 원)을 넘을 수 없다.

1) 위반의 내용 · 정도가 중대하여 이용객 등에게 미치는 피해가 크다고 인정되는 경우

2) 최근 1년간 같은 위반행위로 과태료 부과처분을 3회를 초과하여 받은 경우

3) 그 밖에 위반행위의 정도, 위반행위의 동기와 그 결과 등을 고려하여 늘릴 필요가 있다고 인정되는 경우

위 반 행 위	처분기준		
	1회	2회	3회 이상
사고 시의 조치를 하지 않은 경우	50	75	100
운수종사자 취업 현황을 알리지 않거나 거짓으로 알린 경우			
정당한 사유 없이 검사 또는 질문에 불응하거나 이를 방해 또는 기피한 경우			
운수종사자의 요건을 갖추지 않고 여객자동차운송사업 또는 플랫폼운송사업의 운전 업무에 종사한 경우	50	50	50
중대한 교통사고 발생에 따른 보고를 하지 않거나 거짓 보고를 한 경우	20	30	50
여객이 착용하는 좌석 안전띠가 정상적으로 작동될 수 있는 상태를 유지하지 않은 경우			
운수종사자에게 여객의 좌석 안전띠 착용에 관한 교육을 실시하지 않은 경우			
교통안전 정보의 제공을 거부하거나 거짓의 정보를 제공한 경우			
정당한 사유 없이 여객을 중도에서 내리게 하는 경우	20	20	20
부당한 운임 또는 요금을 받거나 요구하는 경우			
일정한 장소에 오랜 시간 정차하거나 배회하면서 여객을 유치하는 경우			
여객의 요구에도 불구하고 영수증 발급 또는 신용카드 결제에 응하지 않는 경우	20	20	20
문을 완전히 닫지 않은 상태 또는 여객이 승하차하기 전에 자동차를 출발시키는 경우			
사업용 자동차의 표시를 하지 않은 경우	10	15	20
자동차 안에서 흡연하는 경우	10	10	10
차량의 출발 전에 여객이 좌석 안전띠를 착용하도록 안내하지 않은 경우	3	5	10

제3절 택시운송사업의 발전에 관한 법규

01. 목적 및 정의

1 목적(법 제1조)

택시운송사업의 발전에 관한 사항을 규정함으로써

① 택시운송사업의 건전한 발전을 도모

② 택시운수종사자의 복지 증진

③ 국민의 교통편의 제고에 이바지

2 정의(법 제2조)

① 택시운송사업

여객자동차 운수사업법에 따른 구역 여객자동차운송사업 중,

- ㉠ 일반택시 운송사업 : 운행 계통을 정하지 않고 국토교통부령으로 정하는 사업구역에서 1개의 운송 계약에 따라 국토교통부령으로 정하는 자동차를 사용하여 여객을 운송하는 사업
- ㉡ 개인택시 운송사업 : 운행 계통을 정하지 않고 국토교통부령으로 정하는 사업구역에서 1개의 운송 계약에 따라 국토교통부령으로 정하는 자동차 1대를 사업자가 직접 운전(사업자의 질병 등의 사유가 있는 경우는 제외)하여 여객을 운송하는 사업

② 택시운송사업면허 : 택시운송사업을 경영하기 위하여 여객자동차 운수사업법에 따라 받은 면허

③ 택시운송사업자 : 택시운송사업면허를 받아 택시운송사업을 경영하는 자

④ 택시운수종사자 : 여객자동차운수사업법에 따른 운전 업무 종사 자격을 갖추고 택시운송사업의 운전 업무에 종사하는 사람
⑤ 택시공영차고지 : 택시운송사업에 제공되는 차고지로서 특별시장 · 광역시장 · 특별자치시장 · 도지사 · 특별자치도지사(이하 시 · 도지사) 또는 시장 · 군수 · 구청장 (자치구의 구청장)이 설치한 것
⑥ 택시공동차고지 : 택시운송사업에 제공되는 차고지로서 2인 이상의 일반택시 운송사업자가 공동으로 설치 또는 임차하거나 조합 또는 연합회가 설치 또는 임차한 차고지

3 국가 등의 책무(법 제3조)

국가 및 지방자치단체는 택시운송사업의 발전과 국민의 교통편의 증진을 위한 정책을 수립하고 시행하여야 한다.

02. 택시정책심의위원회

1 설치 목적 및 소속(법 제5조)

택시운송사업의 중요 정책 등에 관한 사항의 심의를 위하여 국토교통부장관 소속으로 위원회를 둔다.

2 심의 사항(법 제5조제2항)

① 택시운송사업의 면허 제도에 관한 중요 사항
② 사업구역별 택시 총량에 관한 사항
③ 사업구역 조정 정책에 관한 사항
④ 택시운수종사자의 근로 여건 개선에 관한 중요 사항
⑤ 택시운송사업의 서비스 향상에 관한 중요 사항
⑥ 이 법 또는 다른 법률에서 위원회의 심의를 거치도록 한 사항
⑦ 그 밖에 택시운송사업에 관한 중요한 사항으로서 위원장이 회의에 부치는 사항

3 위원회의 구성 : 위원장 1명을 포함한 10명 이내의 위원으로 구성(법 제5조제3항)

4 위원의 위촉(영 제2조제1항)

① 택시운송사업에 5년 이상 종사한 사람
② 교통관련 업무에 공무원으로 2년 이상 근무한 경력이 있는 사람
③ 택시운송사업 분야에 관한 학식과 경험이 풍부한 사람

위의 어느 하나에 해당하는 사람 중, 전문 분야와 성별 등을 고려하여 국토교통부장관이 위촉

5 위원의 임기 : 2년(영 제2조제3항)

03. 택시운송사업 발전 기본 계획의 수립

1 국토교통부장관은 택시운송사업을 체계적으로 육성 · 지원하고 국민의 교통편의 증진을 위하여 관계 중앙행정기관의 장 및 시 · 도지사의 의견을 들어 5년 단위의 택시운송 사업 발전 기본 계획을 5년 마다 수립하여야 한다. (법 제6조제1항)

2 택시운송사업 발전 기본 계획에 포함될 사항(법 제2항)

① 택시운송사업 정책의 기본 방향에 관한 사항
② 택시운송사업의 여건 및 전망에 관한 사항
③ 택시운송사업면허 제도의 개선에 관한 사항
④ 택시운송사업의 구조 조정 등 수급 조절에 관한 사항
⑤ 택시운수종사자의 근로 여건 개선에 관한 사항
⑥ 택시운송사업의 경쟁력 향상에 관한 사항
⑦ 택시운송사업의 관리 역량 강화에 관한 사항
⑧ 택시운송사업의 서비스 개선 및 안전성 확보에 관한 사항
⑨ 그 밖에 택시운송사업의 육성 및 발전에 관하여 대통령령으로 정하는 사항
: 대통령령으로 정하는 사항(영 제5조제2항)
㉠ 택시운송사업에 사용되는 자동차 (이하 택시) 수급 실태 및 이용수요의 특성에 관한 사항
㉡ 차고지 및 택시 승차대 등 택시 관련 시설의 개선 계획
㉢ 기본 계획의 연차별 집행 계획
㉣ 택시운송사업의 재정 지원에 관한 사항
㉤ 택시운송사업의 위반 실태 점검과 지도 단속에 관한 사항
㉥ 택시운송사업 관련 연구 · 개발을 위한 전문 기구 설치에 관한 사항

04. 재정 지원(법 제7조)

1 시 · 도의 지원(제1항)

특별시 · 광역시 · 특별자치시 · 도 · 특별자치도(이하 시 · 도)는 택시운송사업의 발전을 위하여 택시운송사업자 또는 택시운수종사자 단체에 다음의 어느 하나에 해당하는 사업에 대하여 조례로 정하는 바에 따라 필요한 자금의 전부 또는 일부를 보조 또는 융자할 수 있다.

① 택시운송사업자에 대한 지원(제1호, 제5호)
㉠ 합병, 분할, 분할 합병, 양도 · 양수 등을 통한 구조 조정 또는 경영 개선 사업
㉡ 사업구역별 택시 총량을 초과한 차량의 감차 사업
㉢ 택시의 환경 친화적 자동차의 개발 및 보급 촉진에 관한 법률에 따른 친환경 택시로의 대체 사업
㉣ 택시운송사업의 서비스 향상을 위한 시설 · 장비의 확충 · 개선 · 운영 사업
㉤ 서비스 교육 등 택시운수종사자에게 실시하는 교육 및 연수 사업
㉥ 그 밖에 택시운송사업의 발전을 위해 국토교통부령으로 정하는 사업

> **국토교통부령으로 정하는 재정 지원 대상 사업의 범위(규칙 제7조)**
> ㉮ 택시운수종사자의 근로여건 개선 사업
> ㉯ 택시운송사업자의 경영개선 및 연구 개발 사업
> ㉰ 택시운수종사자의 교육 및 연수 사업
> ㉱ 택시의 고급화 및 낡은 택시의 교체 사업
> ㉲ 그 밖에 택시운송사업의 육성 및 발전을 위해 국토교통부장관이 필요하다고 인정하는 사업

② 택시운수종사자 단체에 대한 지원
: 서비스 교육 등 택시운수종사자에게 실시하는 교육 및 연수 사업

2 국가의 지원(법 제7조제2항)

국가는 다음의 어느 하나에 해당하는 자금의 전부 또는 일부를 시 · 도에 지원할 수 있다.

① 시 · 도가 택시운송사업자 또는 택시운수종사자 단체(이하 택시운송사업자등)에 보조한 자금(시설 · 장비의 운영 사업에 보조한 자금은 제외)
② 택시공영차고지 설치에 필요한 자금

3 보조금의 사용 규칙(법 제8조)

① 보조를 받은 택시운송사업자등은 그 자금을 보조받은 목적 외의 용도로 사용하지 못한다.
② 국토교통부장관 또는 시 · 도지사는 보조를 받은 택시운송사업자등이 그 자금을 적정하게 사용하도록 감독하여야 한다.
③ 국토교통부장관 또는 시 · 도지사는 택시운송사업자등이 거짓이나 그 밖의 부정한 방법으로 보조금을 교부받거나 목적 외의 용도로 사용한 경우 택시운송사업자 등에게 보조금의 반환을 명하여야 한다.
④ 국토교통부장관은 택시운송사업자등이 보조금 반환명령을 받고도 반환하지 아니하는 경우 국세 또는 지방세 체납처분의 예에 따라 이를 징수하여야 한다.

05. 신규 택시운송사업 면허의 제한 등(법 제10조)

❶ 다음의 각 사업구역에서는 여객자동차운수사업법에도 불구하고 누구든지 신규 택시운송사업 면허를 받을 수 없다. (제1항)

① 사업구역별 택시 총량을 산정하지 아니한 사업구역
② 국토교통부장관이 사업구역별 택시 총량의 재산정을 요구한 사업구역
③ 고시된 사업구역별 택시 총량보다 해당 사업구역 내의 택시의 대수가 많은 사업구역. 다만, 해당 사업구역이 연도별 감차 규모를 초과하여 감차 실적을 달성한 경우 그 초과분의 범위에서 관할 지방자치단체의 조례로 정하는 바에 따라 신규 택시운송사업 면허를 받을 수 있다.

❷ ❶의 사업구역에서 여객자동차운수사업법에 따라 일반택시운송사업자가 사업 계획을 변경하고자 하는 경우 증차를 수반하는 사업 계획의 변경은 할 수 없다. (제2항)

06. 운송비용 전가 금지 등(법 제12조)

❶ 군(광역시의 군은 제외한다) 지역을 제외한 사업구역의 일반택시운송사업자는 택시의 구입 및 운행에 드는 비용 중 다음의 각 비용을 택시운수종사자에게 부담시켜서는 아니 된다. (제1항)

① 택시 구입비 (신규 차량을 택시운수종사자에게 배차하면서 추가 징수하는 비용 포함)
② 유류비 ③ 세차비
④ 택시운송사업자가 차량 내부에 붙이는 장비의 설치비 및 운영비
⑤ 그 밖에 택시의 구입 및 운행에 드는 비용으로서 대통령령으로 정하는 비용 : 대통령령으로 정하는 비용 – 사고로 인한 차량 수리비, 보험료 증가분 등 교통사고 처리에 드는 비용(해당 교통사고가 음주 등 택시운수종사자의 고의·중과실로 인하여 발생한 것인 경우는 제외)을 말한다. (영 제19조제2항)

❷ 택시운송사업자는 소속 택시운수종사자가 아닌 사람(형식상의 근로계약에도 불구하고 실질적으로는 소속 택시운수종사자가 아닌 사람을 포함)에게 택시를 제공하여서는 아니 된다. (제2항)

❸ 택시운송사업자는 택시운수종사자가 안전하고 편리한 서비스를 제공할 수 있도록 택시운수종사자의 장시간 근로 방지를 위하여 노력하여야 한다. (제3항)

❹ 시·도지사는 1년에 2회 이상 택시운송사업자가 위 2, 3의 사항을 준수하고 있는지를 조사하고, 1개월 이내에 그 조사내용과 조치 결과를 국토교통부장관에게 보고하여야 한다. (제4항)

07. 택시 운행 정보의 관리 등(법 제13조)

❶ 국토교통부장관 또는 시·도지사는 택시 정책을 효율적으로 수행하기 위하여 운행 기록 장치와 택시요금미터를 활용하여 국토교통부령으로 정하는 정보를 수집·관리하는 택시운행정보관리시스템을 구축·운영할 수 있다. (제1항)

① 국토교통부령으로 정하는 정보(규칙 제10조)
㉠ 운행 기록 장치에 기록된 정보(주행거리, 속도, 위치 정보 분당 회전수, 브레이크 신호, 가속도)
㉡ 택시요금미터에 기록된 정보 (승차 일시와 거리, 영업거리, 요금 정보 등)

❷ 국토교통부장관 또는 시·도지사는 택시운행정보관리시스템을 구축·운영하기 위한 정보를 수집·이용할 수 있다. (제2항)

❸ 택시운행정보관리시스템으로 처리된 전산 자료는 교통사고 예방 등 공공의 목적을 위하여 국토교통부령으로 정하는 바에 따라 공동 이용할 수 있다. (규칙 제11조)

① 전산자료의 공동 이용 – 국토교통부장관 또는 시·도지사는 택시운행정보관리시스템으로 처리된 전체 자료를 택시운송사업자, 여객자동차운수사업자 조합 및 연합회와 공동 이용할 수 있다.

08. 택시운수종사자 복지 기금의 설치(법 제15조)

❶ 목적(제1항)

택시운송사업자 단체 또는 택시운수종사자 단체가 택시운수종사자의 근로 여건 개선 등을 위하여, 택시운수종사자가 복지기금(이하 "기금")을 설치할 수 있다.

❷ 기금의 수입 재원(제2항)

① 출연금 (개인·단체·법인으로부터의 출연금에 한정)
② 복지 기금 운용 수익금
③ 액화석유가스를 연료로 사용하는 차량을 판매하여 발생한 수입 중 일부로서 택시운송사업자가 조성하는 수입금
④ 그 밖에 대통령령으로 정하는 수입금 : 택시 표시 등 이용 광고 사업에 따라 발생하는 광고 수입 중 택시운송사업자가 조성하는 수입금

❸ 기금의 용도(제3항)

① 택시운수종사자의 건강 검진 등 건강 관리 서비스 지원
② 택시운수종사자 자녀에 대한 장학 사업
③ 기금의 관리·운용에 필요한 경비
④ 그 밖에 택시운수종사자의 복지 향상을 위하여 필요한 사업으로서 국토교통부장관이 정하는 사업
⑤ 국토교통부장관 또는 시·도지사는 기금이 적정하게 사용될 수 있도록 감독하여야 한다.

09. 택시운수종사자의 준수사항 등(법 제16조)

❶ 택시운수종사자는 다음의 어느 하나에 해당하는 행위를 하여서는 아니 된다. (제1항)

① 정당한 사유 없이 여객의 승차를 거부하거나 여객을 중도에서 내리게 하는 행위
② 부당한 운임 또는 요금을 받는 행위
③ 여객을 합승하도록 하는 행위
④ 여객의 요구에도 불구하고 영수증 발급 또는 신용 카드 결제에 응하지 않는 행위 (영수증발급기 및 신용카드결제기가 설치되어 있는 경우에 한정)

※ 여객의 안전·보호조치 이행 등 국토교통부령으로 정하는 기준을 충족한 경우(규칙 제11조의2)
① 합승을 신청한 여객의 본인 여부를 확인하고 합승을 중개하는 기능
② 탑승하는 시점·위치 및 탑승 가능한 좌석 정보를 탑승 전에 여객에게 알리는 기능
③ 동성(同姓) 간의 합승만을 중개하는 기능(경형, 소형 및 중형 택시운송사업에 사용되는 자동차의 경우만 해당)
④ 자동차 안에서 불쾌감을 유발하는 신체 접촉 등 여객의 신변 안전에 위해를 미칠 수 있는 위험상황 발생 시 그 사실을 고객센터 또는 경찰에 신고하는 방법을 탑승 전에 알리는 기능

❷ 국토교통부장관은 택시운수종사자가 ❶의 각 사항을 위반하면 여객자동차운수사업법에 따른 운전업무종사자격을 취소하거나 6개월 이내의 기간을 정하여 그 자격의 효력을 정지시킬 수 있다. (제2항)

위반행위	처분기준		
	1차 위반	2차 위반	3차 위반
정당한 사유 없이 여객의 승차를 거부하거나 여객을 중도에서 내리게 하는 행위	경고	자격정지 30일	자격취소
부당한 운임 또는 요금을 받는 행위	경고	자격정지 30일	자격취소
여객을 합승하도록 하는 행위	경고	자격정지 10일	자격정지 20일
여객의 요구에도 불구하고 영수증 발급 또는 신용 카드 결제에 응하지 않는 행위	경고	자격정지 10일	자격정지 20일

10. 과태료(법 제23조, 영 제25조, 별표3)

① 운송비용 전가 금지 조항에 해당하는 비용을 택시운수종사자에게 전가시킨 자에게는 1천만 원 이하의 과태료를 부과한다.

② 다음 각 호의 어느 하나에 해당하는 자에게는 1백만 원 이하의 과태료를 부과한다.

㉠ 택시운수종사자 준수사항을 위반한 자

㉡ 보조금의 사용내역 등에 관한 보고나 서류제출을 하지 않거나 거짓으로 한 자

㉢ 택시운송사업자등의 장부 · 서류, 그 밖의 물건에 관한 검사를 정당한 사유 없이 거부 · 방해 또는 기피한 자

③ ①과 ②에 따른 과태료는 대통령령으로 정하는 바에 따라 국토교통부장관이 부과 · 징수한다.

위반행위	과태료 금액(만원)		
	1회 위반	2회 위반	3회 위반 이상
운송비용 전가 금지 조항에 해당하는 비용을 택시운수종사자에게 전가시킨 경우	500	1,000	1,000
택시운수종사자 준수사항을 위반한 경우	20	40	60
보조금의 사용내역 등에 관한 보고를 하지 않거나 거짓으로 한 경우	25	50	50
보조금의 사용내역 등에 관한 서류 제출을 하지 않거나 거짓 서류를 제출한 경우	50	75	100
택시운송사업자등의 장부 · 서류, 그 밖의 물건에 관한 검사를 정당한 사유 없이 거부 · 방해 또는 기피한 경우	50	75	100

제2장 도로교통법령

제1절 법의 목적 및 용어

01. 목적(법 제1조)

도로에서 일어나는 교통상의

① 위험과 장해를 방지하고 제거하여

② 안전하고 원활한 교통을 확보

02. 용어의 정의(법 제2조)

1 도로(제1호)

① 도로법에 따른 도로 ② 유료도로법에 따른 유료도로

③ 농어촌도로정비법에 따른 농어촌 도로

④ 그 밖에 현실적으로 불특정 다수의 사람 또는 차마가 통행할 수 있도록 공개된 장소로서 안전하고 원활한 교통을 확보할 필요가 있는 장소

2 자동차 전용 도로(제2호)

자동차만 다닐 수 있도록 설치된 도로

3 고속도로(제3호)

자동차의 고속 운행에만 사용하기 위하여 지정된 도로

4 차도(車道)(제4호)

연석선(차도와 보도를 구분하는 돌 등으로 이어진 선), 안전표지 또는 그와 비슷한 인공 구조물을 이용하여 경계를 표시하여 모든 차가 통행할 수 있도록 설치된 도로의 부분

5 중앙선(제5호)

차마의 통행 방향을 명확하게 구분하기 위하여 도로에 황색 실선이나 황색 점선 등의 안전표지로 표시한 선 또는 중앙 분리대나 울타리 등으로 설치한 시설물(다만, 가변차로가 설치된 경우에는 신호기가 지시하는 진행 방향의 가장 왼쪽에 있는 황색 점선)

6 차로(제6호)

차마가 한 줄로 도로의 정하여진 부분을 통행하도록 차선으로 구분한 차도의 부분

7 차선(제7호)

차로와 차로를 구분하기 위하여 그 경계지점을 안전표지로 표시한 선

8 자전거 도로(제8호)

안전표지, 위험 방지용 울타리나 그와 비슷한 인공 구조물로 경계를 표시하여 자전거 및 개인형 이동 장치가 통행할 수 있도록 설치된 자전거 전용도로, 자전거 보행자 겸용도로, 자전거 전용차로, 자전거 우선 도로를 말한다.

9 자전거 횡단도(제9호)

자전거가 일반도로를 횡단할 수 있도록 안전표지로 표시한 도로의 부분

10 보도(步道)(제10호)

연석선, 안전표지나 그와 비슷한 인공 구조물로 경계를 표시하여 보행자(유모차, 보행보조용 의자차, 수동 휠체어, 전동 휠체어, 의료용 스쿠터, 노약자용 보행기 등 행정안전부령으로 정하는 기구 · 장치를 이용하여 통행하는 사람 및 실외 이동 로봇을 포함)가 통행할 수 있도록 한 도로의 부분

11 길 가장자리 구역(제11호)

보도와 차도가 구분되지 아니한 도로에서 보행자의 안전을 확보하기 위하여 안전표지 등으로 경계를 표시한 도로의 가장자리 부분

12 횡단보도(제12호)

보행자가 도로를 횡단할 수 있도록 안전표지로 표시한 도로의 부분

13 교차로(제13호)

십자로, T자로나 그 밖에 둘 이상의 도로(보도와 차도가 구분되어 있는 도로에서는 차도)가 교차하는 부분

13-1 회전교차로(제13의2)

교차로 중 차마가 원형의 교통섬(차마의 안전하고 원활한 교통처리나 보행자 도로횡단의 안전을 확보하기 위하여 교차로 또는 차도의 분기점 등에 설치하는 섬 모양의 시설)을 중심으로 반시계방향으로 통행하도록 한 원형의 도로를 말한다.

14 안전지대(제14호)

도로를 횡단하는 보행자나 통행하는 차마의 안전을 위하여 안전표지나 이와 비슷한 인공 구조물로 표시한 도로의 부분

15 신호기(제15호)

문자 · 기호 또는 등화를 사용하여 진행 · 정지 · 방향 전환 · 주의 등의 신호를 표시하기 위하여 사람이나 전기의 힘으로 조작하는 장치

16 안전표지(제16호)

교통안전에 필요한 주의 · 규제 · 지시 등을 표시하는 표지판이나 도로의 바닥에 표시하는 기호 · 문자 또는 선 등

17 차마(제17호)

차와 우마를 말한다.

① 차

㉠ 자동차 ㉡ 건설기계

㉢ 원동기 장치 자전거 ㉣ 자전거

ⓜ 사람 또는 가축의 힘이나 그 밖의 동력으로 도로에서 운전되는 것 (단, 철길이나 가설된 선을 이용하여 운전되는 것 유모차, 보행보조용 의자차, 노약자용 보행기, 실외 이동 로봇 등 행정안전부령으로 정하는 기구 · 장치를 제외)

② 우마 – 교통이나 운수에 사용되는 가축

17-1 노면전차(제17의2)

도시철도법에 따른 노면전차로서 도로에서 궤도를 이용하여 운행되는 차를 말한다.

18 자동차(제18호)

철길이나 가설된 선을 이용하지 아니하고 원동기를 사용하여 운전되는 차 (견인되는 자동차도 자동차의 일부)로 본다.

① 자동차관리법에 따른 다음의 자동차 (원동기 장치 자전거 제외)
  ㉠ 승용 자동차 ㉡ 승합자동차
  ㉢ 화물 자동차 ㉣ 특수 자동차
  ㉤ 이륜자동차

② 건설기계관리법에 따른 다음의 건설 기계
  ㉠ 덤프 트럭 ㉡ 아스팔트 살포기
  ㉢ 노상 안정기 ㉣ 콘크리트 믹서 트럭
  ㉤ 콘크리트 펌프 ㉥ 천공기(트럭 적재식)
  ㉦ 콘크리트 믹서 트레일러 ㉧ 아스팔트 콘크리트 재생기
  ㉨ 도로 보수 트럭 ㉩ 3톤 미만의 지게차

19 원동기 장치 자전거(제19호)

① 자동차관리법에 따른 이륜자동차 가운데 배기량 125cc 이하(전기를 동력으로 하는 경우에는 최고 정격 출력 11kw 이하)의 이륜자동차

② 그 밖에 배기량 125cc 이하 (전기를 동력으로 하는 경우에는 최고 정격 출력 11kw 이하)의 원동기를 단 차(전기 자전거 및 실외 이동 로봇은 제외)

20 자전거(제20호)

사람의 힘으로 페달, 손 페달을 사용하여 움직이는 구동 장치와 조향 장치, 제동 장치가 있는 바퀴가 둘 이상인 차(자전거) 및 전기 자전거를 말한다.

21 자동차 등(제21호)

자동차와 원동기 장치 자전거

22 긴급 자동차(제22호)

다음의 자동차로서 그 본래의 긴급한 용도로 사용되고 있는 자동차

① 소방차 ② 구급차 ③ 혈액 공급 차량

④ 그 밖에 대통령령으로 정하는 자동차

23 어린이 통학 버스(제23호)

다음의 시설 가운데 어린이 (13세 미만인 사람)를 교육 대상으로 하는 시설에서 어린이의 통학 등에 이용되는 자동차와 여객자동차운수사업법에 따른 여객자동차운송사업의 한정 면허를 받아 어린이를 여객 대상으로 하여 운행되는 운송사업용 자동차

① 유아교육법에 따른 유치원, 초 · 중등교육법에 따른 초등학교 및 특수학교

② 영유아보육법에 따른 어린이 집

③ 학원의 설립 · 운영 및 과외 교습에 관한 법률에 따라 설립된 학원

④ 체육시설의 설치 · 이용에 관한 법률에 따라 설립된 체육 시설

24 주차(제24호)

운전자가 승객을 기다리거나 화물을 싣거나 차가 고장 나거나 그 밖의 사유로 차를 계속 정지 상태에 두는 것 또는 운전자가 차에서 떠나서 즉시 그 차를 운전할 수 없는 상태에 두는 것

25 정차(제25호)

운전자가 5분을 초과하지 아니하고 차를 정지시키는 것으로서 주차 외의 정지 상태

26 운전(제26호)

도로(주취 운전, 과로 운전, 교통사고 및 교통사고 발생 시 조치 불이행, 경찰 공무원의 음주 측정 거부 등에 한하여 도로 외의 곳을 포함)에서 차마 또는 노면 전차를 그 본래의 사용 방법에 따라 사용하는 것 (조종 또는 자율주행시스템을 사용하는 것을 포함)

27 초보 운전자(제27호)

처음 운전면허를 받은 날(2년이 지나기 전에 운전면허의 취소 처분을 받은 경우에는 그 후 다시 운전면허를 받은 날)부터 2년이 지나지 아니한 사람을 말한다. 이 경우 원동기 장치 자전거 면허만 받은 사람이 원동기 장치자전거 면허 외의 운전면허를 받은 경우에는 처음 운전면허를 받은 것으로 본다.

28 서행(제28호)

운전자가 차 또는 노면전차를 즉시 정지시킬 수 있는 정도의 느린 속도로 진행하는 것

29 앞지르기(제29호)

차 또는 노면전차의 운전자가 앞서가는 다른 차 또는 노면전차의 옆을 지나서 그 차의 앞으로 나가는 것

30 일시정지(제30호)

차 또는 노면전차의 운전자가 그 차 또는 노면전차의 바퀴를 일시적으로 완전히 정지시키는 것

31 보행자 전용도로(제31호)

보행자만 다닐 수 있도록 안전표지나 그와 비슷한 인공 구조물로 표시한 도로

31-1 보행자 우선 도로(제31의2)

차도와 보도가 분리되지 아니한 도로에서 보행자 안전과 편의를 보장하기 위하여 보행자 통행이 차마 통행에 우선하도록 지정된 도로를 말한다.

※ 시 · 도 경찰청장이나 경찰서장은 보행자 우선 도로에서 보행자를 보호하기 위하여 필요하다고 인정하는 경우에는 차마의 통행 속도를 시속 20km 이내로 제한 가능 (법 제28조의2)

32 모범 운전자(제33호)

무사고 운전자 또는 유공 운전자 표시장을 받거나 2년 이상 사업용 자동차 운전에 종사하면서 교통사고를 일으킨 전력이 없는 사람으로서 경찰청장이 정하는 바에 따라 선발되어 교통안전 봉사 활동에 종사하는 사람

제2절 교통안전시설(법 제4조)

01. 교통신호기

1 신호 또는 지시에 따를 의무(법 제5조)

도로를 통행하는 보행자와 차마 또는 노면전차의 운전자는 교통 안전 시설이 표시하는 신호 또는 지시와 교통정리를 하는 경찰 공무원(의무 경찰을 포함) 또는 경찰 보조자(자치 경찰 공무원 및 경찰 공무원을 보조하는 사람)의 신호나 지시를 따라야 한다.

경찰 공무원을 보조하는 사람의 범위(영 제6조)

① 모범 운전자
② 군사 훈련 및 작전에 동원되는 부대의 이동을 유도하는 군사 경찰
③ 본래의 긴급한 용도로 운행하는 소방차 · 구급차를 유도하는 소방 공무원

❷ 신호의 종류와 의미(규칙 제6조제2항, 별표2)

구분		신호의 종류	신호의 뜻
차량신호등	원형등화	녹색의 등화	㉠ 차마는 직진 또는 우회전할 수 있다. ㉡ 비보호좌회전표지 또는 비보호좌회전표시가 있는 곳에서는 좌회전할 수 있다.
		황색의 등화	㉠ 차마는 정지선이 있거나 횡단보도가 있을 때는 그 직전이나 교차로의 직전에 정지하여야 하며, 이미 교차로에 차마의 일부라도 진입한 경우에는 신속히 교차로 밖으로 진행하여야 한다. ㉡ 차마는 우회전할 수 있고 우회전하는 경우에는 보행자의 횡단을 방해하지 못한다.
		적색의 등화	㉠ 차마는 정지선, 횡단보도 및 교차로의 직전에서 정지하여야 한다. ㉡ 차마는 우회전하려는 경우 정지선, 횡단보도 및 교차로의 직전에서 정지한 후 신호에 따라 진행하는 다른 차마의 교통을 방해하지 않고 우회전할 수 있다. ㉢ ㉡항에도 불구하고 차마는 우회전 삼색등이 적색의 등화인 경우 우회전할 수 없다.
		황색 등화의 점멸	차마는 다른 교통 또는 안전표지의 표시에 주의하면서 진행할 수 있다.
		적색 등화의 점멸	차마는 정지선이나 횡단보도가 있을 때에는 그 직전이나 교차로의 직전에 일시정지 한 후 다른 교통에 주의하면서 진행할 수 있다.
차량신호등	화살표등화	녹색 화살표의 등화	차마는 화살표시 방향으로 진행할 수 있다.
		황색 화살표의 등화	화살표시 방향으로 진행하려는 차마는 정지선이 있거나 횡단보도가 있을 때는 그 직전이나 교차로의 직전에 정지하여야 하며, 이미 교차로에 차마의 일부라도 진입한 경우에는 신속히 교차로 밖으로 진행하여야 한다.
		적색 화살표의 등화	화살표시 방향으로 진행하려는 차마는 정지선, 횡단보도 및 교차로의 직전에서 정지해야 한다.
		황색 화살표 등화의 점멸	차마는 다른 교통 또는 안전표지의 표시에 주의하면서 화살표시 방향으로 진행할 수 있다.
		적색 화살표 등화의 점멸	차마는 정지선이나 횡단보도가 있을 때에는 그 직전이나 교차로의 직전에 일시정지 한 후 다른 교통에 주의하면서 화살표시 방향으로 진행할 수 있다.
	사각형등화	녹색 화살표의 등화 (하향)	차마는 화살표로 지정한 차로로 진행할 수 있다.
		적색 ×표 표시의 등화	차마는 ×표가 있는 차로로 진행할 수 없다.
		적색×표 표시 등화의 점멸	차마는 ×표가 있는 차로로 진입할 수 없고, 이미 차마의 일부라도 진입한 경우에는 신속히 그 차로 밖으로 진로를 변경하여야 한다.
보행신호등		녹색의 등화	보행자는 횡단보도를 횡단할 수 있다.
		녹색 등화의 점멸	보행자는 횡단을 시작하여서는 아니 되고, 횡단하고 있는 보행자는 신속하게 횡단을 완료하거나 그 횡단을 중지하고 보도로 되돌아와야 한다.
		적색의 등화	보행자는 횡단보도를 횡단하여서는 아니 된다.
자전거신호등	자전거 주행 신호등	녹색의 등화	자전거 등은 직진 또는 우회전할 수 있다.
		황색의 등화	㉠ 자전거 등은 정지선이 있거나 횡단보도가 있을 때에는 그 직전이나 교차로의 직전에 정지해야 하며, 이미 교차로에 차마의 일부라도 진입한 경우에는 신속히 교차로 밖으로 진행해야 한다. ㉡ 자전거 등은 우회전할 수 있고 우회전하는 경우에는 보행자의 횡단을 방해하지 못한다.
		적색의 등화	㉠ 자전거 등은 정지선, 횡단보도 및 교차로의 직전에서 정지해야 한다. ㉡ 자전거 등은 우회전하려는 경우 정지선, 횡단보도 및 교차로의 직전에서 정지한 후 신호에 따라 진행하는 다른 차마의 교통을 방해하지 않고 우회전할 수 있다. ㉢ ㉡항에도 불구하고 자전거 등은 우회전 삼색등이 적색의 등화인 경우 우회전할 수 없다.
		황색 등화의 점멸	자전거 등은 다른 교통 또는 안전표지의 표시에 주의하면서 진행할 수 있다.
		적색 등화의 점멸	자전거 등은 정지선이나 횡단보도가 있는 때에는 그 직전이나 교차로의 직전에 일시정지한 후 다른 교통에 주의하면서 진행할 수 있다.
	자전거 횡단 신호등	녹색의 등화	자전거 등은 자전거횡단도를 횡단할 수 있다.
		녹색 등화의 점멸	자전거 등은 횡단을 시작해서는 안 되고, 횡단하고 있는 자전거 등은 신속하게 횡단을 종료하거나 그 횡단을 중지하고 진행하던 차도 또는 자전거 도로로 되돌아와야 한다.
		적색의 등화	자전거 등은 자전거횡단보도를 횡단해서는 안 된다.
버스 신호등		녹색의 등화	버스 전용차로에 차마는 직진할 수 있다.
		황색의 등화	버스 전용차로에 있는 차마는 정지선이 있거나 횡단보도가 있을 때에는 그 직전이나 교차로의 직전에 정지하여야 하며, 이미 교차로에 차마의 일부라도 진입한 경우에는 신속히 교차로 밖으로 진행하여야 한다.
		적색의 등화	버스 전용차로에 있는 차마는 정지선, 횡단보도 및 교차로의 직전에서 정지하여야 한다.
		황색 등화의 점멸	버스 전용차로에 있는 차마는 다른 교통 또는 안전표지의 표시에 주의하면서 진행할 수 있다.
		적색 등화의 점멸	버스 전용차로에 있는 차마는 정지선이나 횡단보도가 있을 때에는 그 직전이나 교차로의 직전에 일시정지 한 후 다른 교통에 주의하면서 진행할 수 있다.

〈비고〉
1. 자전거를 주행하는 경우 자전거 주행 신호등이 설치되지 않은 장소에서는 차량 신호등의 지시에 따른다.
2. 자전거횡단도에 자전거 횡단 신호등이 설치되지 않은 경우 자전거는 보행 신호등의 지시에 따른다. 이 경우 보행 신호등 란의 "보행자"는 "자전거 등"으로 본다.
3. 우회전하려는 차마는 우회전 삼색등이 있는 경우 다른 신호등에도 불구하고 이에 따라야 한다.

❸ 신호기의 신호와 수신호가 다른 때(법 제5조제2항)

도로를 통행하는 보행자, 차마 또는 노면전차의 운전자는 교통안전시설이 표시하는 신호 또는 지시와 교통정리를 하는 경찰 공무원 또는 경찰 보조자(이하 경찰 공무원 등)의 신호 또는 지시가 서로 다른 경우에는 경찰 공무원 등의 신호 또는 지시에 따라야 한다.

02. 교통안전 표지의 종류(규칙 제8조)

❶ 주의 표지

도로 상태가 위험하거나 도로 또는 그 부근에 위험물이 있는 경우에 필요한 안전 조치를 할 수 있도록 이를 도로 사용자에게 알리는 표지

❷ 규제 표지

도로 교통의 안전을 위하여 각종 제한 · 금지 등의 규제를 하는 경우에 이를 도로 사용자에게 알리는 표지

❸ 지시 표지

도로의 통행 방법 · 통행 구분 등 도로 교통의 안전을 위하여 필요한 지시를 하는 경우에 도로 사용자가 이에 따르도록 알리는 표지

❹ 보조 표지

주의 표지 · 규제 표지 또는 지시 표지의 주 기능을 보충하여 도로 사용자에게 알리는 표지

❺ 노면 표시(점선:허용, 실선:제한, 복선:의미의 강조)

도로 교통의 안전을 위하여 각종 주의 · 규제 · 지시 등의 내용을 노면에 기호 · 문자 또는 선으로 도로 사용자에게 알리는 표지

※ 노면표시의 기본 색상
- **백색** : 동일방향의 교통류 분리 및 경계 표시
- **황색** : 반대방향의 교통류 분리 또는 도로이용의 제한 및 지시
- **청색** : 지정방향의 교통류 분리 표시(버스전용차로표시 및 다인승차량 전용차선 표시)
- **적색** : 어린이보호구역 또는 주거지역 안에 설치하는 속도제한표시의 테두리선 및 소방시설 주변 정차 · 주차금지 표시에 사용

제3절 보행자의 도로 통행 방법

01. 보행자의 통행(법 제8조)

① 보행자는 **보도와 차도가 구분된** 도로에서는 **언제나 보도로 통행**하여야 한다. 다만, 차도를 횡단하는 경우, 도로공사 등으로 보도의 통행이 금지된 경우나 **그 밖의 부득이한 경우**에는 그러하지 아니하다.

② 보행자는 보도와 차도가 **구분되지 아니한 도로 중 중앙선이 있는** 도로(일방통행인 경우에는 **차선으로 구분된 도로**를 포함)에서는 길 **가장자리 또는 길 가장자리 구역**으로 통행하여야 한다.

③ 보행자는 다음 각 호의 어느 하나에 해당하는 곳에서는 도로의 전 부분으로 통행할 수 있다. 이 경우 보행자는 고의로 차마의 진행을 방해하여서는 아니된다.
  ㉠ 보도와 차도가 구분되지 아니한 도로 중 중앙선이 없는 도로 (일방통행인 경우에는 차선으로 구분되지 아니한 도로에 한정)
  ㉡ 보행자 우선 도로

④ 보행자는 **보도에서는 우측통행을 원칙**으로 한다.

02. 행렬 등의 통행

1 차도의 우측을 통행하여야 하는 경우(영 제7조)

① 학생의 대열과 그 밖에 **보행자의 통행**에 지장을 줄 우려가 있다고 **인정하는 사람이나 행렬**
② 말 · 소 등의 큰 동물을 몰고 가는 사람
③ **사다리 · 목재**, 그 밖에 **보행자의 통행**에 지장을 줄 우려가 있는 물건을 운반 **중인 사람**
④ 도로에서 **청소나 보수 등의 작업**을 하고 있는 사람
⑤ **기 또는 현수막** 등을 휴대한 행렬
⑥ **장의 행렬**

2 도로의 중앙을 통행할 수 있는 경우(법 제9조제2항)

행렬 등은 **사회적으로 중요한 행사**에 따라 시가를 행진하는 경우에는 도로의 중앙을 통행할 수 있다.

03. 보행자의 도로 횡단(법 제10조 제2항~제5항)

① 보행자는 **횡단보도, 지하도 · 육교**나 그 밖의 도로 **횡단 시설**이 설치되어 있는 도로에서는 **그 곳으로 횡단**하여야 한다. 다만, 지하도나 육교 등의 도로 횡단 시설을 이용할 수 없는 **지체 장애인의 경우**에는 다른 교통에 방해가 되지 않는 방법으로 도로 횡단 시설을 이용하지 않고 **도로를 횡단**할 수 있다.

② 횡단보도가 설치되어 있지 않은 도로에서는 **가장 짧은 거리**로 횡단하여야 한다.

③ 보행자는 모든 차와 노면전차의 **바로 앞이나 뒤로 횡단**하여서는 아니 된다. 다만, 횡단보도를 횡단하거나 신호기 또는 경찰 공무원 등의 신호나 지시에 따라 도로를 횡단하는 경우에는 그렇지 않다.

④ 보행자는 안전표지 등에 의하여 횡단이 금지되어 있는 도로의 부분에서는 그 도로를 횡단하여서는 아니 된다.

제4절 차마의 통행 방법

01. 차마의 통행 구분(법 제13조)

1 차도 통행의 원칙과 예외(제1항, 제2항)

① 차마의 **운전자는** 보도와 차도가 **구분된** 도로에서는 **차도를 통행**하여야 한다. 다만, 도로 외의 곳으로 출입할 때에는 보도를 횡단하여 통행할 수 있다.

② 차마의 운전자는 보도를 **횡단하기 직전에 일시정지** 하여 좌측과 우측 부분 등을 살핀 후 **보행자의 통행**을 방해하지 않도록 횡단하여야 한다.

2 우측통행의 원칙(제3항)

차마의 운전자는 도로(보도와 차도가 구분된 도로에서는 차도)의 중앙(중앙선이 설치되어 있는 경우에는 그 중앙선) **우측 부분을 통행하여야 한다.**

3 도로의 중앙이나 좌측부분을 통행할 수 있는 경우(제4항)

① 도로가 **일방통행**인 경우
② 도로의 **파손, 도로 공사**나 그 밖의 **장애** 등으로 도로의 우측 부분을 통행할 수 없는 경우
③ 도로의 우측 부분의 **폭이 6m가 되지 않는 도로**에서 다른 차를 앞지르려는 경우. 다만, 다음의 경우에는 그렇지 않다.
  ㉠ 도로의 좌측 부분을 확인할 수 없는 경우
  ㉡ 반대 방향의 교통을 방해할 우려가 있는 경우
  ㉢ 안전표지 등으로 앞지르기를 금지하거나 제한하고 있는 경우
④ 도로 우측 부분의 폭이 **차마의 통행에 충분하지 않은 경우**
⑤ **가파른 비탈길의 구부러진 곳**에서 교통의 위험을 방지하기 위하여 시 · 도 경찰청장이 필요하다고 인정하여 구간 및 통행 방법을 지정하고 있는 경우에 그 지정에 따라 통행하는 경우
⑥ 차마의 운전자는 **안전지대 등 안전표지**에 의하여 **진입이 금지된 장소에 들어가서는 안 된다.**
⑦ 차마(자전거 등은 제외)의 운전자는 **안전표지로 통행이 허용된 장소를 제외하고는 자전거도로 또는 길가장자리구역**으로 **통행해서는 안 된다.(자전거 우선도로는 제외)**

02. 차로에 따른 통행

1 차로에 따라 통행할 의무(법 제14조제2항)

① 차마의 운전자는 **차로가** 설치되어 있는 도로에서는 특별한 규정이 있는 경우를 제외하고는 **그 차로를** 따라 통행하여야 한다.
② 시 · 도 경찰청장이 통행 방법을 따로 **지정한 경우**에는 그 방법으로 통행하여야 한다.

2 차로에 따른 통행 구분(규칙 제16조, 별표9)

① 도로의 중앙에서 **오른쪽으로 2이상의 차로**(전용차로가 설치되어 운용되고 있는 도로에서는 전용차로를 제외)가 설치된 도로 및 일방통행도로에 있어서 그 차로에 따른 통행차의 기준은 다음의 표와 같다.

도로	차로구분	통행할 수 있는 차종
고속도로 외의 도로	왼쪽 차로	승용 자동차 및 경형 · 소형 · 중형 승합 자동차
	오른쪽 차로	대형 승합 자동차, 화물 자동차, 특수 자동차, 건설기계, 이륜자동차, 원동기 장치 자전거 (개인형 이동장치는 제외)

도로		차로구분	통행할 수 있는 차종
고속도로	편도 2차로	1차로	앞지르기를 하려는 모든 자동차. 다만, 차량 통행량 증가 등 도로 상황으로 인하여 부득이하게 시속 80킬로미터 미만으로 통행할 수밖에 없는 경우에는 앞지르기를 하는 경우가 아니라도 통행할 수 있다.
		2차로	모든 자동차
	편도 3차로 이상	1차로	앞지르기를 하려는 승용 자동차 및 앞지르기를 하려는 경형 · 소형 · 중형 승합자동차. 다만, 차량 통행량 증가 등 도로 상황으로 인하여 부득이하게 시속 80킬로미터 미만으로 통행할 수밖에 없는 경우에는 앞지르기를 하는 경우가 아니라도 통행할 수 있다.
		왼쪽 차로	승용 자동차 및 경형 · 소형 · 중형 승합 자동차
		오른쪽 차로	대형 승합 자동차, 화물 자동차, 특수 자동차, 건설기계

〈비고〉
1. 위 표에서 사용하는 용어의 뜻은 다음 각 목과 같다.
   가. "왼쪽 차로"란 다음에 해당하는 차로를 말한다.
      1) 고속도로 외의 도로의 경우: 차로를 반으로 나누어 그 중 1차로에 가까운 부분의 차로. 다만, 차로수가 홀수인 경우 가운데 차로는 제외한다.
      2) 고속도로의 경우: 1차로를 제외한 차로를 반으로 나누어 그 중 1차로에 가까운 부분의 차로. 다만, 1차로를 제외한 차로의 수가 홀수인 경우 그 중 가운데 차로는 제외한다.
2. 모든 차는 위 표에서 지정된 차로보다 오른쪽에 있는 차로로 통행할 수 있다.
3. 앞지르기를 할 때에는 위 표에서 지정된 차로의 왼쪽 바로 옆 차로로 통행할 수 있다.
4. 도로의 진출입 부분에서 진출입하는 때와 정차 또는 주차한 후 출발하는 때의 상당한 거리 동안은 이 표에서 정하는 기준에 따르지 않을 수 있다.

② 모든 차의 운전자는 통행하고 있는 **차로에서 느린 속도로 진행**하여 **다른 차의 정상적인 통행을 방해**할 우려가 있는 때에는 그 통행하던 **차로의 오른쪽 차로로 통행**하여야 한다.(제2항)

③ 차로의 순위는 도로의 **중앙선 쪽**에 있는 차로부터 **1차로**로 한다. 다만, **일반통행도로**에서는 도로의 **왼쪽부터 1차로**로 한다.(제3항)

3 전용차로 통행 금지(법 제15조제3항, 영 제10조, 별표1)

전용 차로로 통행할 수 있는 차가 아닌 차는 전용차로로 통행하여서는 아니 된다. 다만, 다음의 경우에는 그렇지 않다.(영 제10조)

① 긴급 자동차가 그 **본래의 긴급한 용도**로 운행되고 있는 경우

② 전용차로 통행차의 **통행에 장해를 주지 아니하는 범위**에서 택시가 승객을 **태우거나 내려주기 위하여** 일시 통행하는 경우, 이 경우 택시운전자는 승객이 타거나 내린 즉시 전용차로를 벗어나야 한다.

③ 도로의 파손 · 공사, 그 밖의 부득이한 장애로 인하여 전용차로가 아니면 통행할 수 없는 경우

전용차로의 종류	통행할 수 있는 차	
	고속도로	고속도로 외의 도로
버스 전용차로	9인승 이상 승용 자동차 및 승합 자동차(승용 자동차 또는 12인승 이하의 승합 자동차)는 6명 이상이 승차한 경우로 한정한다	㉠ 36인승 이상의 대형 승합자동차 ㉡ 36인승 미만의 시내 · 시외 · 농어촌 사업용 승합자동차 ㉢ 어린이 통학 버스 (신고필증 교육차에 한함) ㉣ 노선을 지정하여 운행하는 통학 · 통근용 승합자동차 중 16인승 이상 승합자동차 ㉤ 국제행사 참가인원 수송 등 특히 필요하다고 인정되는 승합자동차 (시 · 도 경찰청장이 정한 기간 이내로 한정) ㉥ 25인승 이상의 외국인 관광객 수송용 승합자동차 (외국인 관광객이 승차한 경우만 해당)
다인승 전용차로	3명 이상 승차한 승용 · 승합자동차 (다인승 전용차로와 버스 전용차로가 동시에 설치되는 경우에는 버스 전용차로를 통행할 수 있는 차는 제외)	
자전거 전용차로	자전거 등	

〈비고〉
1. 경찰청장은 설날 · 추석 등의 특별교통관리기간 중 특히 필요하다고 인정하는 때에는 고속도로 버스전용차로를 통행할 수 있는 차를 따로 정하여 고시할 수 있다.
2. 시장 등은 고속도로 버스전용차로와 연결되는 고속도로 외의 도로에 버스전용차로를 설치하는 경우에는 교통의 안전과 원활한 소통을 위하여 그 버스전용로를 통행할 수 있는 차의 종류, 설치구간 및 시행시기 등을 따로 정하여 고시할 수 있다.
3. 시장 등은 교통의 안전과 원활한 소통을 위하여 고속도로 외의 도로에 설치된 버스전용차로로 통행할 수 있는 자율주행자동차의 운행 가능 구간, 기간 및 통행시간 등을 따로 정하여 고시할 수 있다.
4. 시장 등은 차도의 일부 차로를 구간과 기간 및 통행시간 등을 정하여 자전거전용차로로 운영할 수 있다.

4 차량의 운행 속도(규칙 제19조)

① 운행 속도(제1항)

도로 구분		최고 속도	최저 속도
일반 도로	주거 지역 · 상업 지역 및 공업 지역	매시 50km 이내 (단, 시 · 도경찰청장이 지정한 노선 구간 : 매시 60km 이내)	–
	이 외의 일반도로	매시 60km 이내 (단, 편도 2차로 이상 : 80km/h)	
자동차 전용 도로		매시 90km	매시 30km
고속 도로	편도 1차로	매시 80km	매시 50km
	편도 2차로 이상	매시 100km 승용 · 승합 · 화물자동차 (적재중량 1.5톤 이하)	매시 50km
		매시 80km (적재 중량 1.5톤을 초과하는 화물 자동차, 특수 자동차, 위험물 운반 자동차, 건설 기계)	
	경찰청장이 지정 · 고시한 노선 또는 구간	매시 120km 이내 승용 · 승합 · 화물자동차 (적재중량 1.5톤 이하)	매시 50km
		매시 90km (적재중량 1.5톤을 초과하는 화물 자동차, 특수 자동차, 위험물 운반 자동차, 건설 기계)	

② 악천후 시의 감속 운행 속도(제2항)

최고 속도의 20/100을 감속 운행	최고 속도의 50/100을 감속 운행
㉠ 비가 내려 노면이 젖어있는 경우 ㉡ 눈이 20mm 미만 쌓인 경우	㉠ 폭우 · 폭설 · 안개 등으로 가시거리가 100m 이내인 경우 ㉡ 노면이 얼어붙은 경우 ㉢ 눈이 20mm 이상 쌓인 경우

③ 경찰청장 또는 시 · 도 경찰청장이 **가변형 속도 제한 표지**로 최고 속도를 정한 경우에는 이에 따라야 하며, **가변형 속도 제한 표지**로 정한 최고 속도와 **그 밖의 안전표지**로 정한 최고 속도가 **다를** 때에는 **가변형 속도 제한 표지**에 따라야 한다.(제3항)

03. 안전거리의 확보 등(법 제19조)

① 모든 차의 운전자는 **같은 방향**으로 가고 있는 **앞차의 뒤를 따르는** 경우에는 앞차가 갑자기 정지하게 되는 경우 그 **앞차와의 충돌**을 피할 수 있는 **필요한 거리**를 **확보**하여야 한다.(제1항)

② 자동차 등의 운전자는 같은 방향으로 가고 있는 **자전거 등의 운전자에 주의**하여야 하며, 그 옆을 지날 때에는 **자전거 등과의 충돌**을 피할 수 있는 **필요한 거리**를 **확보**하여야 한다.(제2항)

③ 모든 차의 운전자는 차의 **진로를 변경하려는 경우**에 그 변경하려는 방향으로 오고 있는 **다른 차의 정상적인 통행**에 장애를 줄 우려가 있을 때에는 **진로를 변경**하여서는 안 된다.(제3항)

④ 모든 차의 운전자는 위험 방지를 위한 경우와 그 밖의 부득이한 경우가 아니면 운전하는 차를 갑자기 정지시키거나 속도를 줄이는 등의 급제동을 하여서는 아니 된다.(제4항)

04. 진로 양보의 의무(법 제20조)

① 모든 차 (긴급 자동차는 제외)의 운전자는 뒤에서 따라오는 차보다 느린 속도로 가려는 경우에는 도로의 우측 가장자리로 피하여 진로를 양보하여야 한다. 다만, 통행 구분이 설치된 도로의 경우에는 그렇지 않다.(제1항)

② 좁은 도로에서 긴급 자동차 외의 자동차가 서로 마주보고 진행할 때에는 다음 호의 각 구분에 따른 자동차가 도로의 우측 가장자리로 피하여 진로를 양보하여야 한다.(제2항)

㉠ 비탈진 좁은 도로에서 자동차가 서로 마주보고 진행하는 경우에는 올라가는 자동차

㉡ 비탈진 좁은 도로 외의 좁은 도로에서 사람을 태웠거나 물건을 실은 자동차와 동승자가 없고 물건을 싣지 아니한 자동차가 서로 마주보고 진행하는 경우에는 동승자가 없고 물건을 싣지 아니한 자동차

05. 앞지르기 방법 등(법 제21조)

1 모든 차의 운전자는 다른 차를 앞지르려면 앞차의 좌측으로 통행하여야 한다.(제1항)

2 자전거 등의 운전자는 서행하거나 정지한 다른 차를 앞지르려면 앞차의 우측으로 통행할 수 있다. 이 경우 자전거 등의 운전자는 정지한 차에서 승차하거나 하차하는 사람의 안전에 유의하여 서행하거나 필요한 경우 일시정지 하여야 한다.(제2항)

3 앞지르려고 하는 모든 차의 운전자는 다음 사항에 충분히 주의를 기울여야 한다.(제3항)

① 반대 방향의 교통 ② 앞차 앞쪽의 교통 ③ 앞차의 속도 · 진로

④ 그 밖의 도로 상황에 따라 방향 지시기 · 등화 또는 경음기를 사용하는 등 안전한 속도와 방법으로 앞지르기를 하여야 한다.

4 모든 차의 운전자는 1항부터 3항까지 또는 고속도로에서 앞지르기(법제60조 제2항)를 하는 차가 있을 때에는 속도를 높여 경쟁하거나 그 차의 앞을 가로막는 등의 방법으로 앞지르기를 방해해서는 아니 된다.(제4항)

※ 법 제60조제2항(고속도로에서 앞지르기)

자동차의 운전자는 고속도로에서 다른 차를 앞지르려면 방향지시기, 등화 또는 경음기를 사용하여 행정안전부령으로 정하는 차로로 안전하게 통행하여야 한다.

5 앞지르기 금지 시기(법 제22조)

① 앞차를 앞지르지 못하는 경우(제1항)

㉠ 앞차의 좌측에 다른 차가 앞차와 나란히 가고 있는 경우

㉡ 앞차가 다른 차를 앞지르고 있거나 앞지르려고 하는 경우

② 다른 차를 앞지르지 못하고, 끼어들기도 못하는 경우(제2항, 법 제23조)

㉠ 도로교통법이나 이 법에 따른 명령에 따라 정지하거나 서행하고 있는 차

㉡ 경찰 공무원의 지시에 따라 정지하거나 서행하고 있는 차

㉢ 위험을 방지하기 위하여 정지하거나 서행하고 있는 차

6 앞지르기 금지 장소(제3항)

모든 차의 운전자는 다음의 어느 하나에 해당하는 곳에서는 다른 차를 앞지르지 못한다.

① 교차로 ② 터널 안 ③ 다리 위

④ 도로의 구부러진 곳, 비탈길의 고갯마루 부근 또는 가파른 비탈길의 내리막 등 시 · 도 경찰청장이 도로에서의 위험을 방지하고 교통의 안전과 원활한 소통을 확보하기 위하여 필요하다고 인정하는 곳으로서 안전표지로 지정한 곳

06. 철길 건널목의 통과(법 제24조)

1 일시정지와 안전 확인(제1항)

① 모든 차 또는 노면전차의 운전자는 철길 건널목(이하 건널목)을 통과하려는 경우에는 건널목 앞에서 일시 정지하여 안전한지 확인한 후에 통과하여야 한다.

② 신호기 등이 표시하는 신호에 따르는 경우에는 정지하지 않고 통과할 수 있다.

2 차단기, 경보기에 의한 진입 금지(제2항)

모든 차 또는 노면전차의 운전자는 건널목의 차단기가 내려져 있거나 내려지려고 하는 경우 또는 건널목의 경보기가 울리고 있는 동안에는 그 건널목으로 들어가서는 아니 된다.

3 건널목에서 운행할 수 없게 된 때의 조치(제3항)

모든 차 또는 노면전차의 운전자는 건널목을 통과하다가 고장 등의 사유로 건널목 안에서 차 또는 노면전차를 운행할 수 없게 된 경우에는 다음과 같이 조치하여야 한다.

① 즉시 승객을 대피시키기

② 비상 신호기 등을 사용하거나 그 밖의 방법으로 철도공무원 또는 경찰공무원에게 그 사실을 알려야 한다.

07. 교차로 통행 방법(법 제25조, 제25조의2)

① 모든 차의 운전자는 교차로에서 우회전을 하려는 경우에는 미리 도로의 우측 가장자리를 서행하면서 우회전하여야 한다. 이 경우 우회전하는 차의 운전자는 신호에 따라 정지하거나 진행하는 보행자 또는 자전거 등에 주의하여야 한다.(제1항)

② 모든 차의 운전자는 교차로에서 좌회전을 하려는 경우에는 미리 도로의 중앙선을 따라 서행하면서 교차로의 중심 안쪽을 이용하여 좌회전하여야 한다. 다만, 시 · 도 경찰청장이 교차로의 상황에 따라 특히 필요하다고 인정하여 지정한 곳에서는 교차로의 중심 바깥쪽을 통과할 수 있다.(제2항)

③ 자전거 등의 운전자는 교차로에서 좌회전하려는 경우 미리 도로의 우측 가장자리로 붙어 서행하면서 교차로의 가장자리 부분을 이용하여 좌회전하여야 한다.(제3항)

④ 우회전이나 좌회전을 하기 위하여 손이나 방향지시기 또는 등화로써 신호를 하는 차가 있는 경우에 그 뒤차의 운전자는 신호를 한 앞차의 진행을 방해하여서는 아니 된다.(제4항)

⑤ 모든 차 또는 노면전차의 운전자는 신호기로 교통정리를 하고 있는 교차로에 들어가려는 경우에는 진행하려는 진로의 앞쪽에 있는 차 또는 노면전차의 상황에 따라 교차로(정지선이 설치되어 있는 경우에는 그 정지선을 넘은 부분)에 정지하게 되어 다른 차 또는 노면전차의 통행에 방해가 될 우려가 있는 경우에는 그 교차로에 들어가서는 아니 된다.(제5항)

⑥ 모든 차의 운전자는 교통정리를 하고 있지 않고 일시정지나 양보를 표시하는 안전표지가 설치되어 있는 교차로에 들어가려고 할 때에는 다른 차의 진행을 방해하지 않도록 일시정지하거나 양보하여야 한다.(제6항)

⑦ 교통정리가 없는 교차로에서의 양보 운전(법 제26조)

㉠ 이미 교차로에 들어가 있는 다른 차가 있을 때에는 그 차에 진로를 양보하여야 한다.(제1항)

㉡ 통행하고 있는 도로의 폭보다 교차하는 도로의 폭이 넓은 경우에는 서행하여야 하며, 폭이 넓은 도로로부터 교차로에 들어가려고 하는 다른 차가 있을 때는 그 차에 진로를 양보하여야 한다.(제2항)

㉢ 우선순위가 같은 차가 동시에 들어가려고 하는 경우에는 우측도로의 차에 진로를 양보하여야 한다.(제3항)

㉣ 좌회전하고자 하는 차의 운전자는 그 교차로에서 직진하거나 우회전하려는 다른 차가 있을 때에는 그 차에 진로를 양보하여야 한다.(제4항)

⑧ 회전교차로 통행방법(제25조의2)

㉠ 모든 차의 운전자는 회전교차로에서는 반시계방향으로 통행하여야 한다.

㉡ 모든 차의 운전자는 회전교차로에 진입하려는 경우에는 서행하거나 일시정지하여야 하며, 이미 진행하고 있는 다른 차가 있는 때에는 그 차에 진로를 양보하여야 한다.

㉢ ㉠ 및 ㉡에 따라 회전교차로 통행을 위하여 손이나 방향지시기 또는 등화로써 신호를 하는 차가 있는 경우 그 뒤차의 운전자는 신호를 한 앞차의 진행을 방해하여서는 아니 된다.

08. 보행자의 보호(법 제27조)

① 모든 차 또는 노면 전차의 운전자는 보행자가 횡단보도를 통행하고 있거나 통행하려고 하는 때에는 보행자의 횡단을 방해하거나 위험을 주지 않도록 그 횡단보도 앞에서 일시정지하여야 한다.(제1항)

② 모든 차 또는 노면 전차의 운전자는 교통정리를 하고 있는 교차로에서 좌회전이나 우회전을 하려는 경우에는 신호기 또는 경찰 공무원 등의 신호나 지시에 따라 도로를 횡단하는 보행자의 통행을 방해하여서는 아니 된다.(제2항)

③ 모든 차의 운전자는 교통정리를 하고 있지 않은 교차로 또는 그 부근의 도로를 횡단하는 보행자의 통행을 방해하여서는 안 된다.(제3항)

④ 모든 차의 운전자는 도로에 설치된 안전지대에 보행자가 있는 경우와 차로가 설치되지 않은 좁은 도로에서 보행자의 옆을 지나는 경우 안전한 거리를 두고 서행하여야 한다.(제4항)

⑤ 모든 차 또는 노면 전차의 운전자는 보행자가 횡단보도가 설치되어 있지 않은 도로를 횡단하고 있을 때는 안전거리를 두고 일시정지하여 보행자가 안전하게 횡단할 수 있도록 하여야 한다.(제5항)

⑥ 모든 차 또는 노면 전차의 운전자는 다음 각 호의 어느 하나에 해당하는 곳에서 보행자의 옆을 지나는 경우에는 안전한 거리를 두고 서행하여야 하며, 보행자의 통행에 방해가 될 때에는 서행하거나 일시정지하여 보행자가 안전하게 통행할 수 있도록 하여야 한다.(제6항)

㉠ 보도와 차도가 구분되지 아니한 도로 중 중앙선이 없는 도로

㉡ 보행자 우선 도로　㉢ 도로 외의 곳

⑦ 모든 차 또는 노면전차의 운전자는 어린이 보호구역 내에 설치된 횡단보도 중 신호기가 설치되지 아니한 횡단보도 앞(정지선이 설치된 경우에는 그 정지선)에서는 보행자의 횡단 여부와 관계없이 일시정지하여야 한다.(제7항)

[참고] 보행자 우선도로(법 제 28조의2)

시 · 도 경찰청장이나 경찰서장은 보행자 우선도로에서 보행자를 보호하기 위하여 필요하다고 인정되는 경우에는 차마의 통행속도를 시속 20킬로미터 이내로 제한할 수 있다.

09. 긴급 자동차의 우선 및 특례

1 긴급 자동차의 우선 통행(법 제29조)

긴급 자동차는 긴급하고 부득이한 경우에는 다음과 같이 통행할 수 있다.

① 도로의 중앙이나 좌측 부분을 통행할 수 있다.(제1항)

② 정지하여야 하는 경우에도 불구하고 긴급하고 부득이한 경우에는 정지하지 않을 수 있다. 이 경우 교통의 안전에 특히 주의하면서 통행하여야 한다. (제2항, 제3항)

2 긴급 자동차에 대한 특례(법 제30조)

긴급 자동차에 대하여는 다음 각 호의 상황을 적용하지 아니한다.

① 자동차 등의 속도제한. 다만, 긴급 자동차에 대해 속도를 규정한 경우에는 적용한다.

② 앞지르기의 금지

③ 끼어들기의 금지

3 긴급 자동차가 접근할 때의 피양 방법(법 제29조)

① 교차로나 그 부근에서 긴급 자동차가 접근하는 경우에는 교차로를 피하여 일시 정지하여야 한다.(제4항)

② 교차로나 그 부근 외의 곳에서 긴급 자동차가 접근한 경우에는 긴급 자동차가 우선 통행할 수 있도록 진로를 양보하여야 한다.(제5항)

③ 긴급 자동차의 운전자는 긴급 자동차를 그 본래의 긴급한 용도로 운행하지 아니하는 경우에는 경광등을 켜거나, 사이렌을 작동해서는 안 된다. 다만, 범죄 및 화재 예방 등을 위한 순찰 · 훈련 등을 실시하는 경우에는 그러하지 아니하다.(제6항)

10. 서행 또는 일시정지 할 장소(법 제31조)

1 서행할 장소(제1항)

① 교통정리를 하고 있지 않은 교차로　② 도로가 구부러진 부근

③ 비탈길의 고갯마루 부근　④ 가파른 비탈길의 내리막

⑤ 시 · 도 경찰청장이 도로에서의 위험을 방지하고 교통의 안전과 원활한 소통을 확보하기 위해 필요하다고 인정하여 안전표지로 지정한 곳

2 일시정지 할 장소(제2항)

① 교통정리를 하고 있지 않고 좌우를 확인할 수 없거나 교통이 빈번한 교차로

② 시 · 도 경찰청장이 도로에서의 위험을 방지하고 교통의 안전과 원활한 소통을 확보하기 위해 필요하다고 인정하여 안전표지로 지정한 곳

11. 정차 및 주차(법 제32조)

1 정차 및 주차 금지 장소(제1항)

모든 차의 운전자는 다음 각 호의 어느 하나에 해당하는 곳에서는 차를 정차하거나 주차하여서는 아니 된다. 다만, 법에 따른 명령 또는 경찰 공무원의 지시에 따르는 경우와 위험 방지를 위하여 일시정지 하는 경우에는 그렇지 않다.

① 교차로 · 횡단보도 · 건널목이나 보도와 차도가 구분된 도로의 보도 (주차장법에 따라 차도와 보도에 걸쳐서 설치된 노상 주차장은 제외)

② 교차로의 가장자리 또는 도로의 모퉁이로부터 5m 이내인 곳

③ 안전지대가 설치된 도로에서는 그 안전지대의 사방으로부터 각각 10m 이내인 곳

④ 버스 여객 자동차의 정류지임을 표시하는 기둥이나 표지판 또는 선이 설치된 곳으로부터 10m 이내인 곳. 다만, 버스 여객 자동차의 운전자가 그 버스 여객 자동차의 운행 시간 중에 운행 노선에 따르는 정류장에서 승객을 태우거나 내리기 위하여 차를 정차하거나 주차하는 경우에는 그렇지 않다.

⑤ 건널목의 가장자리 또는 횡단보도로부터 10m 이내인 곳

⑥ 다음의 각 곳의 장소로부터 5m 이내인 곳

㉠ 소방용수시설 또는 비상 소화 장치가 설치된 곳

㉡ 소방시설로서 대통령령으로 정하는 시설이 설치된 곳

※ 대통령령으로 정하는 시설(영 제10조의3)
(소방시설 설치 및 관리에 관한 법률 시행령 별표 1)
1. 옥내소화전설비(호스릴 옥내소화전설비 포함)(1호 다)
2. 스프링클러설비 등(1호 라)
3. 물 분무 등 소화설비(1호 마)
4. 소화용수설비(상수도소화용수설비, 소화수조, 저수조)(4호)
5. 소화활동설비(연결송수관설비, 연결살수설비, 무선통신보조설비, 연소방지설비)(5호)

⑦ 시 · 도 경찰청장이 도로에서의 위험을 방지하고 교통의 안전과 원활한 소통을 확보하기 위하여 필요하다고 인정하여 지정한 곳
⑧ 시장 등이 어린이 보호구역으로 지정한 곳

2 주차 금지 장소(법 제33조)

모든 차의 운전자는 다음 각 호의 어느 하나에 해당하는 곳에서 차를 주차해서는 안 된다.

① 터널 안 및 다리 위
② 다음의 각 곳으로부터 5m 이내인 곳
㉠ 도로공사를 하고 있는 경우에는 그 공사 구역의 양쪽 가장자리
㉡ 다중이용업소의 영업장이 속한 건축물로 소방본부장의 요청에 의하여 시 · 도 경찰청장이 지정한 곳
③ 시 · 도 경찰청장이 도로에서의 위험을 방지하고 교통의 안전과 원활한 소통을 확보하기 위해 필요하다고 인정하여 지정한 곳

3 정차 또는 주차의 방법 및 시간의 제한(법 제34조)

도로 또는 노상주차장에 정차하거나 주차하려고 하는 차의 운전자는 차를 차도의 우측 가장자리에 정차하는 등 대통령령으로 정하는 정차 또는 주차의 방법 · 시간과 금지사항 등을 지켜야 한다.

1. 정차 및 주차의 방법 · 시간과 금지사항(영 제11조)
① 차의 운전자가 지켜야 하는 정차 또는 주차의 방법 및 시간의 제한은 다음 각 호와 같다.
㉠ 모든 차의 운전자는 도로에서 정차할 때에는 차도의 오른쪽 가장자리에 정차할 것. 다만, 차도와 보도의 구별이 없는 도로의 경우에는 도로의 오른쪽 가장자리로부터 중앙으로 50cm 이상의 거리를 두어야 한다.
㉡ 여객자동차의 운전자는 승객을 태우거나 내려주기 위하여 정류소 또는 이에 준하는 장소에서 정차하였을 때에는 승객이 타거나 내린 즉시 출발하여야 하며 뒤따르는 다른 차의 정차를 방해하지 아니할 것
㉢ 모든 차의 운전자는 도로에서 주차할 때에는 시 · 도 경찰청장이 정하는 주차의 장소 · 시간 및 방법에 따를 것
② 모든 차의 운전자는 도로에서 주차할 때에는 다른 교통에 방해가 되지 아니하도록 한다. 다만, 다음 각 호의 어느 하나에 해당하는 경우에는 그러하지 아니하다.
㉠ 안전표지 또는 다음 각 목의 어느 하나에 해당하는 사람의 지시에 따르는 경우
ⓐ 경찰공무원(의무경찰 포함)
ⓑ 제주특별자치도의 자치경찰공무원(이하 "자치경찰공무원")
ⓒ 경찰공무원(자치경찰공무원 포함)을 보조하는 사람(모범운전자, 군사경찰, 소방공무원)
㉡ 고장으로 인하여 부득이하게 주차하는 경우
③ 자동차의 운전자는 경사진 곳에 정차하거나 주차(도로 외의 경사진 곳에서 정차하거나 주차하는 경우 포함)하려는 경우 자동차의 주차 제동장치를 작동한 후에 다음의 어느 하나에 해당하는 조치를 취하여야 한다. 다만, 운전자가 운전석을 떠나지 아니하고 직접 제동장치를 작동하고 있는 경우는 제외한다.
㉠ 경사의 내리막 방향으로 바퀴에 고임목, 고임돌, 그 밖에 고무, 플라스틱 등 자동차의 미끄럼 사고를 방지할 수 있는 것을 설치할 것
㉡ 조향장치를 도로의 가장자리(자동차에서 가까운 쪽) 방향으로 돌려놓을 것
㉢ 그 밖에 위와 준하는 방법으로 미끄럼 사고의 발생 방지를 위한 조치를 취할 것

4 정차 또는 주차를 금지하는 장소의 특례(법 제34조의2)

정차나 주차가 금지된 장소 중 시 · 도 경찰청장이 안전표지로 구역 · 시간 · 방법 및 차의 종류를 정하여 정차나 주차를 허용한 곳에서는 정차하거나 주차할 수 있다.

1. 정차나 주차가 안전표지로 허용된 곳(법 제32조)
1호 : 교차로, 횡단보도, 건널목이나 보도
4호 : 버스 정류장 표지판이나 선으로부터 10m 이내의 곳
5호 : 건널목 가장자리 또는 횡단보도의 10m 이내의 곳
7호 : 시 · 도 경찰청장이 지정한 곳
8호 : 시장 등이 지정한 어린이 보호구역

12. 차와 노면 전차의 등화

1 밤에 켜야 할 등화(영 제19조제1항)

① 자동차 : 자동차 안전 기준에서 정하는 전조등, 차폭등, 미등, 번호등과 실내 조명등 (실내 조명등은 승합자동차와 여객자동차운수사업법에 따른 여객자동차운송사업용 승용 자동차만 해당)
② 원동기 장치 자전거 : 전조등 및 미등
③ 견인되는 차 : 미등 · 차폭등 및 번호등
④ 노면전차 : 전조등, 차폭등, 미등 및 실내조명등
⑤ 그 외의 차 : 시 · 도 경찰청장이 정하여 고시하는 등화

2 도로에서 정차하거나 주차할 때 켜야 하는 등화(제2항)

① 자동차(이륜자동차는 제외) : 자동차 안전 기준에서 정하는 미등 및 차폭등
② 이륜자동차 및 원동기 장치 자전거 : 미등(후부 반사기를 포함)
③ 노면전차 : 차폭등 및 미등
④ 그 외의 차 : 시 · 도 경찰청장이 정하여 고시하는 등화

3 등화를 켜야 하는 시기(법 제37조제1항)

① 밤 (해가 진 후 부터 해가 뜨기 전까지)에 도로에서 차 또는 노면 전차를 운행하거나 고장이나 그 밖의 부득이한 사유로 도로에서 차를 정차 또는 주차시키는 경우
② 안개가 끼거나 비 또는 눈이 올 때에 도로에서 차 또는 노면 전차를 운행하거나 고장이나 그 밖의 부득이한 사유로 도로에서 차 또는 노면 전차를 정차 또는 주차하는 경우
③ 터널 안을 운행하거나 고장 또는 그 밖의 부득이한 사유로 터널 안 도로에서 차 또는 노면 전차를 정차 또는 주차하는 경우

※ 차의 신호 : 모든 차의 운전자는 좌회전 · 우회전 · 횡단 · 유턴 · 서행 · 정지 또는 후진을 하거나 같은 방향으로 진행하면서 진로를 바꾸려고 하는 경우와 회전교차로에 진입하거나 회전교차로에서 진출하는 경우에는 손이나 방향지시기 또는 등화로써 그 행위가 끝날 때까지 신호를 하여야 한다.(법 제38조제1항)

4 밤에 마주보고 진행하는 경우 등의 등화 조작(영 제20조)

① 밤에 차가 서로 마주보고 진행하는 경우(제1항제1호)
㉠ 전조등의 밝기를 줄이거나
㉡ 불빛의 방향을 아래로 향하게 하거나
㉢ 잠시 전조등을 끌 것(도로의 상황으로 보아 마주보고 진행하는 차 또는 노면 전차의 교통을 방해할 우려가 없는 경우는 제외)
② 앞의 차 또는 노면 전차의 바로 뒤를 따라가는 경우(제2호)

㉠ 전조등 불빛의 방향을 아래로 향하게 하고
㉡ 전조등 불빛의 밝기를 함부로 조작하여 앞의 차 또는 노면 전차의 운전을 방해하지 아니할 것

5 모든 차 또는 노면 전차의 운전자는 교통이 빈번한 곳에서 운행할 때에는 전조등 불빛의 방향을 계속 아래로 유지하여야 한다. 다만, 시 · 도 경찰청장이 교통의 안전과 원활한 소통을 확보하기 위하여 필요하다고 인정하여 지정한 지역에서는 그러하지 아니 하다. (영 제20조제2항)

13. 승차의 방법과 제한 등 (법 제39조 및 제40조, 영 제22조)

① 모든 차의 운전자는 승차 인원, 적재중량 및 적재용량에 관하여 운행상의 안전기준을 넘어서 승차시키거나 적재한 상태로 운전해서는 안 된다. 다만, 출발지를 관할하는 경찰서장의 허가를 받은 경우에는 그러하지 아니하다.

※ 운행상의 안전기준(영 제22조)
1. 자동차의 승차인원은 승차정원 이내일 것
2. 화물자동차의 적재중량은 구조 및 성능에 따르는 적재중량의 110%이내일 것
3. 자동차(화물자동차, 이륜자동차 및 소형 3륜자동차만 해당) 적재용량은 다음의 구분에 따른 기준을 넘지 않을 것
㉠ 길이 : 자동차 길이에 그 길이의 10분의 1을 더한 길이. (다만 이륜자동차는 그 승차장치의 길이 또는 적재장치의 길이에 30cm를 더한 길이를 말함.)
㉡ 너비 : 자동차의 후사경으로 뒤쪽을 확인할 수 있는 범위(후사경의 높이보다 화물을 낮게 적재한 경우에는 그 화물을, 후사경의 높이보다 화물을 높게 적재한 경우에는 뒤쪽을 확인할 수 있는 범위를 말함)
㉢ 높이 : 화물자동차는 지상으로부터 4m(도로구조의 보전과 통행의 안전에 지장이 없다고 인정하여 고시한 도로노선의 경우에는 4.2m), 소형 3륜자동차는 지상으로부터 2.5m, 이륜자동차는 지상으로부터 2m

② 모든 차 또는 노면전차의 운전자는 운전 중 타고 내리는 사람이 떨어지지 않도록 문을 정확히 여닫는 등 필요한 조치를 해야 한다.
③ 모든 차의 운전자는 운전 중 실은 화물이 떨어지지 않도록 덮개를 씌우거나 묶는 등 확실하게 고정될 수 있도록 필요한 조치를 해야 한다.
④ 모든 차의 운전자는 영유아나 동물을 안고 운전 장치를 조작하거나 운전석 주위에 물건을 싣는 등 안전에 지장을 줄 우려가 있는 상태로 운전해서는 안 된다.
⑤ 시 · 도 경찰청장은 도로에서의 위험을 방지하고 교통의 안전과 원활한 소통을 확보하기 위하여 필요하다고 인정하는 경우에는 차의 운전자에 대해 승차 인원, 적재중량 또는 적재용량을 제한할 수 있다.

제5절 운전자, 고용주 등의 의무

01. 운전 등의 금지 (법 제43조부터 제46조의3 까지)

① 무면허운전 등의 금지(법 제43조)
누구든지 시 · 도 경찰청장으로부터 운전면허를 받지 않거나 운전면허의 효력이 정지된 경우에는 자동차 등(개인형 이동장치 제외)을 운전하여서는 아니 된다.

② 술에 취한 상태에서의 운전금지(법 제44조)
㉠ 누구든지 술에 취한 상태에서 자동차 등(소형건설기계를 포함), 노면전차 또는 자전거를 운전해서는 아니 된다.
㉡ 술에 취한 상태에서 자동차 등, 노면전차 또는 자전거를 운전했다고 인정할만한 상당한 이유가 있는 경우에는 운전자가 술에 취했는지를 호흡조사로 측정할 수 있다. 이 경우 운전자는 경찰공무원의 측정에 응하여야 한다.
㉢ 음주측정결과에 불복하는 운전자에 대해 그 운전자의 동의를 받아 혈액채취 등의 방법으로 다시 측정할 수 있다.
㉣ 음주운전이 금지되는 술에 취한 상태의 기준은 운전자의 혈중알코올농도가 0.03% 이상이어야 한다.

③ 과로한 때 등의 운전금지(법 제45조)
자동차 등(개인형 이동장치 제외) 또는 노면전차의 운전자는 술에 취한 상태 외에 과로, 질병 또는 약물(마약, 대마 및 향정신성의약품과 그 밖의 행정안전부령으로 정하는 것)의 영향과 그 밖의 사유로 정상적으로 운전하지 못할 우려가 있는 상태에서 자동차 등 또는 노면전차를 운전해서는 안 된다.
*위반 시 3년 이하의 징역이나 천만 원 이하의 벌금

※ 운전이 금지되는 약물의 종류(시행규칙 제28조)
– 흥분, 환각 또는 마취의 작용을 일으키는 유해화학물질로서 화학물질관리법 시행령 제11조에 따른 환각물질
– 환각물질
① 톨루엔, 초산에틸 또는 메틸알코올
② ①의 물질이 들어있는 시너(도료의 점도를 감소시키기 위하여 사용되는 유기용제)
③ 부탄가스
④ 아산화질소(의료용 제외)

④ 공동 위험행위의 금지(법 제46조)
자동차 등의 운전자는 도로에서 2명 이상이 공동으로 2대 이상의 자동차 등을 정당한 사유 없이 앞뒤로 또는 좌우로 줄지어 통행하면서 다른 사람에게 위해를 끼치거나 교통상의 위험을 발생하게 하여서는 아니 된다.
*공동위험행위를 하거나 주도한 사람은 2년 이하의 징역이나 500만 원 이하의 벌금

⑤ 난폭운전 금지(법 제46조의3)
자동차 등의 운전자는 다음의 행위 중 둘 이상의 행위를 연달아 하거나, 하나의 행위를 지속 또는 반복하여 다른 사람에게 위협 또는 위해를 가하거나 교통상의 위험을 발생하게 해서는 안 된다.
ⓐ 신호 또는 지시위반, ⓑ 중앙선 침범, ⓒ 속도위반, ⓓ 횡단, 유턴, 후진위반, ⓔ 안전거리 미확보, 진로변경 금지위반, 급제동 금지위반, ⓕ 앞지르기 방법 또는 앞지르기 방해금지위반, ⓖ 정당한 사유 없는 소음발생, ⓗ 고속도로에서의 횡단 · 유턴 · 후진 금지위반
*위반 시 1년 이하의 징역이나 500만 원 이하의 벌금

02. 운전자의 준수 사항 (법 제49조제1항)

모든 차 또는 노면 전차의 운전자는 다음 사항을 지켜야 한다.

1 물이 고인 곳을 운행하는 때에는 고인 물을 튀게 하여 다른 사람에게 피해를 주는 일이 없도록 할 것

2 다음의 어느 하나에 해당하는 때에는 일시정지할 것
① 어린이가 보호자 없이 도로를 횡단하는 때, 어린이가 도로에 앉아 있거나 서 있을 때 또는 어린이가 도로에서 놀이를 할 때 등 어린이에 대한 교통사고의 위험이 있는 것을 발견한 경우
② 앞을 보지 못하는 사람이 흰색 지팡이를 가지거나 장애인보조견을 동반하는 등의 조치를 하고 도로를 횡단하고 있는 경우

③ 지하도나 육교 등 도로 횡단시설을 이용할 수 없는 지체장애인이나 노인 등이 도로를 횡단하고 있는 경우

3 자동차의 앞면 창유리와 운전석 좌우 옆면 창유리의 가시광선의 투과율이 대통령령으로 정하는 기준보다 낮아 교통안전 등에 지장을 줄 수 있는 차를 운전하지 않을 것. (요인 경호용, 구급용 및 장의용 자동차는 제외)

> **대통령령이 정하는 자동차 창유리 가시광선 투과율의 금지 기준(영 제28조)**
>
> 앞면 창유리 : 70% / 운전석 좌우 옆면 창유리 : 40%

4 교통 단속용 장비의 기능을 방해하는 장치를 한 차나 그 밖에 안전 운전에 지장을 줄 수 있는 것으로서 행정안전부령으로 정하는 기준에 적합하지 않은 장치를 한 차를 운전하지 아니할 것. (다만 자율 주행 자동차의 신기술 개발을 위한 장치를 장착하는 경우는 제외)

> **행정안전부령이 정하는 기준에 적합하지 않은 장치(규칙 제29조)**
>
> ㉠ 경찰관서에서 사용하는 무전기와 동일한 주파수의 무전기
> ㉡ 긴급 자동차가 아닌 자동차에 부착된 경광등, 사이렌 또는 비상등
> ㉢ 자동차 및 자동차 부품의 성능과 기준에 관한 규칙에서 정하지 아니한 것으로서 안전 운전에 현저히 장애가 될 정도의 장치

5 도로에서 자동차 등(개인형 이동장치는 제외) 또는 노면전차를 세워 둔 채 시비 · 다툼 등의 행위를 하여 다른 차마의 통행을 방해하지 아니할 것

6 운전자가 차 또는 노면전차를 떠나는 경우에는 교통사고를 방지하고 다른 사람이 함부로 운전하지 못하도록 필요한 조치를 할 것

7 운전자는 안전을 확인하지 않고 차 또는 노면전차의 문을 열거나 내려서는 아니 되며, 동승자가 교통의 위험을 일으키지 아니하도록 필요한 조치를 할 것

8 운전자는 정당한 사유 없이 다음의 어느 하나에 해당하는 행위를 하여 다른 사람에게 피해를 주는 소음을 발생시키지 아니할 것

① 자동차 등을 급히 출발시키거나 속도를 급격히 높이는 행위
② 자동차 등의 원동기의 동력을 차의 바퀴에 전달시키지 아니하고 원동기의 회전수를 증가시키는 행위
③ 반복적이거나 연속적으로 경음기를 울리는 행위

9 운전자는 승객이 차 안에서 안전 운전에 현저히 장해가 될 정도로 춤을 추는 등 소란 행위를 하도록 내버려두고 차를 운행하지 아니할 것

10 운전자는 자동차 등 또는 노면전차의 운전 중에는 휴대용 전화(자동차용 전화를 포함)를 사용하지 아니할 것. 다만, 다음의 어느 하나에 해당하는 경우에는 그렇지 않다.

① 자동차 등 또는 노면전차가 정지하고 있는 경우
② 긴급 자동차를 운전하는 경우
③ 각종 범죄 및 재해 신고 등 긴급한 필요가 있는 경우
④ 안전 운전에 장애를 주지 아니하는 장치로서 손으로 잡지 아니하고도 휴대용 전화(자동차용 전화를 포함)를 사용할 수 있도록 해 주는 장치를 이용하는 경우

11 자동차 등 또는 노면전차의 운전 중에는 방송 등 영상물을 수신하거나 재생하는 장치(운전자가 휴대하는 것을 포함, 이하 영상 표시 장치)를 통하여 운전자가 운전 중 볼 수 있는 위치에 영상이 표시되지 아니하도록 할 것. 다만, 다음의 어느 하나에 해당하는 경우에는 그렇지 않다.

① 자동차 등 또는 노면전차가 정지하고 있는 경우
② 자동차 등 또는 노면전차에 장착하거나 거치하여 놓은 영상 표시 장치에 다음의 영상이 표시되는 경우
㉠ 지리 안내 영상 또는 교통 정보 안내 영상
㉡ 국가 비상사태 · 재난 상황 등 긴급한 상황을 안내하는 영상
㉢ 운전을 할 때 자동차 등 또는 노면전차의 좌우 또는 전후방을 볼 수 있도록 도움을 주는 영상

12 자동차 등 또는 노면전차의 운전 중에는 영상 표시 장치를 조작하지 아니할 것. 다만, 다음의 어느 하나에 해당하는 경우에는 그렇지 않다.

① 자동차 등과 노면전차가 정지하고 있는 경우
② 노면전차 운전자가 운전에 필요한 영상 표시 장치를 조작하는 경우

13 운전자는 자동차의 화물 적재함에 사람을 태우고 운행하지 않을 것

14 그 밖에 시 · 도 경찰청장이 교통안전과 교통질서 유지에 필요하다고 인정하여 지정 · 공고한 사항에 따를 것

03. 특정 운전자의 준수 사항(법 제50조, 규칙 제31조)

자동차(이륜자동차는 제외)를 운전하는 때에는 좌석 안전띠를 매어야 하며, 모든 좌석의 동승자에게도 좌석 안전띠(영유아인 경우에는 유아 보호용 장구를 장착한 후의 좌석 안전띠)를 매도록 하여야 한다. 다만, 질병 등으로 인하여 좌석 안전띠를 매는 것이 곤란하거나 다음의 사유가 있는 경우에는 그러하지 않다.

① 부상 · 질병 · 장애 또는 임신 등으로 인하여 좌석 안전띠의 착용이 적당하지 아니하다고 인정되는 자가 자동차를 운전하거나 승차하는 때
② 자동차를 후진시키기 위하여 운전하는 때
③ 신장 · 비만, 그 밖의 신체의 상태에 의하여 좌석 안전띠의 착용이 적당하지 않다고 인정되는 자가 자동차를 운전하거나 승차하는 때
④ 긴급 자동차가 그 본래의 용도로 운행되고 있는 때
⑤ 경호 등을 위한 경찰용 자동차에 의하여 호위되거나 유도되고 있는 자동차를 운전하거나 승차하는 때
⑥ 국민 투표 운동 · 선거 운동 및 국민 투표 · 선거 관리 업무에 사용되는 자동차를 운전하거나 승차하는 때
⑦ 우편물의 집배, 폐기물의 수집 그 밖에 빈번히 승강하는 것을 필요로 하는 업무에 종사하는 자가 해당 업무를 위하여 자동차를 운전하거나 승차하는 때
⑧ 여객자동차운수사업법에 의한 여객자동차운송사업용 자동차의 운전자가 승객의 주취 · 약물 복용 등으로 좌석 안전띠를 매도록 할 수 없거나 승객에게 좌석 안전띠 착용을 안내하였음에도 불구하고 승객이 착용하지 않는 때
⑨ 운송사업용 자동차, 화물자동차 및 노면전차 등으로서 행정안전부령으로 정하는 자동차 또는 노면전차의 운전자는 다음의 어느 하나에 해당하는 행위를 해서는 안 된다.
㉠ 운행기록계가 설치되어 있지 않거나 고장 등으로 사용할 수 없는 운행기록계가 설치된 자동차를 운행하는 행위
㉡ 운행기록계를 원래의 목적대로 사용하지 않고 자동차를 운전하는 행위
㉢ 승차를 거부하는 행위(사업용 승합자동차와 노면전차에 한정)
⑩ 사업용 승용자동차의 운전자는 합승행위 또는 승차거부를 하거나 신고한 요금을 초과하는 요금을 받아서는 아니 된다.

04. 어린이 통학 버스(법 제51조~제53조의3)

1 어린이 통학 버스의 특별 보호(법 제51조)

① 어린이 통학 버스가 도로에 정차하여 어린이나 영유아가 타고 내리는 중임을 표시하는 점멸등 등의 장치를 작동 중일 때에는 어린이 통학버스가 정차한 차로와 그 차로의 바로 옆 차로로 통행하는 차의 운전자는 어린이 통학 버스에 이르기 전에 일시정지하여 안전을 확인한 후 서행하여야 한다. (제1항)
② 중앙선이 설치되지 않은 도로와 편도 1차로인 도로에서는 반대 방향에서 진행하는 차의 운전자도 어린이 통학 버스에 이르기 전에 일시정지하여 안전을 확인한 후 서행하여야 한다. (제2항)
③ 모든 차의 운전자는 어린이나 영유아를 태우고 있다는 표시를 한 상태로 도로를 통행하는 어린이 통학 버스를 앞지르지 못한다. (제3항)

2 어린이 통학 버스의 신고 등(법 제52조)

① 어린이 통학 버스를 운영하려는 자는 미리 관할 경찰서장에게 신고하고 신고증명서를 발급받아야 하며, 어린이 통학 버스 안에 발급받은 신고증명서를 항상 갖추어 두어야 한다.

② 어린이통학버스로 사용할 수 있는 자동차는 행정안전부령으로 정하는 자동차로 한정한다. 이 경우 그 자동차는 도색 · 표지, 보험가입, 소유 관계 등 요건을 갖추어야 한다.

※ 대통령령으로 정하는 어린이 통학 버스의 요건(영 제31조)

㉠ 자동차 안전기준에서 정한 어린이 운송용 승합자동차의 구조를 갖출 것

㉡ 어린이 통학 버스 앞면 창유리 우측상단과 뒷면 창유리 중앙하단의 보기 쉬운 곳에 어린이 보호표지를 부착할 것

㉢ 교통사고로 인한 피해를 전액 배상할 수 있도록 보험 또는 공제조합에 가입되어 있을 것

㉣ 자동차등록령에 따른 등록원부에 따라 유치원, 학교, 어린이집, 학원, 체육시설의 인가를 받거나 등록 또는 신고한 자의 명의로 등록되어 있는 자동차 또는 시설 등의 장이 전세버스운송사업자와 운송계약을 맺은 자동차일 것

㉤ 누구든지 어린이 통학 버스의 신고를 하지 않거나 한정면허를 받지 않고 어린이 통학 버스와 비슷한 도색 및 표지를 하거나, 이러한 도색 및 표지를 한 자동차를 운전해서는 아니 된다.

③ 어린이 통학 버스로 사용할 수 있는 자동차(규칙 제34조)
승차정원 9인승(어린이 1명을 승차정원 1명으로 본다) 이상의 자동차로 한다. 이 경우, 자동차관리법에 따라 튜닝 승인을 받은 자가 9인승 이상의 승용자동차 또는 승합자동차를 장애아동의 승 · 하차 편의를 위하여 9인승 미만으로 튜닝한 경우 그 승용자동차 또는 승합자동차를 포함한다.

3 어린이 통학 버스 운전자 및 운영자 등의 의무(법 제53조)

① 어린이 통학 버스를 운전하는 사람은 어린이나 영유아가 타고 내리는 경우에만 점멸등 등의 장치를 작동하여야 한다.

② 어린이나 영유아를 태우고 운행 중인 경우에만 운행 중임을 표시하여야 한다.

③ 어린이 통학 버스 운전자는 모든 어린이나 영유아가 좌석안전띠를 메도록 한 후에 출발하여야 한다.

④ 어린이 통학 버스를 운영하는 자가 지명한 보호자를 함께 태우고 운행하여야 하며, 보호자를 함께 태우고 운행하는 경우에는 보호자 동승표지를 부착할 수 있다.(보호자는 승하차 시 안전 확인 및 보호조치)

⑤ 어린이 통학 버스 운전자는 운행을 마친 후 어린이나 영유아가 모두 하차(하차 확인장치 작동)하였는지를 확인해야 한다.

4 어린이 통학 버스 운영자 등에 대한 안전교육(법 제53조의3)

① 어린이 통학 버스를 운영하는 사람과 운전하는 사람 및 보호자는 안전운행 등에 관한 교육을 받아야 한다.

② 어린이 통학 버스 안전교육은 강의 · 시청각교육 등의 방법으로 3시간 이상 실시한다.(영 제31조의2 제3항)

③ 어린이 통학 버스 안전교육은 다음의 구분에 따라 실시한다.

㉠ 신규교육 : 운영자와 동승하려는 보호자를 대상으로 운영, 운전 또는 동승을 하기 전에 실시하는 교육

㉡ 정기 안전교육 : 운영자, 운전자, 동승하는 보호자를 대상으로 2년마다 정기적으로 실시하는 교육

*어린이 통학 버스 안전교육을 받은 날부터 기산하여 2년이 되는 날이 속하는 해의 1월 1일부터 12월 31일 사이에 정기 안전교육을 받아야 한다.

05. 사고 발생 시의 조치(법 제54조)

1 차 또는 노면 전차의 운전 등 교통으로 인하여 사람을 사상하거나 물건을 손괴(이하 교통사고)한 경우에는 그 차 또는 노면 전차의 운전자나 그 밖의 승무원(이하 운전자 등)은 즉시 정차하여 다음의 각 조치를 해야 한다.(제1항)

① 사상자를 구호하는 등 필요한 조치

② 피해자에게 인적 사항(성명 · 전화번호 · 주소 등) 제공

2 그 차 또는 노면 전차의 운전자 등은 경찰 공무원이 현장에 있을 때에는 그 경찰 공무원에게, 경찰 공무원이 현장에 없을 때에는 가장 가까운 국가경찰관서(지구대 · 파출소 및 출장소 포함)에 다음의 각 사항을 지체 없이 신고하여야 한다. 다만, 차 또는 노면전차만 손괴된 것이 분명하고 도로에서의 위험 방지와 원활한 소통을 위하여 필요한 조치를 한 경우는 제외한다.(제2항)

① 사고가 일어난 곳　② 사상자 수 및 부상 정도

③ 손괴한 물건 및 손괴 정도　④ 그 밖의 조치 사항 등

3 **2**에 따라 신고를 받은 국가경찰관서의 경찰공무원은 부상자의 구호와 그 밖의 교통위험 방지를 위하여 필요하다고 인정하면 경찰공무원(자치경찰공무원은 제외)이 현장에 도착할 때까지 신고한 운전자 등에게 현장에서 대기할 것을 명할 수 있다.

4 경찰공무원은 교통사고를 낸 차 또는 노면전차의 운전자 등에 대하여 그 현장에서 부상자의 구호와 교통안전을 위하여 필요한 지시를 명할 수 있다.

5 긴급자동차, 부상자를 운반 중인 차, 우편물자동차 및 노면전차 등의 운전자는 긴급한 경우에는 동승자 등으로 하여금 **1**에 따른 조치나 **2**에 따른 신고를 하게하고 운전을 계속할 수 있다.

6 교통사고가 일어난 경우에는 누구든지 **1** 및 **2**에 따른 운전자 등의 조치 또는 신고행위를 방해하여서는 아니 된다.

제6절 고속도로 등 통행 방법

01. 갓길 통행 금지 등(법 제60조)

① 자동차의 운전자는 고속도로 등 (고속도로 또는 자동차 전용도로)에서 자동차의 고장 등 부득이한 사정이 있는 경우를 제외하고는 행정안전부령으로 정하는 차로에 따라 통행하여야 하며, 갓길(「도로법」에 따른 길어깨)로 통행하여서는 안된다. 다만, 다음의 어느 하나에 해당하는 경우에는 그러하지 아니하다

㉠ 긴급 자동차와 고속도로 등의 보수 · 유지 등의 작업을 하는 자동차를 운전하는 경우

㉡ 차량 정체 시 신호기 또는 경찰 공무원 등의 신호나 지시에 따라 갓길에서 자동차를 운전하는 경우

② 자동차의 운전자는 고속도로에서 다른 차를 앞지르려면 방향 지시기, 등화 또는 경음기를 사용하여 행정안전부령으로 정하는 차로로 안전하게 통행하여야 한다.

02. 횡단·통행 등의 금지 등(법 제62조, 제63조)

① 자동차의 운전자는 그 차를 운전하여 고속도로 등을 횡단하거나 유턴 또는 후진해서는 안 된다. 다만, 긴급 자동차 또는 도로의 보수 · 유지 등의 작업을 하는 자동차 가운데 고속도로 등에서의 위험을 방지 · 제거하거나 교통사고에 대한 응급 조치 작업을 위한 자동차로서 그 목적을 위하여 반드시 필요한 경우에는 그렇지 않다.

② 자동차(이륜자동차는 긴급 자동차만 해당) 외의 차마의 운전자 또는 보행자는 고속도로 등을 통행하거나 횡단하여서는 아니 된다.

03. 정차 및 주차의 금지(법 제64조)

자동차의 운전자는 고속도로 등에서 차를 정차 또는 주차시켜서는 안 된다. 다만, 다음의 어느 하나에 해당하는 경우에는 그렇지 않다.

① 법령의 규정 또는 경찰 공무원의 지시에 따르거나 위험을 방지하기 위하여 일시 정차 또는 주차시키는 경우
② 정차 또는 주차할 수 있도록 안전표지를 설치한 곳이나 정류장에서 정차 또는 주차시키는 경우
③ 고장이나 그 밖의 부득이한 사유로 길 가장자리 구역(갓길 포함)에 정차 또는 주차시키는 경우
④ 통행료를 내기 위해 통행료를 받는 곳에서 정차하는 경우
⑤ 도로의 관리자가 고속도로 등을 보수 · 유지 또는 순회하기 위하여 정차 또는 주차시키는 경우
⑥ 경찰용 긴급 자동차가 고속도로 등에서 범죄 수사, 교통 단속이나 그 밖의 경찰 임무를 수행하기 위해 정차 또는 주차시키는 경우
⑦ 소방차가 고속도로 등에서 화재 진압 및 인명 구조 · 구급 등 소방 활동, 소방 지원 활동 및 생활 안전 활동을 수행하기 위하여 정차 또는 주차시키는 경우
⑧ 경찰용 긴급 자동차 및 소방차를 제외한 긴급 자동차가 사용 목적을 달성하기 위하여 정차 또는 주차시키는 경우
⑨ 교통이 밀리거나 그 밖의 부득이한 사유로 움직일 수 없을 때에 고속도로 등의 차로에 일시 정차 또는 주차시키는 경우

04. 고장 자동차의 표지(규칙 제40조)

① 자동차의 운전자는 고장이나 그 밖의 사유로 고속도로 또는 자동차 전용 도로(이하 고속도로 등)에서 자동차를 운행할 수 없게 되었을 때는 다음 각 호의 표지를 설치하여야 한다.
   ㉠ 안전 삼각대
   ㉡ 사방 500미터 지점에서 식별할 수 있는 적색의 섬광 신호 · 전기제등 또는 불꽃 신호. 다만, 밤에 고장이나 그 밖의 사유로 고속도로 등에서 자동차를 운행할 수 없게 되었을 때로 한정한다.
② 자동차의 운전자는 ①에 따른 표지를 설치하는 경우 그 자동차의 후방에서 접근하는 자동차의 운전자가 확인할 수 있는 위치에 설치해야 한다.

05. 고속도로 등에서의 준수 사항(법 제67조)

고속도로 등을 운행하는 자동차의 운전자는 교통의 안전과 원활한 소통을 확보하기 위하여 고장 자동차의 표지를 항상 비치하며, 고장이나 그 밖의 부득이한 사유로 자동차를 운행할 수 없게 되었을 때는 자동차를 도로의 우측 가장자리에 정지시키고 그 표지를 설치하여야 한다.

제7절 교통안전교육

01. 교통안전교육(법 제73조)

운전면허를 받으려는 사람은 운전면허시험(자동차 등 및 법령시험, 자동차 관리방법 및 안전운전에 필요한 점검) 전까지 운전자가 갖추어야 할 기본예절 등에 관한 교통안전교육을 1시간 받아야 한다. 다만, 다음의 경우에는 제외한다.

① 특별안전교육 의무교육을 받은 사람
② 자동차 운전 전문학원에서 학과교육을 수료한 사람

02. 특별 교통안전 의무 교육 대상(법 제73조제2항)

1 운전면허취소 처분을 받은 사람으로서 운전면허를 다시 받으려는 사람

※ 다음의 경우에 해당하여 운전면허취소 처분을 받은 사람은 제외
① 적성(정기, 수시) 검사를 받지 아니하거나 불합격한 경우(법 제93조제1항제9호)
② 운전면허를 실효시킬 목적으로 자진하여 운전면허를 반납하는 경우(제20호)

2 다음의 경우에 해당하여 운전면허효력정지 처분을 받게 되거나 받은 사람으로서 그 정지 기간이 끝나지 아니한 사람

① 술에 취한 상태에서 자동차 등을 운전한 경우(법 제93조제1항제1호)
② 공동 위험 행위를 한 경우(제5호)
③ 난폭 운전을 한 경우(제5의2)
④ 운전 중 고의 또는 과실로 교통사고를 일으킨 경우(제10호)
⑤ 자동차 등을 이용하여 특수 상해 · 특수 폭행 · 특수 협박 또는 특수 손괴를 위반하는 행위를 한 경우(제10의2)

3 운전면허취소 처분 또는 운전면허효력정지 처분(2의 ①~⑤까지 위반자)이 면제된 사람으로서 면제된 날부터 1개월이 지나지 아니한 사람

4 운전면허효력정지 처분을 받게 되거나 받은 초보 운전자로서 그 정지 기간이 끝나지 아니한 사람

5 어린이 보호 구역에서 운전 중 어린이를 사상하는 사고를 유발하여 벌점을 받은 날부터 1년 이내의 사람

03. 특별 교통안전 의무 교육(영 제38조)

1 특별 교통안전 의무 교육 및 특별 교통안전 권장 교육은 다음의 각 사항에 대하여 강의 · 시청각 교육 또는 현장 체험 교육 등의 방법으로 3시간 이상 48시간 이하로 각각 실시한다.(제2항)

① 교통질서 ② 교통사고와 그 예방
③ 안전 운전의 기초 ④ 교통 법규와 안전
⑤ 운전면허 및 자동차 관리
⑥ 그 밖에 교통안전의 확보를 위하여 필요한 사항

※ 특별 교통안전 의무 교육
① 음주운전 교육
   ㉠ 최근 5년간 최초 위반자 – 12시간(4시간 3회)
   ㉡ 최근 5년간 2회 위반자 – 16시간(4시간 4회)
   ㉢ 최근 5년간 3회 위반자 – 48시간(4시간 12회)
② 배려운전 교육 및 법규준수 교육 : 6시간

2 특별 교통안전 의무 교육 및 특별 교통안전 권장 교육은 도로교통공단에서 실시한다.(제3항)

04. 특별 교통안전 의무 교육의 연기(제5항)

01의 2~5까지의 규정에 해당하는 사람이 다음의 어느 하나에 해당하는 사유로 특별 교통안전 의무 교육을 받을 수 없을 때에는 특별 교통안전 의무 교육 연기 신청서에 그 연기 사유를 증명할 수 있는 서류를 첨부하여 경찰서장에게 제출해야 한다. 이 경우 특별 교통안전 의무 교육을 연기 받은 사람은 그 사유가 없어진 날부터 30일 이내에 특별교통안전 의무 교육을 받아야 한다.

① 질병이나 부상으로 인하여 거동이 불가능한 경우
② 법령에 따라 신체의 자유를 구속당한 경우
③ 그 밖에 부득이하다고 인정할 만한 상당한 이유가 있는 경우

05. 특별 교통안전 권장 교육(법 제73조제3항)

다음의 어느 하나에 해당하는 사람이 시·도 경찰청장에게 신청하는 경우에는 특별 교통안전 권장 교육을 받을 수 있다. 이 경우 권장 교육을 받기 전 1년 이내에 해당 교육을 받지 않은 사람에 한정한다.

① 교통법규 위반 등 위 앞의 01의 ❷~❹에 따른 사유 외의 사유로 인하여 운전면허효력정지 처분을 받게 되거나 받은 사람
② 교통 법규 위반 등으로 인하여 운전면허효력정지 처분을 받을 가능성이 있는 사람
③ 특별 교통안전 의무 교육을 받은 사람
④ 운전면허를 받은 사람 중 교육을 받으려는 날에 65세 이상인 사람

※ 특별 교통안전 권장 교육
① 법규준수교육 : 6시간 ② 벌점감점교육 : 4시간
③ 현장참여교육 : 8시간 ④ 고령운전교육 : 3시간

06. 긴급자동차 운전업무 종사자의 교통안전교육 (법 제73조, 영 제38조 및 제38조의2)

❶ 긴급자동차의 운전업무에 종사하는 사람으로서 대통령령으로 정하는 바에 따라 정기적으로 긴급자동차의 안전운전에 관한 교육을 받아야 한다. (법 제73조제4항)

❷ 대통령령으로 정하는 사람(영 제38조의2 제1항)
① 법 제2조 제22호 가목~다목의 규정에 해당하는 운전자
② 영 제2조 제1항 각 호에 해당하는 운전자

❸ 긴급자동차 교통안전교육의 종류(제2항)
① 신규 교통안전교육 : 최초로 긴급자동차를 운전하려는 사람을 대상으로 실시하는 교육
② 정기 교통안전교육 : 긴급자동차를 운전하는 사람을 대상으로 3년마다 정기적으로 실시하는 교육. 이 경우 직전 교육을 받은 날부터 기산하여 3년이 되는 날이 속하는 해의 1월 1일부터 12월 31일 사이에 교육을 받을 수 있다.(제3항)
③ 긴급자동차 교통안전교육은 강의·시청각교육 등의 방법으로 실시하며, 신규 교통안전교육은 3시간 이상, 정기 교통안전교육은 2시간 이상 실시한다.

07. 75세 이상 교통안전교육(법 제73조)

❶ 75세 이상인 사람으로서 운전면허를 받으려는 사람은 운전면허시험에 응시하기 전에, 운전면허증 갱신일에 75세 이상인 사람은 운전면허증 갱신기간 이내에 각각 다음의 사항에 관한 교통안전교육 2시간을 받아야 한다.
① 노화와 안전운전에 관한 사항
② 약물과 운전에 관한 사항
③ 기억력과 판단능력 등 인지능력별 대처에 관한 사항
④ 교통관련 법령 이해에 관한 사항

제8절 운전면허

01. 운전면허 종별에 따라 운전할 수 있는 차량 (규칙 제53조, 별표18)

운전면허			운전할 수 있는 차량
종별	구분		
제1종	대형 면허		① 승용 자동차 ② 승합자동차 ③ 화물 자동차 ④ 건설 기계 ㉠ 덤프 트럭, 아스팔트 살포기, 노상 안정기 ㉡ 콘크리트믹서 트럭, 콘크리트 펌프, 천공기(트럭 적재식) ㉢ 콘크리트믹서 트레일러, 아스팔트콘크리트 재생기 ㉣ 도로보수 트럭, 3톤 미만의 지게차 ⑤ 특수 자동차(대형 견인차, 소형 견인차 및 구난차는 제외) ⑥ 원동기 장치 자전거
	보통 면허		① 승용 자동차 ② 승차 정원 15명 이하의 승합자동차 ③ 적재 중량 12톤 미만의 화물 자동차 ④ 건설 기계(도로를 운행하는 3톤 미만의 지게차로 한정) ⑤ 총중량 10톤 미만의 특수 자동차(구난차 등은 제외) ⑥ 원동기 장치 자전거
	소형 면허		① 3륜 화물 자동차 ② 3륜 승용 자동차 ③ 원동기 장치 자전거
	특수 면허	대형 견인차	① 견인형 특수 자동차 ② 제2종 보통 면허로 운전할 수 있는 차량
		소형 견인차	① 총중량 3.5톤 이하의 견인형 특수 자동차 ② 제2종 보통 면허로 운전할 수 있는 차량
		구난차	① 구난형 특수 자동차 ② 제2종 보통 면허로 운전할 수 있는 차량
제2종	보통면허		① 승용자동차 ② 승차정원 10명 이하의 승합자동차 ③ 적재중량 4톤 이하의 화물자동차 ④ 총중량 3.5톤 이하의 특수자동차(구난차등은 제외한다) ⑤ 원동기장치자전거
	소형면허		① 이륜자동차(측차부를 포함한다) ② 원동기 장치 자전거
	원동기 장치 자전거 면허		원동기 장치 자전거

02. 운전면허를 받을 수 없는 사람(법 제82조, 영 제42조)

① 18세 미만(원동기 장치 자전거의 경우에는 16세 미만)인 사람
② 교통상의 위험과 장해를 일으킬 수 있는 정신 질환자 또는 뇌전증 환자로서 대통령령으로 정하는 사람
*대통령령으로 정하는 사람(영 제42조 제1항)
치매, 조현병, 조현정동장애, 양극성 정동장애(조울증), 재발성 우울장애 등의 정신질환 또는 정신 발육지연, 뇌전증 등으로 인하여 정상적인 운전을 할 수 없다고 해당 분야 전문의가 인정하는 사람.
③ **듣지 못하는 사람**(제1종 운전면허 중 대형 면허·특수 면허만 해당), **앞을 보지 못하는 사람**(한쪽 눈만 보지 못하는 사람의 경우에는 제1종 운전면허 중 대형 면허·특수 면허만 해당)이나 그 밖에 대통령령으로 정하는 신체장애인
*그 밖에 대통령령으로 정하는 신체장애인(시행령 제42조 제2항)
다리, 머리, 척추, 그 밖의 신체의 장애로 인하여 앉아 있을 수 없는 사람. 다만, 신체장애 정도에 적합하게 제작·승인된 자동차를 사용하여 정상적인 운전을 할 수 있는 경우 제외
④ 양쪽 팔의 팔꿈치관절 이상을 잃은 사람이나 양쪽 팔을 전혀 쓸 수 없는 사람. 다만, 본인의 신체장애 정도에 적합하게 제작된 자동차를 이용하여 정상적인 운전을 할 수 있는 경우에는 그렇지 않다.

⑤ 교통상의 위험과 장해를 일으킬 수 있는 마약 · 대마 · 향정신성 의약품 또는 알코올 중독자로서 대통령령으로 정하는 사람

*대통령령으로 정하는 사람(영 제42조 제3항)
마약 · 대마 · 향정신성의약품 또는 알코올 관련 장애 등으로 인하여 정상적인 운전을 할 수 없다고 해당 분야 전문의가 인정하는 사람

⑥ 제1종 대형 면허 또는 제1종 특수 면허를 받으려는 경우로서 19세 미만이거나 자동차(이륜자동차는 제외)의 운전 경험이 1년 미만인 사람

⑦ 대한민국의 국적을 가지지 않은 사람 중 외국인 등록을 하지 않은 사람(외국인 등록이 면제된 사람은 제외)이나 국내 거소 신고를 하지 않은 사람

03. 응시 제한 기간(법 제82조제2항)

제한 기간	사 유
운전면허가 취소된 날부터 5년간	주취 중 운전, 과로 운전, 공동 위험 행위 운전(무면허 운전 또는 운전면허 결격 기간 중 운전 위반 포함)으로 사람을 사상한 후 구호 및 신고 조치를 하지 않아 취소된 경우
	주취 중 운전 (무면허 운전 또는 운전면허 결격 기간 중 운전 포함)으로 사람을 사망에 이르게 하여 취소된 경우
운전면허가 취소된 날부터 4년간	무면허 운전, 주취 중 운전, 과로 운전, 공동 위험 행위 운전 외의 다른 사유로 사람을 사상한 후 구호 및 신고 조치를 하지 않아 취소된 경우
그 위반한 날부터 3년간	• 주취 중 운전 (무면허 운전 또는 운전면허 결격 기간 중 운전을 위반한 경우 포함)을 하다가 2회 이상 교통사고를 일으켜 운전면허가 취소된 경우 • 자동차를 이용하여 범죄 행위를 하거나 다른 사람의 자동차를 훔치거나 빼앗은 사람이 무면허로 그 자동차를 운전한 경우
운전면허가 취소된 날부터 2년간	• 주취 중 운전 또는 주취 중 음주운전 불응 2회 이상(무면허 운전 또는 운전면허 결격 기간 중 운전을 위반한 경우 포함) 위반하여 취소된 경우 • 위의 경우로 교통사고를 일으킨 경우 • 공동 위험 행위 금지 2회 이상 위반(무면허 운전 또는 운전면허 결격 기간 중 운전 포함) • 무자격자 면허 취득, 거짓이나 부정 면허 취득, 운전면허효력정지 기간 중 운전면허증 또는 운전면허증을 갈음하는 증명서를 발급받아 운전을 하다가 취소된 경우 • 다른 사람의 자동차 등을 훔치거나 빼앗아 운전면허가 취소된 경우 • 운전면허 시험에 대신 응시하여 운전면허가 취소된 경우
그 위반한 날부터 2년간	무면허 운전 등의 금지, 운전면허 응시 제한 기간 규정을 3회 이상 위반하여 자동차등을 운전한 경우
운전면허가 취소된 날부터 1년간	상기 경우가 아닌 다른 사유로 면허가 취소된 경우(원동기 장치 자전거 면허를 받으려는 경우는 6개월로 하되, 공동 위험 행위 운전 위반으로 취소된 경우에는 1년)
그 위반한 날부터 1년간	무면허 운전 등의 금지, 운전면허 응시 제한 기간 규정을 위반하여 자동차등을 운전한 경우
제한 없음	• 적성 검사를 받지 않거나 그 적성 검사에 불합격하여 운전면허가 취소된 사람 • 제1종 운전면허를 받은 사람이 적성 검사에 불합격하여 다시 제2종 운전면허를 받으려는 경우
그 정지 기간	• 운전면허효력정지 처분을 받고 있는 경우
그 금지 기간	• 국제 운전면허증 또는 상호 인정 면허증으로 운전하는 운전자가 운전 금지 처분을 받은 경우

제9절 운전면허의 행정 처분 및 범칙 행위

01. 벌점의 종합관리(규칙 제91조, 별표28)

❶ 누산 점수의 관리

법규 위반 또는 교통사고로 인한 벌점은 행정 처분 기준을 적용하고자 하는 당해 위반 또는 사고가 있었던 날을 기준으로 하여 과거 3년간의 모든 벌점을 누산하여 관리한다.

❷ 무위반 · 무사고 기간 경과로 인한 벌점 소멸

처분 벌점이 40점 미만인 경우에 최종의 위반일 또는 사고일로부터 위반 및 사고 없이 1년이 경과한 때에는 그 처분 벌점은 소멸한다.

❸ 벌점 공제

다음의 경우, 특혜점수가 부여되며 기간에 관계없이 정지 또는 취소처분을 받게 될 경우 누산점수에서 공제된다.

① 인적피해가 있는 교통사고를 야기하고 도주한 차량의 운전자(교통사고의 피해자가 아닌 경우로 한정)를 검거하거나 신고 : 40점(40점 단위 공제)

② 경찰청장이 정하여 고시하는 바에 따라 무위반 · 무사고 서약을 하고 1년간 이를 실천한 운전자 : 10점(10점 단위 공제)

㉠ 다만, 교통사고로 사람을 사망에 이르게 하거나, 음주운전, 난폭운전, 특수상해, 특수폭행, 특수협박, 특수손괴 등 자동차 등을 이용한 범죄 중 어느 하나에 해당하는 사유로 정지처분을 받게 될 경우에는 공제할 수 없다.

02. 벌점·누산점수 초과로 인한 운전면허의 취소·정지

❶ 벌점, 누산점수 초과로 인한 면허취소

1회의 위반 · 사고로 인한 벌점 또는 연간 누산 점수가 다음의 벌점 또는 누산 점수에 도달한 때에는 그 운전면허를 취소

기간	벌점 또는 누산 점수
1년간	121점 이상
2년간	201점 이상
3년간	271점 이상

❷ 벌점, 처분벌점 초과로 인한 면허정지

운전면허정지 처분은 1회의 위반 · 사고로 인한 벌점 또는 처분 벌점이 40점 이상이 된 때부터 결정하여 집행하되, 원칙적으로 1점을 1일로 계산하여 집행한다.

03. 취소 처분 개별 기준

위반 사항	내 용
교통사고를 일으키고 구호 조치를 하지 않은 때	교통사고로 사람을 죽게 하거나 다치게 하고, 구호조치를 하지 아니한 때
술에 취한 상태에서 운전한 때	• 술에 취한 상태의 기준(혈중알코올농도 0.03% 이상)을 넘어서 운전을 하다가 교통사고로 사람을 죽게 하거나 다치게 한 때 • 혈중알코올농도 0.08% 이상에서 운전한 때 • 술에 취한 상태의 기준을 넘어 운전하거나 술에 취한 상태의 측정에 불응한 사람이 다시 술에 취한 상태(혈중알코올농도 0.03% 이상)에서 운전한 때
술에 취한 상태의 측정에 불응한 때	술에 취한 상태에서 운전하거나 술에 취한 상태에서 운전하였다고 인정할 만한 상당한 이유가 있음에도 불구하고 경찰공무원의 측정 요구에 불응한 때

다른 사람에게 운전면허증 대여 (도난, 분실 제외)	• 면허증 소지자가 다른 사람에게 면허증을 대여하여 운전하게 한 때 • 면허 취득자가 다른 사람의 면허증을 대여 받거나 그 밖에 부정한 방법으로 입수한 면허증으로 운전한 때
결격 사유에 해당	• 교통상의 위험과 장해를 일으킬 수 있는 정신 질환자 또는 뇌전증 환자로서 정상적인 운전을 할 수 없다고 해당분야 전문의가 인정하는 사람 • 앞을 보지 못하는 사람 (한쪽 눈만 보지 못하는 사람의 경우에는 제1종 운전면허 중 대형 면허 · 특수 면허로 한정) • 듣지 못하는 사람 (제1종 운전면허 중 대형 면허 · 특수 면허로 한정) • 양팔의 팔꿈치관절 이상을 잃은 사람, 또는 양팔을 전혀 쓸 수 없는 사람. 다만, 본인의 신체장애 정도에 적합하게 제작된 자동차를 이용하여 정상적으로 운전할 수 있는 경우에는 그러하지 아니하다. • 다리, 머리, 척추 그 밖의 신체장애로 인하여 앉아 있을 수 없는 사람 • 교통상의 위험과 장해를 일으킬 수 있는 마약, 대마, 향정신성 의약품 또는 알코올 중독자로서 정상적인 운전을 할 수 없다고 해당분야 전문의가 인정하는 사람
약물을 사용한 상태에서 자동차 등을 운전한 때	약물 투약 · 흡연 · 섭취 · 주사 등으로 정상적인 운전을 하지 못할 염려가 있는 상태에서 자동차 등을 운전한 때
공동 위험 행위	공동 위험 행위로 구속된 때
난폭 운전	난폭 운전으로 구속된 때
속도 위반	최고 속도보다 100km/h를 초과한 속도로 3회 이상 운전한 때
정기 적성 검사 불합격 또는 정기 적성 검사 기간 1년 경과	정기 적성 검사에 불합격하거나 적성 검사 기간 만료일 다음 날부터 적성 검사를 받지 않고 1년을 초과한 때
수시 적성 검사 불합격 또는 수시 적성 검사 기간 경과	수시 적성 검사에 불합격하거나 수시 적성 검사 기간을 초과한 때
운전면허 행정 처분 기간 중 운전 행위	운전면허 행정 처분 기간 중에 운전한 때
허위 또는 부정한 수단으로 운전면허를 받은 경우	• 허위 · 부정한 수단으로 운전면허를 받은 때 • 운전면허 결격 사유에 해당하여 운전면허를 받을 자격이 없는 사람이 운전면허를 받은 때 • 운전면허 효력의 정지 기간 중에 면허증 또는 운전면허증에 갈음하는 증명서를 교부받은 사실이 드러난 때
등록 또는 임시운행 허가를 받지 않은 자동차를 운전한 때	자동차관리법에 따라 등록되지 않거나 임시 운행 허가를 받지 않은 자동차(이륜자동차 제외)를 운전한 때
자동차 등을 이용하여 형법상 특수 상해 등을 행한 때 (보복 운전)	자동차 등을 이용하여 형법상 특수 상해, 특수 폭행, 특수 협박, 특수 손괴를 행하여 구속된 때
다른 사람을 위하여 운전면허 시험에 응시한 때	운전면허를 가진 사람이 다른 사람을 부정하게 합격시키기 위하여 운전면허 시험에 응시한 때
운전자가 단속 경찰 공무원 등에 대한 폭행	단속하는 경찰 공무원 등 및 시 · 군 · 구 공무원을 폭행하여 형사 입건된 때
연습면허 취소 사유가 있었던 경우	제1종 보통 및 제2종 보통 면허를 받기 이전에 연습 면허의 취소 사유가 있었던 때 (연습 면허에 대한 취소 절차 진행 중 제1종 보통 및 제2종 보통면허를 받은 경우를 포함)

04. 정지 처분 개별 기준

❶ 도로교통법이나 도로교통법에 의한 명령을 위반한 때

위반 사항	벌 점
• 속도위반 (100km/h 초과) • 술에 취한 상태의 기준을 넘어서 운전한 때 (혈중알코올농도 0.03% 이상 0.08% 미만) • 자동차 등을 이용하여 형법상 특수상해 등 (보복 운전)을 하여 입건된 때	100
• 속도위반 (80km/h 초과 100km/h 이하)	80
• 속도위반 (60km/h 초과 80km/h 이하)	60
• 정차 · 주차 위반에 대한 조치 불응 (단체에 소속되거나 다수인에 포함되어 경찰 공무원의 3회 이상의 이동 명령에 따르지 않고 교통을 방해한 경우에 한함) • 공동 위험 행위로 형사 입건된 때 • 난폭 운전으로 형사 입건된 때 • 안전운전 의무 위반 (단체에 소속되거나 다수인에 포함되어 경찰 공무원의 3회 이상의 안전운전 지시에 따르지 않고 타인에게 위험과 장해를 주는 속도나 방법으로 운전한 경우에 한함) • 승객의 차내 소란 행위 방치 운전 • 출석 기간 또는 범칙금 납부 기간 만료일부터 60일이 경과될 때까지 즉결 심판을 받지 않은 때	40
• 통행 구분 위반 (중앙선 침범에 한함) • 속도위반 (40km/h 초과 60km/h 이하) • 철길 건널목 통과 방법 위반 • 회전 교차로 통행 방법 위반(통행 방향 위반에 한정) • 어린이 통학 버스 특별 보호 위반 • 어린이 통학 버스 운전자의 의무 위반 (좌석 안전띠를 매도록 하지 않은 운전자는 제외) • 고속도로 · 자동차 전용 도로 갓길 통행 • 고속도로 버스 전용 차로 · 다인승 전용 차로 통행 위반 • 운전면허증 등의 제시 의무 위반 또는 운전자 신원 확인을 위한 경찰 공무원의 질문에 불응	30
• 신호 · 지시 위반 • 속도위반 (20km/h 초과 40km/h 이하) • 속도위반 (어린이 보호 구역 안에서 오전 8시부터 오후 8시까지 사이에 제한 속도를 20km/h 이내에서 초과한 경우에 한정) • 앞지르기 금지 시기 · 장소 위반 • 적재 제한 위반 또는 적재물 추락 방지 위반 • 운전 중 휴대용 전화 사용 • 운전 중 운전자가 볼 수 있는 위치에 영상 표시 • 운전 중 영상 표시 장치 조작 • 운행 기록계 미설치 자동차 운전 금지 등의 위반	15
• 통행 구분 위반 (보도 침범, 보도 횡단 방법 위반) • 차로 통행 준수 의무 위반, 지정차로 통행 위반 (진로 변경 금지 장소에서의 진로 변경 포함) • 일반도로 전용차로 통행 위반 • 안전거리 미확보 (진로 변경 방법 위반 포함) • 앞지르기 방법 위반 • 보행자 보호 불이행 (정지선 위반 포함) • 승객 또는 승하차자 추락 방지 조치 위반 • 안전운전 의무 위반 • 노상 시비 · 다툼 등으로 차마의 통행 방해 행위 • 자율주행자동차 운전자의 준수 사항 위반 • 돌 · 유리병 · 쇳조각이나 그 밖에 도로에 있는 사람이나 차마를 손상시킬 우려가 있는 물건을 던지거나 발사하는 행위 • 도로를 통행하고 있는 차마에서 밖으로 물건을 던지는 행위	10

〈비고〉

1. 위 표에도 불구하고 **어린이 보호구역 및 노인 · 장애인 보호구역** 안에서 **오전 8시부터 오후 8시 사이**에 다음 각 목에 따른 위반행위를 한 운전자에게는 해당 목에 정하는 벌점을 부과한다.
   ① **벌점 120점** : 속도위반(100km/h 초과)
   속도위반(80km/h 초과 100km/h 이하)
   ② **벌점의 2배** : 속도위반(60km/h 초과 80km/h 이하), 속도위반(40km/h 초과 60km/h 이하), 신호 · 지시 위반 속도위반(20km/h 초과 40km/h 이하), 보행자 보호 불이행(정지선위반 포함)

❷ 자동차 등의 운전 중 교통사고를 일으킨 때

구 분		벌점	내 용
인적 피해 교통 사고	사망 1명마다	90	사고 발생 시부터 72시간 이내에 사망한 때
	중상 1명마다	15	3주 이상의 치료를 요하는 의사의 진단이 있는 사고
	경상 1명마다	5	3주 미만 5일 이상의 치료를 요하는 의사의 진단이 있는 사고
	부상신고 1명마다	2	5일 미만의 치료를 요하는 의사의 진단이 있는 사고

① 교통사고 발생 원인이 불가항력이거나 피해자의 명백한 과실인 때에는 행정 처분을 하지 아니한다.
② 자동차 등 대 사람의 교통사고의 경우 쌍방과실인 때에는 그 벌점을 2분의 1로 감경한다.
③ 자동차 등 대 자동차 등의 교통사고의 경우 그 사고 원인 중 중한 위반 행위를 한 운전자만 적용한다.
④ 교통사고로 인한 벌점 산정에 있어서 처분 받을 운전자 본인의 피해에 대하여는 벌점을 산정하지 아니한다.

3 조치 등 불이행에 따른 벌점 기준

불이행사항	벌점	내용
교통사고 야기 시 조치 불이행	90	1. 물적 피해가 발생한 교통사고를 일으킨 후 도주한 때 2. 교통사고를 일으킨 즉시(그때, 그 자리에서 곧)사상자를 구호하는 등의 조치를 하지 아니하였으나 그 후 자진신고를 한 때
	15	가. 고속도로, 특별시·광역시 및 시의 관할구역과 군(광역시의 군 제외)의 관할구역 중 경찰관서가 위치하는 리 또는 동 지역에서 3시간(그 밖의 지역에서는 12시간) 이내에 자진신고를 한 때
	2	나. 가 목에 따른 시간 후 48시간 이내에 자진신고를 한 때

4 자동차 등 이용 범죄 및 자동차 등 강도·절도 시의 운전면허 행정 처분 기준

1) 취소 처분 기준

위반 사항	내 용
① 자동차 등을 다음 범죄의 도구나 장소로 이용한 경우 가)「국가보안법」중 제4조부터 제9조까지의 죄 및 같은 법 제12조 중 증거를 날조·인멸·은닉한 죄 나)「형법」중 다음 어느 하나의 범죄 • 살인, 사체유기, 방화 • 강도, 강간, 강제추행 • 약취·유인·감금 • 상습절도(절취한 물건을 운반한 경우에 한정한다) • 교통방해(단체 또는 다중의 위력으로써 위반한 경우에 한정한다)	가) 자동차 등을 법정형 상한이 유기징역 10년을 초과하는 범죄의 도구나 장소로 이용한 경우 나) 자동차 등을 범죄의 도구나 장소로 이용하여 운전면허 취소·정지 처분을 받은 사실이 있는 사람이 다시 자동차 등을 범죄의 도구나 장소로 이용한 경우. 다만, 일반교통방해죄의 경우는 제외한다.
② 다른 사람의 자동차 등을 훔치거나 빼앗은 경우	가) 다른 사람의 자동차 등을 빼앗아 이를 운전한 경우 나) 다른 사람의 자동차 등을 훔치거나 빼앗아 이를 운전하여 운전면허 취소·정지 처분을 받은 사실이 있는 사람이 다시 자동차 등을 훔치고 이를 운전한 경우

2) 정지 처분 기준

위반 사항	내용	벌점
① 자동차 등을 다음 범죄의 도구나 장소로 이용한 경우 가)「국가보안법」중 제4조부터 제9조까지의 죄 및 같은 법 제12조 중 증거를 날조·인멸·은닉한 죄 나)「형법」중 다음 어느 하나의 범죄 • 살인, 사체유기, 방화 • 강도, 강간, 강제추행 • 약취·유인·감금 • 상습절도(절취한 물건을 운반한 경우에 한정한다) • 교통방해(단체 또는 다중의 위력으로써 위반한 경우에 한정한다)	가) 자동차 등을 법정형 상한이 유기징역 10년 이하인 범죄의 도구나 장소로 이용한 경우	100
② 다른 사람의 자동차 등을 훔친 경우	가) 다른 사람의 자동차 등을 훔치고 이를 운전한 경우	100

5 다른 법률에 따라 관계 행정 기관의 장이 행정처분 요청 시의 운전면허 행정처분 기준

1)「양육비 이행 확보 및 지원에 관한 법률」에 따라 여성가족부 장관이 운전면허 정지처분을 요청하는 경우 : 정지 100일

05. 범칙 행위 및 범칙 금액(영 제93조, 별표8)

범칙 행위	범칙 금액
• 속도위반 (60㎞/h 초과) • 어린이 통학 버스 운전자의 의무 위반 (좌석 안전띠를 매도록 하지 않은 경우는 제외) • 인적 사항 제공 의무 위반 (주·정차된 차만 손괴한 것이 분명한 경우에 한정)	1) 승합 자동차 등 : 13만원 2) 승용 자동차 등 : 12만원
• 속도위반 (40㎞/h 초과 60㎞/h 이하) • 승객의 차 안 소란 행위 방치 운전 • 어린이 통학버스 특별 보호 위반	1) 승합 자동차 등 : 10만원 2) 승용 자동차 등 : 9만원
• 안전표지가 설치된 곳에서의 정차·주차 금지 위반	1) 승합 자동차 등 : 9만원 2) 승용 자동차 등 : 8만원
• 신호·지시 위반 • 중앙선 침범, 통행 구분 위반 • 속도위반 (20㎞/h 초과 40㎞/h 이하) • 횡단·유턴·후진 위반 • 앞지르기 방법 위반 • 앞지르기 금지 시기·장소 위반 • 철길 건널목 통과 방법 위반 • 회전교차로 통행방법 위반 • 횡단보도 보행자 횡단 방해 (신호 또는 지시에 따라 도로를 횡단하는 보행자의 통행 방해와 어린이 보호 구역에서의 일시 정지 위반을 포함) • 보행자 전용 도로 통행 위반 (보행자 전용 도로 통행 방법 위반을 포함한다) • 긴급 자동차에 대한 양보·일시정지 위반 • 긴급한 용도나 그 밖에 허용된 사항 외에 경광등이나 사이렌 사용 • 승차 인원 초과, 승객 또는 승하차자 추락 방지 조치 위반 • 어린이·앞을 보지 못하는 사람 등의 보호 위반 • 운전 중 휴대용 전화사용 • 운전 중 운전자가 볼 수 있는 위치에 영상 표시 • 운전 중 영상 표시 장치 조작 • 운행기록계 미설치 자동차 운전 금지 등의 위반 • 고속도로·자동차 전용 도로 갓길 통행 • 고속도로 버스 전용 차로·다인승 전용 차로 통행 위반	1) 승합 자동차 등 : 7만원 2) 승용 자동차 등 : 6만원
• 통행 금지 제한 위반 • 일반도로 전용 차로 통행 위반 • 노면전차 전용로 통행 위반 • 고속도로·자동차 전용 도로 안전 거리 미확보 • 앞지르기의 방해 금지 위반 • 교차로 통행 방법 위반 • 회전 교차로 진입·진행 방법 위반 • 교차로에서의 양보 운전 위반 • 보행자의 통행 방해 또는 보호 불이행 • 정차·주차 금지 위반 (안전표지가 설치된 곳에서의 정차·주차 금지 위반은 제외) • 주차 금지 위반 • 정차·주차 방법 위반 • 경사진 곳에서의 정차·주차 방법 위반 • 정차·주차 위반에 대한 조치 불응 • 적재 제한 위반, 적재물 추락 방지 위반 또는 영유아나 동물을 안고 운전하는 행위 • 안전 운전 의무 위반 • 도로에서의 시비·다툼 등으로 인한 차마의 통행 방해 행위 • 급발진, 급가속, 엔진 공회전 또는 반복적·연속적인 경음기 울림으로 인한 소음 발생 행위 • 화물 적재함에의 승객 탑승 운행 행위 • 자율주행자동차 운전자의 준수 사항 위반 • 고속도로 지정차로 통행 위반 • 고속도로·자동차 전용 도로 횡단·유턴·후진 위반 • 고속도로·자동차 전용 도로 정차·주차 금지 위반 • 고속도로 진입 위반 • 고속도로·자동차 전용 도로에서의 고장 등의 경우 조치 불이행	1) 승합 자동차 등 : 5만원 2) 승용 자동차 등 : 4만원

• 혼잡 완화 조치 위반 • 차로 통행 준수 의무 위반, 지정차로 통행 위반, 차로 너비보다 넓은 차 통행 금지 위반 (진로 변경 금지 장소에서의 진로 변경을 포함) • 속도위반 (20km/h 이하) • 진로 변경 방법 위반 • 급제동 금지 위반 • 끼어들기 금지 위반 • 서행 의무 위반 • 일시정지 위반 • 방향 전환 · 진로 변경 및 회전 교차로 진입 · 진출 시 신호 불이행 • 운전석 이탈 시 안전 확보 불이행 • 동승자 등의 안전을 위한 조치 위반 • 시 · 도 경찰청 지정 · 공고 사항 위반 • 좌석 안전띠 미착용 • 이륜자동차 · 원동기 장치 자전거(개인형 이동 장치는 제외) 인명 보호 장구 미착용 • 등화 점등 불이행 · 발광 장치 미착용(자전거 운전자는 제외) • 어린이 통학 버스와 비슷한 도색 · 표지 금지 위반	1) 승합 자동차 등 : 3만원 2) 승용 자동차 등 : 3만원
• 최저 속도위반 • 일반 도로 안전 거리 미확보 • 등화 점등 · 조작 불이행 (안개가 끼거나 비 또는 눈이 올 때는 제외) • 불법부착장치 차 운전(교통단속용 장비의 기능을 방해하는 장치를 한 차의 운전은 제외) • 사업용 승합자동차 또는 노면전차의 승차 거부 • 택시의 합승(장기 주차 · 정차하여 승객을 유치하는 경우로 한정) · 승차 거부 · 부당 요금 징수 행위	1) 승합 자동차 등 : 2만원 2) 승용 자동차 등 : 2만원
• 돌, 유리병, 쇳조각, 그 밖에 도로에 있는 사람이나 차마를 손상시킬 우려가 있는 물건을 던지거나 발사하는 행위 • 도로를 통행하고 있는 차마에서 밖으로 물건을 던지는 행위	모든 차마 : 5만원
• 특별 교통안전 교육의 미이수 – 과거 5년 이내에 술에 취한 상태에서의 운전 금지 규정을 1회 이상 위반하였던 사람으로서 다시 같은 조를 위반하여 운전면허효력정지 처분을 받게 되거나 받은 사람이 그 처분 기간이 끝나기 전에 특별 교통안전 교육을 받지 않은 경우 – 위의 항목 외의 경우	차종 구분 없음 : 15만원 10만원
• 경찰관의 실효된 면허증 회수에 대한 거부 또는 방해	차종 구분 없음 : 3만원

06. 어린이보호구역 및 노인·장애인보호구역에서의 과태료 부과기준(시행령 별표7)

위반행위 및 행위자	차종별 과태료금액(만 원)	
	승합자동차 등	승용자동차 등
• 신호 또는 지시를 따르지 않은 차 또는 노면전차의 고용주 등	14	13
• 제한속도를 준수하지 않은 차 또는 노면전차의 고용주 등 – 60km/h 초과 – 40㎞/h 초과 60㎞/h 이하 – 20㎞/h 초과 40㎞/h 이하 – 20㎞/h 이하	 17 14 11 7	 16 13 10 7
• 정차 또는 주차를 한 차의 고용주 등 – 어린이보호구역에서 위반한 경우 – 노인 · 장애인보호구역에서 위반한 경우	 13(14) 9(10)	 12(13) 8(9)

〈비고〉
1. 승합자동차 등 : 승합자동차, 4톤 초과 화물자동차, 특수자동차, 건설기계 및 노면전차
2. 승용자동차 등 : 승용자동차 및 4톤 이하 화물자동차
※ 과태료 금액에서 괄호 안의 것은 같은 장소에서 2시간 이상 정차 또는 주차 위반을 하는 경우에 적용한다.

제3장 교통사고 처리 특례법령

제1절 특례의 적용

01. 교통사고 처리 특례법의 목적(법 제1조)

교통사고 처리 특례법은 업무상 과실(業務上過失) 또는 중대한 과실로 교통사고를 일으킨 운전자에 관한 형사처벌 등의 특례를 정함으로써 교통사고로 인해 피해의 신속한 회복을 촉진하고 국민 생활의 편익을 증진함을 목적으로 한다.

02. 교통사고 처리 특례법의 정의(법 제2조)

1 차의 교통으로 인한 사고가 발생하여 운전자를 형사 처벌하여야 하는 경우에 적용되는 법이다.

① 업무상 과실 또는 중과실로 사람을 사상한 때에는 5년 이하의 금고 또는 2천만 원 이하의 벌금에 처한다.(형법 제268조)
② 건조물 또는 재물을 손괴한 때에는 2년 이하의 금고나 5백만 원 이하의 벌금에 처한다.(도로 교통법 제151조)

2 교통사고의 정의와 조건

① 교통사고의 정의 : 차의 교통으로 인하여 사람을 사상하거나 물건을 손괴하는 것
② 교통사고의 조건 : ㉠ 차에 의한 사고, ㉡ 피해의 결과 발생(사람 사상 또는 물건 손괴), ㉢ 교통으로 인하여 발생한 사고

03. 교통사고 처벌의 특례(법 제3조)

피해자와 합의(불벌 의사)하거나 종합 보험 또는 공제에 가입한 경우, 다음의 죄에는 특례의 적용을 받아 형사 처벌을 하지 않는다.(공소권 없음, 반의사 불벌죄)

① 업무상 과실 치상죄 ② 중과실 치상죄
③ 다른 사람의 건조물이나 그 밖의 재물을 손괴한 경우
※ 보험 또는 공제에 가입된 사실은 보험 회사, 또는 공제 사업자가 작성한 서면에 의하여 증명되어야 한다.(법 제4조제3항)

04. 특례 적용 제외자(형사 처벌 대상이 되는 경우 = 공소권 있음) (법 제3조 제2항)

종합 보험(공제)에 가입되었고, 피해자가 처벌을 원하지 않아도 다음의 경우에는 특례의 적용을 받지 못하고 형사 처벌을 받는다.

① 사망 사고
② 교통사고 야기 후 도주 또는 사고 장소로부터 옮겨 유기하고 도주한 경우
③ 차의 교통으로 업무상 과실 치상죄 또는 중과실 치상죄를 범하고, 음주 측정에 불응한 경우(운전자가 채혈 측정을 요청하거나 동의한 경우는 제외)
④ 신호 · 지시 위반 사고
⑤ 중앙선 침범 사고(고속도로 등에서 횡단, 유턴 또는 후진 사고)
⑥ 과속(제한 속도 20km/h 초과) 사고
⑦ 앞지르기 방법 · 금지 시기 · 장소 또는 끼어들기의 금지를 위반하거나 고속도로에서의 앞지르기 방법 위반 사고
⑧ 철길 건널목 통과 방법 위반 사고
⑨ 횡단보도에서 보행자 보호 의무 위반 사고
⑩ 무면허 운전 중 사고

⑪ 주취 · 약물 복용 운전 사고
⑫ 보도 침범 · 통행 방법 위반 사고
⑬ 승객 추락 방지 의무 위반 사고
⑭ 어린이 보호 구역 내 어린이 보호 의무 위반 사고
⑮ 자동차의 화물이 떨어지지 아니하도록 필요한 조치를 하지 아니하고 운전한 경우
⑯ 민사상 손해 배상을 하지 않은 경우
⑰ 중상해 사고를 유발하고 형사상 합의가 안 된 경우

중상해의 범위

① 생명에 대한 위험 : 뇌 또는 주요 장기에 중대한 손상
② 불구 : 사지 절단 등 또는 시각 · 청각 · 언어 · 생식 기능 등 중요한 신체 기능의 영구적 상실
③ 불치(不治)나 난치(難治)의 질병 : 중증의 정신 장애 · 하반신 마비 등 중대 질병

05. 사고 운전자 가중 처벌(특정 범죄 가중 처벌 등에 관한 법률 제5조의3, 제5조의11)

1 사고 운전자가 피해자를 구호하는 등의 조치를 하지 아니하고 도주한 경우(제5조의3)

① 피해자를 사망에 이르게 하고 도주하거나, 도주 후에 피해자가 사망한 경우 : 무기 또는 5년 이상의 징역
② 피해자를 상해에 이르게 한 경우 : 1년 이상의 유기 징역 또는 5백만 원 이상 3천만 원 이하의 벌금

2 사고 운전자가 피해자를 사고 장소로부터 옮겨 유기하고 도주한 경우

① 피해자를 사망에 이르게 하고 도주하거나, 도주 후에 피해자가 사망한 경우 : 사형, 무기 또는 5년 이상의 징역
② 피해자를 상해에 이르게 한 경우 : 3년 이상의 유기 징역

3 위험 운전 치 · 사상의 경우(제5조의11)

① 음주 또는 약물의 영향으로 정상적인 운전이 곤란한 상태에서 자동차(원동기 장치 자전거 포함)를 운전하여 사람을 사망에 이르게 한 경우 : 무기 또는 3년 이상의 징역
② 사람을 상해에 이르게 한 경우 : 1년 이상 15년 이하의 징역 또는 1천만 원 이상 3천만 원 이하의 벌금

제2절 중대 교통사고 유형 및 대처 방법

01. 사망 사고 정의

① 교통사고에 의한 사망은 교통사고가 주된 원인이 되어 교통사고 발생 시부터 30일 이내에 사람이 사망한 사고를 말한다.
② 도로 교통법상 교통사고 발생 후 72시간 내 사망하면 벌점 90점이 부과되며, 교통사고 처리 특례법상 형사적 책임이 부과된다.
③ 사망사고 성립 요건

항목	내용	예외사항
1. 장소적 요건	• 모든 장소	–
2. 운전자 과실	• 운전자로서 요구되는 업무상 주의의무를 소홀히 한 과실	• 자동차 본래의 운행목적이 아닌 작업 중 과실로 피해자가 사망한 경우(안전사고) • 운전자의 과실을 논할 수 없는 경우
3. 피해자 요건	• 운행 중인 자동차에 충격되어 사망한 경우	• 피해자의 자살 등 고의 사고 • 운행목적이 아닌 작업 과실로 피해자가 사망한 경우(안전사고)

02. 도주(뺑소니)인 경우

① 피해자 사상 사실을 인식하거나 예견됨에도 가버린 경우
② 피해자를 사고 현장에 방치한 채 가버린 경우
③ 현장에 도착한 경찰관에게 거짓으로 진술한 경우
④ 사고 운전자를 바꿔치기 신고 및 연락처를 거짓 신고한 경우
⑤ 자신의 의사를 제대로 표시하지 못한 나이 어린 피해자가 '괜찮다'라고 하여 조치 없이 가버린 경우 등
⑥ 피해자가 이미 사망하였다고 사체 안치 후송 등의 조치 없이 가버린 경우
⑦ 피해자를 병원까지만 후송하고 계속 치료를 받을 수 있는 조치 없이 가버린 경우
⑧ 쌍방 업무상 과실이 있는 경우에 발생한 사고로 과실이 적은 차량이 도주한 경우

03. 신호·지시 위반 사고 사례

① 신호가 변경되기 전에 출발하여 인적 피해를 야기한 경우
② 황색 주의 신호에 교차로에 진입하여 인적 피해를 야기한 경우
③ 신호 내용을 위반하고 진행하여 인적 피해를 야기한 경우
④ 적색 차량 신호에 진행하다 정지선과 횡단보도 사이에서 보행자를 충격한 경우

04. 중앙선 침범 사고

1) 중앙선 침범 개념 및 적용

① 중앙선 침범 : 중앙선을 넘어서거나 차체가 걸친 상태에서 운전한 경우
② 중앙선 침범을 적용하는 경우(현저한 부주의)
㉠ 커브 길에서 과속으로 인한 중앙선 침범
㉡ 빗길에서 과속으로 인한 중앙선 침범
㉢ 졸다가 뒤늦은 제동으로 인한 침범
㉣ 차내 잡담 또는 휴대폰 통화 등의 부주의로 침범
③ 중앙선을 적용할 수 없는 경우(만부득이한 경우)
㉠ 사고를 피하기 위해 급제동하다 침범
㉡ 위험을 회피하기 위해 침범
㉢ 빙판길 또는 빗길에서 미끄러져 침범(제한속도 준수)

05. 과속(20km/h 초과) 사고

1) 속도에 대한 정의

① 규제 속도 : 법정 속도(도로 교통법에 따른 도로별 최고 · 최저 속도)와 제한 속도(시 · 도 경찰청장에 의한 지정 속도)
② 설계 속도 : 도로 설계의 기초가 되는 자동차의 속도
③ 주행 속도 : 정지 시간을 제외한 실제 주행 거리의 평균 주행 속도
④ 구간 속도 : 정지 시간을 포함한 주행 거리의 평균 주행 속도

2) 과속사고의 성립요건

항목	내용	예외사항
1. 장소적 요건	• 도로법에 따른 도로, 유료도로법에 따른 도로, 농어촌도로 정비법에 따른 농어촌도로, 현실적으로 불특정 다수의 사람 또는 차마의 통행을 위하여 공개된 장소로서 안전하고 원활한 교통을 확보할 필요가 있는 장소	• 불특정 다수의 사람 또는 차마의 통행을 위하여 공개된 장소가 아닌 곳에서의 사고

2. 피해자 요건	• 과속차량(20km/h) 초과에 충돌되어 인적피해를 입은 경우	• 제한속도 20km/h 이하 과속 차량에 충돌되어 인적 피해를 입은 경우 • 제한속도 20km/h 초과 차량에 충돌되어 대물피해만 입은 경우
3. 운전자 과실	• 제한속도 20km/h를 초과하여 과속으로 운행 중에 사고가 발생한 경우 – 고속도로나 자동차 전용도로에서 법정속도 20km/h를 초과한 경우 – 속도제한 표지판 설치구간에서 제한속도 20km/h를 초과한 경우 – 비가 내려 노면이 젖어있는 경우, 눈이 20mm 미만 쌓인 경우 최고속도의 100분의 20을 줄인 속도에서 20km/h를 초과한 경우 – 폭우 · 폭설 · 안개 등으로 가시거리가 100m 이내인 경우, 노면이 얼어붙은 경우, 눈이 20mm이상 쌓인 경우 최고속도 100분의 50을 줄인 속도에서 20km/h를 초과한 경우	• 제한속도 20km/h 이하로 과속하여 운행 중 사고를 야기한 경우 • 제한속도 20km/h 초과하여 과속 운행 중 대물피해만 입힌 경우
4. 시설물 설치 요건	• 시 · 도 경찰청장이 설치한 안전표지 중 – 규제표지 224(최고속도 제한표지) – 노면표시 517(속도제한표시), 518(어린이 보호구역 안 속도제한표시)	• 과속(20km/h)이 적용되지 않는 표지 – 규제표지 226(서행표지) – 보조표지 409(안전속도표지) – 노면표시 519(서행표시), 520(서행표시)

3) 과속에 따른 행정 처분(승합차 · 승용차의 범칙금 및 벌점)

① 60km/h 초과 : 승합차 – 13만 원, 승용차 – 12만 원, 60점

② 40km/h 초과 ~ 60km/h 이하 : 승합차 – 10만 원, 승용차 – 9만 원, 30점

③ 20km/h 초과 ~ 40km/h 이하 : 승합차 – 7만 원, 승용차 – 6만 원, 15점

④ 20km/h 이하 : 승합차 – 3만 원, 승용차 – 3만 원, 벌점 없음

06. 앞지르기 방법·금지 위반 사고

1 앞지르기 방법(법 제21조)

모든 차의 운전자는 다른 차를 앞지르고자 하는 때에는 앞차의 좌측으로 통행하여야 한다.

2 앞지르기가 금지되는 경우 및 장소(법 제22조)

① 앞차의 좌측에 다른 차가 앞차와 나란히 가고 있는 경우

② 앞차가 다른 차를 앞지르고 있거나 앞지르고자 하는 경우

③ 경찰 공무원의 지시를 따르거나 위험을 방지하기 위하여 정지하거나 서행하고 있는 경우

④ 교차로, 터널 안, 다리 위

⑤ 도로의 구부러진 곳, 비탈길의 고갯마루 부근 또는 가파른 비탈길의 내리막 등 시 · 도 경찰청장이 필요하다고 인정하여 안전표지로 지정한 곳

3 끼어들기의 금지(법 제23조)

모든 차의 운전자는 도로 교통법에 의한 명령 또는 경찰 공무원의 지시에 따르거나, 위험 방지를 위하여 정지 또는 서행하고 있는 다른 차 앞에 끼어들지 못 한다.

4 갓길 통행금지 등(법 제60조 제2항)

자동차 운전자는 고속도로에서 다른 차를 앞지르고자 하는 때에는 방향 지시기 · 등화 또는 경음기를 사용하여 행정안전부령이 정하는 차로로 안전하게 통행해야 한다.

07. 철길 건널목 통과 방법 위반 사고

1 철길 건널목의 종류

① 제1종 건널목 : 차단기, 건널목 경보기 및 교통안전 표지가 설치되어 있는 경우

② 제2종 건널목 : 건널목 경보기 및 교통안전 표지가 설치되어 있는 경우

③ 제3종 건널목 : 교통안전 표지만 설치되어 있는 경우

2 철길건널목 통과방법위반 사고의 성립요건

항목	내용	예외사항
1. 장소적 요건	• 철길건널목	• 역 구내의 철길건널목
2. 피해자 요건	• 철길건널목 통과방법 위반 사고로 인적피해를 입은 경우	• 철길건널목 통과방법 위반 사고로 대물피해만 입은 경우
3. 운전자 과실	• 철길건널목 통과방법 위반 과실 – 철길건널목 전에 일시정지 불이행 – 안전미확인 통행 중 사고 – 차량이 고장난 경우 승객 대피, 차량이동 조치 불이행 • 철길건널목 진입금지 – 차단기가 내려져 있는 경우 – 차단기가 내려지려고 하는 경우 – 경보기가 울리고 있는 경우	• 철길건널목 신호기 · 경보기 등의 고장으로 일어난 사고 ※ 신호기 등이 표시하는 신호에 따르는 때에는 일시정지하지 않고 통과할 수 있다.

철길 건널목 통과 위반 사고 시 행정 처분(범칙금, 벌점)

승합자동차 – 7만 원, 승용 자동차 – 6만 원, 벌점 30점

08. 보행자 보호 의무 위반 사고

1 횡단보도 보행자인 경우

① 횡단보도를 걸어가는 사람

② 횡단보도에서 원동기 장치 자전거를 끌고 가는 사람

③ 횡단보도에서 원동기 장치 자전거나 자전거를 타고 가다 이를 세우고 한발은 페달에 다른 한발은 지면에 서 있는 사람

④ 세발자전거를 타고 횡단보도를 건너는 어린이

⑤ 손수레를 끌고 횡단보도를 건너는 사람

2 횡단보도 보행자가 아닌 경우

① 횡단보도에서 원동기 장치 자전거나 자전거를 타고 가는 사람

② 횡단보도에 누워있거나, 앉아있거나, 엎드려있는 사람

③ 횡단보도 내에서 교통정리를 하고 있는 사람과 택시를 잡고있는 사람

④ 횡단보도 내에서 화물 하역작업을 하고 있는 사람

⑤ 보도에 서 있다가 횡단보도 내로 넘어진 사람

3 횡단보도로 인정되는 경우와 아닌 경우

① 횡단보도 노면표시가 있으나 횡단보도 표지판이 설치되지 않은 경우에도 인정

② 횡단보도 노면표시가 포장공사로 반은 지워졌으나, 반이 남아있는 경우에도 인정

③ 횡단보도 노면표시가 완전히 지워지거나, 포장공사로 덮여졌다면 횡단보도 효력 상실

❹ 보행자 보호의무위반 사고의 성립요건

항목	내용	예외사항
1. 장소적 요건	• 횡단보도 내	• 보행신호가 적색등화일 때의 횡단보도
2. 피해자 요건	• 횡단보도를 횡단하고 있는 보행자가 충돌되어 인적피해를 입은 경우	• 보행신호가 적색등화일 때 횡단을 시작한 보행자를 충돌한 경우 • 횡단보도를 건너는 것이 아니라 횡단보도 내에 누워있거나, 교통정리를 하거나, 싸우고 있거나, 택시를 잡고 있거나 등 보행의 경우가 아닌 때에 충돌한 경우
3. 운전자 과실	• 횡단보도를 건너고 있는 보행자를 충돌한 경우 • 횡단보도 전에 정지한 차량을 추돌하여 추돌된 차량이 밀려 나가 보행자를 충돌한 경우 • 보행신호가 녹색등화일 때 횡단보도를 진입하여 건너고 있는 보행자를 보행신호가 녹색등화의 점멸 또는 적색등화로 변경된 상태에서 충돌한 경우	• 적색등화에 횡단보도를 진입하여 건너고 있는 보행자를 충돌한 경우 • 횡단보도를 건너다가 신호가 변경되어 중앙선에 서 있는 보행자를 충돌한 경우 • 횡단보도를 건너고 있을 때 보행신호가 적색등화로 변경되어 되돌아가고 있는 보행자를 충돌한 경우 • 녹색등화가 점멸되고 있는 횡단보도를 진입하여 건너고 있는 보행자를 적색등화에 충돌한 경우

❺ 보행자 보호의무위반 사고에 따른 행정처분

항목	범칙금액(만원)	벌 점
횡단보도 보행자 횡단 방해	승합자동차 등 7 승용자동차 등 6 이륜자동차 등 4	10점 (보행자 보호 불이행, 정지선 위반 포함)

09. 무면허 운전의 개념

❶ 무면허 운전의 정의 : 도로에서 운전면허를 받지 아니하고 자동차를 운전하는 행위.

❷ 무면허 운전의 유형

㉠ 운전면허를 취득하지 아니하고 운전하는 행위
㉡ 운전면허 취소처분을 받은 후에 운전하는 행위
㉢ 운전면허 정지 기간 중에 운전하는 행위
㉣ 운전면허시험에 합격한 후 운전면허증을 발급받기 전에 운전하는 행위
㉤ 운전면허 적성검사기간 만료일로부터 1년간의 취소유예기간이 지난 면허증으로 운전하는 행위
㉥ 제1종 대형면허로 특수면허를 필요로 하는 자동차를 운전하는 행위
㉦ 제2종 운전면허로 제1종 운전면허를 필요로 하는 자동차를 운전하는 행위

10. 주취·약물 복용 운전 중 사고

❶ 음주 운전인 경우와 아닌 경우

① 불특정 다수인이 이용하는 도로와 특정인이 이용하는 주차장 또는 학교 경내 등에서의 음주 운전도 형사 처벌 대상. (단, 특정인만이 이용하는 장소에서의 음주 운전으로 인한 운전면허 행정 처분은 불가)
  ㉠ 공개되지 않은 통행로에서의 음주 운전도 처벌 대상 : 공장이나 관공서, 학교, 사기업 등의 정문 안쪽 통행로와 같이 문 차단기에 의해 도로와 차단되고 별도로 관리되는 장소의 통행로에서의 음주 운전도 처벌 대상
  ㉡ 술을 마시고 주차장(주차선 안 포함)에서 음주 운전하여도 처벌 대상
  ㉢ 호텔, 백화점, 고층 건물, 아파트 내 주차장 안의 통행로뿐만 아니라 주차선 안에서 음주 운전하여도 처벌 대상
② 혈중 알코올 농도 0.03% 미만에서의 음주 운전은 처벌 불가

❷ 음주운전 발생 시 처벌(법 제148조의 2)

(1) 주취운전 또는 주취측정 불응 2회 이상 위반한 사람(10년 내)
  ① 주취측정불응 : 1년 이상 6년 이하의 징역이나 500만 원 이상 3천만 원 이하의 벌금
  ② 혈중알코올농도 0.2% 이상인 사람 : 2년 이상 6년 이하의 징역이나 1천만 원 이상 3천만 원 이하의 벌금
  ③ 혈중알코올농도 0.03% 이상 0.2% 미만인 사람 : 1년 이상 5년 이하의 징역이나 500만 원 이상 2천만 원 이하의 벌금
(2) 주취운전 또는 주취측정에 불응한 사람 : 1년 이상 5년 이하의 징역이나 500만 원 이상 2천만 원 이하의 벌금
(3) 주취운전을 위반한 경우 처벌
  ① 혈중알코올농도 0.2% 이상인 사람 : 2년 이상 5년 이하의 징역이나 1천만 원 이상 2천만 원 이하의 벌금
  ② 혈중알코올농도 0.08% 이상 0.2% 미만인 사람 : 1년 이상 2년 이하의 징역이나 500만 원 이상 1천만 원 이하의 벌금
  ③ 혈중알코올농도 0.03% 이상 0.08% 미만인 사람 : 1년 이하의 징역이나 500만 원 이하의 벌금

11. 보도침범, 보도횡단방법위반 사고

❶ 보도의 개념

① 보도 : 차와 사람의 통행을 분리시켜 보행자의 안전을 확보하기 위해 연석이나 방호울타리 등으로 차도와 분리하여 설치된 도로의 일부분으로 차도와 대응되는 개념
② 보도침범 사고 : 보도에 차마가 들어서는 과정, 보도에 차마의 차체가 걸치는 과정, 보도에 주차시킨 차량을 전진 또는 후진시키는 과정에서 통행중인 보행자와 충돌한 경우
③ 보도횡단방법위반 사고 : 차마의 운전자는 도로에서 도로 외의 곳에 출입하기 위해서는 보도를 횡단하기 직전에 일시 정지하여 보행자의 통행을 방해하지 아니하도록 되어 있으나 이를 위반하여 보행자와 충돌하여 인적피해를 야기한 경우

❷ 보도침범, 보도횡단방법위반 사고의 성립요건

항목	내용	예외사항
1. 장소적 요건	• 보도와 차도가 구분된 도로에서 보도 내 사고	• 보도와 차도의 구분이 없는 도로는 제외
2. 피해자 요건	• 보도 내에서 보행 중 사고	• 피해자가 자전거 또는 원동기장치자전거를 타고 가던 중 사고는 제차로 간주되어 적용 제외
3. 운전자 과실	• 고의적 과실 • 의도적 과실 • 현저한 부주의 과실	• 불가항력적 과실 • 만부득이한 과실 • 단순 부주의 과실
4. 시설물 설치 요건	• 보도설치권한이 있는 행정관서에서 설치하여 관리하는 보도	• 학교·아파트 단지 등 특정구역 내부의 소통과 안전을 목적으로 설치된 보도

12. 승객추락방지의무위반 사고

1 승객추락방지의무에 해당하는 경우와 아닌 경우

① 승객추락방지의무에 해당하는 경우
㉠ 문을 연 상태에서 출발하여 타고 있는 승객이 추락한 경우
㉡ 승객이 타거나 또는 내리고 있을 때 갑자기 문을 닫아서 문에 충격된 승객이 추락한 경우
㉢ 버스 운전자가 개 · 폐 안전장치인 전자감응장치가 고장난 상태에서 운행 중에 승객이 내리고 있을 때 출발하여 승객이 추락한 경우

② 승객추락방지의무에 해당하지 않는 경우
㉠ 승객이 임의로 차문을 열고 상체를 내밀어 차 밖으로 추락한 경우
㉡ 운전자가 사고방지를 위해 취한 급제동으로 승객이 차 밖으로 추락한 경우
㉢ 화물자동차 적재함에 사람을 태우고 운행 중에 운전자의 급가속 또는 급제동으로 피해자가 추락한 경우

13. 어린이 보호구역 내 어린이 보호의무위반 사고

1 어린이 보호구역으로 지정될 수 있는 장소

① 유아교육법에 따른 유치원, 초 · 중등교육법에 따른 초등학교 또는 특수학교
② 영유아보육법에 따른 보육시설 중 정원 100명 이상의 보육시설(관할 경찰서장과 협의된 경우에는 정원이 100명 미만의 보육시설 주변도로에 대해서도 지정 가능)
③ 학원의 설립 · 운영 및 과외교습에 관한 법률에 따른 학원 중 학원 수강생이 100명 이상인 학원(관할 경찰서장과 협의된 경우에는 정원이 100명 미만의 학원 주변도로에 대해서도 지정 가능)
④ 초 · 중등교육법에 따른 외국인학교 또는 대안학교, 제주특별자치도 설치 및 국제자유도시 조성을 위한 특별법에 따른 국제학교 및 경제자유구역 및 제주국제자유도시의 외국 교육기관 설립 · 운영에 관한 특별법에 따른 외국교육기관 중 유치원 · 초등학교 교과과정이 있는 학교

제3절 교통사고 처리의 이해(교통사고 조사규칙)

(시행 2023.7.31. 경찰청훈령 제1088호)

01. 목적

교통사고가 발생하였을 때에 경찰공무원이 처리해야 할 절차와 기준을 구체적으로 정함으로써 교통사고 조사업무의 신속 · 명확한 처리를 목적으로 한다.

02. 용어의 정의

① **교통** : 차를 운전하여 사람 또는 화물을 이동시키거나 운반하는 등 차를 그 본래의 용법에 따라 사용하는 것을 말한다.
② **교통사고** : 차의 교통으로 인하여 사람을 사상하거나 물건을 손괴한 것을 말한다.
③ **대형사고** : 3명 이상이 사망(교통사고 발생일부터 30일 이내에 사망한 것을 말함)하거나 20명 이상의 사상자가 발생한 것을 말한다.
④ **교통조사관** : 교통사고 조사업무를 처리하는 경찰공무원을 말한다.
⑤ **스키드 마크(Skid mark)** : 차의 급제동으로 인하여 타이어의 회전이 정지된 상태에서 노면에 미끄러져 생긴 타이어 마모흔적 또는 활주흔적을 말한다.
⑥ **요마크(Yaw mark)** : 급핸들 등으로 인하여 차의 바퀴가 돌면서 차축과 평행하게 옆으로 미끄러진 마모흔적을 말한다.
⑦ **충돌** : 차가 반대방향 또는 측방에서 진입하여 그 차의 정면으로 다른 차의 정면 또는 측면을 충격한 것을 말한다.
⑧ **추돌** : 2대 이상의 차가 동일방향으로 주행 중 뒤차가 앞차의 후면을 충격한 것을 말한다.
⑨ **접촉** : 차가 추월, 교행 등을 하려다가 차의 좌 · 우측면을 서로 스친 것을 말한다.
⑩ **전도** : 차가 주행 중 도로 또는 도로 이외의 장소에 차체의 측면이 지면에 접하고 있는 상태(좌측면이 지면에 접해있으면 좌전도, 우측면이 지면에 접해있으면 우전도)를 말한다.
⑪ **전복** : 차가 주행 중 도로 또는 도로 이외의 장소에 뒤집혀 넘어진 것을 말한다.
⑫ **추락** : 차가 도로변 절벽 또는 교량 등 높은 곳에서 떨어진 것을 말한다.
⑬ **뺑소니** : 교통사고를 야기한 차의 운전자가 피해자를 구호하는 등 도로교통법에 따른 조치를 취하지 아니하고 도주한 것을 말한다.

03. 교통사고 처리기준(피해자와 손해배상 합의기간)

교통조사관은 부상자로서 교통법 제3조 제2항 단서에 해당하지 아니하는 사고를 일으킨 운전자가 보험 등에 가입되지 아니한 경우 또는 중상해 사고를 야기한 운전자에게는 특별한 사유가 없는 한 **사고를 접수한 날로부터 2주간 피해자와 손해배상에 합의할 수 있는 기간을 주어야** 한다.

04. 안전사고 등(교통사고로 처리되지 아니하는 경우)

① 자살(自殺) · 자해(自害)행위로 인정되는 경우
② 확정적 고의(故意)에 의하여 타인을 사상하거나 물건을 손괴하는 경우
③ 낙하물에 의하여 차량 탑승자가 사상하였거나 물건이 손괴된 경우
④ 축대, 절개지 등이 무너져 차량탑승자가 사상하였거나 물건이 손괴된 경우
⑤ 사람이 건물, 육교 등에서 추락하여 진행 중인 차량과 충돌 또는 접촉하여 사상한 경우
⑥ 그 밖의 차의 교통으로 발생하였다고 인정되지 아니한 안전사고의 경우

01 교통 및 여객자동차 운수사업법규 출제예상문제

제1장 여객자동차운수사업 법규 및 택시운송사업의 발전에 관한 법규

01 여객자동차운수사업법의 목적으로 해당 없는 것은?

① 여객자동차 운수사업에 관한 질서 확립
② 여객의 원활한 운송
③ 자동차운수사업의 질서 확립
④ 여객자동차운수사업의 종합적인 발달 도모

해설 ③의 문항은 해당 없고, "공공복리 증진"이 있다.

02 여객자동차 운수사업법상 용어의 정의이다. 틀린 것은?

① 여객자동차 운수사업 : 여객자동차 운송사업, 자동차 대여사업, 여객자동차 터미널사업 및 여객자동차 운송 플랫폼사업.
② 여객자동차 운송사업 : 다른 사람의 수요에 응하여 자동차를 사용하여 유상으로 여객을 운송하는 사업.
③ 여객자동차 운송 플랫폼사업 : 여객의 운송과 관련한 다른 사람의 수요에 응하여 이동 통신 단말 장치, 인터넷 홈페이지 등에서 사용되는 응용 프로그램(운송플랫폼)을 제공 하는 사업.
④ 정류소 : 택시운송사업용 자동차에 승객을 승차 · 하차시키거나 승객을 태우기 위하여 대기하는 장소 또는 구역

해설 ④의 정류소의 문항은 "택시 승차대"의 정의로 다르다.
*정류소 : 여객이 승차 또는 하차할 수 있도록 노선 사이에 설치한 장소를 말한다.

03 여객자동차 운수사업법령상 "여객이 승차 또는 하차할 수 있도록 노선 사이에 설치한 장소"에 해당하는 용어는?

① 택시 승차대 ② 정류장
③ 정류소 ④ 중앙차로

해설 ③의 문항 : "정류소"가 해당된다.

04 택시운송사업에 대한 설명이다. 틀린 것은?

① 구역 여객자동차운송사업이다.
② 여객자동차운송사업법에 의해 운행하고 있다.
③ 정해진 사업구역 안에서 운행하는 것이 원칙이다.
④ 국토교통부장관이 택시 요금을 인가한다.

해설 ④의 "요금을 인가"는 틀리고, "요금을 허가"한다가 옳다.

05 운행계통을 정하지 아니하고 사업구역에서 1개의 운송계약에 따라 자동차를 사용하여 여객을 운송하는 사업에 해당하는 사업은?

① 여객자동차 운송사업 ② 일반택시 운송사업
③ 여객자동차 운수사업 ④ 자동차 대여사업

해설 ②의 일반택시 운송사업이며, 경형 · 소형 · 중형 · 대형 · 모범형 및 고급형으로 구분한다.

06 운행계통을 정하지 아니하고 자동차 1대를 사용, 사업자가 직접 운전하여 여객을 운송하는 사업에 해당하는 사업은?

① 전세버스 운송사업 ② 시내버스 운송사업
③ 개인택시 운송사업 ④ 일반택시 운송사업

해설 ③의 개인택시 운송사업이 해당된다.

07 사업용 택시를 경형, 소형, 중형, 대형, 모범형, 고급형으로 구분하는 기준으로 맞는 것은?

① 자동차의 크기 ② 자동차의 넓이
③ 자동차의 배기량 ④ 자동차의 생산년도

해설 ③의 자동차의 배기량이 의하여 구분한다.

08 택시운송사업을 구분하는 기준의 설명이다. 맞지 않는 것은?

① 경형 : 배기량 1,000시시 미만의 승용자동차(5인 이하의 것만)
② 소형 : 배기량 1,600시시 미만의 승용차동차(5인 이하의 것만)
③ 중형 : 배기량 1,600시시 이상의 승용차동차(5인 이하의 것만)
④ 대형 : 배기량 1,900시시 이상의 승용차동차(5인 이하의 것만)

해설 ④ 대형 "배기량 1,900시시"는 틀리다.
㉠ 대형 배기량 2,000시시 이상 승용차동차(승차정원 6인 이상 10인승 이하의 것만)
㉡ 대형 배기량 2,000시시 이상 승차정원이 13인승 이하인 승합자동차

09 택시운송사업 "중형"에 대한 설명이다. 맞지 않는 것은?

① 배기량 1,600cc 이상의 승용차동차
② 자동차 승차정원 5인승 이하의 것만 해당
③ 길이 4.7m 초과이면서 너미 1.7m를 초과하는 승용자동차
④ 자동차 승차정원 5인 이상의 것만 해당

해설 ④ "5인 이상의"는 틀리고, "5인 이하의"가 옳은 문항이다.

10 "대형" 택시운송사업에 대한 설명이다. 다른 것은?

① 배기량 2,000시시 이상이고 승차정원 6인 이상 10인 이하의 것만 해당한다.
② 배기량 2,000시시 이상의 승차정원이 13인승 이하인 승합자동차를 사용하는 택시운송 사업이다.
③ ②의 경우 택시운송사업은 광역시의 군이 아닌 군 지역의 택시운송사업에는 해당하지 않는다.
④ 배기량 2,800시시 이상의 승용자동차를 사용하는 택시운송사업이다.

해설 ④의 문항은 "고급형 택시운송사업"에 해당하므로 다르다.

정답 1 ③ 2 ④ 3 ③ 4 ④ 5 ② 6 ③ 7 ③ 8 ④ 9 ④ 10 ④

11 택시운송사업의 "모범형"의 배기량과 승차정원이다. 맞는 것은?

① 배기량 1,000시시 미만의 승용자동차와 승차정원 5인 이하
② 배기량 1,600시시 미만의 승용자동차와 승차정원 5인 이하
③ 배기량 1,600시시 이상의 승용자동차와 승차정원 5인 이하
④ 배기량 1,900시시 이상의 승용자동차와 승차정원 5인 이하

해설 ④의 문항이 옳은 문항이다.
①은 경형, ②는 소형, ③은 중형의 설명이다.

12 택시운송사업 "고급형"승용자동차의 배기량이다. 맞는 것은?

① 1,600시시 ② 1,900시시
③ 2,000시시 ④ 2,800시시

해설 ④의 문항이 맞는 문항이다.

13 일반 및 개인택시운송사업의 사업구역이다. 틀린 것은?

① 특별시 단위
② 광역시 단위
③ 특별자치시 단위
④ 특별자치시 · 시 · 군 · 읍 · 면 단위

해설 ④의 "특별자치시 · 시 · 군 · 읍 · 면 단위"에서 "읍 · 면 단위"는 해당 없어 틀린 문항이다.

14 대형 및 고급형 택시운송사업구역이다. 맞는 것은?

① 특별시 · 광역시 · 도 단위
② 특별시 · 특별자치시 · 시 · 도 단위
③ 광역시 · 특별자치시 · 도 단위
④ 특별자치도 · 시 · 도 단위

해설 ①의 "특별시 · 광역시 · 도 단위"가 옳은 문항이다.

15 택시운송사업자가 해당 사업구역에서 하는 영업으로 보는 경우이다. 불법 영업으로 보는 경우에 해당하는 영업은?

① 자신의 해당 사업구역에서 승객을 태우고 사업구역 밖으로 운행한 후, 그 시 · 도 내에 서 일시적으로 영업을 한 경우
② 자신의 해당 사업구역에서 승객을 태우고 사업구역 밖으로 운행하는 영업
③ 자신의 해당 사업구역에서 승객을 태우고 사업구역 밖으로 운행한 후, 해당 사업구역 으로 돌아오는 도중에 사업구역 밖에서 승객을 태우고 해당 사업구역에서 내리는 일시적인 영업
④ 주요 교통시설이 소속 사업구역과 인접하여 소속 사업구역에서 승차한 여객을 그 주요 교통시설에 하차시킨 경우에는 구역을 표시한 승차대를 이용하여 소속 사업구역으로 가는 여객을 운송하는 영업

해설 ①의 문항은 "불법 영업"으로 본다.

16 택시운송사업의 사업구역과 인접한 주요 교통시설 및 범위기준으로 맞지 않는 것은?

① 고속철도 역의 경계선을 기준으로 10킬로미터
② 국제정기편 운행이 이루어지는 공항의 경계선을 기준으로 60킬로미터
③ 여객이용시설이 설치된 무역항 경계선 기준으로 50킬로미터
④ 복합 환승센터의 경계선을 기준으로 10킬로미터

해설 ②의 문항 중 "60킬로미터"는 틀리고, "50킬로미터"가 옳은 문항이다.

17 택시운송사업구역심의위원회의 임원의 임기로 맞는 것은?

① 임기는 1년, 1회 연임 ② 임기는 1년, 2회 연임
③ 임기는 2년, 1회 연임 ④ 임기는 2년, 2회 연임

해설 ③의 문항이 맞다.

18 택시운송 사업구역 심의위원회의 임원 자격이다. 틀린 것은?

① 국토교통부에서 택시운송사업 관련 업무를 담당하는 4급 이상 공무원
② 특별시 · 광역시 · 특별자치시 · 도 또는 특별자치도에서 택시운송사업 관련 업무를 담당하는 4급 이상 공무원
③ 택시운송사업에 6년 이상 종사한 사람
④ 그 밖에 택시운송사업 분야에 학식과 경험이 풍부한 사람

해설 ③의 문항 중 "6년"은 틀리고, "5년"이 맞다.

19 택시사업구역심의위원회가 사업구역 지정 · 변경을 심의할 때의 고려할 사항이다. 맞지 않는 것은?

① 인근 지역 주민의 교통편의 증진에 관한 사항
② 지역 간 교통량(출근 · 퇴근 시간대 교통수요 포함)에 관한 사항
③ 운송 사업자 간 과도한 경쟁 유발 여부에 관한 사항
④ 사업구역별 요금 · 요율에 관한 사항

해설 ①의 문항 중 "인근 지역 주민"은 틀리고, "지역 주민"이 옳은 문항이다. 외에 ㉠ 운송사업자 및 운수종사자의 매출 및 소득 수준에 관한 사항 ㉡ 사업구역별 총량에 관한 사항

20 여객자동차운송사업의 결격사유(면허 · 등록)이다. 아닌 것은?

① 파산선고를 받고 복권되지 아니한 자
② 여객자동차운송 사업법을 위반하여 징역 이상의 실형을 선고받고 그 집행이 끝나거나 면제된 날부터 2년이 지나지 않은 자
③ 여객자동차운송 사업법을 위반하여 징역 이상의 집행유예를 선고받고 그 집행유예 기간 중에 있는 자
④ 여객자동차운송 사업의 면허나 등록이 취소된 후 그 취소일부터 2년이 지난 자

해설 ④의 문항 "2년이 지난 자"는 해당되지 않음으로 결격사유가 아니다. 외에 ㉠ 피 성년후 견인 또는 파산 선고를 받고 복권되지 아니한 자에 해당하여 면허나 등록이 취소된 경우에는 제외한다.

정답 11 ④ 12 ④ 13 ④ 14 ① 15 ① 16 ② 17 ③ 18 ③ 19 ① 20 ④

21 개인택시운송사업의 면허 신청서류에 대한 설명이다. 아닌 것은?

① 개인택시운송사업 면허신청서 ② 건강진단서
③ 개인택시 차고지 증명서류 ④ 택시운전자격증 사본

해설 ③의 서류는 해당 없고, 외에 ㉠ 반명함판 사진 1장 또는 전자파일 형태의 사진(인터넷으로 신청하는 경우)

22 택시운송사업용 자동차에 표시해야 하는 사항이다. 아닌 것은?(승합자동차를 사용하는 대형 및 고급형은 제외한다)

① 자동차의 종류(경형, 소형, 중형, 대형, 모범형)
② 관할관청(특별시, 광역시, 특별자치시, 특별자치도는 제외)
③ 택시사업자가 가입한 콜 전화번호
④ 운송가맹사업자 상호(운송가맹점으로 가입한 개인택시사업자만 해당한다)

해설 ③의 문항은 해당 없다.

23 일반택시 차량 내부에 항상 게시해야 할 부착물이다. 아닌 것은?

① 회사명 및 차고지 등을 적은 표시판
② 운전자의 택시운전 자격증명
③ 교통이용 불편사항 신고서
④ 택시회사의 사장 전화번호

해설 ④의 문항은 게시물에는 해당 없다.

24 운송사업자가 교통사고 등 발생 시 조치해야할 사항의 설명이다. 거리가 먼 것은?

① 신속한 응급수송수단의 마련
② 가족이나 그 밖의 연고자에 대한 신속한 통지
③ 교통사고현장에 대한 신속한 정리와 정돈
④ 목적지까지 여객을 운송하기 위한 대체운송수단의 확보와 여객에 대한 편의 제공

해설 ③의 문항은 해당 없고, 외에 ㉠ 유류품 보관과 그 밖에 사상자 보호 등 필요한 조치가 있다.

25 여객자동차운수사업법령상 "중대한 교통사고"이다. 틀린 것은?

① 전복(顚覆)사고
② 화재(火災)가 발생한 사고
③ 사망자 2명 이상, 사망자 1명과 중상자 4명 이상
④ 사망자 1명과 중상자 3명 이상, 중상자 6명 이상

해설 ③의 문항에서 "중상자 4명 이상"은 틀리고, "중상자 3명 이상"이 옳은 문항이다.

26 여객자동차 운수사업법령상 중대한 교통사고가 발생하였을 때에는 운송사업자는 개략적인 상황을 시 · 도지사에게 보고하여야 하는데 그 시간으로 맞는 것은?

① 12시간 이내와 24시간 이내
② 24시간 이내와 72시간 이내
③ 24시간 이내와 48시간 이내
④ 24시간 이내와 48시간 이내

해설 ②의 문항이 맞는다.
㉠ 24시간 이내 : 사고의 일시 · 장소 및 피해사항 등
㉡ 72시간 이내 : 사고보고서 작성하여 시 · 도지사에게 제출

27 여객자동차 운송사업자의 준수사항에 대한 설명이다. 다른 것은?

① 1일 근무시간 동안 택시요금미터(운송수입금)에 기록된 운송수입금의 전액을 운수종사자의 근무 종료 당일 수납할 것.
② 일정금액의 운송수입금 기준액을 정하여 여객을 유치하는 행위.
③ 차량운행에 필요한 제반경비(주유비, 세차비, 차량수리비, 사고처리비 등)를 운수종사 자에게 운송수입금이나 그 밖의 금전으로 충당하지 않을 것.
④ 일정한 장소에 오랜 시간 정차하여 여객을 유치하는 행위.

해설 ④의 문항은 "운수종사자의 준수사항"에 해당하여 다르다. 외에 ㉠ 운송수입금 수납 및 운송기록을 허위로 작성하지 않을 것. ㉡ 운수 종사자의 요건을 갖춘 자만 운전업무에 종사하게하여야 한다. ㉢ 여객이 착용하는 좌석안전띠가 정상적으로 작동될 수 있는 상태(여객이 6세 미만의 유아인 경우에는 유아 보호용 장구를 장착할 수 있는 상태를 포함)여야 한다.

28 여객자동차 운송사업자는 운송수입금 확인기능을 갖춘 운송기록 출력장치를 갖추고 운송 수입금 자료를 보관하여야 하는데 그 보관기간으로 맞는 것은?

① 1년 ② 2년 ③ 3년 ④ 4년

해설 보관기간은 ①의 1년이 맞다. 외에 운송사업자는 ㉠ 여객의 좌석안전띠 착용에 관한 안내방법 ㉡ 여객의 좌석안전띠 착용에 관한 안내시기를 업무시작 전에 실시한다

29 운송사업자가 운수종사자의 운행 전 확인해야 할 사항에 대한 설명이다. 틀린 것은?

① 운송사업자는 운수종사자의 음주 여부를 확인하여야 한다.
② 음주 확인을 하는 경우에는 법이 정하여 고시하는 성능을 갖춘 호흡측정기를 사용하여 확인하여야 한다.
③ 운수종사자의 음주 여부를 확인한 경우에는 해당 운수종사자의 성명, 측정일시 및 측 정결과를 전자파일이나 서면으로 기록하여 보관해야 한다.
④ 측정결과를 기록한 전자파일이나 서면은 2년 동안 보관 · 관리하여야 한다.

해설 ④의 문항 중 "2년 동안"은 틀리고 "3년 동안"이 맞다.

30 여객자동차 운수종사자 준수사항의 설명으로 틀린 것은?

① 정당한 사유 없이 여객의 승차를 거부하거나 여객을 중도에서 내리게 하는 행위(일반 택시 및 개인택시운송사업은 제외).
② 정당한 운임과 요금을 받는 행위(일반 및 개인택시는 제외).
③ 일정한 장소에 오랜 시간 정차하여 여객을 유치하는 행위.
④ 문을 완전히 닫지 아니한 상태에서 자동차를 출발시키거나 운행하는 경우.

해설 ②의 문항에서 "정당한 운임과"는 틀리고, "부당한 운임과"가 옳은 문항이다. 외에 ㉠ 여객이 승차하기 전에 자동차를 출발시키거나 여객이 있는데도 정차하지 아니하고 정류소를 지나치는 행위. ㉡ 여객자동차운수사업용 자동차 안에서 흡연을 하는 행위. ㉢ 휴식시간을 준수하지 아니하고 운행하는 경우. ㉣ 택시요금미터기를 임의로 조작 또는 훼손하는 행위. ㉤ 1일 근무시간 동안 택시요금미터에 기록된 운송수입금의 전액을 그 근무종료 당일 운송사업자에게 납부할 것이며, 일정금액의 운송수입금 기준액을 정하여 납부하지 아니할 것.

정답 21 ③ 22 ③ 23 ④ 24 ③ 25 ③ 26 ② 27 ④ 28 ① 29 ④ 30 ②

31 여객자동차운송사업의 일반택시 운전업무에 종사하려는 사람의 자격 요건에 대한 설명이다. 틀린 것은?

① 자가용 자동차를 운전하기에 적합한 운전면허를 보유하고 있을 것.
② 20세 이상으로서 해당 운전경력이 1년 이상일 것.
③ 대통령으로 정하는 운전 적성에 대한 정밀 검사 기준에 맞을 것.
④ 운전자격시험에 합격한 후 자격을 취득하거나 교통안전체험을 이수하고 자격을 취득할 것.

해설 ①의 문항 중 "자가용 자동차를"은 틀리고 "사업용 자동차를"이 맞는 문항이다.

32 여객자동차운송사업의 운전자격을 취득할 수 없는 사람들의 범죄와 처벌에 대한 설명이다. 해당 없는 문항은?

① 살인, 강도, 강간, 추행, 성폭력, 범죄단체 조직 등과 같은 범죄를 범하여 금고 이상의 실형을 선고받고, 그 집행이 끝나거나 면제된 날부터 2년이 지나지 아니한 사람과 금고 이상의 형의 집행유예를 선고받고 그 집행유예 기간 중에 있는 사람
② 약취·유인, 도주차량 운전자, 상습강도, 절도, 강도상해, 보복범죄, 위험운전 치·사상 죄를 범하여 금고 이상의 실형을 선고받고 그 집행이 끝나거나 면제된 날부터 2년이 지나지 아니한 사람과 금고 이상의 형의 집행유예를 선고받고 그 집행유예기간 중에 있는 사람
③ 마약류 관리 법률에 따른 죄, 형법에 따른 상습죄 또는 그 각각의 미수죄를 범하여 금고 이상의 실형을 선고받고 그 집행유예기간 중에 있는 사람
④ 자동차를 운전하다가 접촉사고로 벌금형을 받은 사람

해설 ④의 문항은 자격취득제한에는 해당 없음.

33 여객자동차운송사업의 운전자격을 취득할 수 없는 사람들의 범죄와 처벌에 대한 설명이다. 해당 없는 문항은?

① 술에 취한 상태에서 운전금지 위반으로 운전면허가 취소된 사람
② 술에 취한 상태에서 운전 중 측정불응금지 위반으로 취소된 사람
③ 과로한 때 등의 운전금지 위반으로 운전면허가 취소된 사람
④ 운전 중 고의 과실로 3명 이상이 사망(사고발생일부터 30일 내 사망 경우)하거나 21명 이상의 사상자가 발생한 교통사고를 일으켜 운전면허가 취소된 사람

해설 ④의 문항 중 "21명 이상의"는 틀리고 "20명 이상의"가 맞는 문항이다.
*자격시험일 전 3년 간 응시할 수 없는 위반사항의 사람
㉠ 술에 취한 상태에서 운전 위반으로 운전면허정지처분을 받은 사람
㉡ 공동 위험행위의 금지 또는 난폭운전 금지 위반으로 운전면허 정지처분을 받은 사람

34 성폭력범죄의 처벌 등에 관한 특례법에 따라 해당 죄를 범하여 금고 이상의 실형 집행을 끝내고 몇 년의 범위 내에서 대통령령으로 정하는 기간이 지나야 택시운송사업의 운전업무 종사자격을 취득할 수 있는가?

① 5년 ② 10년
③15년 ④ 20년

해설 ④의 "20년"이 맞는 문항이다.
*다음의 죄를 범하여 금고 이상의 실형을 선고받고 그 집행이 끝나거나(집행이 끝난 것 으로 보는 경우를 포함)면제된 날부터 20년의 범위에서 대통령령으로 정하는 기간이 지나지 않은 사람은 일반택시 또는 개인택시운송사업의 운전자격을 취득할 수 없다.(집행 유예 기간 중에 있는 사람)
㉠ 살인, 인신매매, 약취, 강도상해, 마약류 범죄 등
㉡ 성폭력 범죄의 처벌 등에 관한 특례법에 따른 죄
㉢ 아동·청소년의 성보호에 관한 범죄(제2조 제2호)

35 여객자동차운수사업법상 운전정밀검사의 종류이다. 아닌 것은?

① 신규 검사 ② 자격유지 검사
③ 특별 검사 ④ 정규 검사

해설 ④의 정규검사는 해당 없다.

36 운전정밀검사에서 신규검사의 대상자이다. 다른 것은?

① 운전 중 중상 이상의 사상 사고를 일으킨 자
② 신규로 여객자동차 운송사업용 자동차를 운전하려는 자
③ 화물자동차 운송사업용 운전업무에 종사하다가 퇴직한 자로서 신규검사를 받은 날부터 3년이 지난 후 재취업하려는 자
④ 신규검사의 적합 판정을 받은 자로서 운전 적성 정밀검사를 받은 날부터 3년 이내에 취업하지 아니한 자

해설 ①의 문항은 "특별검사"의 대상자가 해당하여 다르다. 또한 위 문항 ③·④의 경우 신규검사를 받은 날부터 취업일까지 무사고로 운전한 사람은 제외한다.

37 운전정밀검사에서 특별검사의 대상자이다. 틀린 문항은?

① 중상 이상의 사상 사고를 일으킨 자
② 과거 1년 간 운전면허 행정처분 기준에 따라 계산한 벌점이 81점 이상인 자
③ 과거 1년 간 운전면허 행정처분 기준에 따라 계산한 누산점수가 81점 이상인 자
④ 질병, 과로, 그 밖의 사유로 안전운전을 할 수 없다고 인정하는 자인지 알기 위하여 운송사업자가 신청한 자

해설 ②의 문항 중 "계산한 벌점이 81점"은 틀리고 "계산한 누산점수가 81점"이 옳은 문항이다.

38 운전정밀검사에서 자격유지검사의 대상자이다. 틀린 문항은?

① 65세 이상 70세 미만인 사람(자격유지검사의 적합판정을 받고 3년이 지나지 아니한 사람은 제외)
② 70세 이상인 사람(자격유지검사의 적합판정을 받고 1년이 지나지 아니한 사람은 제외)
③ 자격유지 검사는 검사대상이 된 날부터 2개월 이내에 받아야한다.
④ 택시운송사업에 종사하는 운수종사자는 의료법에 따른 의원·병원 및 종합병원의 적성 검사(신체능력 및 질병에 관한 진단을 말함)로 자격유지검사를 대체할 수 있다.

해설 ③의 문항 중 "2개월 이내"는 틀리고 "3개월 이내"가 옳은 문항이다.

정답 31 ① 32 ④ 33 ④ 34 ④ 35 ④ 36 ① 37 ② 38 ③

39 택시운전자격시험의 필기시험은 총점의 몇 할 이상을 합격자로 결정하는가?

① 총점의 6할 이상 ② 총점의 6.5할 이상
③ 총점의 7할 이상 ④ 총점의 7.5할 이상

해설 ①의 문항이 맞는 문항이다.

40 택시운전자격 필기시험 과목 중 면제(운송서비스와 지리) 받을 수 있는 대상자에 대한 설명이다. 아닌 자는?

① 택시운전자격을 취득한 자가 운전자격증명을 발급한 관할 구역 밖의 지역에서 택시운전 업무에 종사하려고 운전자격시험에 다시 응시하는 자
② 운전자격 시험일부터 계산하여 과거 4년 간 사업용 자동차를 3년 이상 무사고로 운전 한 자
③ 도로교통법에 따른 무사고 운전자 또는 유공운전자의 표시장을 받은 자
④ 택시운전자격증이 취소된 후 다시 자격증을 취득하려는 자

해설 ④의 해당자는 특례대상자가 될 수 없다.

41 택시운전자격시험에 합격한 사람은 합격자 발표일이나 수료일부터 몇 일 이내에 운전자격증 발급을 신청하여야 하는가?

① 10일 이내 ② 20일 이내
③ 30일 이내 ④ 40일 이내

해설 ③의 30일 이내에 사진 1장 첨부하여 신청해야 한다.
*특례(면제)를 받으려는 자는 응시원서에 이를 증명할 수 있는 서류를 첨부하여 신청해야한다.

42 택시운전자격증을 잃어버리거나 헐어 못쓰게 된 경우 재발급 신청을 할 기관으로 맞는 것은?

① 한국 도로교통공단 ② 한국 교통안전공단
③ 관할 경찰청 ④ 관할 경찰서

해설 ②의 한국 교통안전공단에 신청을 한다.

43 여객자동차의 운전업무에 종사하는 사람은 차 안에 승객이 쉽게 볼 수 있는 위치에 게시하여야 하는 것으로 맞는 것은?

① 운전자격 증명 ② 운전면허증
③ 주민등록증 ④ 사업자등록증

해설 ①의 문항이 맞는 문항이다.

44 여객자동차 운수종사자가 퇴직할 경우 운전자격증명을 반납해야하는데 어느 누구에게 반납하여야 하는가?

① 한국 도로교통공단 ② 한국 교통안전공단
③ 여객자동차운송 사업조합 ④ 운송 사업자

해설 ④의 운송사업자에게 반납을 하고 운송사업자는 지체 없이 해당 운전자격증명 발급 기관에 그 운전자격증명을 제출하여야 한다.

45 택시운전자격 취소 등 처분기준의 일반기준이다. 틀린 것은?

① 위반행위가 둘 이상인 경우 그에 해당하는 각각의 처분기준이 다른 경우에는 그 중 무거운 처분기준에 따른다.
② 위반행위가 둘 이상의 처분기준이 모두 자격정지인 경우에는 각 처분기준을 합산한 기준을 넘지 아니하는 범위에서 무거운 처분기준의 2분의 1 범위에서 가중할 수 있다.
③ ①·②의 경우 그 가중한 기간을 합산한 기간은 6개월을 초과할 수 없다.
④ 위반행위의 횟수에 따른 행정처분의 기준은 최근 6개월 간 같은 위반행위로 행정처분을 받은 경우에 적용한다.

해설 ④의 문항 중 "최근 6개월 간"은 틀리고 "최근 1년 간"이 옳은 문항이다.

46 택시운전자격의 취소 등의 처분기준에서 가중사유이다. 감경사유에 해당하는 것은?

① 위반의 행위가 고의나 중대한 과실이 아닌 사소한 부주의나 오류로 인한 것으로 인정되는 경우
② 위반행위가 사소한 부주의나 오류가 아닌 고의나 중대한 과실에 의한 것으로 인정되는 경우
③ 위반의 정도가 중대하여 이용객에게 미치는 피해가 크다고 인정되는 경우
④ 둘 이상의 처분기준이 모두 자격정지인 경우에는 각 처분기준을 합산한 기간을 넘지 아니하는 범위에서 무거운 처분기준의 2분의 1 범위에서 가중할 수 있다.

해설 ①의 문항은 감격사유에 해당되는 문항이다.

47 택시운전자격의 취소 등의 처분기준에서 감경사유이다. 가중사유에 해당하는 것은?

① 위반의 행위가 고의나 중대한 과실이 아닌 사소한 부주의나 오류로 인한 것으로 인정되는 경우
② 위반의 정도가 경미하여 이용객에게 미치는 피해가 적다고 인정되는 경우
③ 위반행위를 한 사람이 처음 해당 위반행위를 한 경우로서 최근 5년 이상 해당 여객자 동차 운송사업의 모범적인 운수종사자로 근무한 사실이 인정되는 경우
④ 위반행위가 중대하여 이용객에게 미치는 피해가 크다고 인정되는 경우

해설 ④의 문항은 가중사유의 하나이다. 외에 ㉠ 여객자동차운송사업에 대한 정부 정책 상 필요하도고 인정되는 경우가 있다.

48 택시운전자격의 행정처분 개별기준에서 자격취소 기준에 해당하지 않는 처분은?

① 택시운전자격의 결격사유에 해당하게 된 경우
② 부정한 방법으로 택시운전자격을 취득한 경우
③ 운송수입금 전액을 내지 아니하여 과태료처분을 받은 사람이 그 과태료 처분을 받은 날부터 1년 이내에 같은 행위를 4번한 경우
④ 일반택시운송사업 또는 개인택시운송사업의 운전자격을 취득할 수 없는 경우에 해당하게 된 경우

해설 ③의 경우는 1차 또는 2차 위반의 경우 자격정지 각 50일에 해당하여 취소처분 기준이 아니다.

정답 39 ① 40 ④ 41 ③ 42 ② 43 ① 44 ④ 45 ④ 46 ① 47 ④ 48 ③

49 여객자동차운수사업법령상 운수종사자의 금지행위 위반으로 과태료 처분을 받은 사람이 1년 간 3번의 과태료 또는 자격정지처분을 받은 운전자의 처분기준으로 맞는 것은?

① 자격 정지 10일　② 자격 정지 20일
③ 자격 취소　④ 자격 정지 50일

해설 ③의 자격 취소가 옳은 문항이다.

50 운송사업자의 운수종사자는 운송수입금 전액을 내지 아니하여 과태료 처분을 받은 사람이 그 과태료 처분을 받은 날부터 1년 이내에 같은 행위를 3번 한 운전자의 처분기준이다. 맞는 사람은?

① 1차 10일, 2차 20일　② 1차 15일, 2차 20일
③ 1차 20일, 2차 20일　④ 1차 20일, 2차 30일

해설 ③의 문항이 옳은 문항이다.
[추가해설] 과태료 처분을 받은 날부터 1년 이내에 같은 행위를 4번 이상 한 경우의 처분기준은 "1차, 2차 공히 자격정지 50일"을 처분한다.

51 플랫폼운수종사자의 준수사항을 위반하여 과태료처분을 받은 운전자가 1년 이내에 같은 위반행위를 한 경우 택시운전자의 처분 기준으로 맞는 것은?

① 자격 정지 20일　② 자격 정지 30일
③ 자격 정지 50일　④ 자격 취소

해설 ④의 자격취소가 맞는 문항이다.

52 여객자동차 운수사업법령상 교통사고로 인하여 2명 이상의 사망자가 발생한 경우 운수종사자의 자격정지기준으로 맞는 것은?

① 자격 정지 20일　② 자격 정지 40일
③ 자격 정지 50일　④ 자격 정지 60일

해설 ④의 자격 정지 60일이 맞는 문항이다. 외에
㉠ 사망자 1명 및 중상자 3명 이상 : 자격정지 – 50일
㉡ 중상자 6명 이상 : 자격정지 – 40일

53 여객자동차 운수사업법령상 운수종사자의 자격정지 개별기준에 대한 설명이다. 틀린 것은?

① 택시운전 자격증을 타인에게 대여한 경우 : 자격 취소
② 개인택시 운송사업자가 불법으로 타인으로 하여금 대리운전을 하게 한 경우 : 자격정지 30일(1, 2차)
③ 정당한 사유 없이 교육과정을 마치지 않은 경우 : 자격정지 5일
④ 교통사고와 관련하여 거짓이나 그 밖의 부정한 방법으로 보험금을 청구하여 금고 이상의 형을 선고받고 그 형이 확정된 경우 : 자격정지 50일

해설 ④의 "자격정지 50일"은 틀리고 "자격취소"가 옳은 문항임.
[추가해설] 외의 자격취소 위반사항은 아래와 같다.
㉠ 택시운전 자격정지의 처분 기간 중에 택시운송사업 또는 플랫폼 운송사업을 위한 운전업무에 종사한 경우
㉡ 도로교통법령 위반으로 사업용 자동차를 운전할 수 있는 운전면허가 취소된 경우

54 여객자동차 운수종사자의 교육에 대한 설명으로 맞지 않는 것은?

① 운수종사자 교육은 국토교통부령으로 정하는 바에 따라 운전업무를 끝내고 퇴근 전에 교육을 받아야 한다.
② 운송사업자는 운수종사자가 교육을 받는 데에 필요한 조치를 하여야 한다.
③ 운송사업자는 운수종사자 교육을 받지 아니한 운수종사자를 업무에 종사하게 하여서는 아니 된다.
④ 시 · 도지사는 운수종사자 교육을 효율적으로 실시하기 위하여 연수기관을 직접 설립하여 운영하거나 지정할 수 있으며 그 운영에 필요한 비용을 지원할 수 있다.

해설 ①의 문항 중 "운전업무를 끝내고 퇴근 전에는"는 틀리고 "운전업무를 시작하기 전에"가 옳은 문항이다.

55 운수종사자에 대한 교육의 교육담당 기관 설명이다. 아닌 기관은?

① 운수종사자 연수기관　② 한국 교통안전공단
③ 한국 도로 교통공단　④ 연합회 또는 조합

해설 ③의 "한국 도로 교통공단"은 교육기관이 아니다.

56 운송사업자는 그의 운수종사자에 대한 교육의 시행 또는 일상의 교육 훈련업무를 위하여 종업원 중에서 교육훈련 담당자를 선임하여야 한다. 다만, 교육훈련 담당자를 선임하지 않아도 되는 운송사업자의 자동차 면허 대수는?

① 자동차 면허 대수가 20대 미만인 운송사업자의 경우
② 자동차 면허 대수가 25대 미만인 운송사업자의 경우
③ 자동차 면허 대수가 30대 미만인 운송사업자의 경우
④ 자동차 면허 대수가 35대 미만인 운송사업자의 경우

해설 ①의 문항이 맞는 문항에 해당된다.

57 운수종사자의 교육 실시기관은 그 해의 교육결과를 시 · 도지사에게 보고와 다음 해의 교육 계획 수립의 일정이다. 맞는 계획 일정은?

① 교육계획 수립(매년 9월 말), 교육결과 통보(다음 해 9월 말)
② 교육계획 수립(매년 10월 말), 교육결과 통보(다음 해 10월 말)
③ 교육계획 수립(매년11월 말), 교육결과 통보(다음 해 1월 말)
④ 교육계획 수립(매년 12월 말), 교육결과 통보(다음 해 2월 말)

해설 ③의 문항 : 교육실시기관은 매년 11월 말까지 교육계획을 수립하고, 그 해의 교육 결과 통보는 다음 해 1월 말까지 시 · 도지사 및 조합에 통보하여야 한다.

58 여객자동차 운수업법령상 운수종사자에 대한 교육의 종류이다. 해당되지 아니한 교육은?

① 정기교육　② 신규교육
③ 보수교육　④ 수시교육

해설 ①의 정기교육은 해당 없다.

정답 49 ③ 50 ③ 51 ④ 52 ④ 53 ④ 54 ① 55 ③ 56 ① 57 ③ 58 ①

59 **여객자동차 운수사업법령상 운수종사자의 교육의 종류와 교육시간에 대한 설명이다. 연결이 잘못되어 있는 것은?**

① 신규교육 : 16시간(새로 채용한 후 운수종사자, 사업용자동차를 운전하다 퇴직 후 2년 내 재취업자는 제외)
② 보수교육 : 4시간(수시 : 법령위반 운수종사자)
③ 보수교육 : 4시간(매년 : 무사고 · 무벌점 기간이 5년 미만인 운수종사자)
④ 수시교육 : 4시간(국제행사 등에 대비한 서비스 및 교통안전증진 등을 위하여 국토교 통부장관 또는 시 · 도지사가 교육을 받을 필요가 있다고 인정하는 운수종사자)

해설 ②의 "보수교육 4시간"은 틀리고 "보수교육 8시간"이 맞다. 외에 ㉠ 보수교육 : 4시간(격년) – 무사고 · 무벌점 기간이 5년 이상 10년 미만인 운수종사자가 있다.

60 **운수종사자의 교육 중 보수교육 대상자 선정을 위한 무사고 · 무벌점 기간 산정에 대한 설명이다. 맞는 것은?**

① 전 년도 6월 말 기준 산정
② 전 년도 9월 말 기준 산정
③ 전 년도 10월 말 기준 산정
④ 해당 년도 12월 말 기준 산정

해설 ③의 전 년도 10월 말을 기준으로 산정한다.

61 **법령위반 운수종사자(특별검사 대상이 된 자는 제외)에 대한 보수교육을 해당 운수종사자가 과태료, 과징금 또는 사업정지처분을 받은 날부터 몇 개월 이내에 실시하여야 하는가?**

① 1개월 이내　② 2개월 이내
③ 3개월 이내　④ 4개월 이내

해설 ③의 3개월 이내에 실시하여야 한다.

62 **여객자동차 운수사업의 면허 · 등록 · 증차 또는 대폐차(차령이 만료되거나 운행거리를 초과한 차량 등을 다른 차량으로 대체하는 것)에 충당되는 차량충당연한은 몇 년을 넘지 아니하는 자동차로 대체할 수 있는가?**

① 2년을 넘지 아니하는 범위에서 차량충당연한 이내
② 3년을 넘지 아니하는 범위에서 차량충당연한 이내
③ 4년을 넘지 아니하는 범위에서 차량충당연한 이내
④ 5년을 넘지 아니하는 범위에서 차량충당연한 이내

해설 ②의 "3년을 넘지 아니하는 범위에서 차량충당연한 이내"가 맞는 문항이다.

63 **여객자동차 운수사업에서 대통령령으로 정하는 차량충당연한에 대한 설명이다. 맞지 않는 것은?**

① 차량충당연한 : 승용 자동차는 1년이다
② 차량충당연한 : 승합 자동차는 2년이다
③ 제작연도에 등록된 자동차의 기산일 : 최초의 신규등록일
④ 제작연도에 등록되지 아니한 자동차의 기산일 : 제작연도의 말일

해설 ②의 문항 "승합 자동차는 2년이다"는 틀리고 "승합 자동차는 3년이다"가 맞는 문항이다.

64 **다음 중 사업용 택시의 차령이 올바르게 연결되지 아니한 것은?**

① 개인택시 배기량 2,400cc 미만 : 4년
② 일반택시 배기량 2,400cc 이상 : 6년
③ 개인택시 배기량 2,400cc 이상 : 9년
④ 일반택시(환경친화적자동차) : 6년

해설 ①의 문항 "개인택시 2,400시시 미만 택시의 차령은 7년"이 맞는다.

65 **여객자동차 운송사업용에서 일반택시 차령 기준의 설명이다. 맞지 아니한 것은?**

① 경형 · 소형 : 3년 5개월
② 배기량 2,400시시 미만 : 4년
③ 배기량 2,400시시 이상 : 6년
④ 환경친화적 자동차 : 6년

해설 ①의 경형 · 소형 : 3년 6개월이 옳은 문항이다.
[참고] 개인택시 차령기준은 다음과 같다.
㉠ 경형 · 소형 : 5년 ㉡ 배기량 2,400시시 미만 : 7년
㉢ 배기량 2,400시시 이상과 환경친화적 자동차 : 9년

66 **자동차 대여사업용과 특수여객자동차 운송사업용 차령기준이다. 틀리게 나열되어 있는 것은?**

① 대여사업용의 경형 · 소형 · 중형의 차령 : 5년
② 대여사업용의 대형 : 10년
③ 특수여객자동차 운송사업용의 경형 · 소형 · 중형의 차령 : 6년
④ 특수여객자동차 운송사업용의 대형 : 10년

해설 ②의 대여사업용의 대형 차령 : 8년이 맞은 문항이다.

67 **플랫폼운송사업용 일반택시의 차령에 대한 설명이다. 아닌 것은?**

① 배기량 2,400시시 미만 : 4년
② 배기량 2,400시시 : 6년
③ 환경친화적 자동차 : 6년
④ 개인택시(경형 · 소형) : 5년

해설 ④의 문항은 본 문제와는 해당 없는 문항이다.

68 **국토교통부장관 시 · 도지사는 여객자동차 운수사업자에게 사업정지처분을 하여야할 경우에 그 사업정지처분이 그 여객자동차 운수사업을 이용하는 사람들에게 심한 불편을 주거나 공익을 해칠 우려가 있는 때에는 그 사업정지처분을 갈음하여 과징금을 부과할 수 있는데 그 금액으로 맞는 것은?**

① 2천만 원을 초과할 수 없다.
② 3천만 원을 초과할 수 없다
③ 4천만 원을 초과할 수 없다
④ 5천만 원을 초과할 수 없다

해설 ④의 가중하는 경우에도 과징금의 총액은 5천만 원을 초과할 수 없다가 옳은 문항이다.

정답 59 ② 60 ③ 61 ③ 62 ② 63 ② 64 ① 65 ① 66 ② 67 ④ 68 ④

69 여객자동차 운송사업에서 일반 또는 개인택시가 면허 · 허가를 받거나 등록한 업종의 범위를 벗어나 사업을 한 경우 1차 과징금의 액수로 맞는 것은?

① 90만 원 ② 100만 원
③ 150만 원 ④ 180만 원

해설 ④의 문항이 맞다. ㉠ 2차 : 360만 원 ㉡ 3차 : 540만 원

70 여객자동차 운송사업자가 면허를 받은 사업구역 외의 행정구역에서 사업을 한 경우 1차 과징금의 액수로 맞는 것은?

① 20만 원 ② 30만 원
③ 40만 원 ④ 50만 원

해설 ③의 문항이 맞다. ㉠ 2차 : 80만 원 ㉡ 3차 : 160만 원
[추가 1] 운임 및 요금에 대한 신고 또는 변경신고를 하지 않고 운송을 개시한 경우의 과징금 액수도 동일하다.
[추가 2] 택시운송사업자가 미터기를 부착하지 않거나 사용하지 않고 여객을 운송한 경우(구간 운임제 시행지역은 제외)의 과징금 액수도 동일하다.

71 여객자동차 운송사업자가 면허 · 허가를 받거나 등록한 차고를 이용하지 않고 차고지가 아닌 곳에서 밤샘 주차를 한 경우 1~2차 과징금의 액수는?

① 1차 5만 원, 2차 10만 원 ② 1차 10만 원, 2차 15만 원
③ 1차 6만 원, 2차 12만 원 ④ 1차 7만 원, 2차 15만 원

해설 ②의 문항이 맞는 문항이다.

72 개인택시 운전자가 신고를 하지 않거나 거짓으로 신고를 하고 대리운전을 하게 한 때의 1차 과징금에 해당하는 것은?

① 100만 원 ② 110만 원
③ 120만 원 ④ 130만 원

해설 ③의 문항이 맞다. 2차 과징금은 240만 원이다.

73 여객자동차운수사업에 사용되는 자동차의 차령 또는 운행거리를 초과하여 운행한 경우의 2차 과징금의 액수로 맞는 것은?

① 120만 원 ② 180만 원
③ 360만 원 ④ 540만 원

해설 ③의 문항이 맞다. ㉠ 1차 과징금 : 180만 원이다.

74 여객자동차운수사업자는 사용되는 자동차의 바깥쪽에 표시하여야 하는데 1년에 3회 이상 표시를 하지 않는 경우의 과징금에 해당하는 액수는?

① 10만 원 ② 15만 원
③ 20만 원 ④ 25만 원

해설 ①의 문항 10만 원이 맞다.
[추가] 택시운송사업자가 차내에 운전자 자격증명을 항상 게시하지 않는 경우의 과징금도 10 만원이다.

75 여객자동차 운송사업자가 자동차 안에 게시해야 할 사항을 게시하지 않는 경우 1차 과징금의 액수는?

① 10만 원 ② 20만 원
③ 30만 원 ④ 40만 원

해설 ②의 문항이 맞다. ㉠ 2차 과징금 : 40만 원이다.
[추가 1] 정류소에서 주차 또는 정차 질서를 문란하게 한 경우의 과징금도 동일하다.
[추가 2] 차량정비, 운전자의 과로 방지 및 정기적인 차량 운행 금지 등 안전수송을 위한 명령을 위반하여 운행한 경우의 과징금도 동일하다.

76 여객자동차 운송사업자가 운수종사자의 자격요건을 갖추지 않는 사람을 운전업무에 종사하게 한 경우의 1차 과징금의 액수는?

① 360만 원 ② 370만 원
③ 380만 원 ④ 390만 원

해설 ①의 문항이 맞다. ㉠ 2차 과징금 : 720만 원이다.

77 여객자동차 운송사업자가 운수종사자의 교육에 필요한 조치를 하지 아니한 경우의 1차 과징금의 액수는?

① 20만 원 ② 30만 원
③ 40만 원 ④ 50만 원

해설 ②의 문항이 맞다. ㉠ 2차 : 60만 원 ㉡ 3차 : 90만 원

78 여객자동차 운송사업자가 속도제한장치 또는 운행기록계가 장착된 운송사업용 자동차를 해당 장치 또는 기기가 정상적으로 작동되지 않은 상태에서 운행한 경우 1차 과징금의 액수인 것은?

① 60만 원 ② 70만 원
③ 80만 원 ④ 90만 원

해설 ①의 문항 10만 원이 맞다. ㉠ 2차 : 120만 원 ㉡ 3차 : 180만 원
[추가] 차실에 냉방 · 난방 장치를 설치하여야 할 자동차에 이를 설치하지 않고 여객을 운송한 경우의 과징금 액도 동일하다.

79 과태료를 부과권자가 과태료 금액의 2분의 1의 범위에서 그 금액을 줄일 수 있는 요인이 다. 다른 것은?

① 위반행위가 질서위반행위 규제법(국민기초생활수급자 외 4개항)의 대상자.
② 위반행위가 사소하한 부주의나 오류로 인한 것으로 인정되는 경우.
③ 위반행위가 법 위반 상태를 시정하거나 해소하기 위하여 노력한 것으로 인정되는 경우
④ 최근 1년 간 같은 위반행위로 과태료 부과 처분을 3회를 초과하여 받은 경우

해설 ④의 문항은 과태료 금액의 2분의 1의 범위에서 늘릴 수 있는 사항에 해당된다.

80 과태료 부과권자가 과태료 금액의 2분의 1의 범위에서 늘릴 수 있는 요인이다. 다른 요인은?

① 위반의 내용이나 정도가 중대하여 이용객 등에게 미치는 피해가 크다고 인정되는 경우
② 최근 1년 간 같은 위반행위로 과태료 부과 처분을 3회를 초과하여 받은 경우
③ 그 밖의 행위정도, 위반행위의 동기와 그 결과 등을 고려하여 늘릴 필요가 있다고 인정되는 경우
④ 위반행위가 사소한 부주의나 오류로 인한 것으로 인정되는 경우.

해설 ④의 문항은 과태료 금액의 2분의 1의 범위에서 줄일 수 있는 사항에 해당된다.

정답 69 ④ 70 ③ 71 ② 72 ③ 73 ③ 74 ① 75 ② 76 ① 77 ② 78 ① 79 ④ 80 ④

81 운송사업자가 사업용 자동차 사고발생 시 조치를 하지 않는 경우 1회 위반 과태료 액수로 맞는 것은?

① 50만 원 ② 60만 원
③ 70만 원 ④ 80만 원

해설 ①의 문항이 맞다. ㉠ 2회 : 75만 원 ㉡ 3회 : 100만 원
[추가] 운수종사자 취업 현황을 알리지 않거나 거짓으로 알린 경우와 정당한 사유 없이 검사 또는 질문에 불응하거나 이를 방해 또는 기피한 경우는 과태료가 동일하다.

82 중대한 교통사고 발생에 따른 보고를 하지 않거나 거짓으로 보고를 한 경우 1회 위반 과태료의 액수는?

① 10만 원 ② 20만 원
③ 30만 원 ④ 40만 원

해설 ②의 문항이 맞다. ㉠ 2회 : 30만 원 ㉡ 3회 : 50만 원
[추가] 좌석안전띠가 정상적으로 작동될 수 있는 상태를 유지하지 않는 경우와 좌석안전띠 착용에 관한 교육을 실시하지 않는 경우 또는 교통 안전 정보의 제공을 거부하거나 거짓으로 정보를 제공한 경우를 위반한 때도 과태료는 동일하다.

83 여객자동차 운수종사자가 정당한 사유 없이 여객을 중도에서 내리게 하는 경우 1회 위반 시 과태료로 맞는 것은?

① 5만 원 ② 10만 원
③ 15만 원 ④ 20만 원

해설 1회 ~ 3회까지 모두 각각 20만 원으로 ④의 문항이 맞다.
외에 ㉠ ~ ㉣까지의 위반사항도 과태료는 동일하다.
㉠ 부당한 운임 또는 요금을 받거나 요구하는 행위
㉡ 일정한 장소에 오랜 시간 정차하거나 배회하면서 여객을 유치하는 행위
㉢ 여객의 요구에도 불구하고 영수증 발급 또는 신용카드 결재에 응하지 않는 경우
㉣ 문을 완전히 닫지 않는 상태 또는 여객이 승차하기 전에 자동차를 출발시키는 경우

84 여개자동차 사업용 자동차의 표시를 하지 않았을 때의 과태료 1회 액수로 맞는 것은?

① 5만 원 ② 10만 원
③ 15만 원 ④ 20만 원

해설 ②의 문항이 맞다. ㉠ 2회 : 15만 원 ㉡ 3회 : 20만 원

85 여객자동차 안에서 흡연하는 경우의 1회 위반 시 과태료는?

① 5만 원 ② 10만 원
③ 15만 원 ④ 20만 원

해설 ②의 문항이 맞다. ㉠ 2회 : 10만 원 ㉡ 3회 : 10만 원 부과

86 여객자동차 운수종사자가 차량의 출발 전에 여객이 좌석안전띠를 착용하도록 안내하지 않는 경우 1회 과태료에 맞는 것은?

① 3만 원 ② 5만 원
③ 7만 원 ④ 10만 원

해설 ①의 문항이 맞다. ㉠ 2회 : 5만 원 ㉡ 3회 : 10만 원을 부과

87 택시운송사업의 발전에 관한 법률의 목적으로 옳지 않은 것은?

① 택시운송사업의 건전한 발전을 도모
② 택시운수종사자의 복지 증진
③ 여객자동차운수사업의 종합적인 발달을 통해 공공복리 증진
④ 국민의 교통편의 제고에 이바지

해설 ③의 문항은 여객자동차운수사업의 목적으로 다르다.

88 택시운송사업의 발전법령의 용어 정의이다. 틀린 문항은?

① 일반택시 운송사업 : 운행계통을 정하지 아니하고 국토교통부령으로 정하는 사업구역에서 1개의 운송 계약에 따라 자동차를 사용하여 여객을 운송하는 사업
② 개인택시운송사업 : 운행계통을 정하지 아니하고 국토교통부령으로 정하는 사업구역에서 1개의 운송 계약에 따라 자동차 1대를 사업자가 직접 운전(사업자의 질병 등 국 토교통부령으로 정하여 있는 경우는 제외)하여 여객을 운송하는 사업.
③ 택시공영차고지 : 택시운송사업에 사용되는 차고지로서 특별시장 · 광역시장 · 특별자치시장 · 도지사 · 특별자치 도지사(이하 시 · 도지사) 또는 시장 · 군수 · 구청장(자치구청장)이 실시한 것
④ 택시공공차고지 : 택시사업에 제공되는 차고지로서 3인 이상의 일반택시사업자가 공동으로 설치 또는 임차하거나 여객운수사업법에 따른 조합 또는 같은 법에 따른 연합회가 설치 또는 임차한 차고지를 말한다.

해설 ④의 문항 중 "3인 이상의"는 틀리고 "2인 이상의"가 옳은 문항이다.
㉠ 택시공영차고지 설치권자 : 특별시장 · 광역시장 · 특별자치시장 · 특별자치도지사(도지사) · 시장 · 군수 · 구청장
㉡ 택시공동차고지 설치권자 : 2인 이상의 일반택시사업자가 공동으로 설치 또는 임차. 여객자동차 운수사업법에 따른 조합 또는 연합회

89 택시 운송사업의 발전에 관한 법률에 의거하여 택시 운송사업에 관한 중요 정책을 심의하기 위해 설치한 기관의 명칭에 해당되는 기관은?

① 여객 자동차 운수사업법의 조합
② 택시 발전법에 의한 택시발전위원회
③ 국토교통부령에 의한 택시정책심의위원회
④ 여객자동차운수사업법에 의한 연합회

해설 ③의 국토교통부장관 소속으로 위원장 1명을 포함한 10명 이내의 위원으로 구성하고 있으며 위원의 임기는 2년으로 규정하고 있다.

90 택시정책심의위원회의 심의사항이다. 심의사항으로 틀린 것은?

① 택시운수종사자의 근로 여건 개선에 관한 중요사항
② 사업구역별 택시 총량 및 사업구역 조정 정책에 관한 사항
③ 택시운송사업의 면허 제도에 관한 사항
④ 택시근로자에 대한 보조금 할당 여부에 관한 사항

해설 ④의 "근로자에 대한 보조금 할당"은 해당 없고 "시 · 도는 택시발전을 위하여 택시운송 사업자 또는 택시운수종사자 단체에 조례로 정하는 바에 따라 필요한 자금의 전부 또는 일부를 보조 또는 융자할 수 있다"가 옳은 문항이다.
㉠ 택시운송사업의 서비스 향상에 관한 중요사항이 있다.

정답 81 ① 82 ② 83 ④ 84 ② 85 ② 86 ① 87 ③ 88 ④ 89 ③ 90 ④

91 **택시심의위원회 임원의 위촉자격과 임기이다. 틀린 문항은?**

① 택시운송사업에 5년 이상 종사한 사람
② 교통 관련 업무에 공무원으로 2년 이상 근무한 경력이 있는 사람
③ 택시운송관련사업 분야에 관한 학식과 경험이 풍부한 사람
④ 위원의 임기는 3년이다.

해설 ④의 "임기는 3년이다"는 틀리고, 임기는 2년이 맞다
㉠ 심의위원회 구성 : 위원장 1명을 포함한 10명 이내의 위원으로 구성하고 있다.

92 **택시운송사업 발전 기본계획 수립기간이다. 맞는 것은?**

① 2년 마다 수립한다 ② 3년 마다 수립한다
③ 4년 마다 수립한다 ④ 5년 마다 수립한다

해설 ④의 국토교통부장관의 중앙행정기관의 장 및 시 · 도지사의 의견을 들어 5년 단위의 기본계획을 수립하여야 한다가 맞는 문항이다.

93 **택시발전기본계획에 포함될 사항에 대한 설명이다. 틀린 것은?**

① 택시운송사업 정책의 기본방향과 여건 및 전망에 관한 사항
② 택시운송사업면허 제도의 개선 및 경쟁력 향상에 관한 사항
③ 택시운송사업의 근로 여건 개선에 관한 사항
④ 택시운송사업의 구조 조정 등 수급 조절에 관한 사항

[해설] ③의 "택시운송사업의"는 틀리고 "택시운수종사자의"가 옳은 문항이다. 외에
㉠ 택시운송사업의 관리 역량 강화 또는 서비스 개선 및 안전성 확보에 관한 사항이 있다.
*대통령령이 정하는 기본계획 사항(영 제5조 제2항)
㉠ 자동차(택시)수급 실태 및 이용 수요의 특성
㉡ 차고지 및 택시 승차대 등 택시 관련 시설의 개선계획
㉢ 기본계획의 연차별 집행계획과 운송사업 재정지원 사항
㉣ 운송사업의 실태 점검과 지도 단속에 관한 사항
㉤ 운송사업 관련 연구 개발을 위한 전문기구 설치 사항

94 **국가는 택시운송사업자와 택시운수종사자 단체에 보조금을 지원할 수 있는데 보조금 사용 규칙이다. 잘못된 것은?**

① 보조금을 받은 택시 운송사업자는 그 자금을 보조받은 목적 외의 용도로 사용하지 못한다.
② 국토교통부장관 또는 시 · 도지사는 보조를 받은 택시운송사업자 등이 그 자금을 적정하게 사용하도록 감독하여야 한다.
③ 택시사업자 등이 거짓이나 그 밖의 부정한 방법으로 보조금을 교부받거나 목적 외의 용도로 사용한 경우 택시운송사업자 등에게 보조금의 반환을 명하여야 한다.
④ 국토교통부장관은 택시 운송사업자 등이 보조금 반환 명령을 받고도 반환하지 아니한 경우 지방세 체납처분의 예에 따라 이를 징수하여야 한다.

해설 ④의 문항 중 "지방세 체납 처분의 예에"는 틀리고 "국세 또는 지방세 체납처분 예에"가 맞는 문항이다.

95 **여객자동차사업법에도 불구하고 신규 택시운송사업 면허의 제한 사항이다. 제한 사업구역에 해당하지 않는 구역은?**

① 사업구역별 택시 총량을 산정하지 아니한 사업구역
② 국토교통부장관이 사업구역별 택시 총량의 재 산정을 요구한 사업구역
③ 고시된 사업구역별 택시 총량보다 해당 사업구역 내의 택시의 대수가 많은 구역
④ 해당 사업구역이 연도별 감차 규모를 초과하여 감차 실적을 달성한 사업구역

해설 ④의 경우는, 그 초과분의 범위에서 관할 지방자치단체의 조례로 정하는 바에 따라 신규 택시운송사업 면허를 받을 수 있다.

96 **택시운송사업자는 운송비용을 운수종사자에게 전가 금지 한다는 사항이다. 해당 없는 항목은?**

① 식사비 ② 유류비
③ 세차비 ④ 택시 구입비

해설 ①의 운전자의 식사비이다.
㉠ 택시 구입비 : 신규 차량을 운수종사자에게 배차하면서 주차 징수하는 비용 포함.
㉡ 차량 내부에 붙이는 장비의 설치비 및 운영비
㉢ 사고 시 차량수리비, 보험료 증가분
*해당 사고가 음주 또는 운전자의 고의 · 중과실인 경우는 제외

97 **시 · 도지사 등은 택시운송사업자의 운영방법(소속 택시운수종사자가 아닌 운전자에게 택시 제공 등)을 준수하고 있는 지 조사하고 그 결과와 조치사항을 국토교통부 장관에게 보고 해야 한다. 그 조사 횟수와 결과 보고는?**

① 1년에 1회 이상 조사 후 결과 보고
② 1년에 2회 이상 조사 후 결과 보고
③ 2년에 1회 이상 조사 후 결과 보고
④ 2년에 2회 이상 조사 후 결과 보고

해설 ②의 문항이 옳은 문항이다.

98 **택시 운행정보관리에 관한 내용이다. 옳지 않은 문항은?**

① 국토교통부장관 또는 시 · 도지사는 택시 정책을 효율적으로 수행하기 위하여 운행기록 장치와 택시 요금미터를 활용하여 정보를 수집 · 관리하는 택시운행 정보관리시스템을 구축 · 운영할 수 있다.
② 국토교통부장관 또는 시 · 도지사는 택시운행정보관리시스템을 구축 · 운영하기 위한 정보 를 수집 · 이용할 수 없다.
③ 택시운행정보관리시스템으로 처리된 전산 자료는 교통사고 예방 등 공공의 목적을 위하여 공동 이용할 수 있다.
④ 국토교통부장관 또는 시 · 도지사는 택시운행정보관리시스템으로 처리된 전체 자료를 택시운송사업자, 여객자동차 운수사업자 조합 및 연합회와 공동 이용할 수 있다.

해설 ②의 문항 중 "수집 · 이용할 수 없다"는 틀리고 "수집 · 이용할 수 있다"가 옳은 문항이다.

99 **국토교통부장관 또는 시 · 도지사가 운행기록장치를 활용하여 수집할 수 있는 정보이다. 해당되지 않는 것은?**

① 주행 거리 ② 자동차의 속도
③ 위치 정보 ④ 영업 거리

해설 ④의 "영업 거리"는 택시요금미터에 기록된 내용이다. 외에 ㉠ 분당 회전 수 ㉡ 브레이크 신호 ㉢ 가속도가 있다.

100 **국토교통부장관 또는 시 · 도지사가 택시요금미터를 활용하여 수집할 수 있는 정보이다. 해당되지 않는 것은?**

① 승차 일시 ② 승차 거리
③ 영업 거리 ④ 위치 정보

해설 ④의 "위치 정보"는 운행기록장치에 기록된 정보에 해당되고, 외에 ㉠ 요금 정보가 있다.

정답 91 ④ 92 ④ 93 ③ 94 ④ 95 ④ 96 ① 97 ② 98 ② 99 ④ 100 ④

101 **택시운수종사자의 복지기금 용도의 설명이다. 틀린 것은?**

① 택시운수종사자의 건강검진 등 건강관리 서비스 지원과 복지향상을 위하여 필요한 사업
② 택시운수종사자의 자녀에 대한 장학사업
③ 기금의 관리 · 운용에 필요한 경비
④ 시장 · 군수 등은 기금이 적정하게 사용될 수 있도록 감독하여야 한다,

해설 ④의 문항 중 "시장 · 군수 등은"은 틀리고, "국토부장관 또는 시 · 도지사는"이 옳은 문항이다.

102 **택시운수종사자의 준수사항이다. 해당되지 않는 것은?**

① 정당한 사유 없이 여객의 승차를 거부하거나 여객을 중도에서 내리게 하는 행위
② 부당한 운임 또는 요금을 받는 행위 또는 여객을 합승하도록 하는 행위
③ 여객의 요구에도 불구하고 영수증 발급 또는 신용카드 결제에 응하지 않는 행위(영수증 발급기와 신용카드 결제기가 설치되어 있는 경우에 한정)
④ 합승을 신청한 여객의 본인 여부를 확인하고 합승을 중개하는 기능

해설 ④의 문항은 여객의 합승행위가 허용되는 운송플랫폼의 기준에 해당되어 위반이 아니다

103 **여객의 합승행위가 허용되는 운송플랫폼의 기준(여객의 안전 보호조치 이행 기준을 충족 한 경우)이다. 맞지 않는 것은?**

① 합승을 신청한 여객의 본인 여부를 확인하고 합승을 중개하는 기능
② 탑승하는 시점 · 위치 및 탑승 가능한 좌석 정보를 탑승 전에 여객에게 알리는 기능
③ 이성(異性)간의 합승만을 중개하는 기능(택시의 경형 · 소형 · 중형만 해당)
④ 자동차 안에서 불쾌감을 유발하는 신체 접촉 등 여객의 신변 안전에 위해를 미칠 수 있는 위험상황 발생 시 그 사실을 고객센터 또는 경찰에 신고하는 방법을 탑승 전에 알리는 기능

해설 ③의 문항 중 "이성(異性)간의"는 틀리고 "동성(同性)간의"이 맞는 문항이다.

104 **택시운수종사자가 정당한 사유 없이 여객의 승차를 거부하거나 여객을 중도에서 내리게 하는 행위와 부당한 운임 또는 요금을 받아 위반을 하였을 때의 처분기준이다. 해당 없는 것은?**

① 1차 위반 : 경고 처분
② 2차 위반 : 자격 정지 20일
③ 2차 위반 : 자격 정지 30일
④ 3차 위반 : 자격 취소

해설 ②의 문항은 해당 없고 틀린 문항이다.

105 **택시운수종사자가 여객을 합승하도록 하는 행위와 여객의 요구에도 불구하고 영수증 발급 또는 신용카드 결제에 응하지 않는 행위를 위방하였을 때의 처분기준이다. 해당 없는 것은?**

① 1차 위반 : 경고 처분 ② 2차 위반 : 자격 정지 10일
③ 2차 위반 : 자격 정지 20일 ④ 3차 위반 : 자격 정지 30일

해설 ③의 문항은 해당 없고 틀린 문항이다.

106 **택시운송 사업자가 전가금지 조항에 해당하는 비용을 운송비용으로 택시운수종사자에게 전가시킨 경우 과태료부과 기준이다. 맞지 아니한 과태료 처분은?**

① 1회 위반 : 500만 원 ② 2회 위반 : 1,000만 원
③ 2회 위반 : 1,500만 원 ④ 3회 위반 이상 : 1,000만 원

해설 ③의 문항은 해당 없고 틀린 문항이다.

107 **택시운송사업자가 보조금의 사용 내역 등에 관한 보고를 하지 않거나 거짓으로 한 경우의 과태료 처분기준으로 아닌 것은?**

① 1회 위반 : 25만 원 ② 2회 위반 : 40만 원
③ 2회 위반 : 50만 원 ④ 3회 위반 이상 : 50만 원

해설 ②의 문항은 해당 없고 틀린 문항이다.

108 **운송사업자가 보조금의 사용내역 등에 관한 서류 제출을 하지 않거나 거짓 서류를 제출한 경우에 과태료 처분기준이다. 해당 없는 문항은?**

① 1회 위반 : 50만 원 ② 2회 위반 : 75만 원
③ 2회 위반 : 85만 원 ④ 3회 위반 : 100만 원

해설 ③의 문항은 해당 없고 틀린 문항이다.
[추가] 택시운송사업자 등의 장부 · 서류 그 밖의 물건에 관한 검사를 정당한 사유 없이 거부 · 방 해 또는 기피한 경우의 과태료의 기준도 동일하다.

제2장 도로교통법령

109 **도로교통법의 목적으로 타당하지 않는 문항은?**

① 도로에서 일어나는 교통상의 위험과 장애의 제거를 방지
② 도로에서 일어나는 교통상의 위험과 장애를 제거한다
③ 도로에서 안전하고 원활한 교통을 확보한다
④ 자동차의 교통위반 단속과 운전자의 처벌을 위해서

해설 ④의 문항은 타당하지 않는 문항이다.

110 **도로교통법상의 도로에 대한 설명이다. 해당되지 않는 것은?**

① 도로법에 따른 도로 : 일반 또는 고속도로
② 유료도로법에 따른 유료도로 : 통과요금을 받는 도로
③ 불특정 다수의 차 또는 사람 등이 통행할 수 없는 장소
④ 농어촌도로 정비법에 따른 농어촌 도로 : 면도, 이도, 농도

해설 ③의 문항 불특정 다수의 차 또는 사람 등이 통행할 수 없는 장소(학교운동장, 유료주차장 내, 해수욕장의 모래밭 길)등은 도로에 해당되지 않는다.

정답 101 ④ 102 ④ 103 ③ 104 ② 105 ③ 106 ③ 107 ② 108 ③ 109 ④ 110 ③

111 **도로교통법상의 용어의 설명으로 맞지 않는 문항은?**

① 자동차 전용도로 : 자동차만 다닐 수 있도록 설치된 도로
② 고속도로 : 자동차의 고속 운행에만 사용하기 위하여 지정된 도로
③ 차로 : 차마가 한 줄로 도로의 정하여진 부분을 통행하도록 차선으로 구분한 차도의 부분
④ 연석선 : 차로와 차로를 구분하는 돌 등으로 이어진 선

해설 ④의 문항 연석선은 "차도 : 연석선(차도와 보도를 구분하는 돌 등으로 이어진 선), 안전표지 또는 그와 비슷한 인공구조물을 이용하여 경계를 표시하여 모든 차가 통행할 수 있도록 설치된 도로의 부분이다.

112 **차마의 통행 방향을 명확하게 구분하기 위하여 도로에 황색 실선이나 황색 점선 등의 안전표지로 표시한 선의 용어에 해당되는 것은?**

① 중앙선 ② 교차로
③ 안전표지 ④ 자전거 횡단도

해설 ①의 문항 "중앙선"이 옳은 문항이다.
㉠ 교차로 : 십자로, T자로나 그 밖에 둘 이상의 도로(보도와 차도가 구분되어있는 도로에서는 차도)가 교차하는 부분을 말한다.
㉡ 자전거 횡단도 : 자전거가 일반도로를 횡단할 수 있도록 안전표지로 표시한 도로의 부분을 말한다.

113 **연석선, 안전표지나 그와 비슷한 인공 구조물로 경계를 표시하여 보행자(유모차 · 보행보조용 의자차 등을 포함)가 통행할 수 있도록 한 도로부분의 명칭은?**

① 차로 ② 안전지대
③ 보도 ④ 회전교차로

해설 ③의 보도가 옳은 문항이다.
㉠ 안전지대 : 도로를 횡단하는 보행자나 통행하는 차마의 안전을 위하여 안전표지나 이와 비슷한 인공구조물로 표시한 도로의 부분이다.
㉡ 회전교차로 : 차마가 원형의 교통섬을 중심으로 반시계 방향으로 통행하도록 한 원형의 도로를 말한다.

114 **보도와 차도가 구분되지 아니한 도로에서 보행자의 안전을 확보하기 위하여 안전표지 등으로 경계를 표시한 도로의 가장자리 부분의 용어의 정의로 맞는 것은?**

① 길 가장자리 구역 ② 자전거 도로
③ 횡단 보도 ④ 노면전차 전용로

해설 ①의 길 가장자리 구역이 맞다.
㉠ 횡단보도 : 보행자가 도로를 횡단할 수 있도록 안전표지로 표시한 도로의 부분
㉡ 자전거도로 : 안전표지, 위험 방지용 울타리나 그와 비슷한 인공구조물로 경계를 표시하여 자전거 및 개인형 이동 장치가 통행할 수 있도록 설치된 도로를 말하며, 이에 자전거 전용도로, 자전거 보행자 겸용도로, 자전거 전용차로, 자전거 우선도로가 있다.

115 **교통안전에 필요한 주의 · 규제 · 지시 등을 표시하는 표지판이나 도로의 바닥에 표시하는 기호 · 문자 또는 선 등의 의미를 나타내는 의미의 용어인 것은?**

① 신호기 ② 안전표지
③ 교통신호기 ④ 교통안전시설

해설 ②의 안전표지가 맞다.
㉠ 교통안전표지 : 주의, 규제, 지시, 보조, 노면 표지가 있다.
㉡ 신호기 : 문자 · 기호 또는 등화를 사용하여 진행 · 정지 · 방향전환 · 주의 등의 신호를 표시하기 위하여 사람이나 전기의 힘으로 조작하는 장치를 말한다.

116 **도로교통법에서 규정하는 "차"에 대한 설명이다. 차가 아닌 것은?**

① 자동차(건설기계 포함)
② 원동기장치자전거
③ 철길이나 가설된 선을 이용하여 운전되는 것
④ 자전거, 사람 또는 가축의 힘, 그 밖의 동력으로 운전되는 것

해설 ③의 "기차"와 유모차, 보행보조용 의자차, 노약자용 보행기, 실외이동로봇은 차에 해당되지 않는다.

117 **원동기장치자전거의 배기량과 최고정격출력으로 맞는 것은?**

① 배기량 125시시 이하와 최고정격출력 11킬로와트 이하
② 배기량 124시시 이하와 최고정격출력 10킬로와트 이하
③ 배기량 123시시 이하와 최고정격출력 11킬로와트 이하
④ 배기량 122시시 이하와 최고정격출력 10킬로와트 이하

해설 ①의 문항이 맞다. 전기를 동력으로 하는 경우 최고정격출력도 11킬로와트 이하가 맞다.

118 **도로교통법상 긴급자동차의 설명이다. 해당 없는 것은?**

① 생명이 위급한 환자나 부상자 또는 수혈을 하기 위하여 혈액을 운송 중인 자동차
② 경찰관서의 자동차로 일반 업무를 수행하고자 운행하는 자동차
③ 경찰용 긴급자동차에 의하여 유도되고 있는 자동차
④ 시 · 도 경찰청장으로부터 지정을 받고 긴급한 우편물을 운송하고 있는 자동차

해설 ②의 운행하는 자동차는 긴급자동차에 해당 없다.
❶ 긴급자동차 : 다음 항목의 자동차로서 그 본래의 긴급한 용도로 사용되고 있는 ㉠ 소방차, ㉡ 구급차, ㉢ 혈액공급차량 그 밖에 대통령령으로 정하는 자동차가 있다.
❷ 도로교통법 시행령 제2조 긴급자동차 ; 경찰용자동차 중 범죄수사, 교통단속, 군내 부의 질서유지나 이동을 유도하는데 사용되는 자동차, 교도소, 소년교도소 또는 구치소의 호송 경비를 위하여 사용되는 자동차 등이 있다.
❸ 사용자의 신청에 시 · 도 경찰청장이 지정하는 긴급자동차 : 전기사업, 가스사업, 민방위 업무 수행 긴급출동 자동차, 도로관리응급작업 자동차, 전신 · 전화의 응급작업 자동차, 전파감시업무에 사용되는 자동차 등이 있다.

119 **어린이통학버스의 신고 요건 중 교육대상으로 하는 어린이의 연령 기준이다. 맞는 것은?**

① 10세 미만의 사람
② 12세 미만의 사람
③ 13세 미만의 사람
④ 14세 미만의 사람

해설 ③의 문항 13세 미만의 사람이 맞다.
㉠ 어린이통학버스로 신고할 수 있는 자동차는 승차정원 9인승 이상 승용 · 승합 자동차이다.

정답 111 ④ 112 ① 113 ③ 114 ① 115 ② 116 ③ 117 ① 118 ② 119 ③

120 **도로교통법상 용어의 정의에 대한 설명이다. 잘못된 것은?**

① 주차 : 운전자가 승객을 기다리거나 화물을 싣거나 차가 고장나거나 그 밖의 사유로 차를 계속 정지 상태에 두는 것과 운전자가 차에서 떠나서 즉시 그 차를 운전할 수 없는 상태에 두는 것
② 정차 : 운전자가 10분을 초과하지 아니하고 차를 정지시키는 것으로서 주차 외의 정지 상태이다.
③ 서행 : 운전자가 차 또는 노면전차를 즉시 정지시킬 수 있는 정도의 느린 속도로 진행하는 것
④ 일시정지 : 차 또는 노면전차의 운전자가 그 차 또는 노면전차의 바퀴를 일시적으로 완전히 정지시키는 것이다.

해설 ②의 정차 시간 기준은 10분은 틀리고, 5분이 기준이다.

121 **초보운전자는 운전면허를 받은 날부터 몇 년이 지나지 아니한 것으로 정하고 있는가?**

① 처음 운전면허를 받은 날부터 1년이 지나지 아니한 사람
② 처음 운전면허를 받은 날부터 2년이 지나지 아니한 사람
③ 처음 운전면허를 받은 날부터 3년이 지나지 아니한 사람
④ 처음 운전면허를 받은 날부터 4년이 지나지 아니한 사람

해설 ②의 2년이 지나지 아니한 사람을 초보 운전자라 한다.
㉠ 2년이 지나기 전에 운전면허 취소처분을 받은 경우에는, 그 후 다시 운전면허를 받은 날부터 계산한다.

122 **시 · 도 경찰청장(경찰서장)은 "보행자 우선도로"에서 차마의 통행속도를 제한할 수 있다. 그 제한속도는?**

① 시속 20킬로미터 이내 ② 시속 25킬로미터 이내
③ 시속 30킬로미터 이내 ④ 시속 40킬로미터 이내

해설 ①의 보행자를 보호하기 위해서 "시속 20킬로미터 이내로 제한"할 수 있다.

123 **모범 운전자에 관련한 설명이다. 잘못된 것은?**

① 무사고 운전자 표시상을 수여받은 사람
② 유공 운전자 표시상을 수여받은 사람
③ 3년 이상 사업용 자동차 운전에 종사하면서 무사고 운전자
④ 2년 이상 사업용 자동차 운전에 종사하면서 무사고 운전자로 선발되어 교통안전 봉사활동에 종사하고 있는 사람

해설 ③의 문항 중 "3년 이상"은 틀리고 "2년 이상"이 옳다.

124 **경찰공무원을 보조하는 사람의 범위의 설명이다. 아닌 것은?**

① 모범운전자
② 군사훈련 및 작전에 동원되는 부대의 이동을 유도하는 군사경찰
③ 본래의 긴급한 용도로 운행하는 소방차 · 구급차를 유도하는 소방공무원
④ 교통정리를 하는 녹색어머니 회원

해설 ④의 "녹색어머니 회원"은 해당 없다.

125 **교통신호기의 "원형 등화"신호의 뜻이다. 잘못된 것은?**

① 녹색의 등화 : 차마는 직진 또는 우회전할 수 있고, 비보호 좌회전 표지나 표시가 있는 곳에서는 좌회전할 수 있다.
② 황색의 등화 : 차마는 정지선이 있거나 횡단보도가 있을 때에는 그 직전이나 교차로의 직전에 정지하여야 하며, 이미 교차로에 차마의 일부라도 진입한 경우에는 신속히 교차로 밖으로 진행하여야 한다. 우회전하는 경우 보행자의 횡단을 방해하지 못한다.
③ 황색 등화의 점멸 : 차마는 다른 교통안전표지의 표시에 주의하면서 진행할 수 있다.
④ 적색 등화의 점멸 : 차마는 정지선이 있거나 횡단보도가 있을 때에는 그 직전이나 교차로의 직전에 일시정지한 후 다른 교통에 주의하면서 진행할 수 있다.

해설 ③의 문항 중 "진행할 수 없다"는 틀리고 "진행할 수 있다"가 옳은 문항이다.

126 **교통신호기의 "적색의 등화"에 대한 설명이다. 다른 것은?**

① 차마는 정지선, 횡단보도 및 교차로의 직전에서 정지하여야 한다.
② 차마는 우회전하려는 경우 정지선, 횡단보도 및 교차로의 직전에서 정지한 후 신호에 따라 진행하는 다른 차마의 교통을 방해하지 않고 우회전할 수 있다.
③ ②에도 불구하고 차마는 우회전 삼색등이 적색의 등화인 경우 우회전할 수 없다.
④ 차마는 다른 교통 또는 안전표지의 표시에 주의하면서 진행할 수 있다.

해설 ④의 문항은 원형등화의 "황색 등화의 점멸"신호로 다르다.

127 **교통신호기의 "화살표 등화"에 대한 설명이다. 다른 것은?**

① 황색 화살표의 등화 : 화살표시 방향으로 진행하려는 차마의 정지선이 있거나 횡단보도가 있을 때는 그 직전이나 교차로의 직전에 정지하여야 하며, 이미 교차로에 차마의 일부라도 진입한 경우에는 신속히 교차로 밖으로 진행해야 한다.
② 적색 화살표의 등화 : 화살표시 방향으로 진행하려는 차마는 정지선, 횡단보도 및 교차로의 직전에 정지하여야 한다.
③ 황색 화살표 등화의 점멸 : 차마는 다른 교통 또는 안전표시의 표시에 주의하면서 화살표시 방향으로 진행할 수 있다.
④ 녹색 화살표의 등화(하향) : 차마는 화살표로 지정한 차로로 진행할 수 있다.

해설 ④문항의 녹색 등화는 "사각형 등화"에 해당되어 다른 문항임.
㉠ 적색 화살표 등화의 점멸 : 차마는 정지선이나 횡단보도가 있을 때에는 그 직전이나 교차로의 직전에 일시 정지한 후 다른 교통에 주의하면서 화살 표시 방향으로 진행할 수 있다.

128 **교통신호기의 "보행 신호등"에 대한 설명이다. 다른 문항은?**

① 녹색의 등화 : 버스전용차로에 있는 차마는 직진할 수 있다.
② 녹색의 등화 : 보행자는 횡단보도를 횡단할 수 있다.
③ 녹색 등화의 점멸 : 보행자는 횡단을 시작하여서는 아니 되고 횡단하고 있는 보행자는 신속하게 횡단을 완료하거나 그 횡단을 중지하고 보도로 되돌아와야 한다.
④ 적색의 등화 : 보행자는 횡단보도를 횡단하여서는 아니 된다.

해설 ①의 문항은 "버스 신호등"의 신호 의미로 다르다.

정답 120 ② 121 ② 122 ① 123 ③ 124 ④ 125 ③ 126 ④ 127 ④ 128 ①

129 교통 안전시설이 표시하는 신호 또는 지시와 교통 정리를 하는 경찰공무원이나 경찰보조자의 신호나 지시가 서로 다른 경우에 따라야 하는 신호에 해당하는 것으로 맞는 것은?

① 경찰공무원 등의 신호 또는 지시에 따라야 한다.
② 신호기의 신호에 우선적으로 따라야 한다.
③ 어느 신호이든 편리한 신호에 따라 진행한다.
④ 신호가 같아질 때까지 기다려서 진행한다.

해설 ①의 문항이 옳은 규정에 해당한다.

130 도로교통법상 안전표지 종류의 내용 설명이다. 틀린 것은?

① 주의표지 : 도로 상태가 위험하거나 도로 또는 그 부근에 위험물이 있는 경우에 필요한 안전 조치를 할 수 있도록 도로 사용자에게 알리는 표지
② 규제표지: 도로 교통의 안전을 위하여 각종 제한 · 금지 등의 규제를 하는 경우에 이를 도로 사용자에게 알리는 표지
③ 지시표지 : 도로의 통행 방법 · 통행구분 등 도로 교통의 안전을 위하여 필요한 지시를 하는 경우에 도로 사용자가 이에 따르도록 알리는 표지
④ 보조 표지 : 도로교통의 안전을 위하여 각종 주의 · 규제 · 지시 등의 내용을 보면 기호 · 문자 또는 선으로 도로사용자에게 알리는 표지

해설 ④의 보조 표지 설명은 "노면 표시"의 설명이므로 틀리다.
㉠ 보조 표지 : 주의표지 · 규제표지 또는 지시표지의 주기능을 보충하여 도로 사용자에게 알리는 표지

131 다음 안전표지에 대한 설명이다. 맞는 것은?

① 대형버스만 다니는 도로로 주의 표지
② 대형화물차만 다니는 도로로 주의 표지
③ 노면전차 교차로 전 50미터 ~ 120미터 중앙 또는 우측에 설치한다.
④ 철길건널목의 표시로 주의 표지

해설 ③의 문항은 "노면전차 표지로 주의 표지"이다.

132 다음 안전표지 4개 중 규제표지에 해당한 표지로 맞는 것은?

① 
② 

③ 

④ 

해설 ②의 "서행"표지가 규제표지에 해당한다. ①의 표지는 십자형 교차로 주의 표지. ③의 표지는 자동차 전용도로 지시표지. ④의 표지는 어린이보호구역 안 속도제한 표지로 노면표지이다.

133 안전표지의 종류와 설치된 도로에서 통행방법이 틀린 것은?

① 회전교차로 지시 표지이다.
② 회전교차로 내에서는 반시계방향으로 통행한다.
③ 교차로 안에 진입하려는 차가 화살표 방향으로 회전하는 차보다 우선한다.
④ 회전교차로에 진입 또는 진출할 때에는 반드시 신호를 하여야 한다.

해설 ③의 회전교차로에 진입하려는 경우 교차로 내에서 반시계방향으로 회전하는 차에 양보하여야 한다.가 옳은 문항이다.

134 다음 안전표지와 보조표지의 의미로 맞는 것은?

① 100미터 앞부터 도로가 없어지므로 주의
② 100미터 앞부터 도로의 폭이 넓어지므로 주의
③ 100미터 앞부터 도로의 폭이 좁아지므로 주의 운행
④ 100미터 앞부터 좌 · 우측 도로의 폭이 좁아지므로 주의

해설 ③의 문항이 맞는 문항이다.

135 다음의 안전표시가 표시하는 뜻으로 맞는 것은?

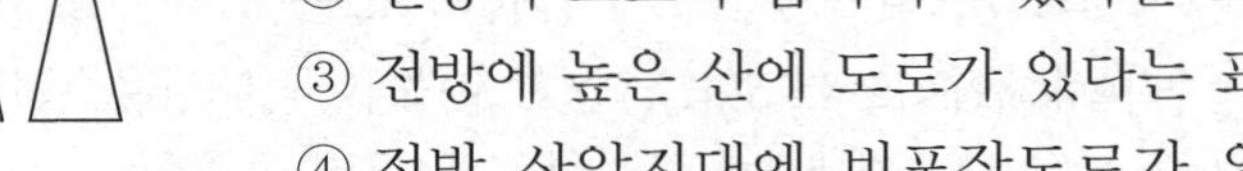

① 전방에 오르막 경사면이 있음을 알리는 표지
② 전방의 도로가 좁아지고 있다는 표시
③ 전방에 높은 산에 도로가 있다는 표시
④ 전방 산악지대에 비포장도로가 있다는 표시

해설 ①의 문항이 맞는 문항이다.

136 다음은 노면표시의 기본 색상이다. 맞지 않는 것은?

① 백색 : 동일방향의 교통류 분리 및 경계표시
② 황색 : 동일방향 교통류 분리 또는 도로이용의 제한 및 지시
③ 청색 : 지정방향의 교통류 분리 표시(버스전용차로 표시 및 다인승차량 전용차선 표 시)
④ 적색 : 어린이보호구역 또는 주거지역 안에 설치하는 속도제한 표시의 테두리 선 및 소방시설 주변 정차 · 주차금지표시에 사용

해설 ②의 "동일방향 교통류 분리"는 틀리고 "반대방향의 교통류 분리"가 옳은 문항이다.

137 다음은 보행자의 통행방법이다. 맞지 않는 방법은?

① 보행자는 보도와 차도가 구분된 도로에서는 언제나 보도로 통행하지 않아도 된다.
② 차도를 통행하는 경우, 도로공사 등으로 보도의 통행이 금지된 경우나 그 밖의 부득이한 경우에는 보도로 통행하지 않아도 된다.
③ 보행자는 보도와 차도가 구분되지 아니한 도로 중 중앙선이 있는 도로(일방통행인 경우에는 차선으로 구분된 도로를 포함)에는 길 가장자리 또는 길 가장자리 구역으로 통행하여야 한다.
④ 보행자는 보도에서는 우측통행을 원칙으로 한다.

해설 ①의 문항 중 "언제나 보도로 통행하지 않아도 된다"는 틀리고, "언제나 보도로 통행하여야 한다"가 옳은 문항이다.
*도로의 전 부분으로 통행할 수 있는 경우
㉠ 보도와 차도가 구분되지 아니한 도로 중 중앙선이 없는 도로(일방통행인 경우에는 차 선으로 구분되지 아니한 도로에 한함) ㉡ 보행자 우선도로

정답 129 ① 130 ④ 131 ③ 132 ② 133 ③ 134 ③ 135 ① 136 ② 137 ①

138 **차도의 우측을 통행하여야 하는 경우이다. 틀린 문항은?**

① 학생의 대열과 그 밖에 운전자의 통행에 지장을 줄 우려가 있다고 인정하는 사람이나 행렬
② 말 · 소 등의 큰 동물을 몰고 가는 사람
③ 사다리 · 목재 그 밖에 보행자의 통행에 지장을 줄 우려가 있는 물건을 운반 중인 사람
④ 기 또는 현수막 등을 휴대한 행렬

해설 ①의 문항이 옳은 문항이다.

139 **행렬의 통행방법으로 파도의 중앙을 통행할 수 있는 경우로 맞는 것은?**

① 사회적으로 중요한 행사에 따라 시가를 행진하는 경우.
② 말 · 소 등의 큰 동물을 몰고 가는 경우
③ 도로에서 청소나 보수 등의 작업을 하고 있는 사람.
④ 기 또는 현수막 등을 휴대한 행렬.

해설 ①의 문항이 옳은 문항이다.

140 **보행자의 도로 횡단 방법으로 옳지 않은 것은?**

① 횡단보도가 설치되어 있지 않은 도로에서는 가장 짧은 거리로 횡단하여야 한다.
② 보행자는 안전표지 등에 의하여 금지되어 있는 도로의 부분에서는 그 도로를 횡단하여서는 아니 된다.
③ 신호나 지시에 따라 도로를 횡단하는 경우라도 보행자는 모든 차와 노면 전차의 바로 앞이나 뒤로 횡단하여서는 아니 된다.
④ 도로 횡단시설이 설치되어 있는 도로에서는 그 곳으로 횡단하여야 한다.

해설 ③의 문항 "보행자는 모든 차와 노면 전차의 바로 앞이나 뒤로 횡단하여서는 아니 된다. 다만 횡단보도를 횡단하거나 신호기 또는 경찰공무원 등의 신호나 지시에 따라 도로를 횡단하는 경우에는 그러하지 아니하다"가 옳은 문항이다.

141 **차마의 통행구분에 대한 설명으로 틀린 문항에 해당한 것은?**

① 차마의 운전자는 보도와 차도가 구분된 도로에서는 차도를 통행하여야 한다.
② 차마의 운전자는 도로 외의 곳으로 출입할 때에는 보도를 횡단하여 통행할 수 있다.
③ 도로 외의 곳으로 출입할 때 차마의 운전자는 보도를 횡단하기 직전에 일시정지하여 좌측 및 우측 부분 등을 살핀 후 차마의 통행을 방해하지 아니하도록 횡단하여야 한다.
④ 차마의 운전자는 도로(보도와 차도가 구분된 도로에서는 차도)의 중앙(중앙선이 설치되어 있는 경우에는 그 중앙선) 우측 부분을 통행하여야 한다.

해설 ③의 문항 중 "차마의 통행을"은 틀리고, "보행자의 통행을"이 맞는 문항이다.

142 **차마의 운전자는 도로의 중앙이나 좌측부분을 통행할 수 있는 경우의 설명이다. 틀린 문항은?**

① 도로가 일방통행인 경우
② 도로의 파손, 도로공사나 그 밖의 장애 등으로 도로의 좌측 부분을 통행할 수 없는 경우
③ 도로 우측 부분의 폭이 차마의 통행에 충분하지 아니한 경우
④ 도로의 우측 부분이 폭이 6미터가 되지 아니하는 도로에서 다른 차를 앞지르는 경우

해설 ②의 문항 중 "도로의 좌측 부분을"은 틀리고, "도로의 우측 부분을"이 맞는 문항이다. ④의 문항 예외 규정 ㉠ 도로의 좌측부분을 확인할 수 없는 경우 ㉡ 반대방향의 교통을 방해할 우려가 있는 경우 ㉢ 안전표지 등으로 앞지르기 금지나 제한하고 있는 경우가 있다.

143 **고속도로 외의 도로에서 왼쪽 차로로 통행할 수 있는 차이다. 통행할 수 없는 차는?**

① 승용 자동차 ② 경형 · 소형 승합자동차
③ 중형 승합자동차 ④ 대형 승합자동차

해설 ④의 대형 승합자동차와 다음 차도 오른쪽 차로로 통행하여야 한다.(화물 자동차, 특수 자동차, 건설기계, 이륜자동차)

144 **편도 2차로의 고속도로에서 2차로를 주행할 수 있는 차는?**

① 승용 자동차 ② 모든 자동차
③ 중형 자동차 ④ 화물 자동차

해설 ②의 모든 자동차가 맞는 문항이다.
*편도 2차로의 고속도로에서 차로별 주행 가능 차량은 ㉠ 1차로 : 앞지르기를 하려는 차로별 주행 가능 차량 ㉡ 2차로 : 모든 자동차

145 **편도 3차로 이상의 고속도로에서 주행할 수 있는 자동차이다. 틀린 문항에 해당되는 것은?**

① 1차로 : 앞지르기를 하려는 승용 자동차 또는 앞지르기를 하는 경형 · 소형 · 중형 승합 자동차
② 1차로 : 차량 통행 증가 등 도로 상황으로 인하여 부득이하게 시속 80킬로미터 미만으로 통행할 수밖에 없는 경우에는 앞지르기를 하는 경우가 아니라도 통행할 수 없다.
③ 2차로 : 승용 자동차 및 경형 · 소형 · 중형 승합 자동차
④ 3차로 : 대형승합자동차, 화물자동차, 특수자동차, 건설기계

해설 ②의 문항 중 "통행할 수 없다"는 틀리고, "통행할 수 있다"가 맞는 문항이다.

146 **전용차로 통행차 외에 전용차로를 통행할 수 있는 차이다. 통행할 수 없는 차는?**

① 긴급자동차가 그 본래의 긴급한 용도로 운행되고 있는 경우
② 전용차로 통행 차의 통행에 장애를 주지 아니하는 범위에서 택시가 승객을 내려주기 위하여 일시 통행하는 경우
③ ②의 경우 택시운전자는 승객이 타거나 내려도 계속 주행할 수 있다.
④ 도로의 파손 · 공사 그 밖의 부득이한 장애로 인하여 전용차로가 아니면 통행할 수 없 는 경우

해설 ③의 문항은 틀리고 "택시 운전자는 승객이 타거나 내린 즉시 전용차로를 벗어나야 한다"가 옳은 문항이다.

147 **차로의 순위 기준에 대한 설명이다. 옳은 문항은?**

① 일방통행도로에서는 도로의 오른쪽부터 1차로로 한다.
② 차로의 순위는 도로의 중앙선 쪽에 있는 차로부터 1차로로 한다.
③ 버스전용차로가 설치된 도로에서 차로의 경우는 전용차로를 포함한다.
④ 차로의 순위는 길 가장자리 차로부터 1차로로 한다.

해설 ②의 문항이 옳은 문항이며, 일방통행도로에서는 도로의 왼쪽부터 1차로로 하며, 버스전용차로가 설치된 도로인 경우는 이를 포함하지 않는다.

정답 138 ① 139 ① 140 ③ 141 ③ 142 ② 143 ④ 144 ② 145 ② 146 ③ 147 ②

148 고속도로 버스전용차로를 통행할 수 있는 9인승 이상 승용자동차(12인승 이하 승합자동 차)는 ( )명 이상 승차하여야 통행할 수 있는가?

① 5명 이상 ② 6명 이상
③ 7명 이상 ④ 8명 이상

해설 ②의 6명 이상 승차해야 통행할 수 있다.
*다인승 전용차로 통행 : 3명 이상이 승차한 승용 · 승합자동차이다.

149 일반도로의 주거지역 · 상업지역 및 공업지역에서 자동차의 최고 속도이다. 맞는 속도는?

① 매시 50km/h 이내 ② 매시 60km/h 이내
③ 매시 70km/h 이내 ④ 매시 80km/h 이내

해설 ①의 50km/h 이내가 맞는 문항이며, 최저속도는 제한없다.
*단 시 · 도경찰청장이 지정한 노선구간 : 매시 60km/h 이내
*이외의 일반도로 : 매시 60km/h 이내
*안전표지로 속도를 지정하고 있는 경우에는 법정속도보다 안전표지가 지정하고 있는 규제속도를 우선 준수해야 한다.

150 자동차 전용도로에서 자동차 최고속도와 최저속도의 설명이다. 옳은 속도는?

① 매시 90km/h 속도와 매시 30km/h로 운행한다.
② 매시 80km/h 속도와 매시 30km/h로 운행한다.
③ 매시 70km/h 속도와 매시 30km/h로 운행한다.
④ 매시 60km/h 속도와 매시 30km/h로 운행한다.

해설 ①의 최고속도 90km/h, 최저속도와 30km/h가 맞다

151 고속도로 편도 1차로에서 자동차의 속도로 맞는 것은?

① 최고속도 80km/h, 최저속도 50km/h
② 최고속도 70km/h, 최저속도 40km/h
③ 최고속도 60km/h, 최저속도 30km/h
④ 최고속도 50km/h, 최저속도 20km/h

해설 ①의 최고속도 80km/h, 최저속도 50km/h가 맞다.

152 고속도로 편도 2차로 이상 도로에서 자동차의 최고속도이다. 속도의 기준으로 틀린 것은?

① 승용 자동차 : 매시 100km/h
② 승합 자동차 : 매시 100km/h
③ 화물 자동차(적재중량 1.5톤 이하) : 매시 100km/h
④ 특수 자동차(적재중량 1.5톤 초과) : 매시 80km/h

해설 ④의 문항은 "화물 자동차, 위험물 운반 자동차, 건설 기계는 최고 속도가 매시 90km/h, 최저 속도는 50km/h가 맞는 문항이다.
*경찰청장이 지정 · 고시한 노선 또는 구간의 고속도로에서는 120km/h(적재중량 1.5톤을 초과하는 화물 자동차, 특수 자동차, 위험물 운반자동차, 건설기계는 90km/h)

153 자동차 운행 중 악천후로 인해 최고 속도의 50/100%를 감속운행 해야 하는 경우가 아닌 것은?

① 폭우 · 폭설 · 안개 등으로 가시거리가 100미터 이내인 경우
② 노면이 얼어붙은 경우
③ 눈이 20밀리미터 이상 쌓인 경우
④ 비가 내려 노면이 젖어있는 경우

해설 ④의 경우와, 눈이 20밀리미터 미만 쌓인 경우도 "최고속도의 20/100을 감속운행 해야하는 경우에 해당한다.

154 운전자의 안전거리의 확보 등에 대한 설명으로 틀린 것은?

① 모든 운전자는 같은 방향으로 가고 있는 앞차의 뒤를 따르는 경우에는 앞차가 갑자기 정지하게 되는 경우 그 앞차와의 충돌을 피할 수 있는 필요한 거리를 확보해야 한다.
② 자동차 등의 운전자는 같은 방향으로 가고 있는 자전거 옆을 지날 때에는 충돌을 피할 수 있도록 거리를 확보하여야 한다.
③ 모든 차의 운전자는 차의 진로를 변경하려는 경우에 그 변경하려는 방향으로 오고 있는 다른 차의 정상적인 통행에 장애를 줄 우려가 있을 때에는 진로를 변경하여서는 아니된다.
④ 모든 차의 운전자는 위험 방지를 위한 경우가 아니더라도 급제동을 할 수 있다.

해설 ④의 문항은 틀리며, 맞는 문항은 "모든 차의 운전자는 위험방지를 위한 경우와 그 밖의 부득이한 경우가 아니면 운전하는 차를 갑자기 정지시키거나 속도를 줄이는 등의 급제동을 하여서는 아니된다"가 있다.

155 운전자의 진로 양보의 의무에 대한 설명으로 틀린 것은?

① 모든 차(긴급 자동차는 제외)의 운전자는 뒤에서 따라 오는 차보다 느린 속도로 가려는 경우에는 도로의 우측 가장자리로 피하여 진로를 양보하여야 한다.
② 좁은 도로에서 긴급 자동차 외의 자동차가 서로 마주 보고 진행할 때에는 우측 가장 자리로 피하여 진로를 양보하여야 한다.
③ 비탈진 좁은 도로에서 자동차가 서로 마주 보고 진행하는 경우에는 올라가는 자동차가 양보하여야 한다.
④ 비탈진 좁은 도로에서 내려오는 자동차와 올라가는 자동차가 교차하는 경우에는 내려 오는 차가 양보하여야 한다.

해설 ④의 문항은 반대로 편집되어 있어 틀리며, "비탈진 좁은 도로 외의 좁은 도로에서 사람을 태웠거나 물건을 실은 자동차와 동승자가 없고 물건을 싣지 아니한 자동차가 서로 마주 보고 진행하는 경우에는 동승자가 없고 물건을 싣지 아니한 자동차가 양보하여야 한다"가 맞는 문항이다.

156 앞지르려고 하는 모든 차의 운전자가 주의를 기울여야 하는 사항이다. 해당 없는 것은?

① 모든 차의 운전자는 다른 차를 앞지르려면 앞 차의 좌측으로 통행하여야 한다.
② 자전거 등의 운전자는 서행하거나 정지한 다른 차를 앞지르려면 앞차의 우측으로 통행할 수 있다.
③ ②의 경우 자전거 등의 운전자는 정지한 차에서 승차하거나 하차하는 사람의 안전에 유의하여 서행하거나 필요한 경우 일시정지 하여야 한다.
④ 앞지르기를 할 때는 해당 도로의 최고속도 기준을 넘을 수 있다.

해설 ④의 "넘을 수 있다"는 틀리고, "넘을 수 없다"가 맞다. 외에 ㉠ 모든 차의 운전자는 앞지르기를 하는 차가 있을 때에는 속도를 높여 경쟁하거나 그 차의 앞을 가로 막는 등의 방법으로 앞지르기를 방해하여서는 아니된다.가 있다.

157 앞지르려고 하는 모든 차의 운전자가 주의를 기울여야 하는 사항이다. 해당 없는 것은?

① 반대 방향의 교통 ② 앞 차 앞쪽의 교통
③ 앞차의 속도 · 진로 ④ 뒤에서 따라오는 차의 속도

해설 ④의 문항은 해당 없는 문항이며, 외에 ㉠ 도로 상황에 따라 방향지시기 · 등화 또는 경음기를 사용하여 안전한 속도와 방법으로 앞지르기를 하여야 한다.

정답 148 ② 149 ① 150 ① 151 ① 152 ④ 153 ④ 154 ④ 155 ④ 156 ④ 157 ④

158 **앞지르기 금지시기에 대한 설명이다. 앞지르기를 할 수 있는 경우에 해당되는 경우는?**

① 앞차의 좌측에 다른 차가 앞차와 나란히 가고 있는 경우
② 앞차가 다른 차를 앞지르고 있거나 앞지르려고 하는 경우
③ 경찰공무원 지시에 따라 정지하거나 서행하고 있는 경우
④ 경찰공무원의 지시에 의해 주행하고 있는 경우

해설 ④의 경우는 앞지르기를 할 수 있고, 외에 ③의 문항과 ㉠ 도로교통법이나 이 법에 따른 명령에 따라 정지하거나 서행하고 있는 차, ㉡ 위험을 방지하기 위하여 정지하거나 서행하고 있는 차의 경우는 "다른 차를 앞지르지도 못하고 끼어들지도 못하는 경우"에 해당된다.

159 **앞지르기 금지장소에 대한 설명이다. 해당 없는 장소는?**

① 교차로 ② 터널 안
③ 다리 위 ④ 비탈길의 오르막

해설 ④의 문항은 해당 없고, 외에 ㉠ 도로의 구부러진 곳, ㉡ 비탈길의 고갯마루 부근, ㉢ 가파른 비탈길이 내리막, ㉣ 시 · 도 경찰청장이 안전표지로 지정한 곳이 있다.

160 **철길건널목의 통과방법에 대한 설명이다. 옳지 않은 것은?**

① 일시 정지하여 안전을 확인한 후에 통과한다.
② 신호기 등이 표시하는 신호에 따라 통과한다.
③ 차단기가 내려져 있으면 건널목 앞에서 정지한다.
④ 차단기가 내려지려고 하면 빨리 통과한다.

해설 ④의 문항은 옳지 않은 통과방법이다.

161 **철길건널목을 통행 중에 차량고장으로 운행할 수 없는 경우 조치 사항이다. 맞지 않는 조치는?**

① 즉시 승객을 대피시킨다.
② 비상 신호등을 작동시킨다.
③ 철도공무원이나 경찰공무원에게 알린다.
④ 현장에서 자동차의 고장 원인을 파악한다.

해설 ④의 문항은 옳지 않은 조치사항이다.

162 **교차로에서 좌 · 우회전하는 방법이다. 틀린 문항은?**

① 우회전을 하려는 경우에는 미리 도로의 우측 가장자리를 서행하면서 우회전하여야 한다.
② 우회전을 하는 차의 운전자는 신호에 따라 정지하거나 진행하는 보행자 또는 자전거 등에 주의하여야 한다.
③ 좌회전을 하려는 경우에는 미리 도로의 중앙선을 따라 서행하면서 교차로의 중심 안쪽을 이용해 좌회전을 하여야 한다.
④ 시 · 도 경찰청장이 교차로의 상황에 따라 특히 필요하다고 인정하여 지정한 곳은 교차 로의 중심 안쪽을 통과할 수 있다.

해설 ④의 문항 중 "중심 안쪽을 통과할 수 있다"는 틀리고, "중심 바깥쪽을 통과할 수 있다"가 옳은 문항이다.

163 **교통정리가 없는 교차로에서 양보운전의 설명으로 틀린 것은?**

① 이미 교차로에 들어가 있는 다른 차가 있는 때에는 그 차에 진로를 양보하여야 한다.
② 통행하고 있는 도로의 폭보다 교차하는 도로의 폭이 넓은 경우에는 서행하여야 하며, 폭이 넓은 도로로부터 교차로에 들어가려고 하는 다른 차가 있을 때에는 그 차에 진로를 양보 하여야 한다.
③ 우선순위가 같은 차가 동시에 들어가려고 하는 차의 운전자는 우측도로의 차에 진로를 양보하여야 한다.
④ 우회전하고자 하는 차의 운전자는 그 교차로에서 직진하거나 좌회전하려는 다른 차가 있는 때에는 그 차에 진로를 양보하여야 한다.

해설 ④의 문항 "우회전하고자 하는"은 틀리고, "좌회전하고자 하는"이 맞는 문항이고, "좌회전 하려는"은 틀리고, "우회전 하려는"이 맞는 문항이다.

164 **회전교차로 통행방법에 대한 설명이다. 틀린 문항인 것은?**

① 모든 차의 운전자는 회전교차로에서는 반시계방향으로 통행하여야 한다.
② 모든 차의 운전자는 회전교차로에 진입하려는 경우에는 서행하거나 일시정지 하여야 하며, 이미 진행하고 있는 다른 차가 있는 때에는 그 차에 진로를 양보하여야 한다.
③ 모든 차의 운전자는 회전교차로 내에 여유 공간이 있을 때까지 양보 선에서 대기하여 야 한다.
④ 회전교차로 통행을 위하여 손이나 방향지시기 또는 등화로써 신호를 하는 차가 있는 경우 그 뒤차의 운전자는 신호를 한 앞 차의 진행을 방해하여서는 아니 된다.

해설 ③의 문항은 틀리고, 회전 중인 차량이 우선권이 있고, 진입하려는 차가 양보하여야 한다.

165 **보행자의 보호에 대한 설명이다. 옳지 않는 것은?**

① 보행자가 횡단보도를 통행하고 있거나 통행하려고 하는 때에는 보행자의 횡단을 방해 하거나 위험을 주지 아니하도록 그 횡단보도 앞에서 일시정지 하여야 한다.
② 교통정리를 하고 있는 교차로에서 좌회전이나 우회전을 하려는 경우에는 신호기 또는 경찰공무원 등의 신호나 지시에 따라 도로를 횡단하는 보행자의 통행을 방해하여서는 아니 된다.
③ 보행자가 횡단보도가 설치되어 있지 않은 도로를 횡단하고 있을 때 횡단을 방해하지 않도록 신속하게 통과한다.
④ 도로에 설치된 안전지대에 보행자가 있는 경우와 차로를 설치 아니한 좁은 도로에서 보행자 옆을 지나는 경우에는 안전한 거리를 두고 서행하여야 한다.

해설 ③의 문항은 틀리고, 다음과 같이 수정한다.
*보행자가 횡단보도가 설치되어 있지 아니한 도로를 횡단하고 있을 때에는 안전거리를 두고 일시 정지하여 보행자가 안전하게 횡단할 수 있도록 하여야 한다.가 맞는 문항이다.

166 **시 · 도 경찰청장이나 경찰서장은 보행자를 보호하기 위하여 필요하다고 인정되는 경우에 차마의 통행 속도를 20킬로미터 이내로 제한할 수 있는데, 그 도로의 명칭은?**

① 보행자 우선도로 ② 전용 도로
③ 고속 도로 ④ 일반 도로

해설 ①의 보행자 우선도로이다.

정답 158 ④ 159 ④ 160 ④ 161 ④ 162 ④ 163 ④ 164 ③ 165 ③ 166 ①

167 긴급자동차의 우선 통행에 대한 설명이다. 틀린 것은?

① 긴급자동차는 끼어들기가 금지된 상황에서도 끼어들기를 할 수 있다.
② 도로의 중앙이나 좌측 부분을 통행할 수 있다.
③ 긴급자동차는 앞지르기가 금지된 장소에서 우측으로 앞지르기를 할 수 있다.
④ 긴급자동차는 정지하여야 하는 경우에도 불구하고 긴급하고 부득이한 경우에는 정지하지 않을 수 있다.

해설 ③ 긴급자동차는 앞지르기가 금지 사항에 대해 특례를 받지만, 법으로 규정된 좌측으로 앞지르기를 하여야 한다.

168 긴급자동차의 특례에 대한 설명이다. 적용되는 경우는?

① 자동차의 속도 제한
② 긴급자동차 속도를 제한한 경우
③ 앞지르기 금지
④ 끼어들기 금지

해설 ①,③,④의 경우는 특례 적용이 되고, ②의 경우는 특례적용이 아니 되고, 제한속도 위반이 적용된다.

169 긴급자동차가 접근할 때의 피양 방법이다. 잘못된 것은?

① 교차로나 그 부근에서 긴급자동차가 접근하는 경우에는 교차로를 피하여 일시 정지하여야 한다.
② 긴급자동차인 소방차는 항상 경광등이나 사이렌을 작동하면서 운행을 할 수 있다.
③ 교차로나 그 부근 외에서 긴급자동가 접근한 경우에는 긴급자동차가 우선 통행할 수 있도록 진로를 양보하여야 한다.
④ 자동차(소방차 · 구급차 · 혈액 공급차량 등)의 운전자가 그 본래의 긴급한 용도로 운행하지 아니하는 경우에는 경광등을 켜거나 사이렌을 작동하여서는 아니 된다.

해설 ② 경우 "항상 경광등이나 사이렌을 작동하면서 운행"이 옳은 문항이다.

170 다음 중 서행하여야 할 장소로 옳지 않은 것은?

① 교통정리를 하고 있지 아니하는 교차로
② 도로가 구부러진 부근
③ 가파른 비탈길의 오르막
④ 비탈길의 고갯마루 부근

해설 ③의 문항은 해당 없고 "가파를 비탈길이 내리막"이 맞는 문항이며 시 · 도 경찰청장이 안전표지로 지정한 곳이 있다. 외에 ㉠ 서행 안전표지가 설치된 곳 : 차를 즉시 정지시킬 수 있는 정도의 느린 속도로 진행하여야 한다.

171 다음 중 반드시 일시 정지하여야 할 장소이다. 맞는 것은?

① 교통정리를 하고 있지 않는 교차로
② 교통정리를 하고 있지 아니하고 좌 · 우를 확인할 수 없거나 교통이 빈번한 교차로
③ 도로가 구부러진 부근
④ 비탈길의 고갯마루 부근

해설 ②의 문항이 옳다. 외에 시 · 도 경찰청장이 안전표지로 지정한 곳이 있다.

172 다음 중 반드시 일시 정지하여야 할 장소이다. 맞는 것은?

① 안전지대가 설치된 도로에서는 그 안전지대의 사방으로부터 각각 8미터 이내의 곳
② 교차로 · 횡단보도 · 건널목이나 보도와 차도가 구분된 도로의 보도
③ 버스의 정류지 임을 표시하는 기둥이나 표시판 또는 선으로부터 10미터 이내의 곳
④ 교차로 가장자리 또는 도로 모퉁이로부터 5미터 이내의 곳

해설 ①의 문항 "8미터 이내의 곳"은 틀리고, "10미터 이내의 곳"이 옳은 문항이다. 외에 ㉠ 건널목의 가장자리 또는 횡단보도로부터 10m이내의 곳. ㉡ 소방용수 시설 또는 비상 소화장치가 설치된 곳으로부터 5m 이내의 곳. ㉢ 소방 시설로서 대통령령으로 정하는 시설이 설치된 곳으로부터 5m 이내의 곳. ㉣ 시장 등이 지정한 어린이 보호구역이 있다.

173 자동차의 주차금지 장소에 대한 설명이다. 틀린 문항은?

① 터널 안 및 다리 위
② 도로공사 구역의 양쪽 가장자리로부터 5m 이내의 곳
③ 시 · 도지사가 도로에서의 위험을 방지하고 교통의 안전과 원활한 소통을 확보하기 위해 필요하다고 인정하여 지정한 곳
④ 다중이용업소의 영업장이 속한 건축물로 소방본부장이 요청에 의하여 시 · 도 경찰청장이 지정한 곳

해설 ③의 문항 중 "시 · 도지사"가 아니고, "시 · 도 경찰청장"이 옳은 문항이다.

174 다음은 주차 · 정차 방법에 대한 설명이다. 틀린 것은?

① 모든 차의 운전자는 도로에서 정차할 때에는 차도의 오른쪽 가장자리에 정차할 것
② 도로에 차도와 보도의 구별이 없는 경우에는 도로의 오른쪽 가장자리로부터 중앙으로 60cm 이상의 거리를 두어야 한다.
③ 자동차 운전자는 승객을 태우거나 내려주기 위하여 정류소 또는 이에 준하는 장소에서 정차하였을 때에는 승객이 타거나 내린 즉시 출발하여 뒤 따르는 다른 차의 정차를 방해하지 아니할 것
④ 모든 차의 운전자는 도로에서 주차할 때에는 시 · 도 경찰청장이 정하는 주차의 장소 · 시간 및 방법에 따를 것

해설 ②의 문항 중 "60cm 이상의"는 틀리고 "50cm 이상의"가 옳은 문항이다.

175 자동차 운전자가 경사진 곳에서 정차 및 주차방법의 설명이다. 안전한 주차 방법이 아닌 것은?

① 경사의 내리막 방향으로 바퀴에 고임목, 고임돌, 그 밖에 고무, 플라스틱 등 자동차의 미끄럼 사고를 방지할 수 있는 것을 설치할 것
② 조향장치를 도로의 가장자리(자동차의 가까운 쪽을 말함) 방향으로 돌려놓을 것
③ 자동차의 수동변속기는 후진 또는 자동변속기는 주차로 고정한다.
④ 자동차의 주차 제동 장치만 작동시킨다.

해설 ④의 문항의 조치는 잘못된 조치이다.

정답 167 ③ 168 ② 169 ② 170 ③ 171 ② 172 ① 173 ③ 174 ② 175 ④

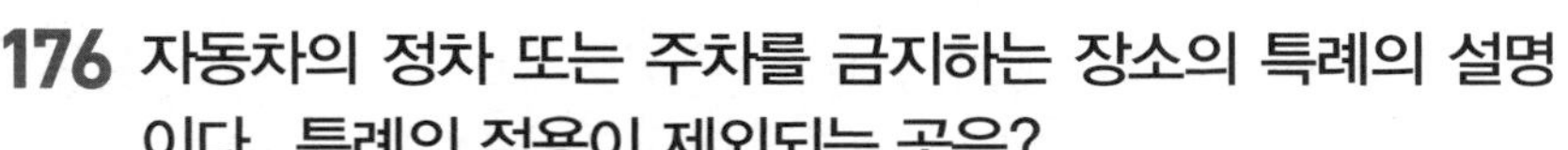

176 자동차의 정차 또는 주차를 금지하는 장소의 특례의 설명이다. 특례의 적용이 제외되는 곳은?

① 교차로 · 횡단보도 · 건널목이나 보도와 차도가 구분된 보도
② 버스 정류지임을 표시하는 기둥이나 표지판 또는 선이 설치된 곳으로부터 10m 이내 의 곳
③ 소방기본법에 따른 소방용수시설 또는 비상소화 장치가 설치된 곳
④ 건널목 가장자리 또는 횡단보도로부터 10m 이내의 곳

해설 ③의 경우는 특례가 적용되지 않는다. 외에 ㉠ 시 · 도 경찰청장이 인정하여 지정한 곳 ㉡ 시장 등이 지정한 어린이 보호구역 ㉢ 안전표지로 지정한 전기자전거 충전소 및 자전거 주차장이 있다.

177 여객자동차사업용 자동차를 밤(야간)에 운행할 때 켜야 할 등화이다. 맞는 등화는?

① 전조등, 차폭등
② 전조등, 차폭등, 미등
③ 전조등, 차폭등, 미등, 번호등
④ 전조등, 차폭등, 미등, 번호등, 실내조명등

해설 사업용 자동차는 ④의 문항이 맞으며 "실내조명등"은 승합자동차와 여객자동차운송사업용 승용자동차만 해당된다. 외에 ㉠ 원동기장치자전거 : 전조등, 미등 ㉡ 견인되는 차 : 미등, 차폭등, 번호등 ㉢ 노면 전차 : 전조등, 차폭등, 미등, 실내조명등

178 차 또는 노면전차가 도로에서 정차하거나 주차할 때 켜야 하는 등화이다. 맞지 아니한 등화는?

① 자동차 : 미등 및 차폭등(이륜자동차는 제외)
② 이륜자동차 및 원동기장치자전거 : 미등(후부반사기 포함)
③ 노면 전차 : 차폭등, 미등
④ 그 외의 차 : 경찰서장이 정하여 고시하는 등화

해설 ④의 문항 "경찰서장"은 맞지 않고 "시 · 도 경찰청장"이 맞는 문항이다.

179 자동차가 운행할 때 등화를 켜야 하는 시기이다. 아닌 것은?

① 밤(해가 진 후부터 해가 뜨기 전까지)에 도로에서 차 또는 노면 전차를 운행하거나 고장이나 그 밖의 부득이한 사유로 도로에서 차를 정차 또는 주차시키는 경우
② 안개가 끼거나 비 또는 눈이 올 때에 도로에서 차 또는 노면 전차를 운행하거나 고장이나 그 밖의 부득이한 사유로 도로에서 차 또는 노면 전차를 정차 또는 주차하는 경우
③ 터널 안을 운행하거나 고장 또는 그 밖의 부득이한 사유로 도로에서 차 또는 노면 전차를 정차 또는 주차하는 경우
④ 도로 공사 구역을 통과할 때는 전조등 등을 켜고 주행할 수 있다.

해설 ④의 문항은 해당 없는 문항이다.

180 밤에 차가 마주보고 진행할 때 등화조작 방법이다. 아닌 것은?

① 전조등의 밝기를 줄인다.
② 전조등 불빛의 방향을 아래로 향하게 한다.
③ 전조등을 잠시 끌 것
④ 시 · 도 경찰청장이 교통의 안전과 원활한 소통을 확보하기 위하여 필요하다고 인정하여 지정한 지역

해설 ④의 규정은 예외규정이다.(도교법 시행령 제20조 제2항)
*앞의 차 뒤를 따라가는 경우 : ㉠ 전조등 불빛의 방향을 아래로 향하게 하고 ㉡ 전조등의 불빛의 밝기를 함부로 조작하여 앞 차의 운전을 방해하지 아니할 것. 이 있다.

181 자동차의 승차 또는 적재의 방법과 제한이다. 틀린 것은?

① 모든 차의 운전자는 승차인원, 적재중량 및 적재용량에 관하여 운행상의 안전기준을 넘어서 승차시키거나 적재한 상태로 운전하여서는 아니 된다(출발지 서장의 허가를 받은 경우에는 예외)
② 승합자동차 운전자는 승차정원 50명에 51명을 승차시켜 운행할 수 있다.
③ 모든 차의 운전자는 운전 중 타고 있는 사람 또는 타고 내리는 사람이 떨어지지 아니 하도록 하기 위하여 문을 정확히 여닫는 등 필요한 조치를 하여야 한다.
④ 모든 차의 운전자는 운전 중 실은 화물이 떨어지지 아니하도록 덮개를 씌우거나 묶는 등 확실하게 고정될 수 있도록 조치를 하여야 한다.

해설 ②의 문항은 "승차정원 이내일 것"을 초과하였으므로 위반되었고, 외에 ㉠ 모든 차의 운전자는 영유아나 동물을 안고 운전 장치를 조작하거나 운전석 주위에 물건을 싣는 등 안전에 지장을 줄 우려가 있는 상태로 운전하여서는 아니 된다. 가 있다.

182 자동차 운행 상의 안전기준에 대한 설명이다. 잘못된 것은?

① 자동차의 승차인원은 승차정원 이내일 것
② 화물자동차의 적재 중량은 구조 및 성능에 따르는 110% 이내일 것
③ 길이 : 자동차 길이에 그 길이의 10분의 2를 더한 길이
④ 높이 : 화물자동차는 지상으로부터 4m(고시한 도로 노선은 4m 20cm)

해설 ③의 문항 "10분의 2를 더한 길이"는 틀리고 "10분의 1을 더한 길이"가 옳은 문항이다. 추가로 ㉠ 이륜자동차의 길이 : 승차장치나 적재장치의 길이에 30cm를 더한 길이 ㉡ 소형3륜 자동차의 높이 : 지상으로부터 2m 50cm ㉢ 이륜자동차의 높이 : 2m ㉣ 너비 : 자동차의 후사경으로 뒤쪽을 확인할 수 있는 범위

183 도로교통법의 무면허 운전에 해당되지 아니한 문항은?

① 운전면허를 취득하지 아니하고 운전하는 행위
② 운전면허 취소사유가 발생한 상태이지만 취소처분을 받기 전에 운전하는 행위
③ 운전면허 취소처분을 받은 후에 운전하는 행위
④ 제2종 운전면허로 제1종 운전면허를 필요로 하는 자동차를 운전하는 행위

해설 ②의 문항은 무면허 운저에 해당 되지 아니한다. 외에 무면허 운전은 ㉠ 운전면허 시험에 합격한 후 운전 면허증을 받기 전에 운전하는 행위 ㉡ 운전면허 정지처분기간 중에 운전하는 행위. 등이 있다.

184 도로교통법상 운전이 금지되는 술에 취한 상태의 기준은 운전자의 혈중알코올 농도가 몇 % 이상일 때 해당되는가?

① 0.02퍼센트 이상인 경우 ② 0.03퍼센트 이상인 경우
③ 0.04퍼센트 이상인 경우 ④ 0.08퍼센트 이상인 경우

해설 ②의 술에 취한 상태의 기준 혈중알코올 농도는 0.03퍼센트 이상으로 규정되어 있다. ㉠ 혈중알코올 농도 0.03퍼센트~0.08퍼센트 미만은 100일 행정처분

정답 176 ③ 177 ④ 178 ④ 179 ④ 180 ④ 181 ② 182 ③ 183 ② 184 ②

185 자동차 운전자가 과로, 질병, 약물의 운전 시 그 약물의 종류와 처벌기준으로 틀린 것은?

① 마약, 대마, 톨루엔, 초산에틸, 메틸알코올
② 히로뽕, 트랭퀼라이저, 시너 · 본드 냄새, 부탄가스
③ 카페인 성분의 약물, 진정제, 신경안정제
④ 마약 · 대마 복용 운전 시 : 3년 이하의 징역이나 1천만 원 이상의 벌금

해설 ④의 벌칙 중 "1천만 원 이상의 벌금"은 틀리고 "1천만 원 이하의 벌금"이 옳은 문항이다. ㉠ 과로 · 질병상태에서의 운전 위반 시 : 30만 원 이하의 벌금이나 구류에 처함.

186 도로교통법상 공동위험 행위에 대한 설명이다. 틀린 것은?

① 자동차 등의 운전자는 도로에서 2명 이상이 공동으로 2대 이상의 자동차 등을 정당한 사유 없이 앞뒤로 줄지어 통행하면서 다른 사람에게 위해를 끼치거나 교통상의 위험을 발생하게 하는 행위이다.
② 자동차 등의 운전자는 도로에서 2명 이상이 공동으로 2대 이상의 자동차 등을 정당한 사유 없이 좌우로 줄지어 통행하면서 다른 사람에게 위해를 끼치거나 교통상의 위험을 발생하게 하는 행위다.
③ 자동차 등에 개인형 이동장치도 포함한다.
④ 공동위험행위를 하거나 주도한 사람은 2년 이하의 징역이나 500만 원 이하의 벌금에 처한다.

해설 ③의 문항 중 "이동장치도 포함한다"는 틀리고 "이동장치는 제외한다"가 옳은 문항이다.

187 도로교통법상 난폭운전에 대한 설명이다. 맞지 않는 것은?

① 운전자가 중앙선 침범 등 둘 이상의 행위를 연달아 하거나, 하나의 행위를 지속 또는 반복하여 다른 사람에게 위협 또는 위해를 가하거나 교통상의 위험을 발생하게 하는 행위이다.
② 신호 또는 지시위반, 속도의 위반, 안전거리 미확보, 정당한 사유 없는 소음발생, 고속도로에서 횡단 · 유턴 · 후진위반
③ 횡단 · 유턴 · 후진위반, 진로변경 금지위반, 급제동 금지위반, 앞지르기 방법 또는 앞지르기 방해금지위반
④ 벌칙은 1년 이하의 징역이나 600만 원 이하의 벌금에 처함

해설 ④의 벌칙 중 "600만 원 이하의 벌금"은 틀리고 "500만 원 이하의 벌금"이 옳은 문항이다.

188 다음의 어느 하나에 해당하는 때에는 일시정지 하여야 한다. 틀린 것은?

① 어린이가 보호자 없이 도로를 횡단하고 있을 때
② 지하도나 육교 등 도로 횡단시설을 이용할 수 없는 지체장애인이나 노인 등이 도로를 횡단하고 있는 경우
③ 앞을 보지 못하는 사람이 흰색지팡이를 가지거나 장애인보조견을 동반하고 도로를 횡단하고 있는 경우
④ 어린이가 횡단보도를 통행하고 있을 때에는 서행한다.

해설 ④의 문항 "서행"은 틀리고 "일시정지 한다"가 맞는 문항임.

189 자동차 창유리 가시광선 투과율의 기준이다. 맞는 것은?

① 앞면 창유리 : 60% / 운전석 좌우 옆면 창유리 : 30%
② 앞면 창유리 : 70% / 운전석 좌우 옆면 창유리 : 40%
③ 앞면 창유리 : 75% / 운전석 좌우 옆면 창유리 : 45%
④ 앞면 창유리 : 80% / 운전석 좌우 옆면 창유리 : 50%

해설 ②의 문항이 맞는 규정이다.

190 모든 차의 운전자가 지켜야할 준수사항이다. 옳지 않은 것은?

① 경찰관서에서 사용하는 무전기와 동일한 주파수의 무전기를 설치하지 아니한다.
② 물이 고인 곳을 운행할 때에는 고인 물을 튀게하여 다른 사람에게 피해를 주는 일이 없도록 한다.
③ 도로에서 자동차 등 또는 노면전차를 세워둔 채 시비 · 다툼 등의 행위를 하여 다른 차마의 통행을 방해하지 아니할 것.
④ 긴급자동차가 아닌 자동차에 경광등, 사이렌 또는 비상등을 부착하는 행위

해설 ④는 "긴급자동차가 아닌 차에 경광등, 사이렌 또는 비상등을 부착하여서는 아니 된다"가 옳은 문항이다.

191 자동차 운전자가 휴대용 전화를 사용할 수 있는 경우이다. 이에 해당하지 않는 경우의 운전자는?

① 자동차 등 또는 노면전차가 정지하고 있는 경우
② 긴급 자동차를 운전하는 경우
③ 각종 범죄 및 재해 신고 등 긴급한 필요가 있는 경우
④ 자동차를 운행 중에 있는 운전자

해설 ④의 운행 중에 있는 사람은 휴대용 전화를 사용할 수 없다.

192 자동차 등의 운전 중에는 방송 등 영상물을 수신하거나 영상표시 장치를 조작할 수 있는 경우로 옳지 않는 것은?

① 자동차 등 또는 노면전차를 운전 중에 있는 경우
② 자동차 등 또는 노면전차가 정지하고 있는 경우
③ 지리 안내 영상 또는 교통 정보 안내 영사
④ 국가 비상사태 재난 상황 등 긴급한 상황을 안내하는 영상

해설 ①의 문항의 경우는 영상물을 수신하거나 영상 장치를 조작할 수 없는 경우이다. 외에 ㉠ 운전을 할 때 자동차 등 또는 노면전차의 좌우 또는 전 · 후방을 볼 수 있도록 도움을 주는 영상. ㉡ 노면전차 운전자가 운전에 필요한 영상 표시 장치를 조작하는 경우가 있다.

193 자동차를 운전할 때에는 좌석안전띠를 매어야 한다. 매지 않아도 되는 사유이다. 옳지 않는 것은?

① 부상 · 질병 또는 임신 등으로 인하여 좌석 안전띠의 착용이 적당하지 아니하다고 인정되는 때
② 신장 · 비만 그 밖의 신체의 상태에 의하여 안전띠의 착용이 적당하지 않다고 인정되는 때
③ 자동차가 서행으로 주행하고 있을 때
④ 경호 등을 위한 경찰용 자동차에 의하여 호위되거나 유도되고 있는 때

해설 ③의 경우 "서행으로 주행하고 있는 때에도 좌석안전띠는 매어야 한다"가 옳은 문항이다. 외에 ㉠ 자동차를 후진시키기 위하여 운전을 한 때. ㉡ 긴급 자동차가 본래의 용도로 운행되고 있는 때. ㉢ 우편물의 집배, 폐기물의 수집 그 밖에 빈번히 승강하는 것을 필요로 하는 업무에 종사하는 자가 해당업무를 위하여 자동차를 운전하거나 승차하는 때. 등이 있다.

정답 185 ④ 186 ③ 187 ④ 188 ④ 189 ② 190 ④ 191 ④ 192 ① 193 ③

194 **운송사업용 승합자동차 · 화물자동차 등 운전자의 준수사항이다. 맞지 않는 것은?**

① 운행기록계가 설치되어 있지 아니하거나 고장 등으로 사용할 수 없는 운행기록계가 설치된 자동차를 운행하여서는 아니 된다.
② 운행기록계를 최초의 목적대로 사용하지 아니하고 자동차를 운전하는 경우
③ 승차를 거부하는 행위(사업용 승합자동차에 한함)
④ 사업용 승용 자동차의 운전자는 합승행위 또는 승차거부를 하거나 신고한 요금을 받아서는 아니 된다.

해설 ②의 문항 중 "최초의 목적대로"는 틀리고 "원래의 목적대로"가 옳은 문항이다.

195 **어린이 통학버스의 특별보호에 대한 설명이다. 옳지 않는 것은?**

① 어린이 통학버스가 도로에 정차하여 어린이나 영유아가 타고 내리는 중임을 표시하는 점멸등 등의 장치를 작동 중일 때에는 어린이 통학버스가 정차한 차로와 그 바로 옆 차로로 통행하는 차의 운전자는 어린이 통학버스에 이르기 전에 일시 정지하여 안전을 확인한 후 서행하여야 한다.
② 어린이나 영유아가 타고 내리는 데 방해가 되지 않도록 중앙선을 넘어 서행으로 지나간다.
③ 중앙선이 설치되어 있지 않은 도로와 편도 1차로인 도로에서는 반대 방향에서 진행하는 차의 운전자도 어린이 통학버스에 이르기 전에 일시 정지하여 안전을 확인한 후 서행하여야 한다.
④ 모든 차의 운전자는 어린이나 영유아를 태우고 있다는 표시를 한 상태로 도로를 통행하는 어린이 통학버스를 앞지르지 못한다.

해설 ②의 문항은 틀린 문항이다.

196 **어린이 통학버스로 사용할 수 있는 차와 신고의 설명으로 틀린 것은?**

① 사용할 자동차는 승차정원 9인승(어린이 1명을 승차정원 1명으로 본다)이상의 자동차로 한다.
② 튜닝승인을 받은 승용 또는 승합자동차를 장애아동의 승 · 하차 편의를 위하여 9인승 미만으로 튜닝한 경우의 자동차도 포함한다.
③ 어린이 통학버스를 운영하려는 자는 미리 관할 경찰청장에게 신고하고, 신고증명서를 받아 통학버스 안에 항상 갖추어야한다.
④ 누구든지 어린이 통학버스의 신고를 하지 아니하거나 한정면허를 받지 아니하고 어린이 통학버스와 비슷한 도색 및 표지를 한 자동차를 운전하여서는 아니 된다.

해설 ③의 문항 중 "관할 경찰청장"은 틀리고 "관할 경찰서장"이 맞는 문항이다.

197 **어린이 통학버스 운전자 및 운영자의 의무에 관한 설명이다. 잘못된 것은?**

① 어린이 통학버스를 운전하는 사람은 어린이나 영유아가 타고 내리는 경우에만 점멸등 등의 장치를 작동하여야 한다.
② 어린이나 영유아를 태우고 운행 중인 경우에만 운행 중임을 표시하여야 하고, 모든 어린이나 영유아가 좌석안전띠를 매도록 한 후에 출발하여야 한다.
③ 어린이 통학버스를 운영하는 자가 지명한 보호자를 함께 태우고 운행하여야 하며, 보호자를 함께 태우고 운행하여야 하며, 보호자를 함께 태우고 운행하는 경우에는 "보호자 동승 표지"를 부착할 수 있다(보호자는 승하차시 안전 확인 및 보호조치)
④ 어린이 통학버스 운영자는 운행을 마친 후 어린이나 영유아가 모두 하차(하차 확인 장치 작동)하였는지를 확인을 한다.

해설 ④의 문항 중 "운영자"는 틀리고, "운전자"가 맞는 문항이다.

198 **어린이 통학버스 운영자 등에 대한 안전교육에 대한 설명이다. 잘못된 것은?**

① 어린이 통학버스를 운영하는 사람과 운전하는 사람 및 보호자는 안전운행 등에 관한 교육을 받아야 한다.
② 어린이 통학버스 안전교육은 강의 · 시청각교육 등의 방법으로 3시간 이상 실시한다.
③ 신규교육 : 운영자와 동승하려는 보호자를 대상으로 그 운영 · 운전 또는 동승을 하기 전에 실시하는 교육이다.
④ 정기 안전교육 : 운영자, 운전자, 동승한 보호자를 대상으로 3년 마다 정기적으로 실시하는 교육이다.

해설 ④의 문항 중 "3년 마다"는 틀리고, "2년 마다"가 옳은 문항이다. ㉠ 운영자의 교육확인증의 비치 : 어린이 교육시설의 내부 잘 보이는 곳. ㉡ 운전자 및 동승보호자의 교육확인증의 비치 : 어린이 통학버스의 내부 잘 보이는 곳에 비치한다.

199 **교통사고 발생 시 경찰공무원에게 신고할 사항이 아닌 것은?**

① 사고가 일어난 곳
② 사상자 수 및 부상 정도
③ 손괴한 물건 및 손괴 정도
④ 사고 주변 날씨와 교통상황

해설 ④의 문항은 아니고 "그 밖의 조치 사항"이 있다.

200 **교통사고가 발생하였을 때 동승자 등에게 현장조치를 하게하고 계속 운행할 수 있는 자동차이다. 아닌 차는?**

① 긴급자동차
② 응급 부상자를 운반 중인 차
③ 긴급우편물 운반차
④ 외국인 관광 승합자동차

해설 ④의 차는 해당 없고, 외에 "긴급혈액공급 자동차"등이 있다.

201 **고속도로 갓길 통행금지에 관한 사항으로 옳지 않는 것은?**

① 자동차의 고장 등 부득이한 사정이 있는 경우를 제외하고는 차로에 따라 통행하여야 하며, 갓길로 통행하여서는 아니 된다.
② 도로가 정체 시 원활한 소통을 위해 갓길 통행이 가능하다.
③ 신호기 또는 경찰공무원 등의 신호나 지시에 따라 자동차를 운전하는 경우에는 갓길 통행이 가능하다.
④ 긴급자동차와 고속도로 등의 보수 · 유지 등의 작업을 하는 자동차를 운전하는 경우에 는 갓길 통행이 가능하다.

해설 ②의 경우는 갓길로 통행해서는 아니 된다. 다만 고속도로에서 다른 차를 앞지르려면 방향지시기, 등화 또는 경음기를 사용하여 앞지르기 차로로 안전하게 통행하여야 한다.

정답 194 ② 195 ② 196 ③ 197 ④ 198 ④ 199 ④ 200 ④ 201 ②

202 **고속도로 횡단 · 통행 등의 금지에 대한 설명이다. 틀린 것은?**

① 자동차의 운전자는 그 차를 운전하여 고속도로 등을 횡단하거나 유턴 또는 후진하여서는 아니 된다.
② 긴급자동차 또는 도로의 보수 · 유지 등의 응급조치 작업을 하는 자동차는 통행할 수 있다.
③ 고속도로 등에서 위험 방지 · 제거하거나 교통사고에 대한 응급조치 작업을 위한 자동차로서 그 목적을 위하여 필요한 경우에는 통행할 수 있다.
④ 자동차(이륜자동차의 긴급자동차는 제외)외의 차마의 운전자 또는 보행자는 고속도로 등을 통행하거나 횡단하여서는 아니 된다.

해설 ④의 문항 중 "이륜자동차의 긴급자동차는 제외"는 틀리고 "이륜자동차는 긴급자동차만 해당"이 맞는 문항이다.

203 **고속도로에서 정차 및 주차의 예외규정 설명이다. 틀린 것은?**

① 긴급자동차가 아닌 차가 갓길에 정차나 주차한 경우
② 정차 또는 주차할 수 있도록 안전표지를 설치한 곳이나 정류장에서 정차 또는 주차시키는 경우
③ 고장이나 그 밖의 부득이한 사유로(갓길 포함)에 정차 또는 주차 시키는 경우
④ 도로의 관리자가 고속도로 등을 보수 · 유지 또는 순회하기 위하여 정차 또는 주차시키는 경우

해설 ①의 경우는 불법 주 · 정차로 견인대상이며, 외에 ㉠ 법령의 규정 또는 경찰공무원의 지시에 따르거나 위험을 방지하기 위하여 일시 정차 및 주차시키는 경우. ㉡ 통행료를 내기 위하여 일시 정차 및 주차시키는 경우. ㉢ 교통이 밀리거나 그 밖의 부득이한 사유로 움직일 수 없을 때에 고속도로 등의 차로에 일시정지 또는 주차시키는 경우. 등이 있다.

204 **밤에 고장으로 인하여 고속도로에서 자동차를 운행할 수 없는 경우 고장 자동차의 표지 (안전 삼각대)와 함께 사방 (   )미터 지점에서 식별할 수 있는 불꽃신호를 추가로 설치 하여야 한다. (   )에 맞는 것은?**

① 300미터　　② 400미터
③ 500미터　　④ 600미터

해설 ③의 사방 500미터 지점에서 식별할 수 있는 적색의 섬광신호, 전기제등 또는 불꽃신호를 추가로 설치하여야 한다.

205 **자동차 운전면허를 받으려는 사람은 운전면허시험 전에 교통안전교육을 받아야 하는데 그 교육시간으로 맞는 것은?**

① 1 시간　　② 2 시간
③ 3 시간　　④ 4 시간

해설 ① 시청각교육 등 기본예절 1시간의 교육을 받는다. 외에 특별 안전교육 의무교육과 운전전문 학원에서 학과 교육을 받은 사람은 받지 않아도 된다.

206 **교통안전교육에서 특별안전 의무교육(음주운전교육) 위반 횟수와 시간의 설명이다. 다른 것은?**

① 최근 5년 동안 1회 위반 : 12시간(3회, 회당 4 시간)
② 최근 5년 동안 2회 위반 : 16시간(4회, 회당 4 시간)
③ 최근 5년 동안 3회 위반 : 48시간(12회, 회당 4 시간)
④ 배려 운전 교육 : 6 시간

해설 ④의 교육 종류와 시간은 음주운전교육과 다른 교육이다.

207 **교통안전교육에서 특별교통안전 권장교육의 교육과정과 시간이다. 틀린 시간은?**

① 법규 준수교육 : 6 시간　　② 벌점 감점교육 : 4 시간
③ 현장 참여교육 : 7 시간　　④ 고령 운전자교육 : 3 시간

해설 ③의 현장 참여교육 시간은 "7 시간"은 틀리고 "8 시간"이 옳은 문항이다.
*교육을 받을 수 없을 때에는 증빙서류를 첨부하여 연기할 수 있고, 연기를 받은 사람은 30일 이내에 받아야 한다. ㉠ 질병이나 부상으로 인하여 거동이 불가능한 경우, ㉡ 법령에 따라 신체의 자유를 구속당한 경우, ㉢ 그 밖에 부득이하다고 인정할 만한 상당한 이유가 있는 경우, 가 있다.

208 **긴급자동차 교통안전교육의 시간에 대한 설명이다. 맞는 것은?**

① 1 시간(2시간)　　② 2 시간(3 시간)
③ 3 시간(4 시간)　　④ 4 시간(4 시간)

[해설] ②의 문항 "2시간(3시간)"이 맞는 문항이다. ( )안은 신규교육 시간. ㉠ 신규교육 : 최초로 긴급자동차를 운전하려는 사람. ㉡ 정기 교통안전교육 : 긴급자동차를 운전하는 사람을 대상으로 3년 마다 정기적으로 실시하는 교육

209 **75세 이상인 사람에 대한 교통안전교육의 시간이다. 맞는 것은?**

① 2 시간　　② 3 시간
③ 4 시간　　④ 5 시간

해설 ①의 2 시간이 맞는 문항이다.

210 **도로교통법상 제1종 대형면허로 운전할 수 없는 자동차는?**

① 화물 자동차　　② 구난 자동차
③ 승용 자동차　　④ 아스팔트 살포기

해설 ② 구난차는 1종 구난차 면허를 취득하여야 운전할 수 있다.

211 **도로교통법상 제1종 보통면허로 운전할 수 없는 자동차는?**

① 덤프트럭
② 승차정원 15명 이하의 승합자동차
③ 원동기장치자전거
④ 적재중량 12톤 미만의 화물자동차

해설 ①은 1종 대형면허를 취득해야 운전할 수 있다.

212 **운전면허 1종 특수면허로 운전할 수 있는 자동차로 다른 것은?**

① 대형 견인차 면허 : 견인형 특수자동차
② 소형 견인차 면허 : 총중량 3.5톤 이하의 견인형 특수자동차
③ 구난차 면허 : 구난형 특수자동차
④ 1종 소형면허 : 3륜 화물 또는 승용자동차

해설 ④의 문항은 1종 소형면허가 운전할 수 있는 차이다.

213 **도로교통법상 제2종 보통면허로 운전할 수 없는 자동차는?**

① 승차정원 10명 이하의 승합자동차
② 총중량 10톤 미만의 특수자동차(구난차 등은 제외)
③ 적재중량 4톤 이하의 화물자동차
④ 총중량 3.5톤 이하의 특수자동차(구난차 등은 제외)

해설 ②의 차는 제1종 보통면허를 가져야 운전할 수 있다.

정답 202 ④ 203 ① 204 ③ 205 ① 206 ④ 207 ③ 208 ② 209 ① 210 ② 211 ① 212 ④ 213 ②

214 제1종 대형면허 화물자동차 적재중량과 제1종 보통면허 화물자동차 적재중량의 운전범 위를 구분할 때의 적재중량의 기준으로 맞는 것은?

① 8톤 미만　② 10톤 미만
③ 12톤 미만　④ 15톤 미만

해설 ③의 12톤을 기준으로 하여, 이상은 제1종 대형면허를 취득해야 하고 12톤 미만은 제1종 보통면허를 취득해야 운전할 수 있다.

215 운전면허를 받을 수 없는 사람에 대한 설명이다. 틀린 것은?

① 1종 2종 보통면허 : 18세 미만(원동기 장치 자전거의 경우는 16세 미만)인 사람
② 1종 대형 또는 특수면허 : 19세 미만이거나 자동차 운전경력(이륜자동차는 제외)이 1년 미만인 사람
③ 정신질환자, 뇌전증 환자, 치매, 조현병(정동장애 포함), 재발성 우울장애, 양극성 정동장애(조울병), 정신 발육지연 등
④ 대한민국의 국적을 가지지 않은 사람 중 외국인 등록을 한 사람이나 국내 거소신고를 하지 않은 사람

해설 ④의 문항 중 "외국인 등록을 한 사람"은 틀리고, "외국인 등록을 하지 않은 사람(외국인 등록이 면제된 사람은 제외)"이 맞는 문항임. 외에 ㉠ 국내 거소신고를 하지 않은 사람 ㉡ 마약, 대마, 향정신성의약품 또는 알코올 관련 장애로 정상적인 운전을 할 수 없다고 인정되는 사람 등이 있다.

216 운전면허 취득 결격기간이 5년에 해당한 사유이다. 다른 것은?

① 술에 취한 상태에서의 운전금지를 위반하여 취소된 경우
② 과로한 때 등의 운전금지를 위반하여 취소된 경우
③ 공동 위험행위의 금지를 위반하여 취소된 경우
④ 무면허 운전(결격기간 중 운전 포함)금지위반으로 취소된 때

해설 ①②③의 사유로 취소된 때는 취소일로부터 5년, ④의 경우는 위반일로부터 2년이다.

217 무면허 운전, 음주운전, 과로한 때의 운전 · 공동 위험행위 운전의 규정에 따른 사유가 아닌 다른 사유로 사람을 사상한 후 사고 발생 시의 필요한 조치 및 사고신고를 하지 아니한 경우의 결격기간으로 맞는 것은?

① 2년　② 3년
③ 4년　④ 5년

해설 ③의 문항 취소일부터 4년이 맞는 문항이다.

218 운전면허 취득 결격기간이 3년에 해당한 사유이다. 다른 것은?

① 술에 취한 상태에서 운전금지를 위반하여 운전(무면허 운전 또는 운전면허결격기간 운전 포함)을 하다가 2회 이상 교통사고를 일으킨 경우
② 술에 취하였는지를 조사하는 경찰공무원의 측정에 응하여야하는 의무를 2회 이상 위반하고 교통사고를 일으킨 경우
③ 공동 위험행위의 금지 위반을 2회 이상 위반한 경우(무면허 운전 또는 결격기간 운전 포함)
④ 자동차 등을 이용하여 범죄행위를 하거나 다른 사람의 자동차 등을 훔치거나 빼앗은 사람이 무면허운전 금지를 위반하여 운전한 경우(위반한 날)

해설 ③의 경우는 취소일 또는 위반일부터 2년이다.
*무면허 운전과 운전면허결격기간 위반을 함께 위반하여 취소된 경우는 위반한 날부터 계산한다.

219 운전면허 취득 결격기간이 2년에 해당한 사유이다. 틀린 것은?

① 술에 취한 상태에서의 운전금지 또는 술에 취하였는지를 조사하는 경찰공무원의 측정 의무를 2회 이상 위반(무면허 운전 또는 운전면허결격기간 운전 위반 포함)한 경우
② 술에 취한 상태에서의 운전 금지 또는 술에 취하였는지를 조사하는 경찰공무원의 측정 의무를 위반(무면허 운전 또는 운전면허결격기간 운전 위반 포함)한 경우
③ 공동 위험행위의 금지를 2회 이상 위반(무면허 운전 또는 운전면허결격기간 운전 위반 포함)한 경우
④ 무면허 운전 또는 운전면허결격기간 운전 위반을 4회 이상 위반한 경우

해설 ④의 문항 "4회 이상"은 틀리고"3회 이상"이 옳은 문항임. 외에 ㉠ 운전면허를 받을 수 없는 사람이 운전면허를 받거나 그 밖의 부정수단으로 운전면허를 받은 경우 또는 운전면허증을 갈음하는 증명서를 발급받은 사실이 드러난 경우. ㉡ 다른 사람의 자동차 등을 훔치거나 빼앗은 경우. ㉢ 다른 사람이 부정하게 운전면허를 받도록 하기 위하여 운전면허 시험에 대신 응시한 사유로 운전면허가 취소된 경우가 있다.

220 벌점의 종합 관리에 대한 설명이다. 맞지 않는 것은?

① 법규위반 또는 교통사고로 인한 벌점은 당해 위반 또는 사고가 있었던 날을 기준으로 과거 2년 간의 모든 벌점을 누산하여 관리한다.
② 처분 벌점이 40점 미만인 경우에 최종의 위반일 또는 사고일로부터 위반 및 사고 없이 1년이 경과한 때에는 그 처분 벌점은 소멸한다.
③ 인적피해가 있는 교통사고를 야기하고 도주한 차량의 운전자를 검거하거나 신고한 사람에게는 40점의 특혜점수를 부여하여 기간에 관계없이 그 운전자가 정지 또는 취소 처분을 받게 될 경우 누산점수에서 이를 공제한다.
④ 경찰청장이 정하여 고시하는 바에 따라 무위반 · 무사고 서약을 하고 1년 간 이를 실천한 운전자에게는 실천할 때마다 10점의 특혜점수를 부여하여 기간에 관계없이 그 운전자가 정지처분을 받게 될 경우 누산점수에서 이를 공제한다.

해설 ①의 문항 중 "과거 2년 간의"는 틀리고 "과거 3년 간의"가 맞는 문항이다.

221 누산점수 초과로 인한 운전면허 취소 기준으로 틀린 것은?

① 1년간 : 121점 이상　② 2년간 : 201점 이상
③ 3년간 : 271점 이상　④ 3년간 : 275점 이상

해설 ④는 "3년간 : 271점 이상"이 옳은 문항이다.

222 운전면허 정지처분은 벌점 또는 처분벌점이 몇 점 이상인 때에 집행하게 되는가?

① 30점 이상인 때부터　② 35점 이상인 때부터
③ 40점 이상인 때부터　④ 45점 이상인 때부터

해설 ③의 벌점으로 처분벌점이 40점 이상인 때부터 집행한다.

정답 214 ③ 215 ④ 216 ④ 217 ③ 218 ③ 219 ④ 220 ① 221 ④ 222 ③

223 음주운전에 관련한 운전면허 취소사유에 해당하지 않는 것은?

① 혈중알코올농도 0.03% 이상을 넘어서 운전을 하다가 교통사고로 사람을 죽게 하거나 다치게 한 때
② 혈중알코올농도 0.08% 미만에서 운전을 한 때
③ 혈중알코올농도 0.08% 이상에서 운전을 한 때
④ 혈중알코올농도 0.03%을 넘어서 운전을 하거나 음주측정에 불응한 사람이 다시 음주 운전을 한 때

해설 ②의 경우는 행정처분 벌점 100일에 해당한다.

224 운전면허의 취소와 관련한 위반사항이다. 다른 것은?

① 면허증 소지자가 다른 사람에게 면허증을 빌려주어 운전하게 하거나 빌려서 사용한 경우
② 공동위험행위 또는 난폭운전으로 구속된 경우
③ 자동차 등을 이용하여 형법상 특수상해 등(보복운전)을 하여 형사입건 된 경우
④ 최고 속도보다 100km/h를 초과한 속도로 3회 이상 운전한 경우

해설 ③의 문항은 벌점 100점에 해당한 위반사항이다. 외에 ㉠ 운전면허 행정처분 기간 중 운전 행위. ㉡ 허위 또는 부정한 수단으로 운전면허를 받은 경우, 등이 있다.

225 다음 위반 사항의 벌점은 100점에 해당한 것이다. 다른 것은?

① 속도위반 100km/h 초과 운행 위반
② 술에 취한 상태의 기준을 넘어서 운전한 때(혈중알코올농도 0.03% 이상 0.08% 미만)
③ 속도위반 80km/h 초과 100km/h 이하 운행 위반
④ 자동차 등을 이용하여 형법상 특수상해 등(보복운전)을 하여 형사입건 된 때

해설 ③의 문항 위반은 벌점 80점에 해당하여 다르다.
㉠ 속도 60km/h ~ 80km/h 위반은 벌점 60점이다.

226 다음 위반 사항의 벌점은 40점에 해당한 것이다. 다른 것은?

① 공동위험행위와 난폭 운전으로 형사 입건된 때
② 안전운전위반을 3회 이상 위반한 때
③ 통행구분 위반(중앙선 침범에 한함)
④ 출석기간 또는 범칙금 납부기간 만료일부터 60일이 경과될 때까지 즉결심판을 받지 않은 때

해설 ③의 문항의 벌점은 30점에 해당하고 외에 벌점 40점은 "승객의 차내 소란 행위 방치운전"이 있다.

227 다음은 벌점 30점에 해당하는 위반 행위이다. 아닌 것은?

① 속도위반(40km/h 초과 60km/h 이하)
② 신호 · 지시위반, 운전 중 휴대용 전화 사용
③ 회전교차로 통행방법 위반(통행방향 위반에 한함)
④ 고속도로 · 자동차 전용도로 갓길 통행

해설 ②의 문항 벌점은 15점에 해당되어 다르다. 외에 ㉠ 어린이 통학버스 특별보호 위반, ㉡ 운전면허증 제시의무 위반 또는 운전자 신원확인을 위한 경찰공무원의 질문에 불응, ㉢ 고속도로 버스 전용차로 · 다인승 전용차로 통행 위반, 등이 있다.

228 다음은 벌점 15점에 해당하는 위반사항이다. 다른 것은?

① 신호 · 지시 위반, 속도위반(20km/h 초과 40km/h 이하)
② 앞지르기 금지 시기 · 장소 위반
③ 일반도로 전용차로 통행 위반, 앞지르기 방법 위반
④ 운전 중 영상 표시 장치 조작

해설 ③의 문항의 벌점은 10점으로 다르다. 외에 ㉠ 운전 중 운전자가 볼 수 있는 위치에 영상 표시, ㉡ 휴대용 전화사용, 등이 있다.

229 다음은 벌점 10점에 해당하는 위반사항이다. 다른 것은?

① 통행구분 위반(보도 침범, 보도 횡단 방법 위반)
② 지정차로 통행 위반(진로변경 금지장소에서의 진로변경 포함), 차로 준수 의무 위반
③ 보행자 보호 불이행(정지선 위반 포함), 승객 또는 승 · 하차자 추락방지 의무 위반
④ 적재 제한 위반 또는 적재물 추락 방지 위반

해설 ④의 위반은 벌점 15점에 해당하는 위반사항이다. 외에 ㉠ 일반도로 전용차로 통행위반, ㉡ 안전거리 미확보(진로 변경 방법 위반 포함), ㉢ 노상 시비 · 다툼 등으로 차마의 통행 방해 행위, ㉣ 앞지르기 방법 위반, 등이 있다.

230 돌 · 유리병 · 쇳조각이나 그 밖의 도로에 있는 사람이나 차마를 손상시킬 수 있는 물건을 던지거나 발사하는 행위와 차마에서 밖으로 물건을 던지는 행위의 벌점에 해당하는 것은?

① 10점 ② 20점
③ 30점 ④ 40점

해설 ①의 벌점 10점이 맞는 문항이다.

231 어린이 보호구역 및 노인 · 장애인 보호구역 안에서 오전 8시부터 오후 8시 사이에 다음 각 목을 위반한 운전자에게 2배의 벌점을 부과하여야 한다. 그 위반 항목이 아닌 것은?

① 속도 위반(60km/h 초과 80km/h 이하)
② 속도 위반(40km/h 초과 60km/h 이하)
③ 속도 위반(20km/h 초과 40km/h 이하)
④ 공동 위험행위와 난폭운전 행위로 형사 입건된 때

해설 ④의 위반행위는 벌점 40점에 해당하여 해당 없고 외에 ㉠ 신호 · 지시 위반, ㉡ 보행자 보호 불이행(정지선 위방 포함)이 있다.
*벌점 120점이 부과되는 위반사항
㉠ 속도 위반(100km/h 초과)
㉡ 속도 위반(80km/h 초과 100km/h 이하)

232 자동차 등의 운전 중에 교통사고의 인적피해 결과에 따른 벌점의 기준이다. 틀린 것은?

① 사망 1명 마다 : 90점(사고발생 시부터 72시간 이내 사망)
② 중상 1명 마다 : 15점(3주 이상의 의사 진단)
③ 경상 1명 마다 : 10점(3주 미만 5일 이상의 의사의 진단)
④ 부상신고 1명 마다 : 2점(5일 미만의 의사의 진단)

해설 ③의 "경상 1명 마다 : 5점"이 옳은 문항이다.
*사망사고 72시간은 행정상의 구분일 뿐 72시간 이후라도 사망 원인이 교통사고라면 형사적 책임이 부과된다.

정답 223 ② 224 ③ 225 ③ 226 ③ 227 ② 228 ③ 229 ④ 230 ① 231 ④ 232 ③

233 고속도로 · 특별시 · 광역시 및 시의 관할 구역과 군(광역시의 군을 제외)의 관할구역 중 경찰관서가 위치하는 리 또는 동 지역에서 교통사고를 야기 후 자진신고 시간과 벌점이다. 맞는 것은?

① 3 시간 이내 신고 : 벌점은 30점
② 4 시간 이내 신고 : 벌점은 35점
③ 5 시간 이내 자진 : 벌점은 40점
④ 6 시간 이내 자진 : 벌점은 50점

해설 ①의 문항 3 시간 이내 자진 신고 시 벌점은 30점이 맞다. ㉠ 그 밖의 지역에서는 12시간 이내 자진 신고할 때에도 벌점은 30점이다. ㉡ ㉠의 목에 따른 시간 후 48시간 이내에 자진 신고를 한 때는 벌점은 60점이다. ㉢ 벌점 15점 : 물적 피해가 발생한 교통사고를 일으킨 후 도주한 때와 교통사고를 일으킨 즉시 그때 그 자리에서 곧 사상자를 구호하는 등 조치를 하지 아니하였으나 그 후 자진신고를 한 때

234 승용자동차의 운전자가 속도위반 60km/h 초과 운행 위반한 경우의 범칙금으로 맞는 것은?

① 9만 원 ② 10만 원
③ 12만 원 ④ 13만 원

해설 ③의 12만 원(승합자동차는 13만 원)이 맞다. 외에 ㉠ 어린이 통학버스 운전자의 의무 위반, ㉡ 인적 사항 제공 의무 위반(주 · 정차된 차만 손괴한 것이 분명한 경우에 한함)

235 다음의 항목을 승합자동차의 운전자가 위반하였을 때의 범칙금이다. 범칙금이 다른것은?

① 속도위반(40km/h 초과 60km/h 이하)
② 승객의 차 안 소란 행위 방치 운전
③ 어린이 통학버스 특별 보호 위반
④ 안전표지가 설치된 곳에서의 정차 · 주차 금지 위반

해설 승합자동차 : ① · ② · ③의 위반 행위 범칙금은 10만 원이 부과되고, ④의 위반사항은 9만 원이 부과된다.
승용자동차 : ① · ② · ③의 위반 행위 범칙금은 9만 원이 부과되고, ④의 위반사항은 8만 원이 부과된다.

236 승용자동차 운전자의 위반행위별 범칙금이다. 틀린 것은?

① 신호 · 지시위반, 중앙선 침범, 통행구분 위반 : 6만 원
② 일반도로 전용차로 통행 위반, 주차금지 위반 : 4만 원
③ 회전 교차로 진입 · 진행 방법 위반 : 5만 원
④ 차로 통행 준수 의무 위반, 지정차로 위반 : 3만 원

해설 ③의 문항은 "범칙금 5만 원"은 틀리고, "범칙금 4만 원"이다.

237 승합자동차의 운전자가 위반 시 범칙금 7만 원이다. 다른 것은?

① 철길 건널목 통과 방법 위반, 횡단보도 보행자 횡단 방해
② 앞지르기금지 시기 · 장소 위반, 운전 중 휴대용 전화 사용
③ 도로에서 시비 · 다툼 등으로 인한 차마의 통행 방해 행위
④ 고속도로 · 자동차 전용차로 갓길 통행, 승차 인원 초과

해설 ③의 문항 범칙금은 5만 원(승용차 : 4만 원)이며, ① · ② · ④의 승용차의 범칙금은 6만 원이다.

238 승용자동차의 운전자가 위반 시 범칙금 4만 원이다. 다른 것은?

① 교차로 통행 방법 위반, 안전 운전 의무 위반
② 속도위반 20km/h 이하, 끼어들기 금지 위반
③ 정차 · 주차 방법 위반, 고속도로 지정차로 통행 위반
④ 고속도로 · 자동차 전용도로 횡단 · 유턴 · 후진 위반

해설 ②의 위반은 승용 · 승합자동차 공히 범칙금 3만 원이다. ① · ② · ④의 경우 승합자동차는 범칙금 5만 원이다.

239 승합(승용)자동차의 운전자가 위반하였을 때의 범칙금 3만 원을 부과하는 위반사항이다. 다른 것은?

① 진로 변경 방법 위반, 서행의무 위반, 일시정지 위반
② 최저속도 위반, 일반도로 안전거리 미확보
③ 방향전환 · 진로변경 및 회전교차로 진입 · 진출 시 신호 불이행
④ 운전석 이탈 시 안전 확보 불이행, 급제동 금지 위반

해설 ② 문항의 승합 · 승용자동차 범칙금은 2만 원이며, ① · ③ · ④의 문항 위반은 승합 · 승용자동차 공히 범칙금 3만 원이다.

240 돌 · 유리병 · 쇳조각 그 밖에 도로에 있는 사람이나 차마를 손상시킬 우려가 있는 물건을 던지거나 발사하는 행위를 한 모든 차마에 부과하는 범칙금은?

① 5만 원 ② 6만 원
③ 7만 원 ④ 9만 원

해설 ①의 범칙금 5만 원이 맞는 문항이다.

241 어린이 보호구역 및 노인 · 장애인 보호구역에서 승용자동차가 60km/h 초과하여 위반을 하였을 경우 부과되는 과태료 금액은?

① 15만 원 ② 16만 원
③ 17만 원 ④ 18만 원

해설 ②의 문항 16만 원이 맞다. 승합자동차는 17만 원이 부과됨.
㉠ 40km/h 초과 60km/h 이하 : 승합자동차 14만 원, 승용차 13만 원
㉡ 20km/h 초과 40km/h 이하 : 승합자동차 11만 원, 승용차 10만 원
㉢ 20km/h 이하 : 승합차, 승용차 공히 각각 7만 원 부과

242 어린이 보호구역에서 승합자동차가 정차 또는 주차를 위반한 차의 고용주 등에게 부과하는 과태료 금액으로 맞는 것은?

① 13(14)만 원 ② 12(13)만 원
③ 11(12)만 원 ④ 10(11)만 원

해설 ①의 문항 13(14)만 원이 맞다. ( )안은 2시간 이상 주 · 정차한 경우를 말한다.
㉠ 승용자동차 : 12(13)만 원
*노인 · 장애인 보호구역에서 위반한 경우 고용주 과태료
㉠ 승합자동차 : 9(10)만 원 ㉡ 승용자동차 : 8(9)만 원
*신호 또는 지시를 따르지 않은 차 또는 노면전차의 고용주 등에게 부과하는 과태료
㉠ 승합자동차 : 14만 원 ㉡ 승용자동차 : 13만 원

정답 233 ① 234 ③ 235 ④ 236 ③ 237 ③ 238 ② 239 ② 240 ① 241 ② 242 ①

제3장 교통사고 처리특례법령

243 **교통사고특례법의 제정 목적으로 옳은 것은?**

① 차의 교통으로 중과실 치상죄를 일으킨 운전자에 대하여 종합보험에 가입되어 있어도 합의와 관계없이 공소를 제기할 수 있다.
② 차를 운전 중 고의로 교통사고를 일으킨 운전자를 처벌하기 위하여 제정한 법이다.
③ 교통사고로 인한 피해의 신속한 회복을 촉진하고 국민 생활의 편익을 증진하기 위한 법이다.
④ 차의 교통으로 업무상과실 치상죄를 범한 운전자에 대해 피해자와 민사합의를 해도 공소를 제기할 수 있다.

해설 ③의 문항이 "교통사고 처리특례법의 제정 목적"이다.

244 **차의 교통으로 인한 교통사고가 발생하여 운전자를 처벌하여야 하는 경우 적용되는 법에 해당하는 것은?**

① 도로교통법　② 교통사고 처리특례법
③ 도로법　④ 과실 재물 손괴 죄

해설 ②의 "교통사고 처리특례법"이 맞는 문항이다.

245 **"차의 교통으로 인하여 사람을 사상하거나 물건을 손괴하는 것"을 뜻하는 교통사고처리 특례법상의 용어에 해당되는 것은?**

① 전도사고　② 추락사고
③ 교통사고　④ 안전사고

해설 ③의 문항 "교통사고"가 맞는 문항이다.

246 **차의 운전자가 업무상 과실 또는 중대한 과실로 인하여 사람을 사상에 이르게 한 경우 이에 대한 형법상 벌칙에 해당한 것은?**

① 5년 이하의 금고 또는 2천만 원 이하의 벌금
② 5년 이하의 징역 또는 3천만 원 이하의 벌금
③ 3년 이하의 징역 또는 2천만 원 이하의 벌금
④ 2년 이하의 징역 또는 1천만 원 이하의 벌금

해설 ①의 문항 "5년 이하의 금고 또는 2천만 원 이하의 벌금"이 맞는 문항이다.

247 **차의 운전자가 중대한 과실로 다른 사람의 그 밖의 재물을 손괴한 경우 처벌로 맞는 것은?**

① 2년 이하의 금고나 2천만 원 이하의 벌금
② 2년 이하의 금고나 500만 원 이하의 벌금
③ 3년 이하의 금고 또는 2천만 원 이하의 벌금
④ 4년 이하의 금고 또는 1천만 원 이하의 벌금

해설 ②의 문항 "2년 이하의 금고나 500만 원 이하의 벌금"이 맞다

248 **교통사고의 조건에 대한 설명이다. 맞지 않는 것은?**

① 명백한 자살이라고 인정되는 사고
② 차에 의한 사고
③ 피해의 결과 발생(사람 사상 또는 물건의 손괴)
④ 교통으로 인하여 발생한 사고

[해설] ①의 문항 "명백한 자살이라고 인정되는 사고"가 맞다. 외에 ㉠ 사람이 건물, 육교 등에서 추락하여 운행 중인 차량과 충돌 또는 접촉하여 사상한 경우 등이 있다.

249 **교통사고를 일으킨 운전자가 종합보험이나 공제조합에 가입되어 있어 교통사고 처리특례 법의 특례가 적용되는 경우로 맞는 것은?**

① 교통사고로 사람을 사망에 이르게 한 운전자
② 교통사고를 야기한 후 부상자 구호를 하지 아니하고 도주한 운전자
③ 신호 위반으로 경상의 교통사고를 일으킨 운전자
④ 일반도로에서 횡단, 유턴, 후진 중 사고를 일으킨 운전자

해설 ④의 문항이 특례적용 대상자가 맞다.
*종합보험이나 공제에 가입된 사실 증명 : 보험회사 또는 공제사업자가 작성한 서면에 의하여 증명되어야 한다.

250 **교통사고특례법의 특례적용 제외자(형사처벌 대상)가 아닌 자는?**

① 사망 사고 운전자
② 과속(20km/h 초과) 사고 위반 운전자
③ 안전운전 의무 위반 사고 운전자
④ 신호 · 지시 위반 사고 운전자

해설 ③의 "안전운전 의무 위반 사고 운전자"는 특례적용 대상자이다. 외에 중앙선침범 사고, 횡단 · 유턴 또는 후진 중 사고, 앞지르기의 방법 · 금지시기 · 금지장소 또는 끼어들기의 금지 위반 사고, 철길건널목 통과방법 위반 사고, 횡단보도에서 보행자 보호의무 위반 사고, 주취 · 약물복용 운전 중 사고, 보도침범 통행방법 위반 사고, 승객추락방지의무 위반 사고 등이 있다.

251 **교통사고로 인명 피해가 발생하였을 때의 중 · 상해의 범위에 대한 설명이다. 해당 없는 것은?**

① 생명에 대한 위험 : 생명유지에 불가결한 뇌 또는 주요 장기에 대한 중대한 손상
② 불구 : 사지 절단 등 신체 중요 부분의 상실 · 중대 변형 또는 시각 · 청각 · 언어 · 생식기능 등 중요한 신체기능의 영구적 상실
③ 불치나 난치의 질병 : 사고 후유증으로 중증의 정신 장애 · 하반신 마비 등 완치 가능성이 없거나 희박한 중대 질병
④ 일시적인 청각 장애 : 교통사고의 충격으로 듣는데 일시적인 지장이 있었는데 완치 가능성이 있는 경우

해설 ④의 경우는 중상행위 범위에 속하지 않는다.

252 **교통사고 운전자가 피해자를 구호조치 하지 아니하여 피해자를 사망에 이르게 하고 도주하거나, 도주 후에 피해자가 사망한 경우의 처벌로 맞는 것은?(가중 처벌)**

① 무기 또는 5년 이상의 징역
② 1년 이상 유기징역 또는 5백만 원 이상 3천만 원 이하의 벌금
③ 사형, 무기 또는 5년 이상의 징역
④ 무기 또는 3년 이상의 징역

해설 ①의 문항이 맞는 문항이고, ②는 피해자를 상해에 이르게 한 경우의 처벌기준"이다.

정답 243 ③ 244 ② 245 ③ 246 ① 247 ② 248 ① 249 ④ 250 ③ 251 ④ 252 ①

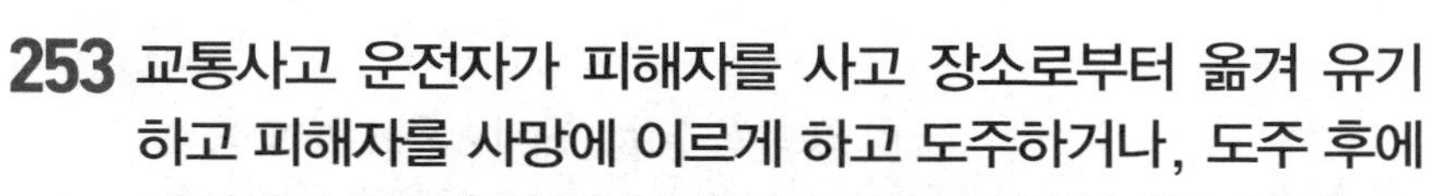

253 교통사고 운전자가 피해자를 사고 장소로부터 옮겨 유기하고 피해자를 사망에 이르게 하고 도주하거나, 도주 후에 피해자가 사망한 경우의 처벌로 맞는 것은?(가중 처벌)

① 사형, 무기 또는 5년 이상의 징역
② 3년 이상의 유기징역
③ 무기 또는 3년 이상의 징역
④ 1천만 원 이상 3천만 원 이하의 벌금

해설 ①의 문항이 맞다. ③의 처벌기준은 "사람을 상해에 이르게 한 경우"의 처벌기준이다.

254 음주 또는 약물의 영향으로 정상적인 운전이 곤란한 상태에서 자동차를 운전(위험운전 치 · 사상)하여 사람을 사망에 이르게 한 경우의 처벌기준이다. 맞는 것은?

① 무기 또는 2년 이상의 징역
② 무기 또는 3년 이상의 징역
③ 1년 이상 15년 이하의 징역 또는 1천만 원 이상 3천만 원 이하의 벌금
④ 3년 이상의 유기징역

해설 ②의 문항이 맞다. ③의 처벌기준은 "사람을 상해에 이르게 한 경우"의 처벌기준이다.

255 교통사고에 의한 사망사고의 정의에 대한 설명이다. 틀린 것은?

① 교통사고가 주된 원인이 되어 교통사고 발생 시부터 30일 이내에 사망한 사고를 말 한다.
② 도로 교통법상 교통사고가 주된 원인이 되어 72시간 내 사망한 사고를 말한다.
③ 교통사고 발생 후 72시간 내 사망하면 벌점 90점 부과된다.
④ 자동차 본래의 목적이 아닌 작업 중 과실로 떨어져 피해자가 사망한 경우

해설 ④의 경우 사망은, 사망사고 성립요건 운전자의 예외 규정에 해당하여 틀린다.

256 교통사고의 도주(뺑소니)인 경우이다. 도주가 아닌 경우는?

① 피해자 사상 사실을 인식하거나 예견됨에도 가버린 경우
② 사고 운전자를 바꿔치기 하여 신고한 경우와 사고 운전자가 연락처를 거짓으로 알려준 경우
③ 사고 장소가 혼잡하여 불가피하게 일부 진행 후 정지하고 되돌아와 조치한 경우
④ 자신의 의사를 제대로 표시하지 못하는 나이 어린 피해자가 "괜찮다"라고 하여 조치 없이 가버린 경우

해설 ③의 문항은 도주(뺑소니)가 아니다. 외에 ㉠ 피해자를 사고 현장에 방치한 채 가버린 경우, ㉡ 현장에 도착한 경찰관에게 거짓으로 진술한 경우, ㉢ 피해자가 이미 사망하였다고 사체 안치 후송 조치 없이 가버린 경우, ㉣ 피해자를 병원까지만 후송하고 계속 치료를 받을 수 있는 조치 없이 가버린 경우, ㉤ 쌍방 업무상 과실이 있는 경우에 발생한 사고로 과실이 적은 차량이 도주한 경우. 가 있다.

257 신호 · 지시 위반 사고 사례에 대한 설명이다. 잘못된 것은?

① 신호가 변경되기 전에 출발하여 인적 피해를 야기한 경우
② 황색 주의 신호에 교차로에 진입하여 인적 피해를 야기한 경우
③ 신호내용을 위반하고 진행하여 인적피해를 야기한 경우
④ 황색 차량 신호에 진행하다 정지선과 횡단보도 사이에서 보행자를 충격한 경우

해설 ④의 "황색 차량 신호"는 틀리고 "적색 차량 신호"가 옳은 문항이다.

258 중앙선 침범(현저한 부주의)를 적용할 수 있는 경우이다. 적용할 수 없는 경우인 것은?

① 커브 길에서 과속으로 인한 중앙선 침범의 경우
② 빗길에서 과속으로 인한 중앙선 침범의 경우
③ 졸다가 뒤늦은 제동으로 중앙선을 침범한 경우
④ 사고를 피하기 위해 급제동하다 중앙선을 침범한 경우

해설 ④는 부득이한 경우로 중앙선 침범을 적용할 수 없다. 외에 "차내 잡담 또는 휴대폰 통화 등의 부주의로 중앙선을 침범한 경우"가 있다.

259 속도에 대한 정의의 설명이다. 잘못된 것은?

① 규제속도 : 법정속도(도로교통법에 따른 도로별 최고 · 최저 속도)와 제한속도(시 · 도 경찰청에 의한 지정속도).
② 설계속도 : 도로 설계의 기초가 되는 자동차의 속도.
③ 주행속도 : 정지시간을 포함한 실제 주행 거리의 평균 주행속도.
④ 구간속도 : 정지시간을 포함한 주행거리의 평균 주행 속도.

해설 ③의 "포함한"은 틀리고, "제외한"이 옳은 문항이다.

260 교통사고처리 특례법에서의 과속은 법정속도와 제한(지정)속도에서 몇 km를 초과한 경우로 하는가?

① 10km/h ② 20km/h
③ 30km/h ④ 40km/h

해설 ②의 20km/h 이상 초과 운행한 경우를 말한다.

261 최고속도의 100분의 50을 줄인 속도로 운행하여야 하는 경우이다. 맞지 않는 것은?

① 폭우 · 폭설 · 안개 등으로 가시거리가 10m 이내인 경우
② 노면이 얼어붙은 경우
③ 눈이 20mm 이상 쌓인 경우
④ 비가 내려 노면이 젖어 있는 경우

해설 ④의 문항은 "100분의 20을 줄인 속도로 운행할 경우"에 해당하고, 외에 "눈이 20mm 미만 쌓인 경우"가 있다.
*100분의 20을 줄인 감속속도 : ㉠ 60km/h→48km/h, ㉡ 70km/h→56km/h, ㉢ 80km/h→64km/h, ㉣ 90km/h→72km/h

262 승합자동차가 속도를 위반한 때의 행정처분이다. 틀린 것은?

① 60km/h 초과 : 범칙금 13만 원, 벌점 60점
② 40km/h 초과 60km/h 이하 : 범칙금 10만 원, 벌점 30점
③ 20km/h 초과 40km/h 이하 : 범칙금 7만 원, 벌점 15점
④ 20km/h 이하 : 범칙금 3만 원, 벌점 10점

해설 ④의 문항 "벌점 10점"은 없어 부과되지 않는다. 외에 ①의 경우 승용자동차 : 범칙금 12만 원, ②의 경우 승용자동차 : 범칙금 9만 원, ③의 경우 승용자동차 : 범칙금 6만 원, ④의 경우 승용자동차 : 범칙금 9만 원

263 앞지르기가 금지되는 경우 및 장소이다. 다른 문항은?

① 앞차의 좌측에 다른 차가 앞차와 나란히 가고 있는 경우
② 앞차가 다른 차를 앞지르고 있거나 앞지르고자 하는 경우
③ 경찰공무원의 지시를 따르거나 위험을 방지하기 위하여 정지하거나 서행하고 있는 경우
④ 모든 차의 운전자는 다른 차를 앞지르고자 하는 때에는 앞차의 좌측으로 통행하여야 한다.

해설 ④의 문항은 "앞지르기 방법"에 해당하여 다르다. 외에 ㉠ 끼어들기의 금지, ㉡ 갓길 통행금지 등이 있다.
*행정처분 ① 앞지르기 방법 위반 : 승합 7만 원(10점), 승용 6만 원(10점)
(벌점) ② 앞지르기 금지시기 · 장소위반 : 범칙금액 동일, 벌점 15점

정답 253 ① 254 ② 255 ④ 256 ③ 257 ④ 258 ④ 259 ③ 260 ② 261 ④ 262 ④ 263 ④

264 철길 건널목의 종류에 대한 설명이다. 틀린 것은?

① 제1종 건널목 : 차단기, 건널목경보기 및 교통안전표지가 설치되어 있는 경우
② 제2종 건널목 : 건널목경보기 및 교통안전표지가 설치되어 있는 경우
③ 제3종 건널목 : 교통안전표지만 설치되어 있는 경우
④ 특종 건널목 : 건널목 차단기 등 모든 장치가 설치된 경우

해설 ④의 "특종 건널목"이라는 명칭은 없다.
*행정처분 : 승합차 범칙금 7만 원, 승용차 범칙금 6만 원, 벌점 30점

265 철길건널목 통과방법 위반사고이다. 해당하지 않는 사고는?

① 녹색 신호에 따라 일시정지를 아니하고 철길건널목을 통과하다가 발생한 사고
② 경보기가 울리고 있는데 철길 건널목을 통과하다가 발생한 사고
③ 건널목 차단기가 내려지려고 하는 순간 철길 건널목을 통과하려고 진입하여 발생한 사고
④ 철길 건널목에 신호기나 경보기의 미설치로 건널목 전에 일시정지를 이행하지 않아 발생한 사고

해설 ①의 경우는 일시정지를 하지 아니하고 통과할 수 있어 위반이 아니다.

266 다음 중 횡단보도 보행자에 해당한 사람들이다. 아닌 사람은?

① 횡단보도를 걸어가는 사람
② 횡단보도에서 원동기장치 자전거나 자전거를 끌고 가는 사람
③ 횡단보도 내에서 교통정리를 하고 있는 사람
④ 세발자전거 또는 손수레를 끌고 횡단보도를 건너는 사람

해설 ③의 사람은 횡단보도 보행자가 아닌 사람에 해당한다. 외에 ㉠ 횡단보도에서 원동기장치 자전거나 자전거를 타고 가다 이를 세우고 한발은 페달에 다른 한발은 지면에 서 있는 사람. 이 있다.

267 다음 중 횡단보도 보행자가 아닌 사람들이다. 다른 것은?

① 횡단보도에서 원동기장치 자전거나 자전거를 타고 가는 사람
② 횡단보도에 누워있거나, 앉아있거나, 엎드려 있는 사람
③ 횡단보도 내에서 교통정리를 하고 있는 사람
④ 횡단보도에서 원동기장치 자전거를 끌고 가는 사람

해설 ④의 문항은 횡단보도 보행자에 해당한 사람이며, 외에 ㉠ 횡단보도 내에서 택시를 잡고 있는 사람과 화물 하역작업을 하고 있는 사람, ㉡ 보도에 서 있다가 횡단보도 내로 넘어진 사람. 이 있다.

268 횡단보도 보행자 보호의무 사고의 운전자 과실이다. 아닌 것은?

① 횡단보도를 건너고 있는 보행자를 충돌한 경우
② 횡단보도 전에 정지한 차량을 추돌하여 추돌된 차량이 밀려나가 보행자를 충돌한 경 우
③ 보행신호가 녹색등화일 때 횡단보도를 진입하여 건너고 있는 보행자를 보행신호가 녹색등화의 점멸 또는 적색등화로 변경된 상태에서 충돌한 경우
④ 녹색등화가 점멸되고 있는 횡단보도를 진입하여 건너고 있는 보행자를 적색등화에 충돌한 경우

해설 ④의 문항은 성립요건의 예외 사항에 해당되며, 외에 ㉠ 적색등화에 횡단보도를 진입하여 건너고 있는 보행자를 충돌한 경우, ㉡ 횡단보도를 건너다가 신호가 변경되어 중앙선에 서 있는 보행자를 충돌한 경우, ㉢ 횡단보도를 건너다가 보행신호가 적색등화로 변경되어 되돌아가고 있는 보행자를 충돌한 경우. 가 있다.

269 무면허 운전의 유형이다. 아닌 문항은?

① 운전면허를 취득하지 아니하고 운전하는 행위
② 운전면허 취소사유가 발생한 상태이지만 취소 처분을 받기 전에 운전하는 경우
③ 운전면허 취소처분을 받은 후에 운전하는 행우
④ 운전면허 정지 기간 중에 운전하는 행위

해설 ②의 문항은 무면허 운전 성립요건의 예외사항이다. 외에 ㉠ 운전면허 적성검사기간 만료일부터 1년 간의 취소유예기간이 지난 면허증으로 운전하는 행위, ㉡ 제2종 운전면허로 제1종 운전면허를 필요로 하는 자동차를 운전하는 행위, ㉢ 제1종 대형면허로 특수면허가 필요한 자동차를 운전하는 행위, ㉣ 운전면허시험에 합격한 후 운전면허증을 발급받기 전에 운전하는 행위. 가 있다.

270 다음 중 음주운전으로 처벌되는 경우이다. 아닌 경우는?

① 혈중 알코올 농도 0.03% 미만에서 음주운전
② 공장이나 관공서, 학교, 사기업 등의 정문 안쪽 통행로에서 음주운전
③ 문 차단기에 의해 도로와 차단되고 별도로 관리되는 장소에서 음주운전
④ 주차장(주차선 안 포함), 호텔, 백화점, 고층건물, 아파트 내 주차장에서 음주운전

해설 ①의 문항 "혈중 알코올 농도 0.03% 이상인 경우로"한다고 규정되어 있어 처벌 대상이 된다.

271 술에 취한 상태의 혈중알코올농도의 규정이다. 맞는 농도는?

① 0.01% 이상인 경우 ② 0.02% 이상인 경우
③ 0.03% 이상인 경우 ④ 0.04% 이상인 경우

해설 ③의 문항 "0.03% 이상인 경우"로 규정되어 있다.

272 음주운전 또는 음주측정 불응을 위반하여 벌금형 이상의 선고를 받고 확정 후 10년 이내에 같은 법을 다시 위반하였을 때의 벌칙 기준이다. 다른 처벌 기준은?

① 음주측정 불응 : 1년 이상 6년 이하의 징역이나 500만 원 이상 3천만 원 이하의 벌 금
② 혈중알코올 농도 0.2% 이상인 사람 : 2년 이상 6년 이하의 징역이나 1천만 원 이상 3천만 원 이하의 벌금
③ 혈중알코올 농도 0.03% 이상 0.2% 미만인 사람 : 1년 이상 5년 이하의 징역이나 500만 원 이상 2천만 원 이하의 벌금
④ 음주운전 또는 음주측정에 불응한 사람 : 1년 이상 5년 이하의 징역이나 500만 원 이상 2천만 원 이하의 벌금

해설 ④의 처벌기준은 10년 이내의 재범 처벌기준에 포함되지 아니한다(도로교통법 제148조의2(벌칙)제2항 참조).

정답 264 ④ 265 ① 266 ③ 267 ④ 268 ④ 269 ② 270 ① 271 ③ 272 ④

273 **술에 취한 상태의 자동차 등을 운전한 사람의 처벌기준이다. 처벌기준으로 맞지 않는 것은?**

① 혈중알코올농도가 0.2% 이상인 사람 : 2년 이상 5년 이하의 징역이나 1천만 원 이상 2천만 원 이하의 벌금에 처한다.
② 혈중알코올농도가 0.08% 이상 0.2% 미만인 사람 : 1년 이상 2년 이하의 징역이나 500백만 원 이상 1천만 원 이하의 벌금에 처한다.
③ 혈중알코올농도가 0.03% 이상 0.08% 미만인 사람 : 1년 이하의 징역이나 500백만 원 이하의 벌금에 처한다.
④ 약물로 인하여 정상적으로 운전하지 못할 우려가 있는 상태에서 자동차 등을 운전한 사람은 3년 이하의 징역이나 500만 원 이하의 벌금에 처한다.

해설 ④의 문항 중 "500만 원 이하의"는 틀리고, "1천만 원 이하의"가 옳은 문항이다.

274 **보도침범 · 보도횡단법 위반 사고의 성립요건이다. 틀린 것은?**

① 장소적 요건 : 보도와 차도가 구분된 도로에서 도로 내 사고
② 피해자 요건 : 보도 내에서 보행 중 사고
③ 운전자 과실 : 고의적 과실, 의도적 과실, 현저한 부주의
④ 시설물 설치요건 : 보도설치권한이 있는 행정관서에서 설치하여 관리하는 보도

해설 ①의 문항 "도로 내"는 틀리고, "보도 내"가 옳은 문항이다.

275 **승객추락방지의무 위반사고에 대한 설명이다. 해당 없는 것은?**

① 문을 연 상태에서 출발하여 타고 있는 승객이 추락한 경우
② 승객이 타거나 또는 내리고 있을 때 갑자기 문을 닫아 문에 충격한 승객이 추락한 사고
③ 승객이 임의로 차문을 열고 상체를 내밀어 차 밖으로 추락한 경우
④ 버스 운전자가 개 · 폐 안전장치인 전자감응 장치가 고장 난 상태에서 운행 중에 승객이 내리고 있을 때 출발하여 승객이 추락한 경우

해설 ③의 문항은 승객추락방지의무에 해당하지 않는 경우에 해당하고, 외에 ㉠ 운전자가 사고방지를 위해 취한 급제동으로 승객이 차 밖으로 추락한 경우, ㉡ 화물자동차 적재함에 사람을 태우고 운행 중에 운전자의 급가속 또는 급제동으로 피해자가 추락한 경우. 가 있다.

276 **어린이 보호구역으로 지정될 수 있는 장소이다. 아닌 것은?**

① 중학교
② 보육시설 중 정원 100명 이상의 보육시설(관할 경찰서장과 협의된 경우는 정원 100명 미만의 보육시설 주변도로에 대해서도 지정 가능)
③ 학원 중 학원 수강생이 100명 이상인 학원(관할 경찰서장과 협의된 경우에는 정원이 100명 미만의 학원 주변도로에 대해서도 지정 가능)
④ 유치원, 초등학교, 특수학교, 외국인학교 또는 대안학교

해설 ①의 중학교 주변의 도로는 보호구역으로 지정될 수 있는 장소가 아니다.

277 **교통사고 조사규칙에서 용어의 정의 설명이다. 틀린 것은?**

① 대형사고 : 3명 이상이 사망(사고 발생일로부터 30일 내 사망)하거나 20명 이상의 사상자가 발생한 것.
② 스키트마크(Skid mark) : 차의 급제동으로 인하여 타이어의 회전이 정지된 상태에서 노면에 미끄러져 생긴 타이어 마모 흔적 또는 활주 흔적을 말한다.
③ 요마크(Yaw mark) : 급핸들 등으로 인하여 차의 바퀴가 돌면서 차축과 평행하게 옆으로 미끄러진 마모흔적을 말한다.
④ 충돌 : 차가 정방향 또는 측방에서 진입하여 그 차의 정면으로 다른 차의 정면 또는 측면을 충격한 것이다.

해설 ④의 문항 중 "차의 정방향 또는"은 틀리고 "차의 반대방향 또는"이 옳은 문항이다.

278 **교통사고 조사규칙의 용어의 정의 설명이다. 틀린 것은?**

① 추돌 : 2대 이상의 차가 동일방향으로 주행 중 뒤차가 앞차의 정면을 충격한 것을 말 한다.
② 전도 : 차가 주행 중 도로 또는 도로 이외의 장소에 차체의 측면이 지면에 접하고 있는 상태(좌측면이 지면에 접하고 있으면 좌전도, 우측면이 지면에 접해있으면 우전도) 를 말한다.
③ 전복 : 차가 주행 중 도로 또는 이외의 장소에 뒤집혀 넘어진 것을 말한다.
④ 추락 : 차가 도로변 절벽 또는 교량 등 높은 곳에서 떨어진 것을 말한다.

해설 ①의 문항 중 "정면을 충격한 것"은 틀리고 "후면을 충격한 것"이 옳은 문항이다.

279 **교통사고 조사관은 교통사고를 일으킨 운전자가 보험 등에 가입하지 아니한 경우에 피해자와 손해배상 합의할 수 있는 기간을 주어야 하는데 사고를 접수한 날부터 몇 주 간인가?**

① 1주 간 ② 2주 간
③ 3주 간 ④ 4주 간

해설 ②의 문항 "2주 간"이 옳은 문항이다.

280 **교통사고(안전사고)로 처리되지 아니하는 경우이다. 아닌 것은?**

① 자살 · 자해행위로 인정되는 경우
② 차의 교통으로 인하여 길 가장자리의 사람을 다치게 한 경우
③ 확정적 고의에 의하여 타인을 사상하거나 물건을 손괴하는 경우
④ 낙하물에 의하여 차량 탑승자가 사상하거나 물건을 손괴한 경우

해설 ②는 교통사고로 처리되며, 외에 ㉠ 축대 · 절개지 등이 무너져 차량탑승자가 사상하였거나 물건이 손괴된 경우, ㉡ 사람이 건물 · 육교 등에서 추락하여 진행 중인 차량과 충돌 또는 접촉하여 사상한 경우, ㉢ 그 밖의 차의 교통으로 발생하였다고 인정되지 아니한 안전사고의 경우가 있다.

정답 273 ④ 274 ① 275 ③ 276 ① 277 ④ 278 ① 279 ② 280 ②

BUSINESS CLASS TAXI

02 안전운행 요점정리

제1장 자동차 관리

제1절 자동차 점검

01. 일상 점검

자동차를 운행하는 사람이 매일 자동차를 운행하기 전에 점검하는 것

1 점검 항목

점검 항목		점검 내용
엔진룸 내부	엔진	• 엔진 오일, 냉각수 • 브레이크 오일 • 배터리액 • 윈도 워셔액 • 팬벨트 장력
	변속기	• 변속기 오일 • 누유 여부
	기타	• 라디에이터 상태 • 엔진룸 오염 정도
자동차의 외관	완충 스프링	• 스프링 연결 부위의 손상 및 균열 여부
	타이어	• 타이어 공기압 • 타이어의 균열 및 마모 정도 • 타이어 홈 깊이 • 휠 볼트 및 너트의 조임 정도
	램프	• 라이트의 점등 상황
	등록번호판	• 번호판의 손상 및 식별 가능 여부
	배기가스	• 배기가스의 색깔
운전석	엔진	• 엔진의 시동 상태 • 이상 소리 확인
	브레이크(풋브레이크/주차 브레이크)	• 브레이크 페달의 밟히는 정도 • 브레이크의 작동 상태 • 주차 브레이크의 작동 상태
	변속기	• 클러치의 자유 간극 적정 여부 • 변속 레버의 정상 조작 여부 • 변속 시 반발력 확인
	후사경	• 운전자 입장에서 시야 정상 확보 여부
	경음기	• 정상 작동 여부
	와이퍼	• 정상 작동 여부 • 워셔액 적정량
	각종 계기	• 오작동 신호 확인

02. 운행 전 자동차 점검

1 운전석에서 점검

① 연료 게이지량
② 브레이크 페달 유격 및 작동 상태
③ 룸미러 각도, 경음기 작동 상태, 계기 점등 상태
④ 와이퍼 작동 상태
⑤ 스티어링 휠(핸들) 및 운전석 조정

2 엔진 점검

① 엔진 오일의 적당량과 불순물의 존재 여부
② 냉각수의 적당량과 변색 유무
③ 각종 벨트의 장력 상태 및 손상의 여부
④ 배선의 정리, 손상, 합선 등의 누전 여부

3 외관 점검

① 유리의 상태 및 손상 여부
② 차체의 손상과 후드(보닛)의 고정 상태
③ 타이어의 공기 압력, 마모 상태
④ 차체의 기울기 여부
⑤ 후사경의 위치와 상태 적절 여부
⑥ 차체의 외관
⑦ 반사기 및 번호판의 오염 및 손상 여부
⑧ 휠 너트의 조임 상태
⑨ 파워스티어링 오일 및 브레이크 액의 적당량과 상태
⑩ 오일, 연료, 냉각수 등의 누출 여부
⑪ 연료탱크 캡의 잠금 상태
⑫ 각종 등화의 이상 유무

4 경고등 · 표시등 확인 (※자동차에 따라 다를 수 있음)

명칭	경고등 및 표시등	내용
주행빔(상향등) 작동 표시등		전조등이 주행빔(상향등)일 때 점등
안전벨트 미착용 경고등		시동키 「ON」 했을 때 안전벨트를 착용하지 않으면 경고등이 점등
연료잔량 경고등		연료의 잔류량이 적을 때 경고등이 점등
엔진오일 압력 경고등	OIL	엔진 오일이 부족하거나 유압이 낮아지면 경고등이 점등
ABS (Anti-Lock Braking System) 표시등	ASR ABS	– ABS는 각 브레이크 제동력을 전기적으로 제어하여 미끄러운 노면에서 타이어의 로크를 방지하는 장치 – ABS 경고등은 키 「ON」하면 약 3초간 점등된 후 소등되면 정상 – ASR은 한쪽 바퀴가 빙판 또는 진흙탕에 빠져 공회전하는 경우 공회전하는 바퀴에 일시적으로 제동력을 가해 회전수를 낮게 하고 출발이 용이하도록 하는 장치 – ASR 경고등은 차량 속도가 5~7 km/h에 도달하여 소등되면 정상
브레이크 에어 경고등	BRAKE AIR	키가 「ON」 상태에서 AOH 브레이크 장착 차량의 에어탱크에 공기압이 4.5±0.5㎏/㎠ 이하가 되면 점등

비상경고 표시등	⇦⇨	비상경고등 스위치를 누르면 점멸
배터리 충전 경고등	- +	벨트가 끊어졌을 때나 충전장치가 고장났을 때 경고등이 점등
주차 브레이크 경고등	(P) PARKING	주차 브레이크가 작동되어 있을 경우에 경고등이 점등
엔진 정비 지시등	CHECK ENGINE	– 키를 「ON」 하면 약 2~3초간 점등된 후 소등 – 엔진의 전자 제어 장치나 배기가스 제어에 관계되는 각종 센서에 이상이 있을 때 점등
엔진 예열작동 표시등		엔진 예열상태에서 점등되고 예열이 완료되면 소등
냉각수 경고등	WATER	냉각수가 규정 이하일 경우에 경고등 점등

03. 운행 중 점검

1 출발 전

① 배터리 출력 상태
② 계기 장치 이상 유무
③ 등화 장치 이상 유무
④ 시동 시 잡음 유무
⑤ 엔진 소리 상태
⑥ 클러치 정상 작동 여부
⑦ 액셀레이터 페달 상태
⑧ 브레이크 페달 상태
⑨ 기어 접속 이상 유무
⑩ 공기 압력 상태

2 운행 중

① 조향 장치 작동 상태
② 제동 장치 작동 상태
③ 차체 이상 진동 여부
④ 계기 장치 위치
⑤ 차체 이상 진동 여부
⑥ 이상 냄새 유무
⑦ 동력 전달 이상 유무

04. 운행 후 자동차 점검

1 외관 점검

① 차체의 굴곡이나 손상 여부
② 타이어 공기압 차이로 인한 기울어짐 여부
③ 보닛의 고리 빠짐 여부
④ 주차 후 바닥에 오일 및 냉각수 누출 여부

2 짧은 점검 주기가 필요한 주행 조건

① 짧은 거리를 반복해서 주행
② 모래, 먼지가 많은 지역 주행
③ 과도한 공회전
④ 33℃ 이상의 온도에서 교통 체증이 심한 도로를 절반 이상 주행
⑤ 험한 상태의 길(비포장도로 등) 주행 빈도가 높은 경우
⑥ 산길, 오르막길, 내리막길의 주행 횟수가 많은 경우
⑦ 고속 주행(약 180km/h)의 빈도가 높은 경우
⑧ 해변, 부식 물질이 있는 지역 및 한랭 지역을 주행한 경우

제2절 주행 전·후 안전 수칙

01. 주행 전 안전 수칙

① 짧은 거리의 주행이라도 안전벨트를 착용한다.
② 안전운전을 위한 청결 유지한다.
③ 올바른 운전 자세
④ 핸들, 후사경, 룸 미러 등을 확인한다.
⑤ 주행 전 건강을 확인한다.

혈중알코올농도에 따른 행동적 증후

마신 양	혈중알코올 농도(%)	취한 상태	취하는 기간 구분
2잔 이하	0.02~0.04	기분이 상쾌해짐, 피부가 빨갛게 됨, 쾌활해짐, 판단력이 조금 흐려짐	초기
3~5잔	0.05~0.10	얼큰히 취한 기분, 압박에서 탈피하여 정신이완, 체온상승, 맥박이 빨라짐	중기, 손상 가능기
6~7잔	0.11~0.15	마음이 관대해짐, 상당히 큰소리를 냄, 화를 자주 냄, 서면 휘청거림	완취기
8~14잔	0.16~0.30	갈지자걸음, 같은 말을 반복해서 함, 호흡이 빨라짐, 매스꺼움을 느낌	구토, 만취기
15~20잔	0.31~0.40	똑바로 서지 못함, 같은 말을 반복해서 함, 말할 때 갈피를 잡지 못함	혼수상태
21잔 이상	0.41~0.50	흔들어도 일어나지 않음, 대소변을 무의식중에 함, 호흡을 천천히 깊게 함	사망 가능

※65kg의 건강한 성인남성 기준, 맥주의 경우 캔을 기준으로 함

⑥ 일상 점검을 생활화한다.
⑦ 화재위험물질을 방치하지 않는다.

02. 주행 중 안전 수칙

① 핸드폰 사용을 금지한다.
② 주행 중에는 엔진을 정지하지 않는다.
③ 창문 밖으로 신체의 일부를 내밀지 않는다.
④ 문을 연 상태로 운행하지 않는다.
⑤ 높이 제한이 있는 도로에서는 차의 높이에 주의한다.
⑥ 음주 및 과로한 상태에서는 운행하지 않는다.

03. 주행 후 안전 수칙

① 주행 종료 후에도 긴장을 늦추지 않는다.
② 주행 종료 후 주차시 가능한 편평한 곳에 주차하고 경사가 있는 곳에 주차할 경우 변속 기어를 "P"에 놓고 주차 브레이크를 작동시키고 바퀴를 좌 · 우측 방향으로 조향 핸들을 작동시킨다.
③ 휴식을 위해 장시간 주 · 정차 시 반드시 시동을 끈다. 무의식중에 변속 버튼을 누르거나 가속페달을 밟아 예기치 못한 사고가 발생할 수 있으며, 과열로 인한 화재가 발생할 수 있다.
④ 휴식을 위해 장시간 주 · 정차 시 반드시 창문을 열어 놓는다. 시동을 걸고 에어컨이나 히터를 켜놓은 상태로 밀폐된 차안에 오래 있을 경우 질식사할 가능성이 매우 높다.

제3절 자동차 관리 요령

01. 세차

1 시기

① 겨울철에 동결 방지제가 뿌려진 도로를 주행하였을 경우
② 해안 지대를 주행하였을 경우
③ 진흙 및 먼지 등으로 심하게 오염되었을 경우
④ 옥외에서 장시간 주차하였을 경우
⑤ 새의 배설물, 벌레 등이 붙어 도장의 손상이 의심되는 경우
⑥ 아스팔트 공사 도로를 주행하였을 경우

2 주의 사항

① 겨울철에 세차하는 경우에는 물기를 완전히 제거한다.
② 기름 또는 왁스가 묻어 있는 걸레로 전면 유리를 닦지 않는다.
③ 세차할 때 엔진룸은 에어를 이용하여 세척한다.

❸ 외장 손질

① 차량 표면에 녹이 발생하거나, 부식되는 것을 방지하도록 깨끗이 세척한다.
② 차량의 도장보호를 위해 오염 물질들이 퇴적되지 않도록 깨끗이 제거한다.
③ 자동차의 오염이 심할 경우 자동차 전용 세척제를 사용하여 고무 제품의 변색을 예방한다.
④ 범퍼나 차량 외부를 세차 시 부드러운 브러시나 스펀지를 사용하여 닦아낸다.
⑤ 차량 외부의 합성수지 부품에 엔진 오일, 방향제 등이 묻으면 즉시 깨끗이 닦아낸다.
⑥ 차체의 먼지나 오물은 도장 보호를 위해 마른 걸레로 닦아내지 않는다.

❹ 내장 손질

① 차량 내장을 아세톤, 에나멜 및 표백제 등으로 세척할 경우 변색 및 손상이 발생할 수 있다.
② 액상 방향제가 유출되어 계기판이나 인스트루먼트 패널 및 공기 통풍구에 묻으면 방향제의 고유 성분으로 인해 손상될 수 있다.
③ 실내등 청소시 전원을 끄고 청소를 실시한다.

❺ 타이어마모에 영향을 주는 요소

① 타이어 공기압 : 타이어의 공기압이 낮으면 승차감은 좋아지나, 타이어 숄더 부분에 마찰력이 집중되어 타이어 수명이 짧아지게 된다. 타이어의 공기압이 높으면 승차감이 나빠지며, 트레드 중앙부분의 마모가 촉진 된다.
② 차의 하중 : 타이어에 걸리는 차의 하중이 커지면 공기압이 부족한 것처럼 타이어는 크게 굴곡되어 타이어의 마모를 촉진하게 된다. 타이어에 걸리는 차의 하중이 커지면 마찰력과 발열량이 증가하여 타이어의 내마모성(耐磨耗性)을 저하시키게 된다.
③ 차의 속도 : 타이어가 노면과의 사이에서 발생 하는 마찰력은 타이어의 마모를 촉진시킨다. 속도가 증가하면 타이어의 내부온도도 상승하여 트레드 고무의 내마모성이 저하된다.
④ 커브(도로의 굽은 부분) : 차가 커브를 돌 때에는 관성에 의한 원심력과 타이어의 구동력 간의 마찰력 차이에 의해 미끄러짐 현상이 발생하면 타이어 마모를 촉진하게 된다. 커브의 구부러진 상태나 커브구간이 반복될수록 타이어 마모는 촉진된다.
⑤ 브레이크 : 고속주행 중에 급제동한 경우는 저속주행 중에 급제동한 경우보다 타이어 마모는 증가한다. 브레이크를 밟는 횟수가 많으면 많을수록 또는 브레이크를 밟기 직전의 속도가 빠르면 빠를수록 타이어의 마모량은 커진다.
⑥ 노면 : 포장도로는 비포장도로를 주행하였을 때보다 타이어 마모를 줄일 수 있다. 콘크리트 포장도로는 아스팔트 포장도로보다 타이어 마모가 더 발생한다.
⑦ 기타
㉠ 정비불량 : 타이어 휠의 정렬 불량이나 차량의 서스펜션 불량 등은 타이어의 자연스러운 회전을 방해하여 타이어 이상마모 등의 원인이 된다.
㉡ 기온 : 기온이 올라가는 여름철은 타이어가 마모가 촉진되는 경향이 있다.
㉢ 운전자의 운전습관, 등도 타이어 마모에 영향을 미친다.

제4절 LPG 자동차

01. LPG 성분의 일반적 특성

① 주성분은 부탄과 프로판의 혼합체
② 감압 또는 가열 시 쉽게 기화되며 발화하기 쉬우므로 취급 주의
③ 원래 무색무취의 가스이나 가스누출 시 위험을 감지할 수 있도록 부취제가 첨가 됨
④ 과충전 방지 장치가 내장돼 있어 85% 이상 충전되지 않으나 약 80%가 적정

02. LPG 자동차의 장단점

❶ LPG 자동차의 장점

① 연료비가 적게 들어 경제적
② 유해 배출 가스량이 적음
③ 연료의 옥탄가가 높아 노킹 현상이 거의 발생하지 않음
④ 가솔린 자동차에 비해 엔진 소음이 적음
⑤ 엔진 관련 부품의 수명이 상대적으로 길어 경제적

❷ LPG 자동차의 단점

① LPG 충전소가 적어 연료 충전이 불편
② 겨울철에 시동이 잘 걸리지 않음
③ 가스 누출 시 가스가 잔류하여 점화원에 의해 폭발의 위험성이 있음

❸ LPG 연료탱크의 구성

① 충전 밸브(녹색)
㉠ LPG 연료 충전 시에 사용되며, 과충전 방지 밸브와 일체형으로 구성되어 있다.
㉡ 연료가 과충전 되는 것을 방지하는 기능을 한다.
② 연료 차단 밸브(적색)
㉠ 연료를 수동으로 강제 차단하는 밸브이다.
㉡ 정비 시나 비상시에 차단하여야 한다.

❹ LPG 차량 관리 요령

① LPG는 공기에 비해 약 두배 정도 무거운 특징을 가진다.
② 누출이 되었을 경우 LPG는 바닥에 체류하기 쉬우며, 화기나 점화원에 노출 시 화재 · 폭발이 발생할 수 있다.
③ 지하 주차장이나 밀폐된 장소 등에 장시간 주차하지 말아야하고 장시간 주차 시 연료 충전 밸브(녹색)를 잠가야 한다.
④ LPG 탱크의 수리는 절대로 해서는 안 되며, 고장 시 신품으로 교환하고 정비 시 공인된 업체에서 수행해야 한다.
⑤ LPG 누출 확인 방법은 비눗물을 이용한다.
⑥ 화기 옆에서 LPG 관련 부품을 점검하거나 수리하는 것은 금물이다.
⑦ 가스 누출이 많은 부위는 LPG 기화열로 인해 하얗게 서리가 형성된다.
⑧ 가스누출 부위를 손으로 접촉하면 동상에 걸릴 수 있다.
⑨ 가스누출이 확인되면 LPG 탱크의 모든 밸브(적색, 녹색)를 잠가야 한다.

❺ LPG 차량 시동 전 점검

① LPG 탱크 밸브(적색, 녹색)의 열림 상태 점검
② LPG 탱크 고정벨트의 풀림 여부 점검
③ 연료 파이프 연결 상태 및 연료 누기 여부 점검

④ 가스누출 시, 담뱃불과 같은 화기를 멀리하고 모든 창문을 개방하고 전문 정비업체에 연락하여 조치를 취함.
⑤ 엔진에서 베이퍼라이저로 가는 냉각수 호스 연결 상태, 누수 여부 점검
⑥ 냉각수 적정 여부를 점검

6 LPG 충전 방법

① 연료를 충전하기 전에 반드시 시동을 끈다.
② 연료 주입구 도어를 연다. 차량의 잠금을 해제한 후 연료 주입구 도어의 뒤쪽 끝부분을 눌렀다 놓으면 도어가 열린다.
③ 결빙 등으로 인해 도어가 열리지 않을 경우, 연료 주입구 도어를 손으로 몇 번 가볍게 두드리면 열린다.
④ 외기 온도의 상승으로 인해 연료 탱크 내의 압력이 상승할 수 있어 LPG 충전량이 85%를 초과하지 않도록 충전하여야 한다.
⑤ 연료 주입구 도어를 닫은 뒤 확인한다.

7 주차 요령(겨울철)

① 가급적 건물 내 또는 주차장에 주차하는 것이 바람직하나 부득이 옥외에 주차하게 될 경우에는 엔진 위치가 건물 벽 방향으로 향하도록 주차한다.
② 차량 앞쪽을 해가 뜨는 방향으로 주차해놓음으로써 태양열의 도움을 받을 수 있도록 하는 것이 시동성 향상에 도움이 된다.)

제5절 운행 시 자동차 조작 요령

01. 브레이크 조작 방법

① 풋 브레이크를 약 2~3회에 걸쳐 밟게 되면 안정적 제동이 가능하고, 뒤따라오는 차량에게 안전 조치를 취할 수 있는 시간이 생겨 후미 추돌을 방지할 수 있다.
② 길이가 긴 내리막 도로에서는 저단 기어로 변속하여 엔진 브레이크가 작동되게 한다.
③ 주행 중에는 핸들을 안정적으로 잡고 변속 기어가 들어가 있는 상태에서 제동한다.
④ 내리막길에서 운행할 때 연료 절약 등을 위해 기어를 중립에 두고 운행하지 않는다.

내리막길에서 브레이크 고장 시 대처 요령

㉠ 속도가 30km 이하가 되었을 때, 주차 브레이크를 서서히 당긴다.
㉡ 변속 장치를 저단으로 변속하여 엔진 브레이크를 활용한다.
㉢ 풋 브레이크만 과도하게 사용하면 브레이크 이상 현상이 발생하니 주의한다.
㉣ 최악의 경우는 피해를 최소화하기 위해 수풀이나 산의 사면으로 핸들을 돌린다.

02. ABS(Anti-lock Braking System) 조작

① 급제동할 때 ABS가 정상적으로 작동하기 위해서는 브레이크 페달을 차량이 완전히 정지할 때까지 힘껏 밟고 있어야 한다.
② ABS 차량이라도 옆으로 미끄러지는 위험은 방지할 수 없으며, 자갈길이나 평평하지 않은 도로 등 접지면이 부족한 경우에는 일반 브레이크보다 제동 거리가 더 길어질 수 있다.
③ 키 스위치를 ON 했을 때 ABS가 정상일 경우 ABS 경고등은 3초 동안 점등(자가진단)된 후 소등된다. 만약 계속 점등된다면 점검이 필요하다.

03. 브레이크 이상 현상

1 베이퍼 록(Vaper Lock) 현상

㉠ 연료 회로 또는 브레이크 장치 유압 회로 내에 브레이크액이 온도 상승으로 인하여 기화되어 압력전달이 원활하게 이루어지지 않아 제동 기능이 저하되는 현상이다.
㉡ 긴 내리막길 운행 등에서 유압브레이크를 과도하게 사용하였을 때 브레이크 디스크와 패드 간의 마찰열에 의해 발생되는 경우가 많다.
㉢ 이때 페이드 현상도 함께 발생하기 쉬우므로 주의를 요한다.
㉣ 베이퍼 록이 발생하면 브레이크 페달을 밟아도 브레이크의 작용이 매우 둔해진다.
㉤ 일정시간 경과 후 온도가 내려가면 정상적으로 회복된다.

2 페이드(Fade) 현상

운행 중 계속해서 브레이크를 사용하면 온도 상승으로 인해 마찰열이 라이닝에 축적되어 브레이크의 제동력이 저하되는 현상이다. 일정시간 경과 후 온도가 내려가면 정상적으로 회복된다.

3 모닝 록(Morning Lock) 현상

장마철이나 습도가 높은 날, 장시간 주차 후 브레이크 드럼 등에 미세한 녹이 발생하여 브레이크 디스크와 패드 간의 마찰 계수가 높아지면 평소보다 브레이크가 민감하게 작동되는 현상이다. 출발 시 서행하면서 브레이크를 몇 차례 밟아주면 이 현상을 해소시킬 수 있다.

04. 차바퀴가 빠져 헛도는 경우

㉠ 차바퀴가 빠져 헛도는 경우 급가속을 하게 되면 바퀴가 헛돌면서 더 깊이 빠진다.
㉡ 변속레버를 "전진"과 "R(후진)"위치로 번갈아 두며 가속페달을 부드럽게 밟으면서 탈출을 시도한다.
㉢ 필요한 경우에는 납작한 돌, 나무 또는 바퀴의 미끄럼을 방지할 수 있는 물건을 타이어 밑에 놓은 다음 자동차를 앞뒤로 반복하여 움직이면서 탈출을 시도한다.
㉣ 타이어 밑에 물건을 놓은 상태에서 갑자기 출발함으로써 타이어 밑에 놓았던 물건이 튀어 나오거나 회전 또는 갑작스런 움직임으로 자동차 주위에 서 있던 사람들이 다칠 수 있으므로 주위 사람들을 안전지대로 피하게 한 뒤 시동을 건다.
㉤ 진흙이나 모래 속을 빠져나오기 위해 무리하게 엔진 회전 수를 올리게 되면 엔진 손상, 과열, 변속기 손상 및 타이어의 손상을 초래할 수 있다.

제2장 자동차 응급조치 요령

제1절 상황별 응급조치 요령

01. 응급처치란?

긴급하고 위급한 일이 발생하였을 때 우선적 임시로 처리함을 말하며, 교통사고로부터 안전하게 대피하도록 하거나 주변 정비업소까지 이동하기 위한 응급조치는 운전자가 갖추어야 할 기본이며, 평상시에 학습과 경험을 통해 필수적으로 익혀야 한다.

① 팬벨트
㉠ 가속 페달을 힘껏 밟는 순간 "끼익"하는 소리가 발생
㉡ 펜벨트 등이 이완되어 걸려있는 폴리와의 미끄러짐 여부 점검

② 클러치
㉠ 클러치를 밟고 있을 때 "달달달" 떨리는 소리와 함께 차체에서 진동이 발생
㉡ 클러치 릴리스 베어링 고장 여부 확인

③ 조향장치
㉠ 운행 중 핸들의 흔들림 발생
㉡ 전륜의 정열(휠 얼라이먼트)의 부조화 여부 및 바퀴의 휠 밸런스 확인

④ 바퀴부분
㉠ 주행 중 차량 하체 부분에서 비틀거리는 흔들림 발생
㉡ 특히 커브를 돌았을 때 휘청거리는 현상 발생
㉢ 바퀴의 휠 너트의 이완 및 바퀴의 공기부족 확인

⑤ 완충(현가) 장치
㉠ 비포장도로의 울퉁불퉁하고 험한 노면을 달릴 때 "딱각딱각"하는 소리 발생
㉡ "쿵쿵"하는 소리 발생
㉢ 충격 완충 장치인 쇽업소버의 고장 원인 여부 확인

02. 냄새와 열이 날 때의 점검 사항

① 전기장치
㉠ 고무 같은 것이 타는 냄새 발생
㉡ 가급적 빨리 차를 세운다.
㉢ 엔진실 내의 전기 배선 등의 피복이 벗겨져 합선에 의해 전선이 타는지 확인
㉣ 보닛을 열고 잘 살펴보면 그 부위를 발견할 수 있다.

② 바퀴부분
㉠ 각 바퀴의 드럼에 손을 대보았을 때 어느 한쪽만 뜨거운 경우
㉡ 브레이크 라이닝 간격이 좁아 브레이크가 끌리는지 확인

③ 브레이크 부분
㉠ 치과에서 이를 갈아낼 때 나는 냄새가 나는 경우
㉡ 풋 브레이크가 너무 좁지는 않은지 확인
㉢ 주차 브레이크를 당겼다 풀었으나 완전히 풀리지 않았는지 확인
㉣ 긴 언덕길을 내려갈 때 계속 풋 브레이크를 밟았을 경우 현상이 발생

03. 배출 가스에 의한 점검 사항

① 무색 : 완전 연소 시 정상 배출 가스의 색은 무색 또는 약간 엷은 청색을 띈다.

② 검은색
㉠ 농후한 혼합 가스가 들어가 불완전하게 연소되는 경우이다.
㉡ 초크 고장이나 에어 클리너 엘리먼트의 막힘, 연료장치 고장 등을 확인

③ 백색
㉠ 엔진 안에서 다량의 엔진오일이 실린더 위로 올라와 연소되는 경우
㉡ 헤드 개스킷 파손, 밸브의 오일 실 노후 또는 피스톤 링의 마모 등 확인

04. 엔진 시동이 걸리지 않는 경우 대처·점검 사항

① 동승자 또는 주위의 도움을 받아 차를 안전한 장소로 이동시킨다.
② 철길 건널목에서 엔진 시동이 꺼지고 차가 움직이지 않을 경우 즉시 동승자를 피난시키고 비상사태를 확인한다.
③ 시동모터가 회전하지 않을 경우 : 배터리의 방전상태와 배터리 단자의 연결상태를 확인한다.
④ 시동모터는 회전하나 시동이 걸리지 않을 경우 : 연료의 유무 확인
⑤ 배터리가 방전되어 있을 경우
㉠ 주차브레이크를 작동시켜 차량이 움직이지 않도록 한다.
㉡ 변속기는 "중립"에 위치시킨다.
㉢ 보조배터리를 사용하는 경우 점프케이블을 연결 후 시동을 건다.
㉣ 타 차량의 배터리에 점프케이블을 연결하여 시동을 거는 경우에는 타 차량의 시동을 먼저 건 후 방전된 차량의 시동을 건다.
㉤ 시동이 걸린 후 배터리가 일부 충전되면 먼저 점프케이블의 "−" 단자를 분리한 후 "+"단자를 분리한다.
㉥ 방전된 배터리가 충분히 충전되도록 일정기간 시동을 걸어둔다.
⑥ 전기장치에 고장이 있는 경우
㉠ 퓨즈의 단선 여부 확인
㉡ 규정된 용량의 퓨즈만을 사용하여 교체
㉢ 높은 용량의 퓨즈로 교체한 경우에는 전기배선 손상 및 화재 발생의 원인이 된다.

05. 엔진 오버히트가 발생하는 경우의 점검

① 오버히트가 발생하는 경우
㉠ 냉각수의 부족 여부 확인
㉡ 엔진 내부가 얼어 냉각수가 순환하지 않는 경우인지 확인

② 엔진 오버히트가 발생할 때의 징후
㉠ 운전 중 수온계가 H 부분을 가리키는 경우
㉡ 엔진 출력이 갑자기 떨어지는 경우
㉢ 노킹소리가 들리는 경우

※노킹(Knocking) : 압축된 공기와 연료 혼합물의 일부가 내연 기관의 실린더에서 비정상적으로 폭발할 때 나는 날카로운 소리

③ 엔진 오버히트가 발생할 때의 안전 조치 사항
㉠ 비상경고등을 작동시킨 후 도로의 가장자리로 안전하게 이동하여 정차한다.
㉡ 여름에는 에어컨, 겨울에는 히터의 작동을 중지시킨다.
㉢ 엔진이 작동하는 상태에서 보닛(Bonnet)을 열어 엔진을 냉각시킨다.
㉣ 엔진을 충분히 냉각시킨 다음에는 냉각수의 양을 점검하고 라지에이터 호스의 연결부위 등의 누수 여부를 확인한다.
㉤ 특이사항이 없으면 냉각수를 보충하여 운행하고 누수나 오버히트가 발생할 만한 문제가 발견된다면 점검을 받아야 한다.

06. 타이어 펑크 조치 사항

① 핸들이 돌아가지 않도록 견고하게 잡고, 비상 경고등 작동시킨다.
② 가속 페달에서 발을 떼어 속도를 서서히 감속시키면서 길 가장자리로 이동한다.
③ 브레이크를 밟아 차를 도로 옆 평탄하고 안전한 장소에 주차 후 주차 브레이크 당겨 놓는다.
④ 후방에서 접근하는 차량들이 확인할 수 있도록 고장 자동차 표지를 설치한다.
⑤ 밤에는 사방 500m 지점에서 식별 가능한 적색 섬광 신호, 전기제등 또는 불꽃 신호 추가 설치한다.
⑥ 잭으로 차체를 들어 올릴 시 교환할 타이어의 대각선 쪽 타이어에 고임목을 설치한다.

※ 잭 사용 시 주의 사항
① 잭 사용 시 평탄하고 안전한 장소에서 사용한다.
② 잭 사용 시 시동 걸면 위험하다.
③ 잭으로 차량을 올린 상태일 때 차량 하부로 들어가면 위험하다.
④ 잭 사용 시 후륜의 경우에는 리어 액슬 아랫부분에 설치한다.

제2절 장치별 응급조치 요령

01. 엔진계통 응급조치 요령

① 시동 모터가 작동되나 시동이 걸리지 않는 경우

추정 원인	조치 사항
① 연료가 떨어졌다. ② 예열작동이 불충분하다. ③ 연료 필터가 막혀있다.	㉠ 연료를 보충한 후 공기 빼기를 한다. ㉡ 예열시스템을 점검한다. ㉢ 연료 필터를 교환한다.

② 시동 모터가 작동되지 않거나 천천히 회전하는 경우

추정 원인	조치 사항
① 배터리가 방전되었다. ② 배터리 단자의 부식, 이완, 빠짐 현상이 있다. ③ 접지 케이블이 이완되어 있다 ④ 엔진 오일의 점도가 너무 높다.	㉠ 배터리를 충전하거나 교환한다. ㉡ 배터리 단자의 부식된 부분을 깨끗하게 처리하고 단단하게 고정한다. ㉢ 접지 케이블을 단단하게 고정한다. ㉣ 적정 점도의 오일로 교환한다.

③ 저속 회전하면 엔진이 쉽게 꺼지는 경우

추정 원인	조치 사항
① 공회전 속도가 낮다 ② 에어 클리너 필터가 오염되었다. ③ 연료 필터가 막혀있다. ④ 밸브 간극이 비정상이다.	㉠ 공회전 속도를 조절한다. ㉡ 에어클리너 필터를 청소 또는 교환한다 ㉢ 연료 필터를 교환한다. ㉣ 밸브 간극을 조정한다.

④ 엔진 오일의 소비량이 많다

추정 원인	조치 사항
① 사용하는 오일이 부적당하다. ② 엔진 오일이 누유되고 있다.	㉠ 규정에 맞는 엔진 오일로 교환한다. ㉡ 오일 계통을 점검하여 풀려있는 부분은 다시 조인다.

⑤ 연료 소비량이 많다

추정 원인	조치 사항
① 연료 누출이 있다 ② 타이어 공기압이 부족하다 ③ 클러치가 미끄러진다 ④ 브레이크가 제동된 상태에 있다	㉠ 연료 계통을 점검하고 누출 부위를 정비한다 ㉡ 적정 공기압으로 조정한다 ㉢ 클러치의 간극을 조정하거나 클러치 디스크를 교환한다 ㉣ 브레이크 라이닝 간극을 조정한다

⑥ 배기가스의 색이 검다

추정 원인	조치 사항
① 에어클리너 필터가 오염되었다 ② 밸브 간극이 비정상이다	㉠ 에어클리너 필터를 청소 또는 교환이다 ㉡ 밸브 간극을 조정한다

⑦ 오버히트되었다(엔진이 과열되었다)

추정 원인	조치 사항
① 냉각수가 부족하거나 누수 되고 있다 ② 팬벨트의 장력이 지나치게 느슨하다(워터펌프 작동이 원활하지 않아 냉각수의 순환이 불량해지고 엔진이 과열됨) ③ 냉각팬이 작동되지 않는다 ④ 라이에이터 캡의 장착이 불완전하다 ⑤ 서모스탯(온도조절기 : themrmostat)이 정상 작동하지 않는다	㉠ 냉각수를 보충하거나 누수 부위를 수리한다 ㉡ 팬벨트 장력을 조정한다 ㉢ 냉각팬, 전기배선 등을 수리한다 ㉣ 라디에이터 캡을 확실하게 장착한다 ㉤ 서모스탯을 교환한다

02. 조향계통 응급조치 요령

① 핸들이 무겁다

추정 원인	조치 사항
① 앞바퀴의 공기압이 부족하다 ② 파워스티어링 오일이 부족하다	㉠ 적정 공기압으로 조정한다 ㉡ 파워스티어링 오일을 보충한다

② 시스티어링 휠(핸들)이 떨린다

추정 원인	조치 사항
① 타이어의 무게 중심이 맞지 않는다 ② 휠 너트(허브 너트)가 풀려 있다 ③ 타이어의 공기압이 타이어마다 다르다 ④ 타이어가 편마모 되어있다	㉠ 타이어를 점검하여 무게 중심을 조정한다 ㉡ 규정 토크(주어진 회전축을 중심으로 회전시키는 능력)로 조인다 ㉢ 적정 공기압으로 조정한다 ㉣ 편마모된 타이어를 교환한다

03. 제동계통 응급조치 요령

① 브레이크의 제동 효과가 나쁘다

추정 원인	조치 사항
① 공기압이 과다하다 ② 공기누설(타이어 공기가 빠져나가는 현상)이 있다 ③ 라이닝 간극 과다 또는 마모상태가 심하다 ④ 타이어 마모가 심하다	㉠ 적정 공기압으로 조정한다 ㉡ 브레이크 계통을 점검하여 풀려있는 부분은 다시 조인다 ㉢ 라이닝 간극을 조정 또는 라이닝을 교환한다 ㉣ 타이어를 교환한다

② 브레이크가 편제동된다

추정 원인	조치 사항
① 좌우 타이어 공기압이 다르다 ② 타이어가 편마모 되어있다 ③ 좌우 라이닝 간극이 다르다	㉠ 적정 공기압으로 조정한다 ㉡ 편마모된 타이어를 교환한다 ㉢ 라이닝 간극을 조정한다

04. 전기계통 응급조치 요령

① 배터리가 자주 방전된다

추정 원인	조치 사항
① 배터리 단자의 벗겨짐, 풀림, 부식이 있다 ② 팬벨트가 느슨하게 되어있다 ③ 배터리액이 부족하다 ④ 배터리의 수명이 다 되었다	㉠ 배터리 단자의 부식 부분을 제거하고 조인다 ㉡ 팬벨트의 장력을 조정한다 ㉢ 배터리액을 보충한다 ㉣ 배터리를 교환한다

제3장 자동차의 구조 및 특성

제1절 동력 전달 장치

동력 발생 장치(엔진)는 자동차의 주행과 주행에 필요한 보조 장치들을 작동시키기 위한 동력을 발생시키는 장치이며, 동력 전달 장치는 동력 발생 장치에서 발생한 동력을 주행 상황에 맞는 적절한 상태로 변화를 주어 바퀴에 전달하는 장치

01. 클러치

1 클러치의 필요성

① 엔진을 작동시킬 때 엔진을 무부하 상태로 유지한다.

② 변속기의 기어를 변속할 때 엔진의 동력을 변속기에 전달 또는 일시 차단한다.

③ 속도에 따른 변속기의 기어를 저속 또는 고속으로 바꾸는데 필요하며 관성운전, 고속운전, 저속운전, 등판운전, 내리막길 엔진브레이크 등 운전자의 의사대로 변속을 자유롭게 할 수 있다.

[관성운전]

주행 중 내리막이나 신호등을 앞에 두고 가속페달에서 발을 떼면 특정 속도로 떨어질 때까지 연료 공급이 차단되고, 관성력에 의해 주행하는 운전을 말한다.

[퓨얼 컷(Fuel cut)]

가속페달에서 발을 떼면 특정속도로 떨어질 때까지 연료공급이 차단되는 현상을 말한다.

[엔진브레이크(engine brake)]

내리막이나 눈길에서 변속기를 낮은 단계로 바꾸어 생기는 엔진의 압축저항과 변속기의 기계적 마찰을 통해 브레이크를 밟지 않고 속도를 떨어뜨리거나 일정속도를 넘기지 않게 하는 일

2 클러치의 구비조건

① 냉각이 잘 되어 과열하지 않아야 한다.

② 구조가 간단하고, 다루기 쉬우며 고장이 적어야 한다.

③ 회전력 단속 작용이 확실하며 조작이 쉬워야 한다.

④ 회전부분의 평형이 좋아야 한다.

⑤ 회전관성이 적어야 한다.

3 클러치가 미끄러지는 경우

① 미끄러지는 원인
- ㉠ 클러치 페달의 자유간극(유격)이 없다.
- ㉡ 클러치 디스크의 마멸이 심하다.
- ㉢ 클러치 디스크에 오일이 묻어 있다.
- ㉣ 클러치 스프링의 장력이 약하다.

② 영향
- ㉠ 연료 소비량이 증가한다.
- ㉡ 엔진이 과열한다.
- ㉢ 등판 능력이 감소한다.
- ㉣ 구동력이 감소하여 출발이 어렵고, 증속이 잘 되지 않는다.

4 클러치 차단이 잘 안되는 원인

① 클러치 페달의 자유간극이 크다.

② 릴리스 베어링이 손상되었거나 파손되었다.

③ 클러치 디스크의 흔들림이 크다.

④ 유압 장치에 공기가 혼입되었다.

⑤ 클러치 구성 부품이 심하게 마멸되었다.

02. 변속기

1 수동 변속기

변속기는 도로의 상태, 주행속도, 적재 하중 등에 따라 변하는 구동력에 대응하기 위해 엔진과 추진축 사이에 설치되어 엔진의 출력을 자동차 주행 속도에 알맞게 회전력과 속도로 바꾸어서 구동 바퀴에 전달하는 장치를 말하며 필요성은 다음과 같다.

① 엔진과 차축 사이에서 회전력을 변환시켜 전달해준다.

② 엔진을 시동할 때 엔진을 무부하 상태로 만들어준다.

③ 자동차를 후진시키기 위하여 필요하다.

2 자동 변속기

자동 변속기란 클러치와 변속기의 작동이 자동차의 주행 속도나 부하에 따라 자동적으로 이루어지는 장치를 말하며, 수동 변속기와 비교하였을 때에 장·단점은 다음과 같다.

① 장점
- ㉠ 기어 변속이 자동으로 이루어져 운전이 편리하다.
- ㉡ 발진과 가속·감속이 원활하여 승차감이 좋다.
- ㉢ 조작 미숙으로 인한 시동 꺼짐이 없다.
- ㉣ 유체가 댐버 역할을 하기 때문에 충격이나 진동이 적다.

② 단점
- ㉠ 구조가 복잡하고 가격이 비싸다.
- ㉡ 차를 밀거나 끌어서 시동을 걸 수 없다.
- ㉢ 연료 소비율이 약 10% 정도 많아진다.

〈참고〉 자동변속기의 오일 색깔

㉠ 정상 : 투명도가 높은 붉은 색

㉡ 갈색 : 가혹한 상태에서 사용되거나, 장시간 사용한 경우

㉢ 투명도가 없어지고 검은 색을 띨 때 : 자동변속기 내부의 클러치 디스크의 마멸분말에 의한 오손, 기어가 마멸된 경우

㉣ 니스 모양으로 된 경우 : 오일이 매우 높은 고온에 노출된 경우

㉤ 백색 : 오일에 수분이 다량으로 유입된 경우

03. 타이어

1 주요 기능

① 자동차의 하중을 지탱하는 기능

② 엔진의 구동력 및 브레이크의 제동력을 노면에 전달하는 기능

③ 노면으로부터 전달되는 충격을 완화시키는 기능

④ 자동차의 진행 방향을 전환 또는 유지시키는 기능

2 타이어의 종류

① 튜브리스 타이어(튜브 없는 타이어)
㉠ 튜브 타이어에 비해 공기압을 유지하는 성능이 좋다.
㉡ 못에 찔려도 공기가 급격히 새지 않는다.
㉢ 주행 중 발생하는 열의 발산이 좋아 발열이 적다.
㉣ 튜브로 인한 고장이 없다.
㉤ 펑크 수리가 간단하고, 작업 능률이 향상된다.
㉥ 림이 변형되면 타이어와의 밀착 불량으로 공기가 새기 쉬워진다.
㉦ 유리 조각 등에 의해 손상되면 수리가 곤란하다.

② 바이어스 타이어
㉠ 오랜 연구 기간의 연구 성과로 인해 전반적으로 안정된 성능을 발휘한다.
㉡ 현재는 타이어의 주류에서 서서히 그 자리를 레디얼 타이어에게 물려주고 있다.

③ 레디얼 타이어
㉠ 접지 면적이 크다.
㉡ 타이어 수명이 길다.
㉢ 하중에 의한 변형이 적다.
㉣ 회전할 때 구심력이 좋다.
㉤ 스탠딩 웨이브 현상이 잘 일어나지 않는다.
㉥ 고속 주행 시 안전성이 크다.
㉦ 충격 흡수의 강도가 적어 승차감이 좋지 않다.
㉧ 저속 주행 시 조향 핸들이 다소 무겁다.

④ 스노 타이어
㉠ 눈길 미끄러짐을 막기 위한 타이어로, 바퀴가 고정되면 제동 거리가 길어진다.
㉡ 견인력 감소를 막기 위해 천천히 출발해야 한다.
㉢ 구동 바퀴에 걸리는 하중을 크게 해야 한다.
㉣ 트레드 부위가 50% 이상 마멸되면 제 기능을 발휘하지 못한다.

04. 주행 시 타이어의 이상 현상

1 스탠딩 웨이브(Standing Wave)

① 타이어가 회전하면 노면과 맞닿는 부분으로 인해 타이어의 변형과 복원이 반복된다.
② 자동차가 고속으로 주행하여 타이어의 회전속도가 빨라지면 접지부에서 받은 타이어의 변형(주름)이 다음 접지 시점까지도 복원되지 않고 접지의 뒤쪽에 진동의 물결이 일어나는 현상이다.

2 수막현상(Hydroplaning)

① 물이 고인 노면을 고속으로 주행할 때 타이어는 요철용 무늬 사이에 있는 물을 배수하는 기능이 감소되어 물의 저항에 의해 노면으로부터 떠올라 물위를 미끄러지게 되는 현상을 말한다.
② 이 현상은 수상스키와 같은 원리에 의한 것으로 타이어 접지면의 앞쪽에서 물의 수막이 침범하여 그 압력에 의해 타이어가 노면으로부터 떨어지는 현상이다.
③ 물의 압력은 자동차 속도의 두 배 그리고 유체밀도에 비례한다.
④ 주행속도가 60km/h까지는 일어나지 아니하고 80km/h로 주행시 타이어의 옆면으로 물이 파고들기 시작하여 부분적 수막현상이 발생하고 100km/h로 주행할 경우 노면과 타이어가 분리되어 수막현상을 일으킨다.
⑤ 수막현상을 방지하기 위해서는 다음과 같은 주의가 필요하다.
㉠ 저속주행
㉡ 마모된 타이어를 사용하지 않는다
㉢ 공기압을 조금 높게 한다
㉣ 배수효과가 좋은 타이어(리브형)를 사용한다

제2절 현가장치

01. 현가장치

주행 중 노면으로부터 발생하는 진동이나 충격을 완화시켜 자동차를 보호하고 화물의 손상 방지와 승차감, 자동차의 주행 안전성을 향상시키는 역할을 담당

02. 주요 기능

① 적정한 자동차의 높이를 유지한다.
② 상 · 하 방향이 유연하여 차체가 노면에서 받는 충격을 완화시킨다.
③ 올바른 휠 밸런스 유지한다.
④ 차체의 무게를 지탱한다.
⑤ 타이어의 접지 상태를 유지한다.
⑥ 주행 방향을 일부 조정한다.

03. 구성

1 스프링

차체와 차축 사이에 설치되어 주행 중 노면에서의 충격이나 진동을 흡수하여 차체에 전달되지 않게 하는 것.

① 판 스프링
: 적당히 구부린 띠 모양의 스프링 강을 몇 장 겹쳐, 그 중심에서 볼트로 조인 것을 말한다.
㉠ 버스나 화물차에 사용한다.
㉡ 스프링 자체의 강성으로 차축을 정해진 위치에 지지할 수 있어 구조가 간단하다.
㉢ 판간 마찰에 의한 진동 억제 작용이 크다.
㉣ 내구성이 크기 때문에 작은 진동은 흡수가 곤란하다.
㉤ 판간 마찰이 있기 때문에 작은 진동은 흡수가 곤란하다.

② 코일 스프링
: 스프링 강을 코일 모양으로 감아서 제작한 것으로,
㉠ 외부의 힘을 받으면 비틀어진다.
㉡ 판간 마찰작용이 없기 때문에 진동에 대한 감쇠 작용을 못하며,
㉢ 옆 방향 작용력에 대한 저항력이 없다.
㉣ 차축을 지지할 때는, 링크 기구나 쇽업소버를 필요로 하고 구조가 복잡하다.
㉤ 단위 중량당 에너지 흡수율이 판 스프링 보다 크고 유연하기 때문에
㉥ 승용차에 많이 사용된다.

③ 토션바 스프링
: 비틀었을 때 탄성에 의해 원위치하려는 성질을 이용한 스프링 강 막대이다.
㉠ 스프링의 힘은 바의 길이와 단면적에 따라 결정되며
㉡ 코일 스프링과 같이 진동의 감쇠 작용이 없어 쇽업소버를 병용하며
㉢ 구조가 간단하다.

④ 공기 스프링
: 공기의 탄성을 이용한 스프링으로
㉠ 다른 스프링에 비해 유연한 탄성을 얻을 수 있고,
㉡ 노면으로부터 작은 진동도 흡수할 수 있다.
㉢ 승차감이 우수하기 때문에
㉣ 장거리 주행 자동차 및 대형 버스에 사용된다.
㉤ 무게 증감에 관계없이 차체의 높이를 일정하게 유지할 수 있다.
㉥ 스프링의 세기가 하중과 거의 비례해서 변화하기 때문에 짐을 실었을 때나 비었을 때의 승차감에는 차이가 없다.
㉦ 구조가 복잡하고 제작비가 비싸다.

2 쇽업소버
스프링 진동을 감압시켜 진폭을 줄이는 기능
① 노면에서 발생한 스프링의 진동을 빨리 흡수하여 승차감을 향상시키고 스프링의 피로를 줄이기 위해 설치하는 장치
② 움직임을 멈추지 않는 스프링에 역방향으로 힘을 발생시켜 진동 흡수를 앞당긴다.
③ 스프링이 수축하려고 하면 쇽업소버는 수축하지 않도록 하는 힘을 발생시키고, 반대로 스프링이 늘어나려고 하면 늘어나지 않도록 하는 힘을 발생시키는 작용을 하므로 스프링의 상 · 하 운동에너지를 열에너지로 변환시켜준다.
④ 쇽업소버는 노면에서 발생하는 진동에 대해 일정 상태까지 그 진동을 정지시키는 힘인 감쇠력이 좋아야 한다.

3 스태빌라이저
좌 · 우 바퀴가 동시에 상 · 하 운동을 할 때는 작용하지 않으나 서로 다르게 상 · 하 운동을 할 때는 작용하여 차체의 기울기를 감소시켜 주는 장치이다.
① 커브 길에서 원심력 때문에 차체가 기울어지는 것을 감소시켜 차체가 롤링(좌 · 우 진동)하는 것을 방지하여 준다.
② 토션바의 일종으로 양끝이 좌 · 우의 로어 컨트롤 암에 연결되며 가운데는 차체에 설치된다.

제3절 조향장치

01. 조향장치
조향장치는 자동차의 진행 방향을 운전자가 의도하는 바에 따라 임의로 조작할 수 있는 장치이며, 조향핸들을 조작하면 조향기어에 그 회전력이 전달되어 조향기어에 의해 감속하며 앞바퀴의 방향을 바꿀 수 있도록 되어 있다.

02. 고장 원인

1 조향 핸들이 무거운 원인
① 타이어의 공기압이 부족하다.
② 조향 기어의 톱니바퀴가 마모되었다.
③ 조향 기어 박스 내의 오일이 부족하다.
④ 앞바퀴의 상태가 불량하다.
⑤ 타이어의 마멸이 과다하다.

2 조향 핸들이 한 쪽으로 쏠리는 원인
① 타이어의 공기압이 불균일하다.
② 앞바퀴의 상태가 불량하다.
③ 쇽업소버의 상태가 불량하다.
④ 허브 베어링의 마멸이 과다하다.

03. 동력조향장치
앞바퀴의 접지 압력과 면적이 증가하여 신속한 조향이 어렵게 됨에 따라 가볍고 원활한 조향 조작을 위해 엔진의 동력으로 오일펌프를 구동시켜 발생한 유압을 이용해 조향 핸들의 조작력을 경감시키는 장치이다.

1 장점
① 조향 조작력이 작아도 된다.
② 노면에서 발생한 충격 및 진동을 흡수한다.
③ 앞바퀴가 좌 · 우로 흔들리는 현상을 방지할 수 있다.
④ 조향 조작이 신속하고 경쾌하다.
⑤ 앞바퀴의 펑크 시, 조향 핸들이 갑자기 꺾이지 않아 위험도가 낮다.

2 단점
① 기계식에 비해 구조가 복잡하고 비싸다.
② 고장이 발생한 경우 정비가 어렵다.
③ 오일펌프 구동에 엔진의 출력이 일부 소비된다.

04. 휠 얼라인먼트
자동차의 앞바퀴는 어떤 기하학적인 각도 관계를 가지고 설치되어 있는데 충격이나 사고, 부품 마모, 하체 부품의 교환 등에 따라 이들 각도가 변화하게 되고 결국 문제를 야기한다. 이러한 각도를 수정하는 일련의 작업을 휠 얼라인먼트 (차륜 정렬)라 한다.

1 역할
① 캐스터의 작용 : 조향 핸들의 조작을 확실하게 하고 안전성을 부여한다.
② 캐스터와 조향축(킹핀) 경사각의 작용 : 조향 핸들에 복원성을 부여한다.
③ 캠버와 조향축(킹핀) 경사각의 작용 : 조향 핸들의 조작을 가볍게 해준다.
④ 토인의 작용 : 타이어 마멸을 최소로 해준다.

2 필요한 시기
① 자동차 하체가 충격을 받았거나 사고가 발생한 경우
② 타이어를 교환한 경우
③ 핸들의 중심이 어긋난 경우
④ 타이어 편마모가 발생한 경우
⑤ 자동차가 한 쪽으로 쏠림 현상이 발생한 경우
⑥ 자동차에서 롤링 (좌 · 우 진동)이 발생한 경우
⑦ 핸들이나 자동차의 떨림이 발생한 경우

3 캠버(Camber)
① 자동차를 앞에서 보았을 때 앞바퀴가 수직선에 대해 어떤 각도를 두고 설치되어 있는 것을 말한다.
② 조향축(킹핀) 경사각과 함께 조향핸들 조작을 가볍게 하고 수직 방향 하중에 의한 앞차축의 휨을 방지하고,
③ 하중을 받았을 때 앞바퀴의 아래쪽이 벌어지는 것(부의 캠버)을 방지한다.
④ 캠버가 틀어지는 경우는 전면추돌 사고이거나 오래된 자동차로 현가장치의 구조장치가 마모된 경우

캠버
- 정의 캠버 : 바퀴의 윗부분이 바깥쪽으로 기울어진 상태
- 0의 캠버 : 바퀴의 중심선이 수직일 때
- 부의 캠버 : 바퀴의 윗부분이 안쪽으로 기울어진 상태

4 캐스터(Caster)
① 앞바퀴를 옆에서 보았을 때 앞 차축을 고정하는 조향축(킹핀)이 수직선과 어떤 각도를 두고 설치되어 있는 것
② 주행 중 조향 바퀴에 방향성 부여

③ 조향하였을 때 직진 방향으로의 복원력 부여

> **캐스터**
> • 정의 캐스터 : 조향축 윗부분이 자동차의 뒤쪽으로 기울어진 상태
> • 0의 캐스터 : 조향축의 중심선이 수직선과 일치된 상태
> • 부의 캐스터 : 조향축의 윗부분이 앞쪽으로 기울어진 상태

5 토인(Toe-in)

① 앞바퀴를 위에서 내려다봤을 때 양쪽 바퀴의 중심선 사이 거리가 뒤쪽보다 앞쪽이 약간 작게 되어 있는 것을 말한다.

② 앞바퀴를 평행하게 회전시키고 앞바퀴가 옆 방향으로 미끄러짐을 방지하고,

③ 타이어의 마멸을 방지하고, 조향링키지의 마멸에 의해 토아웃(Toe-out)을 방지한다.

6 조향축(킹핀) 경사각

① 앞에서 보았을 때 조향축이 수직선과 이루는 각도

② 조향핸들의 조작을 가볍게 하고

② 앞바퀴에 복원성 부여하여 직진방향으로 쉽게 돌아가게 한다.

④ 캐스터와 함께 앞바퀴의 시미 현상(바퀴가 좌 · 우로 흔들리는 현상) 방지한다.

제4절 제동 장치

01. 개요

제동 장치는 주행 자동차를 감속 또는 정지시키고 동시에 주차 상태를 유지하기 위해 사용하는 자동차 구조 장치, 일반적으로 마찰력을 이용하여 자동차의 운동에너지를 열에너지로 바꾸어 제동 작용을 하는 마찰식 브레이크가 사용

① 제동장치(Break System)는 주행 자동차를 감속 또는 정지시킴과 동시에 주차상태를 유지하기 위해 사용하는 자동차구조장치 중 주요장치이다.

② 일반적으로 마찰력을 이용하여 자동차의 운동 에너지를 열에너지로 바꾸어 그것을 대기 속으로 방출시켜 제동 작용을 하는 마찰식 브레이크가 사용된다.

③ 구조기준에 의하면 주행할 때 주로 사용되는 주 브레이크(Foot brake=전 · 후축의 바퀴에 각각 제동력이 가해지는 구조이며, 주 브레이크는 운전자가 발로 조작하기 때문에 풋브레이크라 하고)와 자동차를 주차할 때 사용하는 주차 브레이크(Parking brake)는 보통 손으로 조작하기 때문에 핸드 브레이크라고도 한다.

02. 제동장치의 구분

① 유압 배력식 제동장치 : 유압식 제동장치는 파스칼의 원리를 응용한 것으로 브레이크 페달을 밟으면 유압이 발생하는 마스터 실린더와 그 유압을 받아 브레이크 슈(Shoe)를 드럼에 밀어 붙여 제동력을 발생하게 하는 휠 실린더, 브레이크 파이프 및 호스 등으로 구성되어 있다.

② 마스터 실린더 (master cyclinder) : 페달을 밟으면 필요한 유압을 발생하는 부분이며 자동차 안전기준에 의해 앞 뒤 어느 한쪽의 유압계통에 브레이크액이 새어도 남은 한쪽을 안전하게 작동시킬 수 있도록 되어 있는 탠덤(Tandem) 마스터 실린더가 사용된다.

③ 휠실린더 (wheel cylinder) : 휠실린더는 드럼식 브레이크인 경우 실린더의 유압을 받아 두 개의 피스톤이 바깥쪽으로 팽창, 피스톤의 팽창에 따라 브레이크 슈가 드럼을 제동. 피스톤, 피스톤 컵 및 푸시로드로 구성되어 있다.

④ 디스크 브레이크(disk brake) : 캘러퍼형 디스크 브레이크(disk brake)인 경우 유압을 받은 피스톤은 안쪽으로 작동하여 브레이크 패드(Pad)가 회전하는 디스크를 제동하도록 되어 있다.

⑤ 드럼식 브레이크 종류 및 구조 : 휠 실린더의 유압을 받은 브레이크 슈(라이닝)가 바깥쪽으로 벌어져 회전하는 드럼을 제동하도록 되어 있다.

㉠ leading trailing shoe type(리딩 트레일링 슈우형)브레이크 슈 위쪽에만 접촉 제동

❶ 앵커핀형 : 휠 실린더 위쪽 1개, 아래쪽 앵커핀 2개 설치

❷ 앵커 고정형 : 휠 실린더 위쪽 1개, 아래쪽 앵커 설치

❸ 플로팅형 : 휠 실린더 위쪽 1개, 아래쪽 슈

03. ABS (Anti-lock braking System)

1 ABS (Anti-lock braking System)

'기계'와 '노면의 환경'에 따른 제동 시 바퀴의 잠김 순간을 컴퓨터로 제어해 1초에 10여 차례 이상, 브레이크 유압을 통해 바퀴가 잠기기 직전 풀고 잠그고를 반복하는 기능으로, 차량 급제동 시 차체는 주행함에도 바퀴가 잠기는 상태를 방지하는 시스템. 특히 급제동 시나 눈길, 빗길과 같이 밀리지기 쉬운 노면에서 제동 시 발생하는 차륜의 슬립현상을 감지하여 브레이크유압을 조절함으로써 잠김에 의한 슬립을 방지하고 제동 시 방향 안정성 및 조종성 확보, 제동거리 단축 등을 수행하는 시스템이다.

2 특징

① 바퀴의 미끄러짐이 없는 제동 효과를 얻을 수 있다.

② 자동차의 방향 안정성, 조종 성능을 확보해 준다.

③ 앞바퀴의 고착에 의한 조향 능력 상실을 방지한다.

④ 노면이 비에 젖더라도 우수한 제동 효과를 얻을 수 있다.

제4장 자동차 검사 및 보험

제1절 자동차 검사

01. 자동차 검사

1 자동차검사의 필요성

① 자동차 결함으로 인한 교통사고 예방으로 국민의 생명보호

② 자동차 배출가스로 인한 대기환경 개선

③ 불법튜닝 등 안전기준 위반 차량 색출로 운행질서 및 거래질서 확립

④ 자동차보험 미가입 자동차의 교통사고로부터 국민 피해 예방

2 자동차 종합검사(배출가스 검사 + 안전도 검사)

① 개념 : 자동차 정기검사와 배출가스 정밀검사 또는 특정경유자동차 배출가스 검사의 검사항목을 하나의 검사로 통합하고, 검사시기를 자동차 정기검사 시기로 통합하여 한 번의 검사로 모든 검사가 완료되도록 함으로써 자동차검사로 인한 국민의 불편을 최소화하고 편익을 도모하기 위해 시행하는 제도로 다음 각 호에 대하여 실시하는 자동차 종합검사를 받은 경우에는 자동차정기검사, 배출가스 정밀검사 및 특정경유자동차검사를 받은 것으로 본다(자동차 안전검사, 자동차 배출가스 정밀검사)

② 자동차 종합검사 유효기간(종합검사 시행규칙 제9조)

1) 검사 유효기간 계산 방법
   ㉠ 자동차관리법상 신규등록을 하는 경우 : 신규등록일부터.
   ㉡ 자동차 종합검사 기간 내에 종합검사를 신청하여 적합판정을 받은 경우 : 직전 검사 유효기간 마지막 날의 다음 날부터 계산.
   ㉢ 자동차 종합검사 기간 전 또는 후에 자동차 종합검사를 신청하여 적합판정을 받은 경우 : 자동차 종합검사를 받은 날의 다음날부터 계산.
   ㉣ 재검사 결과 적합판정을 받은 경우 : 자동차 종합검사를 받은것으로 보는 날의 다음 날부터 계산
2) 자동차 소유자가 자동차 종합검사를 받아야 하는 기간
   ㉠ 자동차 종합검사 유효기간의 마지막 날(검사 유효기간을 연장하거나 검사를 유예한 경우에는 그 연장 또는 유예된 기간의 마지막 날)전 후 각각 31일 이내 받아야 한다.
   ㉡ 소유권 변동 또는 사용본거지 등의 사유로 자동차 종합검사의 대상이 된 자동차 중 자동차 정기검사의 기간 중에 있거나, 자동차 정기검사의 기간이 지난 자동차는 변경등록을 한 날부터 62일 이내에 자동차 종합검사를 받아야 한다.

3 종합 검사의 유효기간(자동차 종합 검사의 시행 등에 관한 규칙 별표1)

검사 대상		적용 차령	검사 유효 기간
승용자동차	비사업용	차령이 4년 초과인 자동차	2년
	사업용	차령이 2년 초과인 자동차	1년
경형 · 소형의 승합자동차	비사업용	차령이 4년 초과인 자동차	1년
	사업용	차령이 4년 초과인 자동차	1년
경형 · 소형의 화물자동차	비사업용	차령이 4년 초과인 자동차	1년
	사업용	차령이 2년 초과인 자동차	1년
중형 · 대형의 승합자동차	비사업용	차령이 3년 초과인 자동차	차령 8년까지는 1년, 이후부터는 6개월
	사업용	차령이 2년 초과인 자동차	차령 8년까지는 1년, 이후부터는 6개월
중형 · 대형의 화물자동차	비사업용	차령이 3년 초과인 자동차	차령 5년까지는 1년, 이후부터는 6개월
	사업용	차령이 2년 초과인 자동차	차령 5년까지는 1년, 이후부터는 6개월
특수자동차 (경형, 소형, 중형, 대형)	비사업용	차령이 3년 초과인 자동차	차령 5년까지는 1년, 이후부터는 6개월
	사업용	차령이 2년 초과인 자동차	차령 5년까지는 1년, 이후부터는 6개월

① 검사 유효 기간이 6개월인 자동차의 경우, 종합 검사 중 자동차 배출 가스 정밀 검사 분야의 검사는 1년마다 시행
② 최초로 종합 검사를 받아야 하는 날은 위 표의 적용 차령 후 처음으로 도래하는 정기 검사 유효 기간 만료일로 한다. 다만, 자동차가 정기 검사를 받지 않아 정기 검사 기간이 경과된 상태에서 적용 차령이 도래한 자동차가 최초로 종합 검사를 받아야 하는 날은 적용 차령 도래일로 한다.
③ 자동차 종합 검사 미필시 과태료 부과 기준(자동차 관리법 시행령 별표2)
   ㉠ 자동차 종합 검사를 받아야 하는 기간 만료일부터 30일 이내인 경우 : 4만 원
   ㉡ 자동차 종합 검사를 받아야 하는 기간 만료일부터 30일 초과 114일 이내인 경우 4만 원에 31일째부터 계산하여 3일 초과 시마다 2만 원을 더한 금액
   ㉢ 자동차 종합 검사를 받아야 하는 기간 만료일부터 115일 이상인 경우 : 60만 원

02. 자동차 정기 검사 (안전도 검사)

1 개념

자동차관리법에 따라 종합 검사 시행 지역 외 지역에 대하여 안전도 분야에 대한 검사를 시행하며, 배출 가스 검사는 공회전 상태에서 배출가스를 측정한다.

2 정기검사 미시행에 따른 과태료

① 정기 검사를 받아야 하는 기간 만료일부터 30일 이내인 경우 : 4만 원
② 정기 검사를 받아야 하는 기간 만료일부터 30일을 초과 114일 이내인 경우 4만 원에 31일째부터 계산하여 3일 초과 시마다 2만 원을 더한 금액
③ 정기 검사를 받아야 하는 기간 만료일부터 115일 이상인 경우 : 60만 원

3 검사 유효 기간(자동차 관리법 시행규칙 별표15의2)

구분		검사유효기간
비사업용 승용자동차 및 피견인자동차		2년(신조차로서 신규검사를 받은 것으로 보는 자동차의 최초 검사 유효기간은 4년)
사업용 승용자동차		1년(신조차로서 신규검사를 받은 것으로 보는 자동차의 최초 검사 유효기간은 2년)
경형 · 소형의 승합자동차 및 비사업용 화물자동차	차령이 4년 이하인 경우	2년
	차령이 4년 초과인 경우	1년
중형 · 대형의 비사업용 승합자동차	차령이 8년 이하인 경우	1년(신조차로서 신규검사를 받은 것으로 보는 자동차 중 길이 5.5미터 미만인 자동차의 최초 검사 유효기간은 2년
	차령이 8년 초과인 경우	6개월
중형 · 대형의 사업용 승합자동차	차령이 8년 이하인 경우	1년
	차령이 8년 초과인 경우	6개월
경형 · 소형의 사업용 화물자동차		1년(신조차로서 신규검사를 받은 것으로 보는 자동차의 최초 검사 유효기간은 2년)
사업용 대형 화물자동차	차령이 2년 이하인 경우	1년
	차령이 2년 초과인 경우	6개월
특수자동차(경형, 소형, 중형, 대형)	차령이 5년 이하인 경우	1년
	차령이 5년 초과인 경우	6개월
비사업용 중형 · 대형 화물자동차	차령이 5년 이하인 경우	1년
	차령이 5년 초과인 경우	6개월

> **참고**
> ① 신규 검사 : 신규 등록을 하려는 경우에 실시하는 검사
> ② 임시 검사 : 자동차관리법 또는 자동차관리법에 따른 명령이나 자동차 소유자의 신청을 받아 비정기적으로 실시하는 검사

03. 튜닝 검사

1 개념

튜닝의 승인을 받은 날부터 45일 이내에 안전 기준 적합 여부 및 승인받은 내용대로 변경하였는가에 대해 검사를 받아야 하는 일련의 행정 절차

2 튜닝 승인 신청 구비 서류(자동차 관리법 시행규칙 제56조)

① 튜닝 승인 신청서
: 자동차 소유자가 신청, 대리인인 경우 소유자(운송 회사)의 위임장 및 인감 증명서 필요

② 튜닝 전 · 후의 주요 제원 대비표 : 제원 변경이 있는 경우만 해당
③ 튜닝 전 · 후의 자동차 외관도 : 외관도 및 설계도면에 변경 내용(축간거리, 승객좌석 거리 등)이 정확히 표시 · 개재되어 있어야함(외관변경이 있는 경우에 한함)
④ 튜닝하려는 구조 · 장치의 설계도 : 특수한 장치 등을 설치할 경우 장치에 대한 상세도면 또는 설계도 포함

※ 튜닝승인은 승인신청 접수일부터 10일 이내에 처리되며, 구조변 승인 신청시 신청서류의 미비, 기재내용 오류 및 변경내용이 관련법령에 부적합한 경우 접수가 반려 또는 취소될 수 있음(45일 이내 튜닝검사 실시)

❸ 승인 불가 항목(자동차 관리법 시행규칙 제55조제2항)

① 총중량이 증가되는 튜닝
② 승차 정원 또는 최대 적재량의 증가를 가져오는 승차 장치 또는 물품 적재 장치의 튜닝
③ 자동차의 종류가 변경되는 튜닝. 다만 다음의 경우는 예외로 함
   ㉠ 승용자동차와 동일한 차체 및 차대로 제작된 승합자동차의 좌석장치를 제거하여 승용자동차로 튜닝하는 경우(튜닝하기 전의 상태로 회복하는 경우 포함)
   ㉡ 화물자동차를 특수자동차로 튜닝하거나 특수자동차를 화물자동차로 튜닝하는 경우
④ 튜닝 전보다 성능 또는 안전도가 저하될 우려가 있는 경우의 튜닝

❺ 승인 항목

구 분	승인 대상	승인 불필요 대상
구 조	㉠ 길이 · 너비 및 높이 (범퍼, 라디에이터그릴 등 경미한 외관 변경의 경우 제외) ㉡ 총중량	㉠ 최저 지상고 ㉡ 중량 분포 ㉢ 최대 안전 경사 각도 ㉣ 최소 회전 반경 ㉤ 접지 부분 및 접지 압력
장 치	㉠ 원동기 (동력 발생 장치) 및 동력 전달 장치 ㉡ 주행 장치 (차축에 한함) ㉢ 조향 장치 ㉣ 제동 장치 ㉤ 연료 장치 ㉥ 차체 및 차대 ㉦ 연결 장치 및 견인 장치 ㉧ 승차 장치 및 물품 적재 장치 ㉨ 소음 방지 장치 ㉩ 배기가스 발산 방지 장치 ㉪ 전조등 · 번호등 · 후미등 · 제동등 · 차폭등 · 후퇴등 기타 등화 장치 ㉫ 내압 용기 및 그 부속 장치 ㉬ 기타 자동차의 안전 운행에 필요한 장치로서 국토교통부령이 정하는 장치	㉠ 조종 장치 ㉡ 현가 장치 ㉢ 전기 · 전자 장치 ㉣ 창유리 ㉤ 경음기 및 경보 장치 ㉥ 방향 지시등 기타 지시 장치 ㉦ 후사경 · 창닦이기 기타 시야를 확보 하는 장치 ㉧ 후방 영상 장치 및 후진 경고음 발생 장치 ㉨ 속도계 · 주행 거리계 기타 계기 ㉩ 소화기 및 방화 장치

❻ 튜닝 검사 신청 서류

①「자동차등록규칙」제40조제1항에 따른 말소등록사실증명서
② 튜닝승인서
③ 튜닝 전 · 후의 주요 제원 대비표
④ 튜닝 전 · 후의 자동차외관도(외관의 변경이 있는 경우)
⑤ 튜닝하려는 구조 · 장치의 설계도

❼ 신규검사

① 개념 : 신규등록을 하고자 할 때 받는 검사
② 신규검사를 받아야 하는 경우
   1) 여객자동차 운수사업법에 의하여 면허, 등록, 인가 또는 신고가 실효하거나 취소되어 말소한 경우
   2) 자동차를 교육 · 연구목적으로 사용하는 등 대통령령이 정하는 사유에 해당하는 경우
      ㉠ 자동차 자기인증을 하기 위해 등록한 자
      ㉡ 국가 간 상호인증 성능시험을 대행할 수 있도록 지정된 자
      ㉢ 자동차 연구개발 목적의 기업부설연구소를 보유한 자
      ㉣ 해외자동차업체와 계약을 체결하여 부품개발 등의 개발업무를 수행하는 자
      ㉤ 전기자동차 등 친환경 · 첨단미래형 자동차의 개발 · 보급을 위하여 필요하다고 국토교통부장관이 인정하는 자
   3) 자동차의 차대번호가 등록원부상의 차대번호와 달라 직권 말소된 자동차
   4) 속임수나 그 밖의 부정한 방법으로 등록되어 말소된 자동차
   5) 수출을 위해 말소한 자동차
   6) 도난당한 자동차를 회수한 경우
③ 신규검사 신청서류
   1) 신규검사 신청서
   2) 출처증명서류(말소사실증명서 또는 수입신고서, 자기인증 면제 확인서)
   3) 제원표(이미 자기인증된 자동차와 같은 제원의 자동차인 경우 제원표 첨부 생략가능)

제2절 자동차 보험

01. 대인 배상 Ⅰ (책임 보험)

❶ 개념

자동차를 소유한 사람은 의무적으로 가입해야 하는 보험으로 자동차의 운행으로 인해 남을 사망케 하거나 다치게 하여 자동차손해배상보장법에 의한 손해 배상 책임을 짐으로서 입은 손해를 보상해 준다.

❷ 책임 기간

보험료를 납입한 때로부터 시작되어 보험 기간 마지막 날의 24시에 종료되며, 단, 보험 기간 개시 이전에 보험 계약을 하고 보험료를 납입한 때에는 보험 기간의 첫날 0시부터 유효하다.

❸ 의무 가입 대상

① 자동차관리법에 의하여 등록된 모든 자동차
② 이륜 자동차
③ 9종 건설기계 : 12톤 이상 덤프 트럭, 콘크리트 믹서 트럭, 타이어식 기중기, 트럭 적재식 콘크리트 펌프, 타이어식 굴삭기, 아스콘 살포기, 트럭 지게차, 도로 보수 트럭, 노면 측정 장비 (단, 피견인 차량은 제외)

❹ 피 견인차량(제외)

피 견인차량은 원동기 장치 없이 견인차에 의해 견인되는 트레일러, 세미 트레일러, 풀 트레일러 등으로 자력으로 이동하지 못하여 의무적으로 가입대상에서 제외한다.

❹ 미가입시 불이익(자동차 손해 보장법 시행령 별표5)

신규 등록 및 이전 등록이 불가하고 자동차의 정기 검사를 받을 수 없으며 벌금 및 과태료가 부과된다.

① 벌금 부과 : 미가입 자동차 운전 시 1년 이하의 징역 또는 500만원 이하 벌금

② 과태료 부과(자동차 손해 보장법 시행령 별표5)

담보	차 종	미가입 (10일 이내)	미가입 (10일 초과)	한도 (대당)
대인 I	이륜 자동차	6천원	6천원에 매 1일당 1,200원 가산	20만원
	비사업용 자동차	1만원	1만원에 매 1일당 4천원 가산	60만원
	사업용 자동차	3만원	3만원에 매 1일당 8천원 가산	100만원
대인 II	사업용 자동차	3만원	3만원에 매 1일당 8천원 가산	100만원
대물	이륜 자동차	3천원	3천원에 매 1일당 6백원 가산	10만원
	비사업용 자동차	5천원	5천원에 매 1일당 2천원 가산	30만원
	사업용 자동차	5천원	5천원에 매 1일당 2천원 가산	30만원

5 책임 보험금 지급 기준

① 사망 : 1인당 최저 2천만 원이며 최고 1.5억 원 내에서 약관 지급 기준에 의해 산출한 금액을 보상

② 부상 : 상해 등급 (1~14급)에 따라 1인당 최고 3천만 원을 한도로 보상

③ 후유 장애 : 신체에 장애가 남는 경우 장애의 정도 (1~14급)에 따라 급수별 한도액 내에서 최고 1.5억 원까지 보상

6 특성

① 강제성 보험으로 의무가입 대상

② 보험자의 계약인수 의무화

③ 피해자 구호를 위한 무 면책 특성(음주운전, 무면허운전, 절취운전, 등의 사고도 보상)

④ 계약해지 제한(말소등록이나 중복계약, 자동차 양도 등을 제외하고는 계약해지 불가

⑤ 피해자의 권리를 보호하기 위해 피해자의 직접청구권 인정

⑥ 책임보험 청구권은 압류 및 양도를 금지

⑦ 고의로 인한 사고는 면책, 단) 보험사가 피해자에게 손해배상을 지급한 때에는 피보험자에게 청구권 행사

⑧ 청구권 소멸시한 3년

⑨ 피해자가 가해자 측으로부터 일부 보상을 받은 경우에는 보장사업으로 지급하는 금액에서 이미 보상받은 금액을 공제

02. 대인 배상 II

1 개념

대인 배상 I 로 지급되는 금액을 초과하는 손해를 보상한다. 피해자 1인당 5천만 원, 1억 원, 2억 원, 3억 원, 무한 등 5가지 중 한 가지를 선택한다. 교통사고의 피해가 커지는 경향이고 또한 교통사고처리특례법의 혜택을 보기 위해 대부분 무한으로 가입하고 있는 실정이다.

> **참고**
> 산식 : 법률 손해 배상 책임액 + 비용 − 대인배상 I 보험금

2 보상하는 손해

① 사망(2017년 이후)

㉠ 장례비 : 5백만 원 정액

㉡ 위자료

㉮ 만 60세 미만 : 1인당 8천만 원

㉯ 만 60세 이상 : 1인당 5천만 원

㉢ 상실 수익액

산식 − (사망 직전 월 평균 현실 소득액 − 생활비) × 취업 가능 월수에 해당되는 라이프니츠 계수(선이자 공제)

② 부상

㉠ 위자료 : 상해 급수 1급(2백만 원)~14급(15만원)

㉡ 치료 관계비

입원 및 통원, 간병비 − 상해 등급 1~5등급 피해자(일용직 근로자 평균 임금 1일 108,921원 지급) 2020년 상반기 적용 기준

㉢ 휴업 손해

㉮ 유직자 : 현실 소득액의 산정 방법에 따라 신청한 금액

㉯ 가사 종사자 : 도시 일용 근로자 임금 적용

㉰ 유아, 연소자, 학생, 연금 생활자 기타 금리나 임대료에 의한 생활자는 수입이 없는 것으로 산정

㉱ 소득이 두 가지 이상 : 사망의 경우 현실 소득액의 산정 방법과 동일

㉲ 인정 기간

실제 치료 기간 동안의 휴업 손해(산식 − 1일 수입 감소액 × 휴일 일수 × 85/100)

㉣ 손해 배상금

• 입원 : 1일당 13,110원 지급

• 통원 : 1일당 8천원 지급

③ 후유 장애

㉠ 위자료 : 노동 능력 상실 비율에 따라 산정

㉮ 상실 수익액

노동 능력 상실로 인한 소득의 상실이 있는 경우 피해자의 월 평균 현실 소득액에 노동 능력 상실률과 상실 기간에 해당하는 금액(산식 − 월 평균 현실 소득액 × 노동 능력 상실률(%) × 노동 능력 상실 기간의 라이프니츠 계수)

㉡ 가정 간호비(개호비)

인정 대상 − 치료가 종결되어 더 이상의 치료 효과를 기대할 수 없게 된 때 1인 이상의 해당 전문의로부터 노동 능력 상실을 100%의 후유 장애 판정을 받은 자로 생명 유지에 필요한 일상생활의 처리 동작에 있어 항상 다른 사람의 개호를 요하는 자(지급 방법 : 개호 타당 판정을 받은 경우 생존 기간 동안 가정 간호비를 매월 정기 또는 일시금으로 지급)

3 보상하지 않는 손해

① 기명 피보험자 또는 그 부모, 배우자 및 자녀

② 피보험 자동차를 운전 중인 자(운전 보조자 포함) 및 그 부모, 배우자, 자녀

③ 허락 피보험자 또는 그 부모, 배우자, 자녀

④ 피보험자의 피용자로서 산재 보험 보상을 받을 수 있는 사람. 단, 산재 보험 초과 손해는 보상한다.

⑤ 피보험자의 동료로서 산재 보험 보상을 받을 수 있는 사람

⑥ 무면허 운전을 하거나 무면허 운전을 승인한 사람

⑦ 군인, 군무원, 경찰 공무원, 향토 예비군 대원이 전투 훈련 기타 집무 집행과 관련하거나 국방 또는 치안 유지 목적상 자동차에 탑승 중 전사, 순직 또는 공상을 입은 경우 보상하지 않는다(국가배상법 제2조 규정에 부합)

03. 대물 보상

1 개념

피보험자가 자동차 소유, 사용, 관리하는 동안 사고로 인하여 다른 사람의 자동차나 재물에 손해를 끼침으로서 손해 배상 책임을 지는 경우 보험가인 금액을 한도로 보상하는 담보이다.

2 보상기준

① 타인의 재물에 피해를 입혔을 때 법률상 손해 배상 책임을 짐으로서 입은 직접 손해와 간접 손해를 보상한다.

② 2천만 원까지는 의무적으로 가입해야 하고 한 사고 당 보상 한도액은 2천만 원, 3천만 원, 5천만 원, 1억 원, 5억 원, 10억 원, 무한 중 한 가지를 선택한다.

2 직접 손해

① **수리 비용** : 자동차 또는 건물 등이 파손되었을 때 원상회복 가능한 경우 직전의 상태로 회복하는데 소요되는 필요 타당한 비용 중 피해물의 사고 직전 가액의 120~130%를 한도로 보상

② **교환 가액** : 수리 비용이 피해물 사고 직전 가액을 초과하거나 원상회복이 불가능한 경우 사고 직전 피해물의 가액 상당액 또는 피해물과 같은 종류의 대용품 가액과 이를 교환하는데 소요되는 필요 타당성 비용을 보상 (단, 수리가 불가능하거나 수리비가 사고 당시의 가액을 넘는 전부 손해일 경우 다른 차량으로 대체 시 등록세와 취득세 등을 추가로 보상)

3 간접 손해

① **대차료** : 비사업용 자동차가 파손 또는 오손되어서 가동하지 못하는 기간 동안에 다른 자동차를 대신 사용할 필요가 있는 경우에 그 소요되는 필요 타당한 비용을 수리가 완료될 때까지 30일 한도로 보상

㉮ 렌터카를 사용할 경우, 대여 자동차로 대체 사용할 수 있는 차종에 대하여 차량만 대여하는 경우를 기준으로 한 대여 자동차 요금의 100% 보상

㉯ 대여 자동차로 대체 사용할 수 없는 차종에 대해서는 사업용 해당 차종의 휴차료 범위 안에서 실제 임차료 보상

㉰ 렌터카를 사용하지 않을 경우에는 사업용 해당 차종 휴차료의 30% 상당액을 교통비로 보상하며 수리가 불가능할 경우에는 10일간 인정

② **휴차료** : 사업용 자동차(건설 기계 포함)가 파손 및 오손되어 사용하지 못하는 기간에 발생하는 영업 손해로서 운행에 필요한 기본 경비를 공제한 금액에 휴차 일수를 곱한 금액을 지급한다. 인정 기간은 대차료 기준과 동일하며 개인택시인 경우 수리 기간이 경과하여도 운전자가 치료중이면 30일 범위 내에서 휴차료를 인정한다.

③ **영업 손실** : 사업장 또는 그 시설물을 파괴하여 휴업함으로서 발생한 손해를 원상 복구에 소요되는 기간을 기준으로 보상한다. 다만 합의 지연이나 복구 지연으로 연장되는 기간은 휴업 기간에서 제외한다. 인정 기준액은 세법에 따른 관계 증명서가 있으면 그에 따라 산정한 금액을 지급하며, 입증 자료가 없는 경우에는 일용 근로자 임금을 기준으로 30일 한도로 보상한다.

④ **공제액** : 엔진, 변속기, 화물차의 적재함 등 중요한 부품을 새 부품으로 교환할 경우 그 교환된 부품이 감가상각에 해당되는 금액을 공제

5 보상하지 않는 대물손해

배상 책임을 지는 피보험자가 피해자인 동시에 가해자가 되어 권리 혼돈과 같은 현상이 생기는 점과 피보험자의 도덕적 위험을 방지하기 위해 피보험자(차주 및 운전자) 또는 그 부모 배우자 및 자녀가 소유, 사용, 관리하는 재물에 생긴 손해는 보상하지 않는다.

6 자기차량(자차) 손해

피보험 자동차를 소유, 사용, 관리하는 동안 피보험 자동차에 직접적으로 생긴 손해를 보상하며, 피보험 자동차에게 통상적으로 붙어있거나 장치되어 있는 부속기계 장치는 피보험 자동차의 일부로 보지만, 통상 붙어있거나 장치되어 있는 것이 아닌 것은 보험증권에 기재한 것에 한한다.

① 자손보험 보상하는 손해

㉠ 타차 또는 타 물체와의 충돌, 접촉, 추락, 전복, 차량의 침수로 인한 손해.

㉡ 화재, 폭발, 낙뢰, 날아온 물체, 떨어지는 물체에 의한 손해.

㉢ 보닛이 열리면서 전면 유리를 파손시키거나 문을 여는 과정에서 강한 바람에 의한 문짝이 파손되는 등 풍력에 의한 손해.

㉣ 피보험 자동차의 도난으로 인한 전부 손해를 보상하며, 도난당한 차를 찾았을 경우 자동차 차체에 생긴 손해도 보상.

㉤ 보험가액 전액 또는 일부(60%)를 보험 가입 금액으로 가입 가능.

㉥ 피보험 자동차에 생긴 직접 손해만 보상하며, 대물배상에서 보상하는 대차료 및 휴차료는 보상하지 않는다.

제5장 안전운전의 기술

제1절 인지·판단의 기술

안전 운전에 있어 **효율적인 정보 탐색과 정보 처리**는 매우 중요하며 운전의 위험을 다루는 효율적인 정보처리 방법의 하나는 **'확인 → 예측 → 판단 → 실행'**의 과정을 따르는 것이다. 이 과정은 안전 운전을 하는데 **필수적인 과정**이고 **운전자의 안전 의무**로 볼 수 있다.

01. 확인

확인이란 **주변의 모든 것을 빠르게 보고 한눈에 파악하는** 것을 말한다. 이때 중요한 것은 **가능한 한 멀리까지** 시선의 위치를 두고 **전방 200~300m 앞, 시내 도로**는 앞의 교차로 **신호 2개 앞**까지 주시할 수 있어야 한다.

1 실수의 요인

① **주의의 고착** – 선택적인 **주시 과정**에서 어느 한 물체에 **주의를 뺏겨 오래 머무는 것**

② **주의의 분산** – 운전과 **무관한 물체**에 대한 **정보 등을 받아들여 주의가 흐트러지는 것**

2 주의해서 보아야 할 사항

확인의 과정에서 **주의 깊게** 봐야 할 것들은 **다른 차로의 차량, 보행자, 자전거 교통의 흐름과 신호** 등이다. 특히 **화물 차량 등 대형차**가 있을 때는 **대형 차량에 가린 것들**에 대한 단서에 주의해야 한다.

02. 예측

예측한다는 것은 **운전 중에 확인한 정보**를 모으고, **사고가 발생할 수 있는 지점을 판단하는** 것이다. **예측의 주요 요소는** 다음과 같다.

① 주행로 : 다른 차의 진행 방향과 거리

② 행동 : 다른 차의 운전자가 할 것으로 예상되는 행동

③ 타이밍 : 다른 차의 운전자가 행동하게 될 시점

④ 위험원 : 특정 차량, 자전거 이용자 또는 보행자의 잠재적 위험

⑤ 교차 지점 : 교차하는 문제가 발생하는 정확한 지점

03. 판단

판단 과정에서는 **운전자의 경험**뿐 아니라 **성격, 태도, 동기** 등 다양한 요인이 작용한다. **사전에 위험을 예측, 통제 가능한 속도**로 주행하기 때문에 사람은 **높은 상태의 각성 수준**을 유지할 필요가 없다. 반면에

지연회피운전행동을 하는 사람은 기분을 중시하고, 비교적 높은 속도로 주행하며 그만큼 각성 수준은 높게 유지하게 되지만 위험 상황을 쉽게 마주치게 되고, 그만큼 사고 가능성도 높아진다. 판단 과정에서 고려할 주요 방법은 다음과 같다.

① 속도 가속, 감속 : 상황에 따라 가속을 할지 감속을 할지 판단
② 위치 바꾸기(진로 변경) : 만일의 사고에 대비해 회피할 공간이 확보된 위치로 이동
③ 다른 운전자에게 신호하기 : 등화나 그 밖의 신호 방법으로 진로 방향을 항상 사전에 신호

04. 실행

이 과정에서 가장 중요한 것은 요구되는 시간 안에 필요한 조작을, 가능한 부드럽고, 신속하게 해내는 것이다. 기본적인 조작 기술이지만 가속, 감속, 제동 및 핸들 조작 기술을 제대로 구사하는 것이 매우 중요하다.

① 급제동시 브레이크 페달을 급하고 강하게 밟는다고 제동거리가 짧아지는 것은 아니다.
   ㉠ ABS 브레이크 속도나 도로환경에 따라 미끄러지거나 방향성을 상실할 수도 있다. ABS 브레이크장치도 과신하면 안 되고 과격한 운전은 사고의 원인이 될 수도 있다.
   ㉡ 급제동 시에는 신속하게 브레이크를 여러 번(더블브레이크) 나누어, 뒤차의 준비상황을 주고 점진적으로 세게 밟는 제동방법 등을 잘 구사할 필요가 있다.
② 핸들 조작도 부드러워야 한다. 흔히 핸들 과대 조작, 핸들 과소 조작 등으로 인한 사고는 바로 적절한 핸들 조작의 중요성을 말해준다.

제2절 안전 운전의 5가지 기술

01. 운전 중에 전방을 멀리 본다.

가능한 한 시선은 전방 먼 쪽에 두되, 바로 앞 도로 부분을 내려다보지 않도록 한다. 일반적으로 20~30초 전방까지 본다. 20~30초 전방이란 도시에서는 대략 시속 40~50km의 속도에서 교차로 하나 이상의 거리를 말하며, 고속도로와 국도 등에서는 대략 시속 80~100km의 속도에서 약 500~800m 앞의 거리를 살피는 것을 말한다.

① 전방 가까운 곳을 보고 운전할 때의 징후들
   ㉠ 교통의 흐름에 맞지 않을 정도로 너무 빠르게 차를 운전한다.
   ㉡ 차로의 한편으로 치우쳐서 주행한다.
   ㉢ 우회전, 좌회전 차량 등을 인지가 늦어서 급브레이크를 밟는다던가 회전차량에 진로를 막혀버린다.
   ㉣ 우회전할 때 도로를 필요 이상의 거리를 넓게 두고 회전한다.
   ㉤ 시인시성이 낮은 상황에서 속도를 줄이지 않는다.

02. 전체적으로 살펴본다.

모든 상황을 여유 있게 포괄적으로 바라보고 핵심이 되는 상황만 선택적으로 반복, 확인해서 보는 것을 말한다. 이때 중요한 것은 어떤 특정한 부분에 사로잡혀 다른 것을 놓쳐서는 안 된다는 것이며, 핵심이 되는 것을 다시 살펴보되 다른 곳을 확인하는 것도 잊어서는 안 된다.

① 시야 확보가 적은 징후들
   ㉠ 급정거. ㉡ 앞차에 바짝 붙어가는 경우. ㉢ 좌·우회전 등의 차량에 진로를 방해받음. ㉣ 상황적 사안에 반응이 늦은 경우. ㉤ 빈번하게 놀라는 경우. ㉥ 급차로 변경 등이 많을 경우. ㉦ 황색 신호에 꼬리를 자주 무는 경우. ㉧ 신호를 놓치는 경우. ㉨ 목적지를 자주 지나치는 경우.

03. 눈을 계속해서 움직인다.

좌우를 살피는 운전자는 움직임과 사물, 조명을 파악할 수 있지만, 시선이 한 방향에 고정된 운전자는 주변에서 다른 위험 사태가 발생하더라도 파악할 수 없다. 그러므로 전방만 주시하는 것이 아니라, 동시에 좌우도 항상 같이 살펴야 한다.

① 시야 고정이 많은 운전자의 특성
   ㉠ 위험에 대응하기 위해 경적이나 전조등을 좀처럼 사용하지 않는다.
   ㉡ 더러운 창이나 안개에 개의치 않는다.
   ㉢ 거울이 더럽거나 방향이 맞지 않았는데도 개의치 않는다.
   ㉣ 정지선 등에서 정지 후, 다시 출발할 때 확인하지 않는다.
   ㉤ 회전하기 전에 뒤를 확인하지 않는다.
   ㉥ 자기 차를 앞지르려는 차량의 접근 사실을 미리 확인하지 않는다.

04. 다른 사람들이 자신을 볼 수 있게 한다.

회전을 하거나 차로 변경을 할 경우에 다른 사람이 미리 알 수 있도록 신호를 보내야 한다. 시내 주행 시 30m 전방, 고속도로 주행 시 100m 전방에서 방향지시등을 켠다. 어둡거나 비가 올 경우 전조등을 사용해야 하며 경적을 사용할 때는 30m 이상의 거리에서 미리 경적을 울려야 한다. 그 밖의 도로 상황에 따라 방향지시기·등화, 경음기 등을 사용하여 알려야 한다.

05. 차가 빠져나갈 공간을 확보한다.

운전자는 주행 시 만일의 사고를 대비해 전·후방뿐만 아니라 좌·우측으로 안전 공간을 확보하도록 노력해야 한다. 좌·우로 차가 빠져나갈 공간이 없을 때는 앞차와의 차간 거리를 더 확보해야 하며 가급적 무리를 지은 차량 대열의 중간에 끼는 것을 피할 필요가 있다. 그 밖에 의심스런 상황이 발생할 경우에는 항상 거리를 유지해야만 한다.

① 의심스러운 상황의 방어해야 할 사항
   ㉠ 주행로 앞쪽으로 고정물체나 장애물이 있는 것으로 의심되는 경우.
   ㉡ 전방신호등이 일정시간 계속 녹색일 경우(신호가 곧 바뀔 것을 알려 줌).
   ㉢ 주차차량 옆을 지날때 그 차의 운전자가 운전석에 있는 경우(주차차량이 갑자기 빠져 나올 지도 모른다).
   ㉣ 반대차로에서 다가오는 차가 좌회전을 할 수도 있는 경우.
   ㉤ 진출로에서 나오는 차가 자신을 보지 못할 경우.
   ㉥ 담장이나 수풀, 빌딩 혹은 주차 차량들로 인해 시야장애를 받을 경우.
② 뒤차가 바짝 붙어오는 상황을 피하는 방법
   ㉠ 가능하면 뒤차가 지나갈 수 있게 차로를 변경한다.
   ㉡ 가능하면 속도를 약간 내서 뒤차와의 거리를 늘린다.
   ㉢ 브레이크페달을 가볍게 밟아서 제동등이 들어오게 하여 속도를 줄이려는 의도를 뒤차가 알 수 있게 한다.
   ㉣ 정지할 공간을 확보할 수 있게 점진적으로 속도를 줄인다. 이렇게 해서 뒤차가 추월할 수 있게 만든다.

제3절 방어 운전의 기본 기술

방어 운전이란, 가장 대표적으로 발생하는 기본적인 사고 유형에 대처 전략을 숙지하고, 평소에 실행하는 것을 말한다. 이는 방어 운전의 기본적인 전제인 교통사고의 90% 이상은 사실상 운전자가 당시에 합리적으로 행동했다면 예방 가능했던 사고라는 점에서 시작된다.

방어 운전의 기본 사항

방어 운전의 기본 사항 : 능숙한 운전 기술, 정확한 운전 지식, 세심한 관찰력, 예측 능력과 판단력, 양보와 배려의 실천, 교통상황 정보 수집, 반성의 자세, 무리한 운행 배제

01. 기본적인 사고 유형

1 정면충돌 사고

직선로, 커브 및 좌회전 차량이 있는 교차로에서 주로 발생한다. 회피 요령은 다음과 같다.

① 전방의 도로 상황을 파악하여 내 차로로 들어오거나 앞지르려고 하는 차 혹은 보행자에 대해 주의한다.

② 정면으로 마주칠 때 핸들 조작의 기본적 동작은 오른쪽으로 한다.

③ 오른쪽으로 방향을 조금 틀어 공간을 확보. 필요하다면 차도를 벗어나 길 가장자리 쪽으로 주행하고 상대에게 차도를 양보하면 최소한 정면충돌을 피할 확률이 클 것이다.

④ 속도를 줄인다. 속도를 줄이는 것은 주행 거리와 충격력을 줄이는 효과가 있음

2 후미추돌사고

① 앞차에 대한 주의를 늦추지 않는다. 앞차의 운전자가 어떻게 행동할 지를 보여주는 징후나 신호를 살핀다. 제동등, 방향지시기 등을 단서로 활용한다.

② 상황을 멀리까지 살펴본다. 앞차 너머의 상황을 살핌으로써 앞차운전자를 갑자기 행동하게 만드는 상황과 그로 인해 자신이 위협받게 되는 상황을 파악한다.

③ 충분한 거리를 유지한다. 앞차와 최소한 3초 정도의 추종 거리를유지한다.

④ 상대보다 더 빠르게 속도를 줄인다. 위험상황이 전개될 경우 바로 엑셀에서 발을 떼서 브레이크를 밟는다.

⑤ 상대보다 제동이 늦어져서 뒤늦게 브레이크를 세게 밟는 것은 방어 운전의 자세가 아니다.

3 단독 사고

① 차 주변의 모든 것을 제대로 판단하지 못하는 빈약한 판단에서 비롯된다.

② 피곤해 있거나 음주 또는 약물의 영향을 받고 있을 때 많이 발생한다.

③ 단독사고를 야기하지 않기 위해서는 과로를 피하고 심신이 안정된 상태에서 운전해야 한다.

④ 낯선 곳 등의 주행에 있어서는 사전에 주행 정보를 수집하여 여유 있는 주행이 가능하도록 해야 한다.

4 미끄러짐 사고

눈, 비가 오는 등의 날씨에 주로 발생한다. 이러한 날씨에는 다음과 같은 사항에 주의한다.

① 다른 차량 주변으로 가깝게 다가가지 않기

② 수시로 브레이크 페달을 작동해서 제동이 제대로 되는지를 살펴보기

③ 제동 상태가 나쁠 경우 도로 조건에 맞춰 속도를 낮추기

5 차량 결함 사고

브레이크와 타이어 결함 사고가 대표적이다. 대처 방법은 다음과 같다.

① 차의 앞바퀴가 터지는 경우, 핸들을 단단하게 잡아 차가 한 쪽으로 쏠리는 것을 막고 의도한 방향을 유지한 다음 감속을 한다.

② 뒷바퀴의 바람이 빠져 차가 한쪽으로 미끄러지는 것을 느끼면 핸들 방향을 그 방향으로 틀되, 순간적으로 과도하게 틀면 안 되며, 페달은 수회 반복적으로 나누어 밟아 안전한 곳에 정차한다.

③ 브레이크 베이퍼록 현상으로 페달이 푹 꺼진 경우는 브레이크 페달을 반복해서 계속 밟으며 유압 계통에 압력이 생기게 하여야 하고, 브레이크 유압 계통이 터진 경우라면 전자와는 달리 빠르고 세게 밟아 속도를 줄이는 순간 변속기 기어를 저단으로 바꾸어 엔진브레이크로 속도를 감속 후 안전한 장소를 정해 정차한다.

④ 페이딩 현상(브레이크를 계속 밟아 열이 발생하여 제어가 불가능한 현상)이 일어난다면 차를 멈추고 브레이크가 식을 때까지 대기한다.

02. 시인성, 시간, 공간의 관리

1 시인성을 높이는 법

시인성은 자신이 도로의 장애물 등을 확인하는 능력과, 다른 운전자나 보행자가 자신을 볼 수 있게 하는 능력이다.

1) 운전하기 전

㉠ 차 안팎 유리창을 깨끗이 닦는다.

㉡ 차의 모든 등화를 깨끗이 닦는다.

㉢ 성애제거기, 와이퍼, 워셔 등이 제대로 작동되는지를 점검한다.

㉣ 후사경과 사이드 미러를 조정한다. 운전석의 높이도 적절히 조정한다.

2) 운전 중

㉠ 낮에도 흐린 날 등에는 하향(변환빔) 전조등을 켠다(운전자, 보행자에게 600-700m 전방에서 좀 더 빠르게 볼 수 있게끔 하는 효과가 있다).

㉡ 자신의 의도를 다른 도로이용자에게 좀 더 분명히 전달함으로써 자신의 시인성을 최대화 할 수 있다.

㉢ 다른 운전자의 사각에 들어가 운전하는 것을 피한다.

2 시간을 다루는 법

1) 시간을 현명하게 다룸으로서 운전상황에 대한 통제력을 높일 수 있고, 위험도 감소시킬 수 있다.

2) 차를 정지시켜야 할 때 필요한 시간과 거리는 속도의 제곱에 비례한다.

3) 도로상의 위험을 발견하고 운전자가 반응하는 시간은 문제 발견(인지) 후 0.5초에서 0.7초 정도다.

㉠ 공주거리 : 위험을 발견하고 차가 계속해서 앞으로 나아가게 되는 거리.

㉡ 제동거리 : 이 때 브레이크가 듣기 시작하여 차가 정지할 때까지 가는 거리.

㉢ 정지거리 : 문제를 인식하고 반응하는 동안 진행한 거리(공주거리)에 제동거리를 더한 거리.

※ 정지거리 = 지각거리(확인, 예측, 판단 시간 약 1초) + 반응거리(행동시간 약 0.7초) + 제동거리

4) 시간을 효율적으로 다루는 기본원칙은 다음과 같다.

㉠ 안전한 주행경로 선택을 위해 주행 중 20~30초 전방을 탐색한다(20~30초 전방은 도시에서는 40~50km의 속도로 400m의 거리이고, 고속도로 등에서는 80~100km의 속도로 800m 정도의 거리이다).

㉡ 위험 수준을 높일 수 있는 장애물이나 조건을 12~15초 전방까지 확인한다.(12~15초 전방의 장애물은 도시에서는 200m 정도의 거리, 고속도로 등에서는 400m 정도의 거리이다)

㉢ 자신의 차와 앞차 간에 최소한 2~3초의 추종거리를 유지한다.

3 공간을 다루는 법

자기 차와 앞차, 옆차 및 뒤차와의 거리를 다루는 문제이다.

1) 속도와 시간, 거리 관계를 항상 염두에 둔다.

㉠ 정지거리는 속도의 제곱에 비례한다.

㉡ 속도를 2배 높이면 정지에 필요한 거리는 4배 필요하다(예 : 건조한 도로를 50km의 속도로 주행 → 필요한 거리는 13m 정도 / 100km에서는 52m)

2) 차 주위의 공간을 평가하고 조절하는 기본적인 요령
㉠ 앞차와 적정한 추종거리를 유지하며, 그 거리는 적어도 2~3초 정도 유지한다.
㉡ 뒤차와도 2초 정도의 거리를 유지하는 것이 필요하다.

4 젖은 도로 노면을 다루는 법
1) 비가 오면 노면의 마찰력이 감소하기 때문에 정지거리가 늘어남
2) 노면의 마찰력이 가장 낮아지는 시점은 비오기 시작한지 5~30분 이내
3) 비가 많이 오게 되면 이번에는 수막현상을 주의

03. 앞지르기 방법과 방어 운전

1 앞지르기 순서 및 방법 주의 사항
① 앞지르기 금지 장소 여부를 확인한다.
② 전방의 안전을 확인함과 동시에 후사경으로 좌측 및 좌측 후방을 확인한다.
③ 좌측 방향 지시등을 켠다.
④ 최고 속도의 제한 범위 내에서 가속하여 진로를 서서히 좌측으로 변경한다.
⑤ 차가 일직선이 되었을 때 방향 지시등을 끈 다음 앞지르기 당하는 차의 좌측을 통과한다.
⑥ 앞지르기 당하는 차를 후사경으로 볼 수 있는 거리까지 주행한 후 우측 방향 지시등을 켠다.
⑦ 진로를 서서히 우측으로 변경한 후 차가 일직선이 되었을 때 방향 지시등을 끈다.

2 앞지르기 금지 상황
① 앞차가 좌측으로 진로를 바꾸려고 하거나 다른 차를 앞지르려고 할 때
② 앞차의 좌측에 다른 차가 나란히 가고 있을 때
③ 뒤차가 자기 차를 앞지르려고 할 때
④ 마주 오는 차의 진행을 방해할 염려가 있을 때
⑤ 앞차가 교차로나 철길 건널목 등에서 정지 또는 서행하고 있을 때
⑥ 앞차가 경찰 공무원 등의 지시에 따르거나 위험 방지를 위해 정지 또는 서행하고 있을 때
⑦ 어린이 통학 버스가 어린이 또는 유아를 태우고 있다는 표시를 하고 도로를 통행할 때

3 앞지르기할 때의 방어 운전
① 자신의 차가 다른 차를 앞지르는 경우
㉠ 앞지르기에 필요한 속도가 그 도로의 최고 속도 범위 이내일 때 시도(과속은 금물)
㉡ 앞지르기에 필요한 충분한 거리와 시야가 확보되었을 때 시도
㉢ 앞차가 앞지르기를 하고 있을 때는 시도 하지 않는다.
㉣ 앞차의 오른쪽으로는 앞지르기 하지 않는다.
㉤ 점선으로 되어있는 중앙선을 넘어 앞지르기 하는 때에는 대향차의 움직임에 주의한다.
② 다른 차가 자신의 차를 앞지르는 경우
㉠ 앞지르기를 시도하는 차가 원활하게 주행 차로로 진입할 수 있도록 속도를 줄여준다.
㉡ 앞지르기 금지 장소 등에서도 앞지르기를 시도하는 차가 있다는 사실을 항상 염두에 두고 방어운전을 한다.

제4절 시가지 도로에서의 안전 운전

01. 시가지 교차로에서의 방어 운전

① 전체 교통사고의 절반가까이 교차로에서 발생하며, 그 중 상당수 는신호교차로에서 발생한다.
② 방어운전자가 되기 위해서는 교차로에 접근할 때마다 항상 양방향을 살피는 훈련이 필요하다.
③ 교차로에 접근하면서 먼저 왼쪽과 오른쪽을 살펴보며 교차방향 차량을 관찰한다. 동시에 오른 발은 브레이크 페달 위에 갖다 놓고밟을 준비를 한다.

1 교차로에서의 방어 운전
① 신호는 운전자의 눈으로 직접 확인 후 선 신호에 따라 진행하는 차가 없는 지 확인하고 출발한다. 즉 앞서 직진, 좌회전, 우회전 또는 U턴 하는 차량 등에 주의한다.
② 신호에 따라 진행하는 경우에도 신호를 무시하고 갑자기 달려드는 차 또는 보행자가 있다는 사실에 주의한다.
③ 좌 · 우회전할 때는 방향 지시등을 정확히 점등한다.
④ 성급한 우회전은 횡단하는 보행자와 충돌할 위험이 증가한다.
⑤ 통과하는 앞차를 맹목적으로 따라가면 신호위반할 가능성이 높다.
⑥ 교통정리가 행해지고 있지 않고 좌 · 우를 확인할 수 없거나 교통이 빈번한 교차로에 진입할 때는 일시 정지하여 안전 확인 후 출발한다.
⑦ 우회전 시 뒷바퀴로 자전거나 보행자를 치지 않도록 주의하고, 좌회전 시 정지해 있는 차와 충돌하지 않도록 주의한다.

2 교차로 황색 신호에서의 방어 운전
① 황색 신호일 때는 멈출 수 있도록 감속하여 접근한다.
② 황색 신호일 때 모든 차는 정지선 바로 앞에 정지하여야 한다.
③ 이미 교차로 안으로 진입하여 있을 때 황색 신호로 변경된 경우에는 신속히 교차로 밖으로 빠져나간다.
④ 교차로 부근에는 무단 횡단하는 보행자 등 위험 요인이 많으므로 돌발 상황에 대비한다.
⑤ 가급적 딜레마 구간에 도달하기 전에 속도를 줄여 신호가 변경되면 바로 정지 할 수 있도록 준비한다.

회전 교차로에서의 통행 방법
㉠ 회전 교차로 통과 시 모든 자동차가 중앙 교통섬을 중심으로 하여 **시계 반대 방향으로 회전**하며 통과 한다.
㉡ 회전 교차로에 진입 시 **충분히 속도를 줄인 후** 진입한다.
㉢ 회전차로 내부에서 **주행 중인 차를 방해**할 우려가 있을 시 **진입 금지**
㉣ 회전 교차로에 진입하는 자동차는 **회전 중인 자동차에게 양보**한다.

02. 시가지 이면 도로에서의 방어 운전

1 주변에 주택 등이 밀집되어 있는 주택가나 동네길, 학교 앞 도로는 보행자의 횡단이나 통행이 많다.

2 길 가에 뛰노는 어린이들이 많아 어린이들과의 접촉사고가 발생할 가능성이 높다.

3 이면도로에서 안전하게 운전하려면 항상 위험을 예상하면서 속도를 낮추고 운전하는 것이 중요하다. 특히 어린이 보호구역에서는 시속 30km/h 이하로 운전해야 한다.
① 항상 보행자의 출현 등 돌발 상황에 대비한 방어운전을 한다.
㉠ 차량의 속도를 줄인다.
㉡ 자동차나 어린이가 갑자기 출현할 수 있다는 생각을 가지고 운전한다.

㉢ 언제라도 곧 정지할 수 있는 마음의 준비를 갖는다.

② 위험한 대상물은 계속 주시한다.

㉠ 돌출된 간판 등과 충돌하지 않도록 주의한다.

㉡ 위험스럽게 느껴지는 자동차나 자전거, 손수레, 보행자 등을 발견하였을 때에는 그의 움직임을 주시하면서 운행한다.

㉢ 자전거나 이륜차가 통행하고 있을 때에는 통행공간을 배려하면서 운행하고, 갑작스런 회전 등에 대비한다.

㉣ 주 · 정차된 차량이 출발하려고 할 때에는 감속하여 안전거리를 확보한다.

제5절 지방 도로에서의 안전 운전

01. 커브 길의 방어 운전

1 커브 길에서의 주행 개념

1. 자동차가 커브를 돌때에는 차체에 원심력이 작용하게 마련이다.
2. 원심력이란 어떠한 물체가 회전운동을 할 때 회전중심으로부터 밖으로 튀쳐나가려고 하는 힘의 작용을 말한다.
3. 자동차의 원심력은 속도의 제곱에 비례하여 크게 작용하게 되며 커브의 반경이 짧을수록 커진다.
4. 회전반경이 짧은 커브 길에서 속도를 높이면 높일수록 원심력은 한층 더 높아지고 전복사고의 위험도 그만큼 커진다.
5. 커브 길에서의 주행방법은 다음과 같다.

① 슬로우-인, 패스트-아웃 (Slow-In, Fast-Out)

: 커브 길에 진입할 때에는 속도를 줄이고, 진출할 때에는 속도를 높이라는 의미

② 아웃-인-아웃(Out-In-Out)

: 차로 바깥쪽에서 진입하여 안쪽, 바깥쪽 순으로 통과하라는 의미

2 커브 길 주행 방법

① 커브 길에 진입하기 전에 경사도나 도로의 폭을 확인하고 가속 페달에서 발을 떼어 엔진 브레이크가 작동되도록 속도를 줄인다.

② 엔진 브레이크만으로 속도가 충분히 줄지 않으면 풋 브레이크를 사용하여 회전 중에 더 이상 감속하지 않도록 줄인다.

③ 감속된 속도에 맞는 기어로 변속한다.

④ 회전이 끝나는 부분에 도달하였을 때는 핸들을 바르게 한다.

⑤ 가속 페달을 밟아 속도를 서서히 높인다.

3 커브길 주행 시의 주의 사항

① 커브 길에서는 기상 상태, 노면 상태 및 회전 속도 등에 따라 차량이 미끄러지거나 전복될 위험이 증가하므로 부득이한 경우가 아니면 급핸들 조작이나 급가속 · 제동은 하지 않는다.

② 회전 중에 발생하는 가속은 원심력을 증가시켜 도로이탈의 위험이 발생하고, 감속은 차량의 무게중심이 한쪽으로 쏠려 차량의 균형이 쉽게 무너질 수 있다.

③ 커브길 진입 전에 감속 행위가 이뤄져야 차선 이탈 등의 사고를 예방할 수 있다.

④ 중앙선을 침범하거나 도로의 중앙선으로 치우친 운전하지 않는다.

⑤ 시야가 제한되어 있다면 주간에는 경음기, 야간에는 전조등을 사용하여 내 차의 존재를 반대 차로 운전자에게 알린다.

⑥ 급커브 길 등에서의 앞지르기는 대부분 규제 표지 및 노면 표시 등 안전표지로 금지하고 있으나, 금지 표지가 없어도 전방의 안전이 확인되지 않으면 절대 하지 않는다.

⑦ 겨울철 커브 길은 노면이 얼어있는 경우가 많으므로 사전에 충분히 감속하여 안전사고가 발생하지 않도록 주의한다.

02. 언덕길의 방어 운전

1 내리막길에서의 방어 운전

① 내리막길을 내려갈 때에는 엔진 브레이크로 속도 조절하는 것이 바람직하다.

② 엔진 브레이크를 사용하면 페이드 현상 및 베이퍼 록 현상을 예방하여 운행 안전도를 높일 수 있다.

③ 도로의 내리막이 시작되는 시점에서 브레이크를 힘껏 밟아 브레이크를 점검한다.

④ 내리막길에서는 반드시 변속기를 저속 기어로, 자동 변속기는 수동모드의 저속 기어 상태로 두고 엔진 브레이크를 사용하여 감속 운전 한다.

⑤ 경사길 주행 중간에 불필요하게 속도를 줄이거나 급제동하는 것은 주의한다.

⑥ 비교적 경사가 가파르지 않은 긴 내리막길을 내려갈 때 운전자의 시선은 먼 곳을 바라보고, 무심코 가속 페달을 밟아 순간 속도를 높일 수 있으므로 주의해야 한다.

2 오르막길에서의 방어 운전

① 정차할 때는 앞차가 뒤로 밀려 충돌할 가능성이 있으므로 충분한 차간 거리를 유지한다.

② 오르막길의 정상 부근은 시야가 제한되는 사각지대로 반대 차로의 차량이 앞에 다가올 때까지는 보이지 않을 수 있으므로 서행하며 위험에 대비한다.

③ 정차해 있을 때에는 가급적 풋 브레이크와 핸드 브레이크를 동시에 사용한다.

④ 뒤로 미끄러지는 것을 방지하기 위해 정지했다가 출발할 때는 핸드 브레이크를 사용하면 도움이 된다.

⑤ 오르막길에서 부득이하게 앞지르기 할 때에는 힘과 가속이 좋은 저단 기어를 사용하는 것이 안전하다.

⑥ 언덕길에서 올라가는 차량과 내려오는 차량이 교차할 때는 내려오는 차량에게 통행 우선권이 있으므로 올라가는 차량이 양보해야 한다.

03. 철길 건널목 방어 운전

① 철길 건널목에 접근할 때는 속도를 줄여 접근한다.

② 일시 정지 후에는 철도 좌 · 우의 안전을 확인한다.

③ 건널목을 통과할 때는 기어를 변속하지 않는다.

④ 건널목 건너편 여유 공간을 확인한 후에 통과한다.

⑤ 철길건널목 통과 중에 시동이 꺼졌을 때의 조치방법

㉠ 즉시 동승자를 대피시키고 차를 건널목 밖으로 이동시키기 위해 노력한다.

㉡ 철도공무원, 건널목 관리원이나 경찰에게 알리고 지시에 따른다.

㉢ 건널목 내에서 움직일 수 없을 때에는 열차가 오고 있는 방향으로 뛰어가면서 옷을 벗어 흔드는 등 기관사에게 위급상황을 알려 열차가 정지할 수 있도록 안전조치를 취한다.

제6절 고속도로에서의 안전 운전

01. 고속도로 진·출입부에서의 안전 운전

1 진입부에서의 안전 운전

① 본선 진입 의도를 다른 차량에게 방향 지시등으로 알린다.

② 본선 진입 전 충분히 가속하여 본선 차량의 교통 흐름을 방해하지 않도록 주의한다.

③ 진입을 위한 가속차로 끝부분에서 감속하지 않도록 주의

④ 고속도로 본선을 저속으로 진입하거나 진입 시기를 잘못 맞추면 추돌사고 등 교통사고가 발생할 수 있으므로 주의

2 진출부에서의 안전 운전

① 본선 진출 의도를 다른 차량에게 방향 지시등으로 알린다.

② 진출부에 진입 전에 본선 차량에 영향을 주지 않도록 주의한다.

③ 본선 차로에서 천천히 진출부로 진입하여 출구로 이동한다.

02. 고속도로 안전 운전 방법

1 전방 주시

고속도로 교통사고 원인의 대부분은 전방주시 의무를 게을리 한 탓이다. 운전자는 앞차의 뒷부분만 봐서는 안되며 앞차의 전방까지 시야를 두면서 운전해야 한다.

2 진입 전 천천히 안전하게, 진입 후 빠른 가속

고속도로에 진입할 때는 방향 지시등으로 진입 의사를 표시한 후 가속차로에서 충분히 속도를 높인 뒤 주행하는 다른 차량의 흐름을 살펴 안전을 확인 후 진입한다. 진입한 후에는 빠른 속도로 가속해서 교통 흐름에 방해가 되지 않도록 한다.

3 주변 교통 흐름에 따라 적정 속도 유지

고속도로에서는 주변 차량들과 함께 교통 흐름에 따라 운전하는 것이 중요하다. 주변 차량들과 다른 속도로 주행하면 다른 차량의 운행과 교통 흐름을 방해할 수 있기 때문에 최고 속도 이내에서 적정 속도를 유지해야 한다.

4 주행 차로로 주행

느린 속도의 앞차를 추월할 경우 앞지르기 차로를 이용하며, 추월이 끝나면 주행 차로로 복귀한다. 복귀할 때는 뒤차와 거리가 충분히 벌어졌을 때 안전하게 차로를 변경한다.

5 적절한 휴식

미리 여유 있는 운전계획을 세우고 장시간 계속 운전하지 않도록 하며, 적어도 2시간에 1회는 휴식한다. 2시간 이상, 200km 이상 운전을 자제 및 15분 휴식, 4시간 이상 운전 시 30분간 휴식한다.

6 전 좌석 안전띠 착용

교통사고로 인한 인명 피해를 예방하기 위해 전 좌석 안전띠를 착용해야 하며 고속도로 및 자동차 전용 도로는 전 좌석 안전띠 착용이 의무사항이다.

03. 교통 사고 및 고장 발생 시 대처 요령

1 2차 사고의 방지

① 2차 사고는 선행사고나 고장으로 정차한 차량 또는 사람(선행 차량 탑승자 또는 사고 처리자)을 후방에서 접근하는 차량이 재차 충돌하는 사고를 말한다.

② 고속도로는 차량이 고속으로 주행하는 특성 상 2차 사고 발생 시 사망사고로 이어질 가능성이 매우 높다(고속도로 2차 사고 치사율은 일반사고보다 6배 높음)

③ 2차 사고 예방 안전행동 요령은 다음과 같다.

㉠ 신속히 비상등을 켜고 다른 차의 소통에 방해가 되지 않도록 갓길로 차량을 이동시킨다.(트렁크를 열어 위험을 알리는 것도 좋은 방법). 만일 차량이동이 어려운 경우 탑승자들은 안전조치 후 신속하고 안전하게 가드레일 밖 등의 안전한 장소로 대피한다.

㉡ 후방에서 접근하는 차량의 운전자가 쉽게 확인할 수 있도록 고장자동차의 표지(안전삼각대)를 한다. 야간에는 적색 섬광신호, 전기제등 또는 불꽃신호를 추가로 설치한다.(시인성 확보를 위한 안전조끼 착용 권장)

㉢ 운전자와 탑승자가 차량 내 또는 주변에 있는 것은 매우 위험하므로 가드레일(방호벽) 밖 등 안전한 장소로 대피한다.

㉣ 경찰관서(112), 소방관서(119) 또는 한국도로공사 콜센터(1588-2504)로 연락하여 도움을 요청한다.

2 부상자의 구호

① 사고 현장에 의사, 구급차 등이 도착할 때까지 부상자에게는 가제나 깨끗한 손수건으로 지혈하는 등 응급조치를 실행한다.

② 함부로 부상자를 움직여서는 안 되며, 특히 두부에 상처를 입었을 때에는 움직이지 말아야 한다.(단, 2차사고의 우려가 있을 경우에만 안전한 장소로 이동시킨다.)

③ 사고를 낸 운전자는 사고 발생 장소, 사상자 수, 부상 정도, 그 밖의 조치 상황을 경찰 공무원이 현장에 있을 때는 경찰 공무원에게, 경찰 공무원이 없을 때는 가장 가까운 경찰관서에 신고한다.

④ 사고 발생 신고 후 사고 차량의 운전자는 경찰 공무원이 말하는 부상자 구호와 교통안전 상 필요한 사항을 반드시 지켜야 한다.

※ 고속도로 2504 긴급견인 서비스(1588-2504, 한국도로공사 콜센터)
- 고속도로 본선, 갓길에 멈춰 2차사고가 우려되는 소형차량을 안전지대(휴게소, 영업소, 쉼터 등)까지 견인하는 제도로서 한국도로공사가 비용을 부담하는 무료서비스
- 대상차량 : 승용차, 16인 이하 승합차, 1.4톤 이하 화물차

제7절 야간 및 악천후 시의 안전 운전

01. 야간 운전의 위험성

① 야간에는 시야가 제한됨에 따라 노면과 앞차의 후미등 전방만을 보게 되므로 가시거리가 100m 이내인 경우에는 최고 속도를 50% 정도 감속하여 운행한다.

② 커브길이나 길모퉁이에서는 전조등 불빛이 회전하는 방향을 제대로 비추지 못하는 경향이 있으므로 속도를 줄여 주행한다.

③ 야간에는 운전자의 좁은 시야로 인해 안구 동작이 활발하지 못해 자극에 대한 반응이 둔해지고, 그로 인해 졸음운전을 하게 되므로 더욱 주의가 필요하다.

④ 원근감과 속도감이 저하되어 과속으로 운행하는 경향이 발생할 수 있다.

⑤ 술 취한 사람이 갑자기 도로에 뛰어들거나, 도로에 누워있는 경우가 발생하므로 주의해야 한다.

⑥ 밤에는 낮보다 장애물이 잘 보이지 않거나, 발견이 늦어 조치 시간이 지연될 수 있다.

야간에 발생하는 주요 현상

- 증발 현상 : 마주 오는 대향차의 전조등 불빛으로 인해 도로 보행자의 모습을 볼 수 없게 되는 현상
- 현혹 현상 : 마주 오는 대향차의 전조등 불빛으로 인해 운전자의 눈 기능이 순간적으로 저하되는 현상

위의 두 경우 약간 오른쪽을 바라보며 대향차의 전조등 불빛을 정면으로 보지 않도록 한다.

02. 야간의 안전 운전

① 해가 지기 시작하면 곧바로 전조등을 켜 다른 운전자들에게 자신을 알린다.
② 주간 속도보다 20% 속도를 줄여 운행한다.
③ 보행자 확인에 더욱 세심한 주의를 기울인다.(어두운 색의 옷차림)
④ 승합 자동차는 야간에 운행할 때에 실내 조명등을 켜고 운행한다.
⑤ 선글라스를 착용하고 운전하지 않는다.
⑥ 커브 길에서는 상향등과 하향등을 적절히 사용하여 자신이 접근하고 있음을 알린다.
⑦ 대향차의 전조등을 직접 바라보지 않는다.
⑧ 전조등 불빛의 방향을 아래로 향하게 한다.
⑨ 장거리를 운행할 때에는 운행계획에 적절한 휴식 시간을 포함시킨다.
⑩ 불가피한 경우가 아니면 도로 위에 주 · 정차 하지 않는다.
⑪ 밤에 고속도로 등에서 자동차를 운행할 수 없게 되었을 때는 후방에서 접근하는 자동차의 운전자가 확인할 수 있는 위치에 고장 자동차 표지를 설치하고 사방 500m 지점에서 식별할 수 있는 적색의 섬광 신호, 전기제등 또는 불꽃 신호를 추가로 설치하는 등 조치를 취하여야 한다.
⑫ 전조등이 비추는 범위의 앞쪽까지 살핀다.
⑬ 앞차의 미등만 보고 주행하지 않는다.

03. 안개길의 안전 운전

① 전조등, 안개등 및 비상점멸표시등을 켜고 운행한다.
② 가시거리가 100m 이내인 경우에는 최고속도를 50% 정도 감속하여 운행한다.
③ 앞차와의 차간거리를 충분히 확보하고, 앞차의 제동이나 방향지시등의 신호를 예의 주시하며 운행한다.
④ 앞을 분간하지 못할 정도의 짙은 안개로 운행이 어려울 때에는 차를 안전한 곳에 세우고 잠시 기다린다. 이때에는 미등, 비상점멸표시등(비상등)을 켜서 지나가는 차에게 내 차량의 위치를 알려서 충돌사고 등이 발생하지 않도록 조치한다.

04. 빗길의 안전 운전

① 비가 내려 노면이 젖어있는 경우에는 최고 속도의 20%를 줄인 속도로 운행한다.
② 폭우로 가시거리가 100m 이내인 경우에는 최고 속도의 50%를 줄인 속도로 운행한다.
③ 물이 고인 길을 통과할 때에는 속도를 줄여 저속으로 통과한다.
④ 물이 고인 길을 벗어난 경우에는 브레이크를 여러 번 나누어 밟아 마찰열로 브레이크 패드나 라이닝의 물기를 제거한다.
⑤ 보행자 옆을 통과할 때에는 속도를 줄여 흙탕물이 튀지 않도록 주의한다.
⑥ 공사 현장의 철판 등을 통과할 때는 사전에 속도를 충분히 줄여 미끄러지지 않도록 천천히 통과하여야 하며, 급브레이크를 밟지 않는다.
⑦ 급출발, 급핸들, 급브레이크 조작은 미끄러짐이나 전복 사고의 원인이 되므로 엔진 브레이크를 적절히 사용하고, 브레이크를 밟을 때에는 페달을 여러 번 나누어 밟는다.

제8절 경제 운전

01. 경제 운전의 개념과 효과

경제 운전은 연료 소모율을 낮추고, 공해 배출을 최소화하며, 방어운전으로 도로환경의 변화에 즉시 대처할 수 있는 급가속 · 급제동 · 급감속 등 위험 운전을 하지 않음으로 안전운전의 효과를 가져 오고자 하는 운전 방식이다. (에코 드라이빙)

1 경제 운전의 기본적인 방법

① 급가속(가속페달은 부드럽게)을 피한다.
② 급제동을 피한다.
③ 급한 운전을 피한다.
④ 불필요한 공회전을 피한다.
⑤ 일정한 차량 속도(정속 주행)를 유지한다.

2 경제 운전의 효과

① 연비의 고효율 (경제 운전)
② 차량 구조 장치 내구성 증가 (차량 관리비, 고장 수리비, 타이어 교체비 등의 감소)
③ 고장 수리 작업 및 유지관리 작업 등의 시간 손실 감소 효과
④ 공해 배출 등 환경 문제의 감소 효과
⑤ 방어 운전 효과
⑥ 운전자 및 승객의 스트레스 감소 효과

02. 퓨얼-컷 (Fuel-cut)

퓨얼-컷(Fuel-cut)이란 연료가 차단된다는 것이다. 운전자가 주행하다가 가속 페달을 밟고 있던 발을 떼었을 때, 자동차의 모든 제어 및 명령을 담당하는 컴퓨터인 ECU가 가속 페달의 신호에 따라 스스로 연료를 차단시키는 작업을 말한다. 자동차가 달리고 있던 관성(가속력)에 의해 축적된 운동 에너지의 힘으로 계속 달려가게 되는데, 이러한 관성 운전이 경제 운전임을 이해하여야 한다.

03. 경제 운전에 영향을 미치는 요인

1 도심 교통 상황에 따른 요인

① 우리의 도심은 고밀도 인구에 도로가 복잡하고 교통 체증도 심각한 환경이다.
② 운전자들이 바쁘고 가속 · 감속 및 잦은 브레이크에 자동차 연비도 증가한다.
③ 경제 운전을 하기 위해서는 불필요한 가속과 브레이크를 덜 밟는 운전 행위로 에너지 소모량을 최소화하는 것이 중요하다.
④ 미리 교통 상황을 예측하고 차량을 부드럽게 움직일 필요가 있다.
⑤ 도심 운전에서는 멀리 200~300m를 예측하고 2개 이상의 교차로 신호등을 관찰 하는 것도 경제 운전이다.
⑥ 복잡한 시내운전도 앞차와의 차간 거리를 속도에 맞게 유지하면서 퓨얼컷 기능을 살려 경제 운전을 할 수 있을 것이다.
⑦ 필요 이상의 브레이크 사용을 자제하고 피로가 가중되지 않는 여유로운 방어 운전이 곧 경제 운전이다.

2 도로 조건

도로의 젖은 노면은 구름저항을 증가시키며 경사도는 구배저항에 영향을 미침으로써 연료 소모를 증가시킨다. 그러므로 고속도로나 시내의 외곽 도로 전용 도로 등에서 시속 100km라면 그 속도를 유지하면서 가장 하향으로 안정된 엔진 RPM을 유지하는 것이 연비 좋은 정속 주행이다.

3 기상 조건

맞바람은 공기 저항을 증가시켜 연료 소모율을 높인다. 고속 운전에서 차창을 열고 달림은 연비 증가에 영향을 주며, 더운 날 에어컨의 작동은 연비에 좋지 않은 것은 사실이나 차량 규격이 중형차 이상은 엔진의 여유 출력이 크므로 연비에 큰 영향을 주지 않을 수도 있다.

04. 경제운전은 곧 안전운전

1 경제운전 실천 요령

① 시동을 걸때 클러치를 반드시 밟는다.
② 시동을 걸 때 가속페달을 밟지 않는다.
③ 시동 직후 급가속이나 급출발을 삼간다.
④ 급출발, 급제동 삼가고 교차로 선행신호등 주지
⑤ 경제속도로 정속주행 한다.
⑥ 적절한 시기에 변속한다.
⑦ 올바른 운전습관을 가져야 한다.
⑧ 타이어 공기압력을 적절히 유지한다.
⑨ 경제적인 주행코스(내비게이션)정보를 선택한다.

2 주행방법에 따른 경제운전

① 속도 : 가능한 한 일정 속도로 주행한다.
② 기어변속 : 엔진회전속도가 2,000~3,000 RPM상태에서 고단기어 변속이 바람직하다.
③ 제동과 관성 주행 : 교차로에 접근하든가 할 때 가속페달에서 발을 떼고 관성으로 차를 움직이게 할 수 있을 때는 제동을 피한다.
④ 교통류에의 합류와 분류 : 지선에서 차량속도가 높은 본선으로 합류할 때는 강한 가속이 필수적이다.
⑤ 위험예측운전 : 자신의 운전행동을 도로 및 교통조건에 맞추어 나가는 것이다.
⑥ 경제운전과 방어운전 : 방어운전은 다른 도로 이용자의 행동과 도로, 교통조건 등을 예측 및 판단해서 그 조건에 맞는 운전을 실행하는 것이다. 이를 통해 사고를 회피하는 것 뿐 아니라 연료소비 감소까지 가져오는 효과가 있기 때문에 본질적으로 방어운전이지만 경제운전이 될 수도 있다.

제9절 기본운행수칙

01. 출발하고자 할 때

① 매일 운행을 시작할 때는 후사경이 제대로 조정되어 있는지 확인한다.
② 시동을 걸 때는 기어가 들어가 있는지 확인한다. 기어가 들어가 있는 상태에서는 클러치를 밟지 않고 시동을 걸지 않는다.
③ 주차 브레이크가 채워진 상태에서는 출발하지 않는다.
④ 운전석은 운전자의 체형에 맞게 조절하여 운전자세가 자연스럽도록 한다.
⑤ 주차 상태에서 출발할 때는 차량의 사각지점을 고려해 전·후·좌·우의 안전을 직접 확인한다.
⑥ 운행을 시작하기 전에 제동등이 점등되는지 확인한다.
⑦ 도로의 가장자리에서 도로로 진입하는 경우에는 진행하려는 방향의 안전 여부를 확인한다.
⑧ 정류소에서 출발 할 때에는 자동차문을 완전히 닫은 상태에서 방향지시등을 작동시켜 도로 주행 의사를 표시한 후 출발한다.
⑨ 출발 후 진로 변경이 끝나기 전에 신호를 중지하지 않는다.
⑩ 출발 후 진로 변경이 끝난 후에도 신호를 계속하지 않는다.

02. 정지할 때

① 정지할 때는 미리 감속하여 급정지로 인한 타이어 흔적이 발생하지 않도록 한다. 이때 엔진 브레이크와 저단 기어 변속을 활용하도록 한다.
② 정지할 때까지 여유가 있는 경우에는 브레이크 페달을 가볍게 2~3회 나누어 밟는 단속 조작을 통해 정지한다.
③ 미끄러운 노면에서는 제동으로 인해 차량이 회전하지 않도록 주의한다.

03. 주차하고 있을 때

① 주차가 허용된 지역이나 안전한 지역에 주차한다.
② 주행 차로로 주차된 차량의 일부분이 돌출되지 않도록 주의한다.
③ 경사가 있는 도로에 주차할 때에는 밀리는 현상을 방지하기 위해 바퀴에 고임목 등을 설치하여 안전 여부를 확인한다.
④ 도로에서 차가 고장이 일어난 경우에는 안전한 장소로 이동한 후 비상 삼각대와 같은 고장 자동차의 표지를 설치한다.

04. 주행할 때

① 교통량이 많은 곳에서는 급제동 또는 후미 추돌 등을 방지하기 위해 감속하여 주행한다.
② 노면 상태가 불량한 도로에서는 감속하여 주행한다.
③ 전방의 시야가 충분히 확보되지 않는 기상 상태나 도로 조건 등에서는 감속한다.
④ 해질 무렵, 터널 등 조명 조건이 불량한 경우에는 감속하여 주행한다.
⑤ 주택가나 이면 도로에서는 돌발 상황 등에 대비하여 과속이나 난폭운전을 하지 않는다.
⑥ 곡선 반경이 작은 도로나 과속 방지턱이 설치된 도로에서는 감속하여 안전하게 통과한다.
⑦ 주행하는 차들과 제한 속도를 넘지 않는 범위 내에서 속도를 맞추어 주행한다.
⑧ 핸들을 조작할 때마다 상체가 한 쪽으로 쏠리지 않도록 왼발은 발판에 놓아 상체 이동을 최소화 한다.
⑨ 신호대기 중에 기어를 넣은 상태에서 클러치와 브레이크페달을 밟아 자세가 불안정하게 만들지 않는다.
⑩ 신호대기 등으로 잠시 정지하고 있을 때에는 주차브레이크를 당기거나, 브레이크 페달을 밟아 미끄러지지 않도록 한다.
⑫ 통행우선권이 있는 다른 차가 진입할 때에는 양보한다.
⑬ 직선도로를 통행하거나 구부러진 도로를 돌 때 다른 차로를 침범하거나, 2개 차로에 걸쳐 주행하지 않는다.

05. 앞차를 뒤따라가고 있을 때

① 앞차가 급제동할 때 후미를 추돌하지 않도록 안전거리를 유지한다.
② 적재상태가 불량하거나 적재물이 떨어질 위험이 있는 자동차에 근접하여 주행하지 않는다.

06. 앞지르기

① 앞 차량에 근접하여 주행하지 않는다. 앞 차량이 급제동할 경우 안전거리 미확보로 인해 앞차의 후미를 추돌하게 된다.
② 좌·우측 차량과 일정거리를 유지한다.
③ 다른 차량이 차로를 변경하는 경우에는 양보하여 안전하게 진입할 수 있도록 한다.

07. 진로변경 및 주행차로를 선택할 때

① 도로별 차로에 따른 통행차의 기준을 준수하여 주행차로를 선택한다.
② 급차로 변경을 하지 않는다.
③ 일반도로에서 차로를 변경하는 경우, 그 행위를 하려는 지점에 도착하기 전 30m(고속도로에서는 100m) 이상의 지점에 이르렀을때 방향지시등을 작동시킨다.
④ 도로 노면에 표시된 백색점선에서 진로를 변경한다.
⑤ 터널 안, 교차로 직전 정지선, 가파른 비탈길 등 백색 실선이 설치된 곳에서는 진로를 변경하지 않는다.
⑥ 다른 통행 차량 등에 대한 배려나 양보 없이 본인 위주의 진로 변경을 하지 않는다.
⑦ 진로 변경이 끝나기 전에 신호를 중지하지 않는다. 진로 변경이 끝나면 즉시 신호를 중지한다.
⑧ 진로 변경 위방에 해당하는 경우
㉠ 두 개의 차로에 걸쳐 운행하는 경우
㉡ 한 차로로 운행하지 않고 두 개 이상의 차로를 지그재그로 운행하는 행위
㉢ 갑자기 차로를 바꾸어 옆 차로로 끼어드는 행위
㉣ 여러 차로를 연속적으로 가로지르는 행위
㉤ 진로변경이 금지된 곳에서 진로를 변경하는 행위

08. 앞지르기

① 앞지르기를 할 때는 항상 방향 지시등을 작동시킨다.
② 앞지르기는 허용된 구간에서만 시행한다.
③ 앞지르기 할 때는 반드시 반대 방향 차량, 추월 차로에 있는 차량, 전·후 차량과의 안전 여부를 확인한 후 시행한다.
④ 제한 속도를 넘지 않는 범위 내에서 시행한다.
⑤ 앞지르기한 후 본 차로로 진입할 때에는 뒤차와의 안전을 고려하여 진입한다.
⑥ 앞 차량의 좌측 차로를 통해 앞지르기를 한다.
⑦ 도로의 구부러진 곳, 오르막길의 정상부근, 급한 내리막길, 교차로, 터널 안, 다리 위에서는 앞지르기를 하지 않는다.
⑧ 앞차가 다른 자동차를 앞지르고자 할 때에는 앞지르기를 시도하지 않는다.
⑨ 앞차의 좌측에 다른 차가 나란히 가고 있는 경우에는 앞지르기를 시도하지 않는다.

09. 교차로 통행

1 좌우로 회전할 때

① 회전이 허용된 차로에서만 회전하고, 회전하고자 하는 지점에 이르기 전 30m(고속도로에서는 100m) 이상의 지점에 이르렀을 때 방향지시기를 작동시킨다.
② 좌회전차로가 2개 설치된 교차로에서 좌회전할 때에는 1차로(중·소형승합자동차), 2차로(대형승합자동차) 통행기준을 준수한다.
③ 대형차가 교차로를 통과하고 있을 때에는 완전히 통과시킨 후 좌회전한다.
④ 우회전할 때에는 내륜차 현상으로 인해 보도를 침범하지 않도록 주의한다.
⑤ 우회전하기 직전에는 직접 눈으로 또는 후사경으로 오른쪽 옆의 안전을 확인하여 충돌이 발생하지 않도록 주의한다.
⑥ 회전할 때에는 원심력이 발생하여 차량이 이탈하지 않도록 감속하여 진입한다.

2 신호할 때

① 진행방향과 다른 방향의 지시등을 작동시키지 않는다.
② 정당한 사유 없이 반복적이거나 연속적으로 경음기를 울리지 않는다.

제10절 계절별 운전

01. 봄철 안전운전

1 계절 특성

① 봄은 겨우내 잠자던 생물들이 새롭게 생존의 활동을 시작한다.
② 겨우내 얼어 있던 땅이 녹아 지반이 약해지는 해빙기이다.
③ 날씨가 온화해짐에 따라 사람들이 활동이 활발해지는 계절이다.

2 기상 특성

① 발달된 양쯔 강 기단이 동서방향으로 위치하여 이동성 고기압으로 한반도를 통과하면 장기간 맑은 날씨가 지속, 봄 가뭄이 발생한다.
② 시베리아기단이 한반도에 겨울철 기압배치를 이루면 꽃샘추위가 발생한다.
③ 저기압이 한반도에 영향을 주면 약한 강우를 동반한 지속성이 큰안개가 자주 발생한다.
④ 중국에서 발생한 모래먼지에 의한 황사현상이 자주 발생하여 운전자의 시야에 지장을 초래한다.

3 봄철 교통사고의 위험요인

① 도로조건 : 날씨가 풀리면서 겨우내 얼어 있던 땅이 녹아 지반붕괴로 인한 도로의 균열이나 낙석 위험이 크다.
② 운전자 : 기온이 상승하고 긴장이 풀리고 몸도 나른해짐으로써 춘곤증에 의한 전방 주시태만 및 졸음운전은 사고로 이어질 수 있다.
③ 보행자 : 교통상황에 대한 판단능력이 떨어지는 어린이와 신체능력이 약화된 노약자들이 보행이나 교통수단이용이 증가한다.

4 안전운행 및 교통사고 예방

① 교통환경 변화
㉠ 춘곤증이 발생하는 봄철 과로운전을 하지 않도록 건강관리에 유의한다.
㉡ 해빙기의 지반 붕괴와 균열로 인한 노면상태 파악
② 주변 환경 대응
㉮ 주변 환경 변화
㉠ 보행자나 운전자의 집중력이 떨어뜨린다.
㉡ 신학기를 맞아 학생들의 보행인구가 늘어난다.
㉢ 행락철을 맞이하여 교통수요가 많아지고 통행량이 증가한다.
㉯ 주변 환경에 대한 대응
㉠ 충분한 휴식을 통해 과로하지 않도록 주의한다.
㉡ 운행 시에 주변 환경 변화를 인지하여 위험이 발생하지 않도록 방어운전을 한다.
③ 춘곤증
㉠ 봄이 되면 낮의 길이가 길어짐에 따라 활동시간이 늘어나지만 휴식·수면시간이 줄어든다.
㉡ 춘곤증이 의심되는 현상은 나른한 피로감, 졸음, 집중력 저하, 권태감, 식욕부진, 소화불량, 현기증, 손·발의 저림, 두통, 눈의 피로, 불면증 등이 있다.
㉢ 춘곤증의 예방은 운동을 몰아서 하지 않고 조금씩 자주하는 것이 바람직하며, 운행 중에는 스트레칭 등으로 긴장된 근육을 풀어주는 것이 좋다.

5 자동차 관리
① 세차 : 봄철은 고압 물세차를 1회 정도는 반드시 해주는 것이 좋다.
② 월동장비 정리 : 스노우타이어, 체인 등의 물기를 제거하여 통풍이 잘 되는 곳에 보관.
③ 배터리 및 오일류 점검 : 배터리액이 부족하면 증류수 등을 보충해 주고, 추운 날씨로 인해 엔진 오일이 변질될 수 있기 때문에 엔진 오일 상태를 점검
④ 낡은 배선 및 부식된 부분 교환
⑤ 부동액이 샜는 지 확인
⑥ 에어컨 작동 확인

02. 여름철 안전운전

1 계절 특성
① 6월 말부터 7월 중순까지 장마전선의 북상으로 비가 많이 내리고, 장마 이후에는 무더운 날이 지속된다.
② 저녁 늦게까지 무더운 현상이 지속되는 열대야 현상이 나타나기도 한다.

2 기상 특성
① 시베리아기단과 북태평양기단의 경계를 나타내는 한대전선대가 한반도에 위치할 경우 많은 강수가 연속적으로 내리는 장마가 발생한다.
② 국지적으로 집중호우가 발생한다.
③ 북태평양 기단(氣團)의 영향으로 습기가 많고, 온도가 높은 무더운 날씨가 지속된다.
④ 이류안개가 빈번히 발생하며, 연안이나 해상에서 주로 발생한다.
⑤ 저위도에서 형성된 열대저기압이 태풍으로 발달하여 한반도까지 접근한다.
⑥ 열대야 현상이 발생, 운전자들의 주의집중이 곤란하고, 쉽게 피로해지기 쉽다.

3 여름철 교통사고의 위험요인
① 도로조건 : 갑작스러운 악천후 및 무더위 등으로 운전자의 시각적 변화와 긴장 · 흥분 · 피로감이 교통사고를 일으킬 수 있는 요인이므로 기상 변화에 잘 대비해야 한다.
② 운전자 : 온도와 습도의 상승으로 불쾌지수가 높아지고 수면부족과 피로로 인한 졸음운전 등도 집중력 저하요인으로 작용한다.(불쾌지수가 높으면 나타나는 현상 – 난폭운전, 언성을 높이고 신경질적인 반응, 사고위험 증가, 스트레스 가중으로 두통 · 소화불량 등)
③ 보행자 : 전 · 후방 시야확보가 어렵고 열대야 등으로 피로가 쌓일 수 있으며, 불쾌지수가 높아지면 위험상황의 인식이 둔해져서 교통법규를 무시하는 경향이 강하게 나타날 수 있다.

4 안전운행 및 교통사고 예방
① 뜨거운 태양 아래 장시간 주차하는 경우 창문을 열어 실내의 더운 공기를 환기시킨 다음 운행
② 주행 중 갑자기 시동이 꺼졌을 경우 통풍이 잘 되고 그늘진 곳으로 옮겨 열을 식힌 후 재시동
③ 비가 내리고 있을 때 주행하는 경우 감속 운행

5 자동차 관리
① 냉각 장치 점검 : 냉각수의 양과 누수 여부 등
② 와이퍼의 작동 상태 점검 : 정상 작동 유무, 유리면과 접촉 여부 등
③ 타이어 마모상태 점검 : 홈 깊이가 1.6mm 이상 여부 등
④ 차량 내부의 습기 제거 : 배터리를 분리한 후 작업
⑤ 에어컨 냉매 가스 관리 : 냉매 가스의 양이 적절한지 점검
⑥ 브레이크, 전기 배선 점검 및 세차 : 브레이크 패드, 라이닝, 전기배선 테이프 점검. 해안 부근 주행 후 세차

03. 가을철 안전운전

1 계절 특성
① 천고마비의 계절인 가을은 아침 저녁으로 선선한 바람이 불어 즐거운 느낌을 주기도 하지만, 심한 일교차로 건강을 해칠 수도 있다.
② 맑은 날씨가 계속되고 기온도 적당하여 행락객 등에 의한 교통수요와 명절 귀성객에 의한 통행량이 많이 발생한다.

2 기상 특성
① 가을공기는 고위도지방으로부터 이동해오면서 뜨거워지므로 대체로 건조하고, 대기 중에 떠다니는 먼지가 적어 깨끗하다.
② 큰 일교차로 지표면에 접한 공기가 냉각되어 안개(복사안개)가 발생하여 아침에 해가 뜨면 사라진다.
③ 해안안개는 해수온도가 높아 수면으로부터 증발이 잘 일어나고, 습윤한 공기는 육지로 이동하여 야간에 냉각되면서 생기는 이류안개가 빈번히 형성된다.
④ 특히 하천이나 강을 끼고 있는 곳에서는 짙은 안개가 자주 발생함

3 가을철 교통사고의 위험요인
① 도로조건 : 추석절 귀성객 등으로 교통량이 증가하지만 다른 계절에 비해 도로조건은 비교적 양호한 편이다.
② 운전자 : 추수절 국도 주변에는 저속으로 운행하는 경운기 · 트랙터 등의 통행이 늘고, 단풍 등 주변환경에 관심을 가지게 되면 집중력이 떨어져 교통사고 발생 가능성이 존재한다.
③ 보행자 : 맑은 날씨, 곱게 물든 단풍, 풍성한 수확 등 계절적 요인으로 인해 교통신호 등에 대한 주의 집중력이 분산될 수 있다.

4 안전운행 및 교통사고 예방
① 이상기후 대처 : 안개 지역을 통과할 때에는 처음부터 감속운행을 하고 늦가을에 안개가 끼면 기온차로 노면이 동결되는 경우가 있는데 엔진브레이크로 감속한 다음 풋브레이크를 밟아야 한다.
② 보행자에 주의하여 운행 : 기온이 떨어지면 몸을 움츠리고 행동이 부자연스러워 교통상황에 대처능력이 떨어지므로 보행자의 움직임에 주의한다.
③ 행락철 주의 : 계절의 특성으로 각급 학교의 소풍, 회사나 가족 단위의 단풍놀이 등 단체여행의 증가로 운전자의 주의력이 산만해질 수 있으므로 주의해야 한다.
④ 농기계 주의 : 추수기를 맞아 경운기 등 농기계의 빈번한 도로운행은 교통사고의 원인이 되기도 한다.

5 자동차 관리
① 세차 및 곰팡이 제거(바닷가 여행 후 염분 제거)
② 히터 및 서리제거 장치 점검(정상적 작동여부 점검)
③ 타이어 점검(공기압, 파손여부, 예비 타이어 이상유무)
④ 냉각수, 브레이크액, 엔진오일 및 팬벨트의 장력 점검
⑤ 각종 램프의 작동 여부를 점검(전조등과 각종 램프)
⑥ 고장이나 점검에 필요한 예비 부품 준비

04. 겨울철 안전운전

1 계절 특성
① 겨울철은 차가운 대륙성 고기압의 영향으로 북서 계절풍이 불어와 날씨는 춥고 눈이 많이 내리는 특성을 보인다.
② 교통의 3대 요소인 사람, 자동차, 도로환경 등 모든 조건이 다른 계절에 비하여 열악한 계절이다.

2 기상 특성

① 한반도는 북서풍이 탁월하고 강하여, 습도가 낮고 공기가 매우 건조

② 겨울철 안개는 서해안에 가까운 내륙지역과 찬 공기가 쌓이는 분지지역에서 주로 발생하며, 빈도는 적으나 지속시간이 긴 편이다.

③ 대도시지역은 연기, 먼지 등 오염물질이 올라갈수록 기온이 상승되어 있는 기층 아래에 쌓여서 옅은 안개가 자주 발생한다.

④ 기온이 급강하하고 한파를 동반한 눈이 자주 내리며, 눈길, 빙판길, 바람과 추위는 운전에 악영향을 미치는 기상특성을 보인다.

3 겨울철 교통사고의 위험 요인

① 도로조건 : 눈이 잘 녹지 않고 쌓이며 적은 양의 눈이 내려도 바로 빙판길이 될 수 있기 때문에 자동차 간의 충돌 · 추돌 또는 도로 이탈 등의 사고가 발생할 수 있다.

② 운전자 : 각종 모임 등으로 마신 술이 깨지 않은 상태에서 운전할 가능성이 있으며 추운 날씨로 방한복 등 두꺼운 옷을 착용하고 운전하는 경우 움직임이 둔해져 위기상황에 민첩한 대처능력이 떨어지기 쉽다.

③ 보행자 : 두꺼운 외투, 방한복 등을 착용하고 앞만 보면서 목적지까지 최단거리로 이동하려는 경향이 있다.

4 안전운행 및 교통사고 예방

① 출발할 때

㉠ 도로가 미끄러울 때에는 급출발하거나 갑작스런 동작을 하지 않고 부드럽게 천천히 출발하면서 도로상태를 느끼도록 한다.

㉡ 미끄러운 길에서는 기어를 2단에 넣고 출발하는 것이 구동력을 완화시켜 바퀴가 헛도는 것을 방지할 수 있다.

㉢ 핸들이 한쪽 방향으로 꺾여있는 상태에서 출발하면 앞바퀴의 회전각도로 인해 바퀴가 헛도는 결과를 초래할 수 있으므로 앞바퀴를 직진 상태로 변경한 후 출발한다.

㉣ 체인은 구동바퀴에 장착하고 과속으로 심한 진동 등이 발생하면 체인이 벗겨지거나 절단될 수 있으므로 주의한다.

② 주행할 때

㉠ 미끄러운 도로에서 제동할 때에는 정지거리가 평소보다 2배 이상 길어질 수 있기때문에 충분한 차간 거리 확보 및 감속 운행이 요구되며, 다른 차량과 나란히 주행하지 않는다.

㉡ 주행 중에 차체가 미끄러질 때는 핸들을 미끄러지는 방향으로 틀어주면 스핀(Spin)을 방지할 수 있다.

㉢ 눈이 내린 후 타이어 자국이 나 있을 때는 앞 차량의 타이어 자국 위를 달리면 미끄럼을 예방할 수 있으며 기어는 2단 혹은 3단으로 고정하여 그 동력을 바꾸지 않은 상태에서 주행하면 미끄럼을 방지할 수 있다.

㉣ 커브 길 진입 전에는 충부히 감속해야 하며 햇빛 · 바람 · 기온차이로 커브 길의 입구와 출구 쪽의 노면 상태가 다르므로 도로 상태를 확인하면서 운행하여야 한다.

③ 장거리 운행 시 : 장거리를 운행할 때에는 목적지까지의 운행 계획을 평소보다 여유있게 세워야 하며, 도착지 · 행선지 · 도착시간 등을 승객에게 고지하여 기상악화나 불의의 사태에 신속히 대처할 수 있도록 한다.

5 자동차 관리

① 월동장비 점검

㉠ 스크래치 : 유리에 끼인 성에를 제거할 수 있도록 비치한다.

㉡ 스노타이어 또는 차량의 타이어에 맞는 체인을 구비하고, 체인의 절단이나 마모 부분은 없는 지 점검을 한다.

② 냉각장치 점검

㉠ 냉각수의 동결을 방지하기 위해 부동액의 양 및 점도를 점검한다.(냉각수가 얼어붙으면 엔진과 리디에이터에 치명적인 손상을 초래할 수 있다)

㉡ 냉각수를 점검할 때에는 뜨거운 냉각수에 손을 데일 수 있으므로 엔진이 완전히 냉각될 때까지 기다렸다가 냉각장치 뚜껑을 열어 점검을 한다.

③ 정온기(온도조절기, thermostat) 상태 점검

㉠ 정온기 : 실린더헤드 물 재킷 출구부분에 설치되어 냉각수의 온도에 따라 냉각수 통로를 개폐하여 엔진의 온도를 알맞게 유지하는 장치를 말한다.

㉡ 기능 : 엔진이 차가울 때는 냉각수가 라이에이터로 흐르지 않도록 차단하고, 실린더내에서만 순환되도록 하여 엔진의 온도가 빨리 적정온도에 도달하도록 한다.

㉢ 정온기가 고장으로 열려있다면 엔진의 온도가 적정 수준까지 올라가는데 많은 시간이 필요함에 따라 엔진의 워밍업 시간이 길어지고 히터의 기능이 떨어지게 된다.

02 안전운전 출제예상문제

제1장 자동차 관리

01 자동차 일상 점검 시의 주의사항으로 옳지 않은 것은?

① 경사가 없는 평탄한 장소에서 점검
② 점검은 항상 밀폐된 공간에서 시행
③ 검사 시에는 반드시 엔진의 시동을 끈 후 점검
④ 변속 레버를 '주차'에 위치시킨 후 브레이크 걸기

해설 ② 점검은 항상 환기가 잘 되는 장소에서 시행

02 다음의 일상 점검 내용 중 엔진 룸 내부에 관한 점검 내용이 아닌 것은?

① 변속기 오일 ② 라디에이터 상태
③ 윈도 워셔액 ④ 배가스의 색깔

해설 ④ 자동차 외관의 배기가스 관련 점검 사항이다.

03 일상적으로 점검해야 하는 사항 중 운전석에서 검사할 사항으로 옳지 않은 것은?

① 라이트의 점등 상화
② 브레이크 페달의 밟히는 정도
③ 와이퍼 정상 작동 여부
④ 오작동 신호 확인

해설 ①은 일상점검 중 자동차의 외관에서 검사할 사항이다.

04 운행 전 차량 외관 점검 사항으로 옳지 않은 것은?

① 유리의 상태 및 손상 여부
② 차체의 기울기 여부
③ 액셀러레이터 페달 상태
④ 휠 너트의 조임 상태

해설 ③ 액셀러레이터 페달 상태는 운행 중 출발 전에 하는 점검 사항이다.

05 운행 전 차량 엔진 점검 시 확인해야 할 사항으로 옳지 않은 것은?

① 각종 벨트의 장력 상태 및 손상의 여부
② 냉각수의 적당량과 변색 유무
③ 배선의 정리, 손상, 합선 등의 누전 여부
④ 연료의 게이지량

해설 ④는 운행 전 자동차 점검 중 운전석에서 점검할 사항이다.

06 자동차의 외관점검 사항에 대한 설명이다. 점검사항이 아닌 것은?

① 유리는 깨끗하며 깨진 곳과 후사경의 위치 상태 여부
② 타이어의 공기압력과 마모상태 적절여부와 차체에서 오일, 연료, 냉각수 등의 유출 여부
③ 차체의 외관상태와 휠 너트의 조임 상태 양호 유무
④ 엔진 오일의 적당량과 와이퍼 작동 상태 등의 확인

해설 ④의 문항은 운전석이나 엔진룸에서 점검사항이므로 외관 점검사항이 아니며, ①②③외에도 차체의 기울기, 휠 너트의 조임 상태, 연료 탱크 캡의 잠금 상태 등이 있다.

07 자동차의 경고등과 표시등의 설명이 서로 다른 것은?

OIL ① 엔진오일 압력 경고등
② 안전벨트 미착용 경고등
③ 상향등 작동 표시등
PARKING ④ 브레이크 에어 경고등

해설 ④의 표시등은 '주차브레이크 경고등'이며, 브레이크 에어 경고등은 다음과 같다. BRAKE AIR

08 자동차의 경고등이나 표시등의 설명이 잘못 연결된 것은?

WATER ① 냉각수 경고등
② 엔진 예열작동 표시등
③ 배터리 충전 경고등
CHECK ENGINE ④ 비상 경고 표시등

해설 ④는 '엔진 정비지시등'이며, '비상 경고 표시등'은 다음과 같다. ⇦⇨

09 운행 후 자동차 외관점검 사항이다. 아닌 것은?

① 차체에 굴곡이나 손상된 곳 등 여부 확인
② 타이어 공기압 차이에 의한 기울어짐 여부 확인
③ 보닛의 고리 빠짐 여부 확인
④ 차체의 기울기 여부

해설 ④의 문항은 '운행 전 외관 점검사항'이므로 다르다.

정답 1② 2④ 3① 4③ 5④ 6④ 7④ 8④ 9④

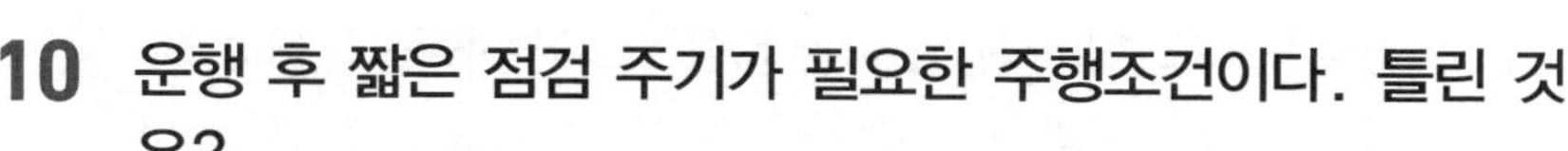

10 **운행 후 짧은 점검 주기가 필요한 주행조건이다. 틀린 것은?**

① 짧은 거리를 반복해서 주행
② 모래, 먼지가 많은 지역 주행
③ 룸미러 각도, 경음기 작동 상태, 계기 점등 상태
④ 험한 상태의 길(자갈길, 비포장길) 주행빈도가 높은 경우

해설 ③의 문항은 '운행 전 운전석에서 점검사항'으로 다르다.

11 **자동차가 주행하기 전 안전수칙에 대한 설명이다. 잘못된 것은?**

① 안전벨트의 착용 – 짧은 거리의 주행 시에도 안전벨트를 착용한다.
② 안전운전을 위한 청결유지 – 전면 유리창을 과도하게 선팅하지 말 것이며, 운전석 바닥에 커피 캔 등을 놓아 가속/브레이크 페달의 정상작동에 영향을 주지 아니할 것.
③ 차체에 굴곡이나 손상된 곳 등 주차 후 바닥에 오일이나 냉각수가 떨어져 보이는 지 확인하여야 한다.
④ 위험물질의 차내 방치 또는 차내 반입 금지 – 여름철 차 내부 실내 온도는 약 70℃ 이상 고온이므로 화재/폭발 위험이 있는 인화성물질(라이터 등)의 차내 반입 방치는 금물이다.

해설 ③의 내용은 운행 후 자동차 외관점검사항에 해당하는 사안으로 해당되지 않아 틀린다. 이외에도 올바른 운전자세, 주행 전 건강 체크, 일상점검의 생활화 등이 있다.

12 **주행 전 건강 체크 사항 중 음주(혈중알코올 농도)에 따른 행동적 증후(3~5잔 : 중기, 손 상가능기)에 대한 설명이다. 맞지 않는 것은?**

① 얼큰히 취한 기분　② 압박에서 탈피하여 정신 이완
③ 체온 상승　④ 판단력이 조금 흐려짐

해설 ④의 내용은 2잔 정도 음주하였을 때 초기의 취한 상태의 행동적 징후이므로 맞지 않은며 '맥박이 빨라짐'의 현상이 있다.

13 **주행 전 정신적 건강체크에서 '피로가 운전에 미치는 영향'에 대한 설명이다. 옳지 않은 것은?**

① 주의력 – 교통표지를 간과하거나 보행자를 알아보지 못한다.
② 사고판단력 – 긴급상황에 필요한 조치를 제대로 하지 못한다.
③ 감정조절능력 – 사소한 일에도 당황하며 판단을 잘못하기 쉽다.
④ 운동능력 – 필요한 때에 손과 발이 제대로 움직이지 못해 신속성이 결여된다.

해설 ④의 운동능력은 '신체적 피로가 운전과정에 미치는 영향'에 해당하므로 해당되지 않아 틀린 내용이다.

14 **자동차 주행 후의 안전수칙이다. 다른 문항은?**

① 위험 물질의 차내 방치 및 차내 반입 금지
② 주행종료 후에도 긴장을 늦추지 않는다.
③ 주행종료 후 주차 시 가능한 편평한 곳에 주차한다.
④ 휴식을 위해 장시간 주·정차 시 반드시 시동을 끈다.

해설 ①의 문항은 '운행 전 안전수칙의 하나이다'로 다르다. 외에 ㉠ 경사가 있는 곳에 주차할 경우 변속기어를 P에 놓고 주차 브레이크를 작동시키고, 바퀴를 좌·우측 방향으로 조향 핸들을 작동시킨다. ㉡ 시동을 걸고 에어컨이나 히터를 켜놓은 상태로 밀폐된 차 안에 오래 있을 경우 질식사할 가능성이 있다.

15 **다음 자동차 관리 요령 중 세차해야 하는 시기에 관한 설명으로 옳지 않은 것은?**

① 해안 지대를 주행하였을 경우
② 아스팔트 공사 도로를 주행하였을 경우
③ 차체가 열기로 뜨거워졌을 경우
④ 진흙 및 먼지 등으로 심하게 오염되었을 경우

16 **세차할 때의 주의사항으로 잘못된 것은?**

① 엔진룸은 에어를 이용하여 세척한다.
② 기름 또는 왁스가 묻어있는 걸레로 전면 유리를 닦지 않는다.
③ 겨울철에 세차하는 경우에는 물기를 완전히 닦는다.
④ 자동차의 더러움이 심할 경우 고무 제품의 변색을 예방하기 위해 자동차 전용 세척제를 사용한다.

해설 정답은 ④이며, ④의 내용은 자동차의 관리요령 중 외장손질 문장 중 하나로 틀린 내용이다.

17 **자동차 관리 요령 중 외장 손질 요령이다. 틀린 문항은?**

① 차량 표면에 녹이 발생하거나 부식되는 것을 방지하도록 깨끗이 세척한다.
② 차량의 도장보호를 위해 오염 물질들이 퇴적하지 않도록 깨끗이 제거한다.
③ 자동차의 더러움이 심할 경우 고무제품의 변색을 예방하기 위해 자동차 전용 세척제를 사용한다.
④ 차체의 먼지나 오물은 도장 보호를 위해 마른 걸레로 닦아낸다.

해설 ④의 문항 중 '마른 걸레로 닦아낸다'는 틀리고, '마른 걸레로 닦아내지 않는다'가 옳은 문항이다. 외에 ㉠ 범퍼나 차량 외부를 세차 시 부드러운 브러시나 스펀지를 사용하여 닦아낸다. ㉡ 차량 외부의 합성수지 부품에 엔진오일, 방향제 등이 묻은 경우 변색이나 얼룩이 발생하므로 즉시 깨끗이 닦아낸다.

18 **자동차 타이어의 마모에 영향을 주는 요소에 대한 설명이다. 맞지 않는 것은?**

① 타이어 공기압이 낮으면 승차감은 좋아지나 타이어 숄더 부분에 마찰력이 집중되어 타이어 수명이 짧아진다.
② 큰크리트 포장 도로는 아스팔트 포장 도로보다 타이어 마모가 더 발생한다.
③ 고속주행 중에 급제동한 경우는 저속주행 중에 급제동한 경우보다 타이어 마모에서 별 차이가 없다.
④ 커브의 구부러진 상태나 커브 구간이 반복될수록 타이어 마모는 촉진된다.

해설 정답은 ③이다. ③의 문항 중 끝부분의 '별 차이가 없다'는 틀리고 '타이어 마모는 증가한다'가 옳다.

19 **다음 중 LPG자동차의 일반적 특성으로 옳지 않은 것은?**

① 원래 무색무취의 가스이나 가스누출 시 위험을 감지할 수 있도록 부취제가 첨가 됨
② 감압 또는 가열 시 쉽게 기화되며 발화하기 쉬우므로 취급 주의
③ 과충전 방지 장치가 내장되어 있어 75% 이상 충전되지 않으나 약 70%가 적정
④ 주성분은 부탄과 프로판의 혼합체

해설 ③ 과충전 방지 장치가 내장되어 있어 85% 이상 충전되지 않으나 약 80%가 적정

정답 10 ③　11 ③　12 ④　13 ④　14 ①　15 ③　16 ④　17 ④　18 ③　19 ③

20 **다음 중 LPG 자동차의 장 · 단점에 관한 설명이다. 잘못된 설명은 무엇인가?**

① 연료비가 적게 들어 경제적
② 가스 누출 시 가스가 잔류하여 점화원에 의해 폭발의 위험성이 있음
③ LPG 충전소가 적어 연료 충전이 불편
④ 유해 배출 가스량이 높음

해설 ④ 유해 배출 가스량이 적음

21 **LPG 자동차의 탱크 구성과 작용이다. 다른 문항은?**

① LPG 자동차는 유해 배출 가스량이 줄어든다.
② 충전 밸브는 연료가 과충전 되는 것을 방지하고, 녹색으로 표시되어 있다.
③ 과충전 방지 밸브와 일체형으로 구성되어 있다.
④ 연료 차단 밸브는 적색으로 표시되어 있고 수동으로 강제 차단하는 밸브이다.

해설 ①의 문항은 'LPG자동차의 장점'에 해당되어 다른 문항이다.

22 **LPG 차량관리 요령에 관한 주의사항이다. 옳지 않은 것은?**

① LPG는 공기에 비해 약 두배 정도 무거운 특징을 가지고 있다.
② LPG 누출 확인 방법은 비눗물을 이용한다.
③ 화기 옆에서 LPG 관련 부품을 점검하거나 수리하는 것은 금물이다.
④ 가스 누출이 많은 부위는 LPG 기화열로 인하여 파랗게 서리가 형성된다.

해설 정답은 ④로, ④의 문항 중 '파랗게 서리가 형성된다'는 틀리고, '하얗게 서리가 형성된다'가 옳은 문항이다.

23 **LPG 자동차의 시동 전 점검사항이다. 다른 문항은?**

① LPG 탱크 밸브(적색 · 녹색)의 열림 상태 점검
② LPG 탱크 고정 밸트의 잠김 여부 점검
③ 연료 파이프 연결 상태 및 연료 누기 여부 점검
④ 냉각수 적정 여부를 점검

해설 ②의 문항 중 '잠김'은 틀리고 '풀림'이 옳은 문항이다. 외에 ㉠ 가스 누출 시 담뱃불과 같은 화기를 멀리 하고, 모든 창문을 개방하고 전문 정비업체에 연락하여 조치를 취함. ㉡ 엔진에서 베이퍼라이저로 가는 냉각수 호스 연결 상태 누수 여부를 점검한다.

24 **다음 중 LPG 연료 충전 방법으로 옳지 않은 것은?**

① 연료를 충전하기 전에 반드시 시동을 끈다.
② LPG 주입 뚜껑을 열어 LPG 충전량이 85%를 초과하지 않도록 충전한다.
③ 밀폐된 공간에서는 충전하지 않는다.
④ 연료 출구 밸브(적색, 황색)를 연다.

해설 출구 밸브 핸들(적색)을 잠근 후, 충전 밸브 핸들(녹색)를 연다.

25 **LPG 자동차 주차 요령으로 옳은 것은?**

① 장시간 주차 시 연료 충전 밸브(적색)를 잠가야 한다.
② 주차 시, 지하 주차장이나 밀폐된 장소 등에 주차한다.
③ 연료 출구 밸브(적색, 황색)를 반시계 방향으로 돌려 잠근다.
④ 옥외 주차 시에는 엔진룸의 위치가 건물 벽을 향하도록 주차한다.

해설 LPG 자동차 주차 시 준수사항
㉠ 지하 주차장이나 밀폐된 장소 등에 장시간 주차하지 말아야 하고 장시간 주차 시 연료 충전 밸브(녹색)를 잠가야 한다.
㉡ 연료 출구 밸브(적색, 황색)를 시계 방향으로 돌려 잠근다.
㉢ 가급적 환기가 잘되는 건물 내 또는 지하 주차장에 주차하거나 옥외 주차 시에는 엔진룸의 위치가 건물 벽을 향하도록 주차한다.

26 **자동차를 운행할 때 브레이크 조작과 관련한 설명이다. 틀린 것은?**

① 브레이크를 밟을 때에는 한 번에 세게 밟는 것이 좋다.
② 내리막길에서 운행할 때 연료 절약 등을 위하여 기어를 중립(N)에 두고 운행하지 않는 다.(현저한 제동력 감소로 이어질 수 있음)
③ 주행 중에 브레이크를 작동시킬 때는 핸들을 안정적으로 잡고 변속기어가 들어가 있는 상태에서 제동한다.
④ 길이가 긴 내리막 도로에서 계속해서 풋 브레이크만을 작동시키면 브레이크 파열 등 영향을 미칠 수 있어 저단기어로 변속하여 엔진 브레이크가 작동되게 한다.

해설 정답은 ①이다. 브레이크를 약 2~3회에 걸쳐 밟아야 한다.

27 **ABS(ANti-Lock Brake System)조작에 관한 설명이다. 틀린 것은?**

① ABS장치는 급제동 시 핸들의 조향성능을 유지시켜 주는 장치이다.
② ABS 장착 자동차라도 옆으로 미끄러지는 위험은 방지할 수 없다.
③ 자갈길이나 평범하지 않은 도로 등 접지면이 부족한 경우에는 일반 브레이크보다 제동 거리가 더 길어지지 않는다.
④ 기 스위치를 ON했을 때 ABS가 정상일 경우 ABS경고등은 3초 동안 점등(자가진단)된 후 소등된다. 만약 계속 점등되면 점검이 필요하다.

해설 정답은 ③으로 문항 중 '제동거리가 더 길어지지 않는다'는 틀리고 '제동거리가 더 길어질 수 있다'가 옳은 문항이다.

28 **연료 회로 또는 브레이크 장치 유압 회로 내에 브레이크액이 온도 상승으로 인하여 기화 되어 압력전달이 원활하게 이루어지지 않아 제동 기능이 저하되는 현상의 명칭은?**

① 베이퍼 록 현상 ② 페이드 현상
③ 모닝 록 현상 ④ 노킹 현상

해설 ①의 베이퍼 록 현상이 맞다.

29 **운행 중에 계속해서 브레이크를 사용하면 브레이크액의 온도 상승으로 인해 마찰열이 라이닝에 축적되어 브레이크 제동력이 저하되는 현상인 것은?**

① 페이드 현상 ② 베이퍼 록 현상
③ 노킹 현상 ④ 모닝 록 현상

해설 ①의 페이드 현상이 맞다.

정답 20 ④ 21 ① 22 ④ 23 ② 24 ④ 25 ④ 26 ① 27 ③ 28 ① 29 ①

30 **자동차의 모닝 록(Morning Lock)현상의 증상이다. 틀린 것은?**

① 장마철이나 습도가 높은 날, 장시간 주차 후 브레이크 드럼 등에 미세한 녹이 발생하는 현상이다.
② 브레이크 페달을 밟아도 브레이크 작용이 매우 둔해진다.
③ 브레이크 디스크와 패드 간의 마찰계수가 높아져 평소보다 브레이크가 민감하게 작동 되는 현상이다.
④ 출발 시 서행하면서 브레이크를 몇 차례 밟아주면 이 현상을 해소시킬 수 있다.

해설 ②의 문항은 '베이퍼 록 현상'의 하나로 틀리다.

31 **자동차의 바퀴가 진흙이나 모래 속에 빠져 헛도는 경우의 조치에 대한 설명이다. 옳지 않은 방법은?**

① 차바퀴가 빠져 헛도는 경우 급가속을 하게 되면 바퀴가 헛돌면서 더 깊이 빠진다.
② 변속레버를 전진과 후진(R)위치로 번갈아 두며 가속페달을 부드럽게 밟으면서 탈출을 시도한다.
③ 필요한 경우에는 납작한 돌, 나무 또는 바퀴의 미끄럼을 방지할 수 있는 물건을 타이어 주변에 놓을 필요 없이 계속하여 자동차를 앞뒤로 움직여 탈출을 시동한다.
④ 타이어 밑에 물건을 놓은 상태에서 갑자기 출발함으로써 타이어 밑에 놓았던 물건이 튀어나오거나 타이어의 회전 또는 갑작스런 움직임으로 차 주위에 있는 사람들이 다칠 수 있으므로 주위 사람들을 안전지대로 피하게 한 뒤 시동을 건다.

해설 ③의 문항 중 '타이어 주변에 놓을 필요 없이'는 틀린 문항이고, '타이어 밑에 놓고'가 맞으며, 이외에 '진흙이나 모래 속을 빠져나오기 위해 무리하게 엔진 회전수를 올리게 되면 엔진 손상, 과열, 변속기 손상 및 타이어의 손상을 초래할 수 있다.

제2장 자동차 응급 처치 요령

32 **자동차 운전 중 진동과 소리가 날 때의 원인과 응급조치에 대한 설명이다. 옳지 않은 것은?**

① 비포장도로의 울퉁불퉁하고 험한 노면을 달릴 때 '딱각딱각'하는 소리와 '쿵쿵'하는 소리가 나는 경우는 충격 완충장치인 쇽업소버의 고장 여부를 확인하여야 한다.
② 브레이크 페달을 밟아 차를 세우려고 할 때 '끼익'하는 소리가 나는 경우는 바퀴의 풀 너트 이완이나 타이어의 공기 부족일 때 나는 소리이다.
③ 가속페달을 힘껏 밟는 순간 '끼익'하는 소리가 나는 경우는 팬벨트 또는 기타의 V벨 트가 이완되어 걸려있는 폴리와의 미끄러짐에 의해 일어난다.
④ 클러치를 밟고 있을 때 '달달달' 떨리는 소리와 함께 차체가 떨리고 있다면 클러치 릴리스 베어링의 고장이다.

해설 ②의 경우 '끼익'하는 소리는 '펜 벨트 등이 이완되어 걸려있는 폴리와의 미끄러짐'을 점검 확인하여야 한다.

33 **자동차 운행 중에 냄새와 열이 나는 경우의 원인에 대한 설명이다. 아닌 것은?**

① 전기 장치 부분 ② 바퀴 부분
③ 브레이크 장치 부분 ④ 클러치 부분

해설 ④의 클러치는 '달달달' 소리가 나는 경우에 해당된다.
① 전기장치=엔진 실내의 전기배선 등의 피복이 벗겨져 합선에 의해 전선이 타면서 나는 냄새이다.
② 바퀴 부분=브레이크 라이닝 간격이 좁아 브레이크가 끌릴 경우 드럼에 열이 발생한다.
③ 브레이크 장치 부분=주 브레이크의 간격이 좁을 경우 주차 브레이크가 완전히 풀리지 않았을 경우 긴 언덕길을 내려갈 때 계속 브레이크를 밟고 있는 경우 냄새가 난다.

34 **자동차 배출 가스 색에 대한 원인과 점검(조치)의 설명으로 옳지 않는 것은?**

① 무색 : 완전 연소 시 정상 배출 가스의 색은 무색 또는 약간 엷은 청색을 띈다.
② 검은색 : 농후한 혼합가스가 들어가 불완전하게 연소될 경우에 발생하며 초크고장이나 에어 클리너 막힘 등으로 인하여 발생한다.
③ 백색(흰색) : 엔진 안에서 다량의 엔진오일이 실린더 위로 올라와 연소되는 경우에 발생하며 헤드개스킷 파손, 밸브의 오일 실 노후 등을 확인하여야 한다.
④ 검정색 : 자동차 엔진의 피스톤 링의 마모 시 발생한다.

해설 정답은 ④이다. 자동차 배기가스의 색이 '검정색'으로 배출되는 경우의 고장 원인은 '초크 고장이나 에어클리너 엘리먼트의 막힘, 연료장치 고장 등이 원인이다.

35 **자동차의 배출 가스의 색이 검정색인 경우 원인으로 맞는 것은?**

① 연료 장치의 고장 ② 피스톤 링의 마모가 고장 원인
③ 초크 고장이 원인 ④ 에어클리너 엘리먼트 막힘이 고장

해설 배출가스 검정색인 경우 : 농후한 혼합가스가 들어가 불완전 연소되는 경우이다. 초크 고장이나 에어클리너 엘리먼트의 막힘, 연료 장치 고장 등이 원인이다.

36 **자동차 배출가스의 색이 백색인 경우 원인으로 맞는 것은?**

① 냉각수가 함께 연소되고 있다.
② 유사 휘발유가 섞인 연료를 사용하고 있다.
③ 불완전 연소가 되고 있다.
④ 엔진오일이 함께 연소되고 있다.

해설 ④의 문항이 옳다. 무색이나 청색이면 정상이다. ㉠ 검은색–불완전 연소 상태

37 **배터리 방전 시 응급조치 요령에 대한 설명으로 잘못된 것은?**

① 주차 브레이크를 작동시켜 차량이 움직이지 않도록 하고 변속기는 '중립'에 위치시킨다.
② 방전된 배터리가 충분히 충전되도록 일정시간 시동을 걸어둔다.
③ 보조배터리를 사용하는 경우 점프 케이블을 연결 후 시동을 건다.
④ 시동이 걸린 후 배터리가 충전되면 케이블의 '+'단자를 먼저 분리한 후 '–'단자를 분리 한다.

해설 정답은 ④이다. 점프 케이블의 제거는 '–'단자를 먼저 분리한 다음에 '+'단자를 분리한다.

정답 30 ② 31 ③ 32 ② 33 ④ 34 ④ 35 ④ 36 ④ 37 ④

38 엔진 오버히트가 발생할 때의 징후에 대한 설명이다. 그 징후로 볼 수 없는 것은?

① 운행 중 수온계가 H부분을 가리키는 경우
② 엔진 출력이 갑자기 떨어지는 경우
③ 노킹소리가 들리는 경우
④ 주행 중 하체 부분에서 비틀거리는 흔들림이 일어나는 원인은 보편적으로 바퀴의 휠 너트가 이완되었거나 타이어의 공기압이 부족하기 때문이다.

해설 정답은 ④이다. 하체 부분에서 비틀거리는 흔들림이 일어나는 원인은 보편적으로 바퀴의 휠 너트가 이완되었거나 타이어의 공기압이 부족하기 때문이다.

39 자동차 엔진에 오버히트가 발생할 때의 안전조치에 대한 설명이다. 맞지 않는 것은?

① 비상경고등을 작동시킨 후 도로의 가장자리로 안전하게 이동하여 정차한다.
② 여름에는 에어컨, 겨울에는 히터의 작동을 중지한다.
③ 엔진이 작동하는 상태에서 보닛(Bonnet)을 열어 엔진을 냉각시킨다.
④ 엔진을 정지시키고 보닛(Bonnet)을 열어 엔진을 냉각시킨다.

해설 정답은 ④이다. 냉각시키는 방법은 엔진이 작동하는 상태에서 보닛을 열어 냉각시켜야 한다.

40 타이어 펑크 시 조치 사항으로 옳지 않은 것은?

① 브레이크를 밟아 차를 도로 옆 평탄하고 안전한 장소에 주차 후 주차 브레이크 당기기
② 밤에는 사방 500m 지점에서 식별 가능한 적색 섬광 신호, 전기제등 또는 불꽃 신호 추가 설치
③ 핸들이 돌아가지 않도록 견고하게 잡고 비상 경고등 작동
④ 잭으로 차체를 들어 올릴 시 교환할 타이어의 반대편 쪽 타이어에 고임목 설치

해설 ④ 잭으로 차체를 들어 올릴 시 교환할 타이어의 대각선 쪽 타이어에 고임목 설치

41 잭을 사용할 때 주의해야 할 사항으로 옳지 않은 것은?

① 잭 사용 시 후륜의 경우에는 리어 액슬 윗부분에 설치
② 잭으로 차량을 올린 상태에서 차량 하부로 들어가면 위험
③ 잭 사용 시 시동 금지
④ 잭 사용 시 평탄하고 안전한 장소에서 사용

해설 ① 잭 사용 시 후륜의 경우에는 리어 액슬 아랫부분에 설치

42 시동모터는 작동되지만 시동이 걸리지 않는 경우의 조치요령으로 맞지 않는 것은?

① 연료를 보충한 후 공기 빼기를 한다.
② 예열시스템을 점검한다.
③ 연료 필터를 교환한다.
④ 접지 케이블을 단단하게 고정한다.

해설 ④의 경우 조치사항은 "시동은 작동되지 않거나 천천히 회전하는 경우"의 조치사항이므로 맞지 않는 것이다.

43 연료소비량이 많은 경우의 조치사항에 대한 설명이다. 틀린 것은?

① 연료계통을 점검하고 누출부위를 정비한다.
② 적정 공기압으로 조정한다.
③ 클러치의 간극을 조정하거나 클러치의 디스크를 교환한다.
④ 타이어의 공기압이 부족하고 클러치가 미끄러진다.

해설 ④의 경우 문항은 연료소비량이 많을 경우의 추정 원인에 해당하므로 맞지 않다.

44 자동차의 오보히트(엔진이 과열)가 되었을 때의 추정원인이다. 틀린 것은?

① 냉각수가 부족하거나 누수되고 있다.
② 냉각팬이 작동되지않는다.
③ 라디에이터 캡의 장착이 불완전하다.
④ 팬벨트 장력을 조정하고 서모스탯을 교환한다.

해설 ④의 문항은 본 문황의 '조치사항'에 해당되어 맞지 않는다.

45 자동차 엔진 과열 시 추정원인과 조치사항이 틀린 내용으로 짝지어진 것은?

① 느슨한 팬벨트의 장력 – 적정 공기압으로 조정
② 냉각수 부족 및 누수 – 냉각수 보충 및 누수 부위 수리
③ 라디에이터 캡의 완전한 장착 – 라디에이터 캡의 완전한 장착
④ 냉각팬 작동 불량 – 냉각팬, 전기배선 등의 수리

해설 ①의 문항 '느슨한 팬벨트 장력 조정'은 틀린 연결 내용이다.

46 자동차의 핸들(스티어링)이 떨리는 원인의 설명으로 틀린 것은?

① 타이어의 무게중심이 맞지 않다.
② 휠 너트의 (허브 너트)가 풀려 있다.
③ 규정토크(주어진 회전축을 중심으로 회전시키는 능력)로 조인다.
④ 타이어의 공기압이 타이어마다 다르다.

해설
③의 문항은 조치사항이므로 틀리며 원인으로 "타이어가 편마모 되어 있다"가 있다.

47 자동차의 브레이크 제동효과가 나쁠 때의 원인에 대한 설명이다. 맞지 않는 것은?

① 공기압이 과다하다.
② 공기누설(타이어 공기가 빠져나가는 현상)이 있다.
③ 라이닝 간극 과다 또는 마모상태가 심하다.
④ 라이닝 간극을 조정 또는 라이닝을 교환한다.

해설 ④의 문항은 '조치사항' 중의 하나로 틀리며, 이외에 "타이어 마모가 심하다"가 있다.

48 자동차의 배터리가 자주 방전되는 원인과 가장 거리가 먼 것은?

① 배터리 단자의 벗겨짐, 풀림, 부식이 있다.
② 팬벨트가 느슨하게 되어 있다.
③ 배터리 수명이 다 되었다.
④ 배터리 단자의 부식 부분을 제거하고 조인다.

해설 ④의 문항은 조치사항이므로 맞지 않으며, 이 외에 "배터리액이 부족하다"가 있다.

정답 38 ④ 39 ④ 40 ④ 41 ① 42 ④ 43 ④ 44 ④ 45 ① 46 ③ 47 ④ 48 ④

제3장 자동차 구조 및 특성

49 자동차의 동력 전달 장치에 대한 설명으로 옳은 것은?

① 동력을 주행 상황에 맞는 적절한 상태로 변화를 주어 바퀴에 전달하는 장치
② 자동차의 진행 방향을 운전자가 의도하는 바에 따라 임의로 조작할 수 있는 장치
③ 노면으로부터 발생하는 진동이나 충격을 완화시켜 자동차를 보호하고 주행 안전성을 향상시키는 장치
④ 자동차의 주행과 주행에 필요한 보조 장치들을 작동시키기 위한 동력을 발생시키는 장치

50 자동차 클러치의 필요성에 대한 설명이다. 틀린 것은?

① 엔진을 작동시킬 때 엔진을 무부하 상태로 유지한다.
② 변속기의 기어를 변속할 때 엔진의 동력을 일시 차단한다.
③ 속도에 따른 변속기의 기어를 저속 또는 고속으로 바꾸는 데 필요하다.
④ 클러치는 관성운전, 저속운전, 등판운전, 내리막 엔진브레이크 등 운전자의 의사대로 변속을 자유롭게 할 수 없게 한다.

해설 ④의 문항 중 "할 수 없게 한다"는 틀리고 "할 수 있게 한다"가 옳은 문항이다.

51 자동차 엔진의 동력을 변속기에 전달하거나 차단하는 역할을 하는 장치는?

① 변속기 ② 클러치
③ 현가장치 ④ 주행장치

해설 동력전달 장치 중 클러치는 엔진의 동력을 변속기에 전달하거나 차단하는 역할을 하며 엔진 시동을 작동시킬 때나 기어를 변속할 때에는 동력을 끊고 출발할 때는 엔진의 동력을 서서히 연결하는 일을 한다.

52 자동차 클러치의 구비조건으로 틀린 것은?

① 회전부분의 평형이 좋아야 한다.
② 회전 관성이 커야 한다.
③ 회전력 단속 작용이 확실하며 조작이 쉬워야 한다.
④ 구조가 간단하고 다루기 쉬우며 고장이 적어야 한다.

해설 ②의 문항 중 클러치의 구비조건으로 "회전 관성이 적어야 한다"와 "냉각이 잘 되어 과열하지 않아야 한다"가 있다.

53 자동차 클러치가 미끄러지는 원인으로 맞지 않는 것은?

① 클러치 디스크에 오일이 묻어 있다.
② 클러치 페달의 자유간극(유격)이 없다.
③ 클러치 디스크의 마멸이 심하다.
④ 클러치 페달의 자유간극이 크다.

해설 ④의 문항은 '클러치 차단이 잘 안 되는 경우의 원인이므로 틀리고 "클러치 스프링의 장력이 약하다"가 옳은 문항이다.

54 자동차의 클러치 차단이 잘 안되는 원인이다. 다른 것은?

① 클러치 페달의 자유간극이 크다.
② 릴리스 베어링이 손상되었거나 파손되었다.
③ 클러치 디스크에 오일이 묻어 있다.
④ 클러치 구성부품이 심하게 마멸되었다.

해설 ③의 문항은 "클러치가 미끄러지는 원인"으로 틀린다. 외에 ㉠ 클러치 디스크의 흔들림이 크다. ㉡ 유압 장치에 공기가 흡입되었다. 가 있다.

55 자동차 변속기의 필요성에 대한 설명이다. 거리가 먼 것은?

① 자동차 엔진과 차축 사이에서 회전력을 변환시켜 전달하기 위하여 필요하다.
② 자동차 엔진을 부부하 상태로 있게 하기 위하여 필요하다.
③ 자동차의 후진을 하기 위하여 필요하다.
④ 자동차 바퀴의 회전속도를 추진축의 회전속도보다 높이기 위하여 필요하다.

해설 ④의 문항은 틀린 내용이다.

56 자동변속기의 장점에 대한 설명이다. 다른 것은?

① 구조가 간단하고 가격이 저렴하다.
② 조작 미숙으로 인한 시동 꺼짐이 없다.
③ 발진과 가 · 감속이 원활하여 승차감이 좋다.
④ 유체가 댐퍼 역할을 하기 때문에 충격이나 진동이 적다.

해설 장점은 ②③④외에 "기어 변속이 자동으로 이루어져 운전이 편리하다"가 있고, 자동변속기의 단점은 다음과 같다. ㉠ 구조가 복잡하고 가격이 비싸다. ㉡ 차를 밀거나 끌어서 시동을 걸 수 없다. ㉢ 연료소비율이 10% 정도 많아진다.

57 자동차 자동변속기 오일의 색깔에 대한 설명이다. 틀린 것은?

① 정상 : 투명도가 높은 붉은 색
② 갈색 : 가혹한 상태에서 사용되거나 장시간 사용한 경우
③ 투명도가 없어지고 검은 색을 띨 때 : 자동변속기 내부의 클러치 디스크 마멸 부분에 의한 오손, 기어가 마멸된 경우
④ 니스 모양으로 된 경우 : 오일의 높은 고온에 노출된 경우

해설 ④의 문항 "오일에 높은 고온에"는 틀리고 "오일에 매우 높은 고온"이 맞는 문항이다. 외에 ㉠ 백색 : 오일에 수분이 다량으로 유입된 경우. 가 있다.

58 타이어의 기능 역할로 옳지 않은 것은?

① 자동차의 진행 방향을 전환 또는 유지
② 자동차의 동력을 발생
③ 자동차의 하중을 지탱
④ 엔진의 구동력 및 브레이크 제동력을 노면에 전달

해설 ②는 동력 발생 장치에 대한 설명이다. 타이어는 노면으로부터 전달되는 충격을 완화하는 기능도 있다.

59 튜브리스타이어에 대한 설명으로 옳지 않은 것은?

① 펑크 수리가 간단하고 작업 능률이 향상됨
② 튜브 타이어에 비해 공기압을 유지하는 성능이 떨어짐
③ 못에 찔려도 공기가 급격히 새지 않음
④ 유리 조각 등에 의해 손상되면 수리가 곤란

해설 ②는 튜브 타이어에 비해 공기압을 유지하는 성능이 우수

60 바이어스 타이어에 대한 것으로 옳은 것은?

① 스탠딩 웨이브 현상이 잘 일어나지 않음
② 오랜 연구 기간의 연구 성과로 인해 전반적으로 안정된 성능을 발휘
③ 현재는 타이어의 주류로 주목받고 있음
④ 저속 주행 시 조향 핸들이 다소 무거움

해설 ①, ④는 레디얼 타이어에 관한 설명이다.
*바이어스 타이어 – ㉠ 오랜 연구 기간의 연구 성과로 인해 전반적으로 안정된 성능을 발휘 ㉡ 현재는 타이어의 주류에서 서서히 밀리고 있음.

정답 49 ① 50 ④ 51 ② 52 ② 53 ④ 54 ③ 55 ④ 56① 57 ④ 58 ② 59 ② 60 ②

61 레디얼 타이어의 설명으로 옳은 것은?

① 림이 변형되면 타이어와의 밀착 불량으로 공기가 새기 쉬워짐
② 회전할 때 구심력이 좋음
③ 주행 중 발생하는 열의 발산이 좋아 발열이 적음
④ 유리 조각 등에 의해 손상되면 수리가 곤란

해설 ①,③,④는 튜브리스타이어에 대한 설명이다.

62 다음 중 스노 타이어에 대한 설명으로 옳지 않은 것은?

① 견인력 감소를 막기 위해 천천히 출발해야 함
② 눈길 미끄러짐을 막기 위한 타이어로 바퀴가 고정되면 제동 거리가 길어짐
③ 트레드 부위가 30% 이상 마멸되면 제 기능을 발휘하지 못함
④ 구동 바퀴에 걸리는 하중을 크게 해야 함

해설 트레드 부위가 50% 이상 마멸되면 제 기능을 발휘하지 못함

63 주행 시 변형과 복원을 반복하는 타이어가 고속 회전으로 인해 속도가 올라가면 변형된 접지부가 복원되기 전에 다시 접지하게 된다. 이때 접지한 곳 뒷부분에서 진동의 물결이 발생하게 되는데 이를 무엇이라 하는가?

① 페이드 현상 ② 스탠딩웨이브 현상
③ 수막현상 ④ 베이퍼록 현상

해설 ①,④는 브레이크 이상 현상이고 ③은 빗길에서의 타이어 이상으로 인한 현상이다.

64 스탠딩웨이브 현상의 원인으로 옳지 않은 것은?

① 타이어의 펑크
② 고속으로 2시간 이상 주행 시 타이어에 축적된 열
③ 배수 효과가 나쁜 타이어
④ 타이어의 공기압 부족

해설 ③은 수막현상의 원인이다.

65 빗길 속 수막현상에 대한 설명으로 올바르지 않은 것은?

① 속도를 조절할 수 없어 사고가 많이 일어난다.
② 이러한 현상은 시속 90km 이상일 때 많이 일어나지만 물이 고여 있는 곳에서는 더 낮은 속도에서도 나타난다.
③ 타이어가 새 것일수록 이러한 현상이 많이 나타난다.
④ 타이어와 노면과의 사이에 물막이 생겨 자동차가 물 위에 뜨는 현상이 나타난다.

66 수막현상의 예방법으로 옳지 않은 것은?

① 배수 효과가 좋은 타이어를 사용한다.
② 마모된 타이어를 사용하지 않는다.
③ 고속 주행을 한다.
④ 공기압을 조금 높이고 운행한다.

해설 ③ 저속 주행을 한다.

67 현가장치의 주요 기능으로 옳지 않은 것은?

① 타이어의 접지 상태를 유지
② 올바른 휠 밸런스 유지
③ 차체의 무게를 지탱
④ 엔진의 구동력 및 브레이크 제동력을 노면에 전달

해설 ④는 타이어의 기능이다.

68 자동차 현가장치의 구성품과 관계 없는 것은?

① 스태빌라이저 ② 타이로드
③ 쇽업쇼버 ④ 판 스프링

해설 현가장치의 구성품은 스프링, 스태빌라이저 등이고, ②의 타이로드는 조향장치 관련 부품에 해당된다.

69 스프링의 종류에 관한 설명 중 잘못 짝지어진 것은?

① 공기 스프링 – 차체의 기울기를 감소시킴
② 코일 스프링 – 승용차에 많이 사용
③ 토션바 스프링 – 진동의 감쇠 작용이 없어 쇽업소버를 병용
④ 판 스프링 – 버스나 화물차에 사용

해설 ① 쇽업소버에 관한 설명이다. 공기 스프링은 세기와 하중과 거의 비례해서 변화하는 특징이 있다.

70 현가장치의 구성품인 코일 스프링에 대한 설명으로 다른 것은?

① 외부의 힘을 받으면 비틀려진다.
② 판간 마찰작용이 없기 때문에 진동에 대한 감쇠 작용을 못한다.
③ 차축을 지지할 때는 링크 기구나 쇽업소버를 필요로 하고 구조가 복잡하다.
④ 스프링 자체의 강성으로 차축을 정해진 위치에 지지할 수 있어서 구조가 간단하다.

해설 ④의 문항은 판스프링의 기능에 해당하여 다르며, 이외에 ㉠ 옆 방향 작용력에 대한 저항력이 없다. ㉡ 단위 중량 당 에너지 흡수율이 판 스프링 보다 크고 유연하기 때문에 승용차에 많이 사용된다.

71 현가장치의 구성품인 스프링의 종류 중 승차감이 우수하며 장거리 주행 자동차 및 대형버스에 사용되는 스프링에 해당되는 것은?

① 공기 스프링 ② 토션 바 스프링
③ 판 스프링 ④ 코일 스프링

해설 공기 스피링의 기능은 ㉠ 승차감이 우수하기 때문에 주행 자동차 및 대형버스에 사용된다. ㉡ 짐을 실었을 때나 비었을 때의 승차감에는 차이가 없다. ㉢ 구조가 복잡하고 제작비가 비싸다. ㉣ 노면으로부터 작은 진동도 흡수할 수 있다.

72 현가장치의 구성품인 공기 스프링(공기의 탄성을 이용한 스프링)에 대한 설명으로 다른 것은?

① 다른 스프링에 비해 유연한 탄성을 얻을 수 있다.
② 노면으로부터 작은 진동도 흡수할 수 있다.
③ 차량 무게의 증감에 관계없이 언제나 차체의 높이를 일정하게 유지할 수 있다.
④ 차축을 지지할 때는 링크 기구나 쇽업소버를 필요로 하고 구조가 복잡하다.

해설 ④의 문항은 코일 스프링 기능의 하나로 다르고, 이 외에 ㉠ 승차감이 우수하기 때문에 장거리 주행 자동차 및 대형버스에 사용된다. ㉡ 스프링의 세기가 하중과 거의 비례해서 변화하기 때문에 짐을 실었을 때나 비었을 때의 승차감에는 차이가 없다. ㉢ 구조가 복잡하고 제작비가 비싸다.

정답 61 ② 62 ③ 63 ② 64 ③ 65 ③ 66 ③ 67 ④ 68 ② 69 ① 70 ④ 71 ① 72 ④

73 현가장치의 구성품인 쇽업소버에 대한 설명이다. 틀린 것은?

① 노면에서 발생한 스프링의 재진동을 빨리 흡수하여 승차감을 향상시키고, 스프링의 피로를 줄이기 위해 설치하는 장치이다.
② 쇽업소버는 움직임을 멈추지 않는 스프링에 역방향으로 힘을 발생시켜 진동흡수를 앞당긴다.
③ 스프링이 수축하려고 하면 쇽업소버는 수축하지 않도록 하는 힘을 발생시키고, 반대로 스프링이 늘어나려고 하면 늘어나지 않도록 하는 힘을 발생시키는 작용을 하므로 스프링 상·하운동 에너지를 열에너지로 변환시켜준다.
④ 토션바의 일종으로 양끝이 좌·우의 로어 컨트롤 암에 연결되며 가운데는 차체에 설치된다.

해설 ④의 문항은 '스태빌라이저'의 기능에 해당되어 틀린다. 이 외에 쇽업소버는 노면에서 발생하는 진동에 대해 일정 상태까지 그 진동을 정지시키는 힘인 감쇠력이 좋아야 한다.

74 자동차의 바퀴가 서로 다르게 상·하 운동을 할 때는 작용하여 차체의 기울기를 감소시켜 주는 기능을 하는 것은?

① 타이로드　② 토인
③ 판 스프링　④ 스태빌라이저

해설 ④의 스태빌라이저는 좌·우 바퀴가 동시에 상·하 운동을 할 때는 작용을 하지 않으나 좌·우 바퀴가 서로 다르게 상·하 운동을 할 때 작용하여 차체의 기울기를 감소시켜 주는 장치로 커브 길에서 자동차가 선회할 때 원심력 때문에 차체가 기울어지는 것을 감소시켜 차체가 롤링(좌·우 진동)하는 것을 방지하여 준다.

75 자동차의 진행 방향을 운전자가 의도하는 바에 따라 임의로 조작할 수 있는 장치로 앞바퀴의 방향을 바꿀 수 있는 장치를 무엇이라 하는가?

① 제동 장치　② 현가장치
③ 조향 장치　④ 동력 전달 장치

76 자동차의 조향핸들이 무거운 원인이다. 틀린 것은?

① 타이어 공기압이 부족하다.
② 조향 기어의 톱니바퀴가 마모되었다.
③ 조향기어 박스 내의 오일이 부족하다.
④ 뒷바퀴의 정렬 상태가 불량하다.

해설 ④의 문항 "뒷바퀴의 정렬 상태가"는 틀리고, "앞바퀴의 정렬 상태가"가 맞는 문항이다. 외에 ㉠ 타이어의 마멸이 과다하다. 가 있다.

77 조향장치에서 조향핸들이 한 쪽으로 쏠리는 원인이다. 아닌 것은?

① 타이어의 공기압이 부족하다.
② 조향 기어의 톱니바퀴가 마모되었다.
③ 앞바퀴의 정렬 상태가 불량하다.
④ 쇽업소버의 작동 상태가 불량하다.

해설 ②의 문항은 조향핸들이 무거운 원인 중 하나이므로 다르며, 이 외에 "허브 베어링의 마멸이 과다하다" 가 있다.

78 동력조향장치의 장점에 대한 설명이다. 단점인 것은?

① 조향 조작력이 작아도 된다.
② 노면에서 발생한 충격 및 진동을 흡수한다.
③ 오일펌프 구동에 엔진의 출력이 일부 소비된다.
④ 앞바퀴가 좌·우로 흔들리는 현상을 방지할 수 있다.

해설 ③의 문항은 단점에 해당되어 다르며, 이 외에 ㉠ 조향조작이 신속하고 경쾌하다 ㉡ 앞바퀴의 펑크 시 조향핸들이 갑자기 꺾이지 않아 위험도가 낮다.
*단점 – ㉠ 기계식에 비해 구조가 복잡하고 비싸다.
㉡ 고장이 발생할 경우 정비가 어렵다.

79 휠 얼리먼트의 역할에 대한 설명으로 틀린 것은?

① 캐스터 작용 : 조향핸들의 조작을 확실하게 하고 안정성을 준다.
② 캐스터와 조향추가(킹핀) 경사각의 작용 : 조향 핸들에 복원성을 부여한다.
③ 캠버와 조향추가(킹핀) 경사각의 작용 : 조향 핸들의 조작을 가볍게 한다.
④ 정의 캐스터 : 조향축 윗부분이 자동차의 뒤쪽으로 기울어진 상태

해설 ④의 문항은 캐스터의 구분 중의 하나로 다르며, 이 외에 "토인의 작용 : 타이어 마멸을 최소로 한다" 가 있다.

80 휠 얼라이먼트가 필요한 시기에 대한 설명이다. 틀린 것은?

① 자동차 하체가 충격을 받았거나 사고가 발생한 경우
② 타이어를 교환한 경우나 핸들의 중심이 어긋난 경우
③ 핸들이나 자동차의 고장이 발생한 경우
④ 자동차가 한 쪽으로 쏠림 현상이 발생한 경우나 자동차에서 롤링(좌·우 진동)이 발생한 경우.

해설 ③의 문항 중 "고장"은 틀리고, "떨림"이 맞는 용어이다.

81 자동차의 앞바퀴 정렬의 종류에 해당되지 않는 것은?

① 스태빌라이저　② 캠버
③ 캐스터　④ 조향축

해설 앞바퀴 정렬의 종류 : 캠버(Camber), 캐스터(Caster), 토인(Toe-in)

82 조향 장치 중 핸들 조작을 가볍게 하고 수직 방향 하중에 의한 차축의 휨을 방지하는 장치는 무엇인가?

① 토인　② 캠버
③ 캐스터　④ 조향축

해설 ②의 "캠버"가 해당된다.

83 앞바퀴가 하중을 받았을 때 아래쪽이 벌어지는 것을 방지하는 용어는?

① 캐스터　② 캠버
③ 킹핀 경사각　④ 토인

해설 ②의 캠버는 조향축(킹핀) 경사각과 함께 조향핸들의 조작을 가볍게 하고 수직 방향 하중에 의한 앞 차축의 휨을 방지하며, 하중을 받았을 때 앞바퀴의 아래쪽이 벌어지는 것(부의 캠버)을 방지한다.

84 조향 장치 중 조향하였을 때 직진 방향으로의 복원력을 부여하는 장치는 무엇인가?

① 토인　② 캠버
③ 조향축　④ 캐스터

해설 ④의 "캐스터"가 해당된다.

정답 73 ④ 74 ④ 75 ③ 76 ④ 77 ② 78 ③ 79 ④ 80 ③ 81 ① 82 ② 83 ② 84 ④

85 앞바퀴를 위에서 내려다봤을 때 양쪽 바퀴의 중심선 사이 거리가 뒤쪽보다 앞쪽이 약간 작게 되어 있는 것의 장치는 무엇인가?

① 캠버 ② 캐스터
③ 토인 ④ 킹핀 경사각

해설 ③의 "토인"이 맞는 문항이다.

86 조향 장치 중 조향축(킹핀) 경사각의 설명으로 맞지 않는 것은?

① 앞에서 보았을 때 조향축이 수직선과 이루는 각도이다.
② 캠버와 함께 조향핸들의 조작을 가볍게 한다.
③ 캐스터와 함께 앞바퀴에 복원성을 부여하여 직진 방향으로 쉽게 돌아가게 한다.
④ 바퀴의 미끄러짐이 없는 제동효과를 얻을 수 있다.

해설 ④의 문항은 ABS브레이크의 특징의 하나로 틀리며, 외에 "앞바퀴의 시미 현상(바퀴가 좌·우로 흔들리는 현상)을 방지한다"가 있다.

87 주행 자동차를 감속 또는 정지시키고 동시에 주차 상태를 유지하기 위해 사용하는 자동차 구조 장치를 무엇이라 하는가?

① 현가장치 ② 동력 발생 장치
③ 조향 장치 ④ 제동 장치

88 브레이크의 올바른 조작 방법으로 옳은 것은?

① 내리막길에서 운행할 때 연료 절약 등을 위해 기어를 중립에 둔다.
② 주행 중에는 핸들을 안정적으로 잡고 변속 기어가 들어가 있는 상태에서 제동한다.
③ 풋 브레이크를 자주 밟으면 안정적 제동이 가능하고, 뒤따라오는 차량에게 안전 조치를 취할 수 있는 시간이 생겨 후미추돌을 방지할 수 있다.
④ 길이가 긴 내리막 도로에서는 고단 기어로 변속한다.

89 내리막 주행 중 브레이크가 고장났을 때 취하는 방법 중 옳지 않은 것은?

① 주차 브레이크를 서서히 당긴다.
② 변속장치를 저단으로 변속하여 엔진 브레이크를 활용한다.
③ 풋 브레이크를 여러 번 나누어 밟아본다.
④ 최악의 경우는 피해를 최소화하기 위해 수풀이나 산의 사면으로 핸들을 돌린다.

해설 ③ 풋 브레이크를 과도하게 사용하면 브레이크 이상 현상이 발생한다.

90 다음 중 내리막길에서 브레이크에 이상 발생 시 요령으로 옳지 않은 것은?

① 풋 브레이크만 과도하게 사용하면 브레이크 이상 현상이 발생하니 주의한다.
② 최악의 경우는 피해를 최소화하기 위해 수풀이나 산의 사면으로 핸들을 돌린다.
③ 변속장치를 저단으로 변속하여 엔진 브레이크를 활용한다.
④ 속도가 10Km 이하가 되었을 때, 주차 브레이크를 서서히 당긴다.

해설 ④ 속도가 30Km 이하가 되었을 때, 주차 브레이크를 서서히 당긴다.

91 제동장치 ABS(Anti-lock Break System)의 특징으로 틀린 것은?

① 노면이 비에 젖더라도 우수한 제동 효과를 얻을 수 있다.
② 자동차의 방향 안정성, 조종 성능을 확보하지 못한다.
③ 앞바퀴의 고착에 의한 조향능력 상실을 방지한다.
④ 바퀴의 미끄러짐이 없는 제동 효과를 얻을 수 있다.

해설 ②의 문항 중 "확보하지 못한다"는 틀리며, "확보해준다"가 특징으로 맞다.
*ABS(Anti-lock Break System) : '기계'와 '노면의 환경'에 따른 제동 시 바퀴의 잠김 순간을 컴퓨터로 제어해 1초에 10여 차례 이상, 브레이크 유압을 통해 바퀴가 잠기기 직전 풀고 잠그고를 반복하는 기능으로, 차량 급제동 시 차체는 주행함에도 바퀴가 잠기는 상태를 방지하는 시스템.

제4장 자동차 검사 및 보험

92 자동차 검사의 필요성에 대한 설명이다. 맞지 않는 것은?

① 자동차 결함으로 인한 교통사고 예방으로 국민의 생명보호
② 자동차 배출가스로 인한 대기환경 개선
③ 자동차의 불법튜닝 등 안전기준 위반차량 색출로 운행질서 및 거래질서 확립
④ 자동차 보험 미가입 자동차의 교통사고로부터 차주 피해 예방

해설 ④의 문항 끝에 "차주 피해 예방"은 틀린 문항이며, "국민 피해 예방"이 맞다.

93 자동차 종합검사(배출가스 안전도 검사)의 제정 개념에 대한 설명이다. 아닌 것은?

① 자동차 정기검사와 배출가스 정밀검사 또는 특정 경유자동차 배출가스 검사의 검사 항목을 하나의 검사로 통합한 것이다.
② 자동차 검사 시기를 정기검사 시기로 통합하여 한 번의 검사로 모든 검사가 완료되도록 한 검사이다.
③ 종합검사제도는 자동차 검사로 인한 국민의 불편을 최소화하고, 편익을 도모하기 위해 시행하는 제도이다.
④ 자동차종합검사는 배출가스 정밀검사와 자동차 안전도 검사만 받으면 수검한 것으로 본다.

해설 ④의 문항은 "자동차정기검사, 배출가스 정밀검사 및 특정 경유자동차 검사를 받은 것으로 본다"가 옳은 문항이다.

94 자동차 소유자가 자동차 종합검사를 받아야 하는 기간으로 맞는 것은?

① 자동차 종합 검사 유효기간의 마지막 날 전후 각각 31일 이내
② 자동차 종합 검사 유효기간의 마지막 날 전후 각각 21일 이내
③ 자동차 종합 검사 유효기간의 마지막 날 전후 각각 15일 이내
④ 자동차 종합 검사 유효기간의 마지막 날 전후 각각 10일 이내

해설 ④의 자동차 종합 검사 유효기간의 마지막 날(검사 유효기간을 연장하거나 검사를 유예한 경우에는 그 연장 또는 유예된 기간의 마지막 날) 전후 각각 31일 이내에 받아야 한다.

정답 85 ③ 86 ④ 87 ④ 88 ② 89 ③ 90 ④ 91 ② 92 ④ 93 ④ 94 ①

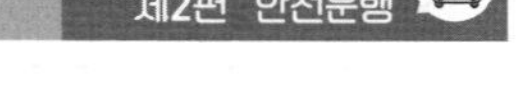

95 소유권 변동 또는 사용본거지 변경 등의 사유로 자동차 종합검사의 대상이 된 자동차 중 자동차 정기검사의 기간이 지난 자동차는 변경등록을 한 날부터 몇 일 이내에 자동차 종 합검사를 받아야 하는 지 알맞은 것은?

① 31일 이내 ② 45일 이내
③ 62일 이내 ④ 90일 이내

해설 ①의 소유권 변동 또는 사용본거지 변경 등의 사유로 자동차 종합검사의 대상이 된 자동차 중 자동차 정기검사의 기간 중에 있거나 자동차 정기검사의 기간이 지난 자동차는 변경등록을 한 날부터 62일 이내에 자동차 종합검사를 받아야 한다.

96 자동차 종합검사의 대상 및 검사 유효기간의 설명으로 틀린 것은?

① 비사업용 경형 승용자동차 – 차령 4년 초과인 자동차는 2년
② 사업용 중형 승용자동차 – 차령 2년 초과인 자동차는 1년
③ 사업용 경형 승합자동차 – 차령 4년 초과인 자동차는 1년
④ 사업용 경형 화물자동차 – 차령 2년 초과인 자동차는 2년

해설 ④ 문항 검사기간은 1년이다. 이 외에 ㉠ 비사업용 경형 승합자동차 – 차령 4년 초과인 자동차는 1년 ㉡ 비사업용 경형 화물자동차 – 차령 4년 초과인 자동차는 1년 ㉢ 사업용 대형 승합자동차 – 차령 2년 초과인 자동차(차령 8년 까지는 1년, 이후부터는 6개월)
㉣ 비사업용 중형 화물자동차 – 차령 3년 초과인 자동차(차령 5년 까지는 1년, 이후부터는 6개월) ㉤ 사업용(경,소,중,대형)특수자동차 – 차령 3년 초과인 자동차(차령 5년 까지는 1년, 이후부터는 6개월)

97 자동차 종합(정기)검사를 받아야 하는 유효기간 만료일부터 30일 초과 114일 이내인 경우 4만원에 31일 째부터 계산하여 3일 초과 시마다 추가할 금액이다. 맞는 금액은?

① 2만 원 ② 3만 원
③ 4만 원 ④ 5만 원

해설 ①의 "3일 초과 시마다 2만 원을 더한 금액"이다.
*자동차 종합검사를 받지 아니한 경우의 과태료 부과기준
㉠ 자동차 종합검사를 받아야 하는 기간 만료일부터 30일 이내인 경우 : 4만원
㉡ 자동차 종합검사를 받아야 하는 기간 만료일부터 30일 초과 114일 이내인 경우 : 4만 원에 31일 째부터 계산하여 3일 초과 시 마다 2만원을 더한 금액
㉢ 자동차 종합검사를 받아야 하는 기간 만료일부터 115일 이상인 경우 : 60만 원

98 자동차 종합 정기검사를 받지 않은 경우 과태료 최고 한도 금액으로 옳지 않은 것은?

① 30만 원 ② 40만 원
③ 50만 원 ④ 60만 원

99 비사업용 자동차(경,소,중,대형)의 검사 유효기간이다. 검사 기간으로 맞는 것은?

① 6개월 ② 1년
③ 1년 6개월 ④ 2년

해설 ④의 2년이 맞다(신조차로써 신규검사를 받은 것으로 보는 자동차의 최초검사는 유효기간 4년이다).
*사업용 자동차는 1년(신조차로써 신규검사를 받은 것으로 보는 자동차의 최초검사는 유효기간 2년).

100 승합자동차 비사업용 중형 · 대형의 차령이 8년 초과인 경우 검사 유효기간으로 맞는 것은?

① 6개월 ② 1년
③ 1년 6개월 ④ 2년

해설 ①의 6개월이 맞다.
*차령 8년 이하인 경우 1년(자동차의 길이가 5.5m 미만인 최초 검사는 2년)
*경형, 소형 차령이 4년 이하인 경우 : 2년(4년 초과 : 1년)

101 승합자동차 사업용(경형, 소형) 차령이 4년 이하인 경우 자동차 검사 유효기간으로 맞는 것은?

① 6개월 ② 1년
③ 1년 6개월 ④ 2년

해설 ④의 2년이 맞는 문항이다.
*차령이 4년 초과인 경우 : 1년
*중형, 대형(차령 8년 이하 : 1년, 차령 8년 초과 : 6개월)

102 화물자동차 비사업용(경형, 소형) 차령이 4년 이하인 경우 검사 유효기간으로 맞는 것은?

① 1년 ② 1년 6개월
③ 2년 ④ 3년

해설 ③의 문항 2년이 맞다.
*4년 초과인 경우 : 1년
*중형, 대형 : 5년 이하인 경우 – 1년(5년 초과인 경우 : 6개월)

103 화물자동차 사업용(경형, 소형)은 모든 차령의 검사 유효기간의 설명이다. 맞는 것은?

① 6개월 ② 1년
③ 1년 6개월 ④ 2년

해설 ②의 문항 1년이 맞다(신조차로 최초 검사 유효기간 : 2년)
*중형화물차 : 5년 이하는 1년, 5년 초과는 6개월
*대형화물차 : 2년 이하는 1년, 2년 초과는 6개월

104 특수자동차 비사업용 및 사업용 (경형, 소형, 중형, 대형) 차령이 5년 이하인 경우 검사 유효기간으로 맞는 것은?

① 6개월 ② 1년
③ 1년 6개월 ④ 2년

해설 ②의 문항이 맞다.
*5년 초과인 경우 검사 유효기간 : 6개월이 맞다.

105 자동차의 구조변경 차에 대한 안전도를 점검하는 검사 명칭은?

① 신규검사 ② 정기검사
③ 튜닝검사 ④ 종합검사

해설 ③의 "튜닝검사"가 옳은 문항이다.

106 자동차의 튜닝 승인신청 구비서류이다. 해당되지 않는 서류는?

① 자동차 등록증과 튜닝 승인 신청서
② 튜닝 전 · 후의 주요 제원 대비표
③ 튜닝 전 · 후의 자동차 외관도
④ 신청자의 운전면허증

해설 ④의 문항은 해당 없고, 이 외에 "튜닝하려는 구조 · 장치의 설계도"가 있다.

정답 95 ③ 96 ④ 97 ① 98 ④ 99 ④ 100 ① 101 ④ 102 ③ 103 ② 104 ② 105 ③ 106 ④

107 자동차 튜닝 승인은 승인신청 접수일부터 며칠 이내에 처리되며, 튜닝 승인을 받은 날부터 며칠 이내에 튜닝 검사를 받아야 하는가?

① 접수일로부터 5일 이내에 처리되며, 승인받은 날부터 30일 이내에 튜닝검사를 받아야 한다.
② 접수일로부터 7일 이내에 처리되며, 승인받은 날부터 35일 이내에 튜닝검사를 받아야 한다.
③ 접수일로부터 10일 이내에 처리되며, 승인받은 날부터 40일 이내에 튜닝검사를 받아야 한다.
④ 접수일로부터 10일 이내에 처리되며, 승인받은 날부터 45일 이내에 튜닝검사를 받아야한다.

해설 ④의 문항이 옳다.

108 자동차의 튜닝 승인 불가항목으로 옳지 않은 것은?

① 총중량이 증가되는 경우
② 승차 정원 또는 최대 적재량의 증가를 가져오는 승차 장치 또는 물품 적재 장치의 튜닝
③ 튜닝 전보다 성능 또는 안전도가 높아질 우려가 있는 경우의 튜닝
④ 튜닝 전보다 성능 또는 안전도가 높아질 우려가 있는 경우

해설 ④의 문항 중에 "높아질 우려가"는 틀리고, "저하될 우려가"가 맞는 문항으로 이 외에 "자동차의 종류가 변경되는 튜닝"과 예외 규정이 있다.
[참고] 자동차의 종류가 변경되는 튜닝의 예외 규정
㉠ 승용자동차와 동일한 차체 및 차대로 제작된 승합자동차의 좌석장치를 제거하여 승용자동차로 튜닝하는 경우(튜닝하기 전의 상태로 회복하는 경우를 포함한다)
㉡ 화물자동차를 특수자동차로 튜닝하거나, 특수자동차를 화물자동차로 튜닝하는 경우

109 자동차의 튜닝 승인 대상에 해당되지 않는 구조 · 장치 항목은?

① 길이 너비 및 높이(범버, 라지에이터 그릴 등 경미한 외관 변경의 경우는 제외)와 총 중량
② 원동기(동력발생장치) 및 동력전달 장치와 주행 장치(차축에 한함)
③ 조종 장치, 현가장치, 방향지시기 등 기타 시야를 확보하는 장치
④ 내압 용기, 그 부속 장치 및 배기가스 발산 방지 장치

해설 ③의 문항은 승인 불필요 대상 항목에 해당하며, 외에 "연료장치" "차체 및 차대" "승차 장치 및 물품 적재 장치" 등이 있다.

110 자동차의 신규검사 대상이 아닌 것은?

① 여객자동차 운수사업법에 의하여 면허, 등록, 인가 또는 신고가 실효되거나 취소되어 말소된 경우
② 국가 간 상호 인증 성능시험을 대행할 수 있도록 지정된 자동차
③ 수출을 위해 말소되거나 도난당한 자동차를 회수한 경우
④ 자동차 구조 변경을 한 자동차

해설 ④의 경우 자동차는 "튜닝검사"를 받아야 할 자동차이다. 이 외에 ㉠ 자동차 자기인증을 하기 위해 등록한 자 ㉡ 자동차연구개발 목적의 기업부설연구소를 보유한 자 ㉢ 속임수나 그 밖의 부정한 방법으로 등록되어 말소된 자동차

111 자동차 신규검사를 신청할 때 필요한 서류가 아닌 것은?

① 신규검사 신청서
② 출처증명서류(말소증명서 또는 수입신고서, 자기인증 면제 확인서)
③ 제원표(이미 자기 인증된 자동차와 같은 제원의 자동차인 경우 제원표를 첨부 생략 가능)
④ 자동차 소유자의 운전면허증

해설 ④의 문항은 해당 없는 서류이다.

112 자동차 대인배상 I (책임보험)에 대한 설명으로 틀린 것은?

① 자동차의 운행으로 인해 남을 사망하게 하거나 다치게 하여 손해배상 책임을 짐으로써 입은 손해를 보상해 주는 것이다.
② 책임기간은 보험료를 납입한 때로부터 시작되어 보험기간 마지막날이 24시에 종료 되는 것이다.
③ 의무적 가입은 자동차관리법에 의하여 등록된 모든 자동차와 이륜자동차, 건설기계 12톤 이상 덤프트럭 외 9종이다.
④ 피 견인차량은 원동기 장치 없이 견인차에 의해 견인되는 트레일러, 세미 트레일러, 풀 트레일러 등도 의무적으로 가입대상이다.

해설 ④이 문항의 차들은 가입대상에서 제외되는 것들이다.

113 자동차 보험 중 대인배상 I (책임보험)에 가입하지 아니한 때의 벌금이다. 틀린 것은?

① 2년 이하의 징역 또는 600만 원 이하의 벌금을 부과한다.
② 1년 이하의 징역 또는 500만 원 이하의 벌금을 부과한다.
③ 1년 이하의 징역 또는 640만 원 이하의 벌금을 부과한다.
④ 3년 이하의 징역 또는 300만 원 이하의 벌금을 부과한다.

해설 ②의 "1년 이하의 징역 또는 500만 원 이하의 벌금"이 맞는 문항이다.

114 사업용 자동차가 책임보험이나 책임공제(대인 I)에 가입하지 아니한 기간이 10일 이내인 경우의 과태료 금액으로 맞는 것은?

① 2만 원 ② 3만 원
③ 4만 원 ④ 5만 원

해설 ②의 3만 원이 맞는 금액이다.
㉠ 미 가입 기간이 10일을 초과할 경우 3만 원에 매 1일당 8천 원을 가산하고 최고 한도액은 대당 100만 원이다.

115 비사업용 자동차가 책임보험이나 책임공제(대인 I)에 가입하지 아니한 기간이 10일 이내인 경우의 과태료 금액으로 맞는 것은?

① 1만 원 ② 2만 원
③ 3만 원 ④ 4만 원

해설 ①의 1만 원이 맞다.
㉠ 미 가입 기간이 10일을 초과할 경우 1만 원에 매 1일당 4천 원을 가산하고 최고 한도액은 대당 60만 원이다.

정답 107 ④ 108 ④ 109 ③ 110 ④ 111 ④ 112 ④ 113 ② 114 ② 115 ①

116 사업용 자동차가 책임보험이나 책임공제(대인Ⅱ)에 가입하지 아니한 기간이 10일 이내인 경우의 과태료 금액으로 맞는 것은?

① 2만 원 ② 3만 원
③ 4만 원 ④ 5만 원

해설 ②의 3만 원이 맞는 금액이다. 10일을 초과 시는 3만 원에 매 1일당 8천 원을 가산하여 대당 한도 금액은 100만 원이다.

117 사업용(비사업용 포함) 자동차가 자동차보험(대물)에 가입하지 아니한 기간이 10일 이내인 경우의 과태료 금액으로 맞는 것은?

① 5천 원 ② 7천 원
③ 1만 원 ④ 1만 5천 원

해설 ①의 5천 원이 맞는 금액이며, 10일 초과 시는 5천 원에 매 1일당 2천 원을 가산한 금액으로 대당 한도 금액은 30만 원이다.

118 자동차 보험 중 "책임보험금 지급 기준"에 대한 설명이다. 맞지 않는 지급 기준인 것은?

① 사망 : 1인당 최저 2만 원이며, 최고 1억 5천만 원 내에서 약관기준에 의해 산출한 금액을 보상한다.
② 부상 : 상해 등급 (1-14급)에 따라 1인당 최고 3천만 원을 한도로 보상한다.
③ 후유장애 : 신체에 장애가 남는 경우 장애의 정도 (1-14급)에 따라 급수별 한도액 내에서 최고 1억 5천만 원까지 보상한다.
④ 휴업손해 : 유직자의 현실 소득액의 산정 방법에 따라 산정한 금액을 보상한다.

해설 ④의 문항의 휴업손해는 "부상 시"보상하는 손해에 해당되어 다르므로 해당 없다.

119 자동차 보험의 특성에 대한 설명이다. 옳지 않은 것은?

① 강제성 보험으로 의무가입 대상이다.
② 계약해지 제한(말소등록이나 중복계약, 자동차 양도 등을 제외하고는 계약 해지 불가)
③ 고의로 인한 사고는 면책. 단 보험사가 피해자에게 손해배상을 지급한 때에는 피보험 자에게 청구권 행사
④ 청구권 소멸 시한 2년

해설 ④의 "청구권 소멸 시한 3년"이 옳다. 이 외에 ㉠ 피해자의 권리를 보호하기 위해 피해자의 직접 청구권 인정, ㉡ 책임보험 청구권은 압류 및 양도 금지, ㉢ 피해자가 가해자 측으로부터 일부 보상을 받은 경우에는 보상사업으로 지급하는 금액에서 이미 보상받은 금액을 공제. 등이 있다.

120 자동차 보험의 종목 중에서 "대인배상Ⅱ 개념"에 대한 설명이다. 옳지 않은 것은?

① 대인배상Ⅰ로 지급되는 금액을 초과하는 손해를 보상한다.
② 피해자 1인당 5천만 원, 1억, 2억, 3억, 무한 등 5가지 중 한 가지를 선택한다.
③ 교통사고의 피해가 커지는 경향이고 또한 교통사고처리특례법의 혜택을 보기 위해 대부분 무한으로 가입하고 있는 실정이다.
④ 산식 : 법률 손해 배상 책임액 + 비용 - 대인배상Ⅱ보험금

해설 ④의 문항 중 "대인배상Ⅱ보험금"은 틀리고, "대인배상Ⅰ보험금"이 맞다.

121 자동차 보험 중 대인배상Ⅱ가 보상하는 손해에 대한 설명이다. 아닌 것은?

① 사망(2017년 이후)
② 부상
③ 허락 피보험자 또는 그 부모, 배우자, 자녀
④ 후유장애

해설 ③외에 "자동차보험 중 대인배상Ⅱ가 보상하지 않는 손해"
㉠ 기명 피보험자 또는 그 부모, 배우자 및 자녀
㉡ 피보험 자동차를 운전 중인 자(운전 보조자 포함) 및 그 부모, 배우자, 자녀
㉢ 허락 피보험자 또는 그 부모, 배우자, 자녀
㉣ 피보험자의 피용자로서 산재 보험보상을 받을 수 있는 사람(단, 산재보험 초과 손해는 보상)
㉤ 피보험자의 동료로서 산재 보험 보상을 받을 수 있는 사람
㉥ 무면허운전을 하거나 무면허운전을 승인한 사람
㉦ 군인, 군무원, 경찰공무원, 향토예비군대원이 전투 훈련 기타 집무 집행과 관련하거나 국방 또는 치안 유지 목적상 자동차에 탑승 중 전사, 순직 또는 공상을 입은 경우 보상하지 않음

122 자동차 보험의 종목 중 "대물보상 기준"에 대한 설명이다. 옳지 않는 것은?

① 타인의 재물에 피해를 입혔을 때 법률상 손해배상책임을 짐으로써 입은 직접 손해와 간접 손해를 보상한다.
② 직접손해의 수리비용은 자동차 또는 건물 등이 파손되었을 때 원상회복 가능한 경우 직전의 상태로 회복하는데 소요되는 필요 타당한 비용 중 피해물의 사고 직전 가액 의 120~130%를 한도로 보상한다.
③ 간접손해 중 대차료는 비사업용 자동차가 파손 또는 오손되어서 가동하지 못하는 기간 동안에 다른 자동차를 대신 사용할 필요가 있는 경우에 그 소용되는 필요 타당한 비용을 수리가 완료될 때까지 30일 한도로 보상한다.
④ 휴차료 : 사업용 자동차(건설기계 포함)가 파손 및 오손되어 사용하지 못하는 기간에 발생하는 영업 손해로써 운행에 필요한 기본 경비를 공제한 금액에 휴차 일수를 곱한 금액을 지급하고, 인정 기간은 대차료 기준과 동일하며, 개인택시인 경우 수리기간이 경과하여도 운전자가 치료 중이면 15일 범위 내에서 휴차료를 인정한다.

해설 ④의 문항 중 "15일 범위 내에서"는 틀린 문항으로, "30일 범위 내에서"가 옳은 문항이다.

123 대물보상 중 "영업손실과 공제액"에 대한 설명이다. 틀린 것은?

① 영업손실의 보상은 사업장 또는 그 시설물을 파괴하여 휴업을 함으로써 발생한 손해를 원상복구하여 소요되는 기간을 기준으로 보상한다.
② 다만 합의 지연이나 복구 지연으로 연장되는 기간은 휴업기간에서 제외된다.
③ 보상인정 기준액은 세법에 따른 관계증명서가 있으면 그에 따라 산정한 금액을 지급한다.
④ 보상의 입증 자료가 없는 경우에는 일용 근로자 임금을 기준으로 15일 한도로 보상 한다.

해설 ④의 문항 중 "15일 한도로"는 틀리고, "30일을 한도로"가 옳은 문항이다. "공제액"은 엔지, 변속기, 화물자동차의 적재함 등 중요한 부품을 새 부품으로 교환할 경우 그 교환된 부품이 감가상각에 행하는 금액을 공제한다.

정답 116 ② 117 ① 118 ④ 119 ④ 120 ④ 121 ③ 122 ④ 123 ④

124 자동차의 자손보험에서 보상하는 손해에 대한 설명으로 틀린 것은?

① 타차 또는 타 물체와의 충돌, 접촉, 추락, 전복, 차량의 침수로 인한 손해
② 화재, 폭발, 낙뢰, 날아온 물체, 떨어지는 물체에 의한 손해
③ 보닛이 열리면서 전면유리를 파손시키거나 문을 여는 과정에서 강한 바람에 의한 문짝이 파손되는 등 풍력에 의한 손해
④ 피보험 자동차에 생긴 직접손해만 보상하며, 대물배상에서 보상하는 대차료 및 휴차료는 보상한다.

제5장 안전운전의 기술

125 안전운전의 필수적 과정으로 옳은 것은?

① 실행-확인-예측-판단 ② 확인-예측-실행-판단
③ 예측-확인-판단-실행 ④ 확인-예측-판단-실행

해설 ④의 운전의 위험을 다루는 효율적인 정보처리 방법의 하나는 소위, 확인-예측-판단-실행과정을 따르는 것이다.

126 예측의 주요 요소로 옳지 않은 것은?

① 감각 ② 위험원
③ 교차지점 ④ 주행로

해설 예측의 주요 요소는 주행로, 행동, 타이밍, 위험원, 교차지점이다.

127 다음 중 예측회피 운전의 방법으로 옳지 않은 것은 무엇인가?

① 상황에 따라 속도를 낮추거나 높이는 결정을 해야 한다.
② 사고 상황이 발생할 경우에 대비하여 진로를 변경한다.
③ 주변에 시선을 두지 않고 전방만 주시해야 한다.
④ 필요할 시 다른 사람에게 자신의 의도를 알려야 한다.

해설 예측회피 운전의 기본적 방법
㉠ 속도 가속, 감속 : 때로는 속도를 낮추거나 높이는 결정을 해야 한다.
㉡ 위치 바꾸기(진로 변경) : 사고 상황이 발생할 경우를 대비해서 주변에 긴급 상황 발생 시 회피할 수 있는 완충 공간을 확보하면서 운전한다.
㉢ 다른 운전자에게 신호하기 : 가다 서다를 반복하고 수시로 차선변경을 필요로 하는 택시의 운전은 자신의 의도를 주변에 등화신호로 미리 알려 주어야 한다.

128 운전 중 결정된 행동을 실행에 옮기는 단계에서 중요한 것으로 틀린 것은?

① 요구되는 시간 안에 필요한 조작을 해야 한다.
② 기기조작은 가능한 부드럽게 해야 한다.
③ 기기조작을 신속하게 해내야 한다.
④ 급제동시 브레이크 페달을 빠르고 강하게 밟으면 제동거리가 짧아진다.

해설 ④의 급제동시 브레이크 페달을 빠르고 강하게 밟는다고 제동거리가 짧아지는 것은 아니다. 오히려 브레이크 잠김 상태가 되어 제동력이 상실될 수도 있고, ABS 브레이크 장치도 과신하면 안 되고, 과격한 운전은 사고의 원인이 될 수도 있다.

129 전방 탐색 시 주의 사항으로 옳지 않은 것은?

① 보행자
② 주변 건물의 위치
③ 다른 차로의 차량
④ 대형차에 가려진 것들에 대한 단서

해설 전방 탐색 시 주의해서 봐야할 것들은 다른 차로의 차량, 보행자, 자전거 교통의 흐름과 신호 등이다. 특히 화물자동차와 같은 대형차가 있을 때는 대형차에 가려진 것들에 대한 단서에 주의한다.

130 전방 가까운 곳을 보고 운전할 때의 징후들과 거리가 먼 것은?

① 교통의 흐름에 맞지 않을 정도로 너무 빠르게 차를 운전한다.
② 시인성이 낮은 상황에서 속도를 줄인다.
③ 차로의 한 편으로 치우쳐서 주행한다.
④ 우회전할 때 도로를 필요 이상의 거리를 넓게 두고 회전한다.

해설 ②의 초보운전자는 전방을 멀리 보지 못하는 어려움이 있으며, 시인성이 낮은 상황에서 속도를 줄이지 않는다.

131 시야 확보가 적은 징후들에 대한 설명이다. 맞지 않는 것은?

① 급정거 또는 앞차에 바짝 붙어가는 경우
② 좌 · 우회전 등의 차량에 진로를 방해 받음
③ 상황적 상황에 반응이 빠른 경우
④ 빈번하게 놀라는 경우 및 급차로 변경 등이 많은 경우

해설 ③의 문항 중 "빠른 경우"는 틀리고, "늦은 경우"가 맞는 문항이며, 이 외에 ㉠ 황색신호에 꼬리를 무는 경우, ㉡ 신호를 놓치는 경우, ㉢ 목적지를 자주 지나치는 경우 등이 있다.

132 운전 습관 중 시야 고정이 많은 운전자의 특성으로 틀린 것은?

① 위험에 대응하기 위해 경적이나 전조등을 자주 사용한다.
② 더러운 창이나 안개에 개의치 않는다.
③ 정지선 등에서 정지 후, 다시 출발할 때 좌우를 확인하지 않는다.
④ 회전하기 전에 뒤를 확인하지 않는다.

해설 ①의 시야 고정이 많은 운전자의 경우 위험에 대응하기 위해 경적이나 전조등을 좀처럼 사용하지 않으며, 자기 차를 앞지르려는 차량의 접근 사실을 미리 확인하지 못한다.

133 자동차 안전운전의 기술 5가지에 대한 설명이다. 맞지 않는 것은?

① 운전 중에는 전방을 멀리 본다.(일반적으로 20~30초 전방을 본다)
② 모든 상황을 전체적으로 살펴보고 눈을 계속해서 움직인다.
③ 다른 사람들이 자신을 볼 수 있게 한다.(시내 주행 시 30m 전방, 고속도로 주행 시 100m 전방에서 방향지시등 작동)
④ 차가 빠져나갈 공간을 확보한다.(운전자는 주행 시 만일의 사고에 대비해 "전 · 후방의 안전공간만 확보하면서"운전을 한다)

해설 ④의 문항 말미에 "전 · 후방의 안전공간만 확보하면서"는 틀리고, "전 · 후방 뿐만 아니라 좌 · 우측으로 안전공간을 확보하도록 노력하여야 한다"가 옳은 문항이다.

134 방어운전의 기본 사항 중 옳지 않은 것은?

① 예측 능력과 판단력 ② 자기중심적인 빠른 판단
③ 능숙한 운전기술 ④ 반성의 자세

해설 ②의 방어운전의 기본 사항 : 능숙한 운전 기술, 정확한 운전 지식, 세심한 관찰력, 예측 능력과 판단력, 양보와 배려의 실천, 교통상황 정보 수집, 반성의 자세, 무리한 운행 배제

정답 124 ④ 125 ④ 126 ① 127 ③ 128 ④ 129 ② 130 ② 131 ③ 132 ① 133 ④ 134 ②

135 기본적인 사고유형에서 정면충돌 사고와 회피요령에 대한 설명이다. 틀린 것은?

① 직선로, 커브 및 좌회전 차량이 있는 교차로에서 주로 발생한다.
② 전방의 도로 상황을 파악하여 내 차로로 들어오거나 앞지르려고 하는 차 혹은 보행자에 대해 주의한다.
③ 오른쪽으로 방향을 조금 틀어 공간을 확보하고 필요하다면 차도를 벗어나 길 가장자리 쪽으로 주행하고, 상대에게 차도를 양보하면 최소한 정면충돌을 피할 확률이 클 것이다.
④ 속도를 줄인다. 속도를 줄이는 것은 주행거리와 충격력을 줄이는 효과가 없다.

해설 ④의 문항 중 "효과가 없다"는 틀리고, "효과가 있다"가 옳은 문항이다.

136 자동차 운행 중 후미추돌사고를 회피하는 방어운전요령이다. 틀린 것은?

① 전방 가까운 곳을 보고 운전한다.
② 앞차에 대한 주의를 늦추지 않는다.
③ 충분한 거리를 유지한다.
④ 상대보다 거리를 유지한다.

해설 ①의 상황을 멀리까지 살펴본다. 앞차 너머의 살핌으로서 앞차 운전자를 갑자기 행동하게 만드는 상황과 그로 인해 자신이 위협받게 되는 상황을 파악한다.

137 기본적인 사고유형 중 단독사고에 대한 설명이다. 틀린 것은?

① 차 주변의 모든 것을 제대로 판단하지 못하는 빈약한 판단에서 비롯된다.
② 뒷바퀴의 바람이 빠져 차가 한쪽으로 미끄러지는 것을 느끼면 핸들 방향을 그 방향으로 틀어주며 대처한다.
③ 피곤해 있거나 음주 또는 약물의 영향을 받고 있을 때 많이 발생한다.
④ 단독 사고를 야기하지 않기 위해서는 과로를 피하고 심신이 안정된 상태에서 운전한다.

해설 ②의 문항은 차량결함사고의 하나로 해당 없고, 이 외에 "낯선 곳 등의 주행에 있어서는 사전에 주행정보를 수집하여 여유 있는 주행이 가능하도록 해야 한다"가 있다.

138 브레이크와 타이어 결함사고가 발생 시 대처방법에 대한 설명이다. 옳지 않은 것은?

① 차의 바퀴가 터지는 경우 – 핸들을 단단하게 잡아 차가 한쪽으로 쏠리는 것을 막고 의도한 방향을 유지한 다음 속도를 줄인다.
② 뒷바퀴의 바람이 빠져 차가 한쪽으로 미끄러지는 것을 느끼면 핸들방향을 그 방향으로 틀어주며 대처한다.
③ 브레이크 베이퍼 록 현상으로 페달이 푹 꺼진 경우는 브레이크 페달을 반복해서 계속 밟으며 유압계통에 압력이 생기게 하여야 하고, 브레이크 유압계통이 터진 경우라면 전자와는 달리 빠르고 세게 밟아 속도를 줄이는 순간 변속기 기어를 저단으로 바꾸어 엔진브레이크 속도를 감속한 후 안전한 장소를 정해 정차해야 한다.
④ 페이딩 현상(브레이크를 계속 밟아 열이 발생하여 제어가 불가능한 현상)이 일어난다면 차를 천천히 계속 운행한다.

해설 ④의 경우 운행 중에 페이딩 현상이 발생하면 차를 멈추고 브레이크가 식을 때까지 대기하여야 한다.

139 운전 중 시인성을 높이는 방법으로 운전하기 전의 준비사항이 아닌 것은?

① 차 안팎 유리창을 깨끗이 닦는다.
② 차의 모든 등화를 깨끗이 닦는다.
③ 성애제거기, 와이퍼, 워셔 등이 제대로 작동되는지를 점검한다.
④ 다른 운전자의 사각에 들어가 운전하는 것을 피한다.

해설 ④의 문항은 "시인성을 높이는 운전 중 행동"에 해당하므로 다르며, 이 외에 ㉠ 후사경과 사이드 미러를 조정하고 운전석의 높이도 적절히 조정한다. ㉡ 선글라스, 점멸등, 창닦개 등을 준비하여 필요할 때 사용할 수 있도록 한다. ㉢ 후사경에 매다는 장식물이나 시야를 가리는 차내의 장애물을 치운다, 등이 있다.

140 운전 중 시인성을 높이는 방법으로 운전 중 행동에 대한 설명이다. 해당 없는 것은?

① 낮에도 흐린 날 등에는 하향(변환빔) 전조등을 켠다(운전자, 보행자에게 600~700m 전방에서 좀 더 빠르게 볼 수 있게끔 하는 효과가 있다).
② 자신의 의도를 다른 도로이용자에게 좀 더 분명히 전달함으로써 자신의 시인성을 최대화할 수 있다.
③ 다른 운전자의 사각에 들어가 운전하는 것을 피한다.
④ 차 안팎 유리창과 차의 모든 등화를 깨끗이 닦는다.

해설 ④의 문항은 "운전하기 전의 준비사항"에 해당되어 해당 없고, 이 외에 ㉠ 남보다 시력이 떨어지면 항상 안경이나 콘택트렌즈를 착용한다. ㉡ 햇빛 등으로 눈부신 경우는 선글라스를 쓰거나 선바이저를 사용한다.

141 운전 중 시간을 다루는 방법에 대한 설명으로 틀린 것은?

① 시간을 현명하게 다룸으로써 운전상황에 대한 통제력을 높일 수 있고, 위험도 감소시킬 수 있다.
② 차를 정지시켜야할 때 필요한 시간과 거리는 속도의 제곱에 비례한다.
③ 도로상의 위험을 발견하고 운전자가 반응하는 시간은 문제 발견 (인지) 후, 0.5초에서 0.7초 정도이다.
④ 자신의 의도를 다른 도로이용자에게 좀 더 분명히 전달함으로써 자신의 시인성을 최대화 할 수 있다.

해설 ④의 문항은 시인성을 높이는 방법 중의 하나로 틀린다.

142 방어운전 방법 중 효율적으로 다루는 기본 원칙에 대한 설명으로 해당 없는 것은?

① 안전한 주행경로 선택을 위해 주행 중 20~30초 전방을 탐색한다.
② 위험 수준을 높일 수 있는 장애물이나 조건을 12~15초 전방까지 확인한다.
③ 자신의 차와 앞차 간에 최소한 2~3초의 추종거리를 유지한다.
④ 차를 정지시켜야 할 때 필요한 시간과 거리는 속도의 제곱에 반비례한다.

해설 ④의 문항은 시간을 다루는 법의 하나로 다르다.

143 방어운전 방법 중 공간을 다루는 법에 대한 설명으로 해당 없는 것은?

① 자기 차와 앞차 옆차 및 뒤차와의 거리를 다루는 문제이다.
② 속도와 시간, 거리 관계를 항상 염두에 두어야 한다.
③ 정지거리는 속도의 제곱에 비례하고, 속도를 2배 높이면 정지에 필요한 거리는 4배가 필요하다.
④ 앞차와 적정한 추종거리를 유지하며, 그 거리는 적어도 4~5초 정도 유지한다.

해설 ④의 문항 중 "4~5초 정도 유지한다"는 틀리고, "2~3초 정도 유지한다"가 옳은 문항이다. 이 외에 뒤차와도 2초 정도의 거리를 유지하는 것이 필요하다.

 정답 135 ④ 136 ① 137 ② 138 ④ 139 ④ 140 ④ 141 ④ 142 ④ 143 ④

144 **앞지르기 순서와 방법상 주의 사항의 설명이다. 틀린 것은?**

① 앞지르기 금지 장소 여부를 확인하여야 한다.
② 전방의 안전을 확인함과 동시에 후사경으로 좌측 및 우측후방을 확인한다.
③ 좌측 방향 지시등을 켜고 최고속도의 제한범위 내에서 가속하여 진로를 서서히 좌측으로 변경한다.
④ 앞지르기 당하는 차를 후사경으로 볼 수 있는 거리까지 주행한 후 우측방향 지시등을 켠다.

해설 ②의 문항 중 "좌측 및 우측후방"은 틀리고, "좌측 및 좌측후방"이 옳은 문항이다. 이 외에 ㉠ 차가 일직선이 되었을 때 방향지시등을 끈 다음 앞지르기 당하는 차의 좌측을 통과한다. ㉡ 진로를 서서히 우측으로 변경한 후 차가 일직선이 되었을 때 방향지시등을 끈다. 가 있다.

145 **앞지르기를 해서는 아니 되는 경우이다. 맞지 않는 것은?**

① 앞차가 좌측으로 진로를 바꾸려는 하거나 다른 차를 앞지르려고 할 때
② 앞차의 좌측에 다른 차가 나란히 가고 있거나, 뒤차가 자기 차를 앞지르려고 할 때
③ 앞차가 경찰공무원 등의 지시에 따르거나 위험방지를 위하여 정지 또는 서행하고 있 을 때
④ 마주 오는 차의 진행을 방해하게 될 염려가 없을 때

해설 ④의 문항 중 "염려가 없을 때"는 틀리고, "염려가 있을 때"가 옳은 문항이다. 이 외에 ㉠ 앞차가 철길 건널목 등에서 정지 또는 서행하고 있을 때, ㉡ 어린이 통학버스가 어린이 또는 유아를 태우고 있다는 표시를 하고 도로를 통행할 때. 가 있다.

146 **자신의 차가 다른 차를 앞지르는 경우의 방어운전의 설명이다. 다른 것은?**

① 앞지르기에 필요한 속도가 그 도로의 최고 속도 범위 이내일 때 시도한다.
② 앞지르기에 필요한 충분한 거리와 시야가 확보되었을 때 시도한다.
③ 점선으로 되어있는 중앙선을 넘어 앞지르기 하는 때에는 대향차의 움직임에 주의한다.
④ 앞지르기를 시도하는 차가 원활하게 주행차로를 진입할 수 있도록 속도를 줄여준다.

해설 ④의 문항은 "다른 차가 자신의 차를 앞지르는 경우"의 방어운전에 해당하고, 이 외에 ㉠ 앞차의 오른쪽으로는 앞지르기 하지 않는다. ㉡ 앞차가 앞지르기를 하고 있을 때는 앞지르기 하지 않는다.

147 **시가지 교차로에서의 방어운전에 대한 설명이다. 틀린 것은?**

① 전체 교통사고의 절반 가까이 교차로에서 발생하며, 그 중 상당수는 신호 교차로에서 발생한다.
② 교차로에 접근하면서 왼쪽 발은 브레이크 페달 위에 갖다놓고 밟을 준비를 한다.
③ 방어운전자가 되기 위해서는 교차로에 접근할 때마다 항상 양방향을 살피는 훈련이 필요하다.
④ 교차로에 접근하면서 먼저 왼쪽과 오른쪽을 살펴보면서 교차 방향 차량을 관찰한다.

해설 ②의 문항 중 "왼쪽 발은"틀리며, "오른 발은"이 맞는 문항이다.

148 **교차로에서 방어운전에 대한 설명이다. 맞지 않는 것은?**

① 신호는 운전자의 눈으로 직접 확인 후 선 신호에 따라 진행하는 차가 없는 지 확인하고 출발한다.
② 신호에 따라 진행하는 경우에도 신호를 무시하고 갑자기 달려드는 차 또는 보행자가 있다는 사실에 주의한다.
③ 교통정리가 행하여지고 있지 않고 좌 · 우를 확인할 수 없거나 교통이 빈번한 교차로에 진입할 때는 일시정지하여 안전 확인 후 출발한다.
④ 우회전 시 뒷바퀴로 자전거나 보행자를 치지 않도록 주의하고, 우회전 시 정지해 있는 차와 충돌하지 않도록 주의한다.

해설 ④의 문항 중 "우회전 시 정지해있는"은 틀리고, "좌회전 시 정지해있는"이 옳은 문항이다. 이 외에 ㉠ 좌 · 우회전할 때는 방향지시등을 정확히 점등한다. ㉡ 성급한 우회전은 횡단하는 보행자와 충돌할 위험이 증가한다. ㉢ 통과하는 앞차를 맹목적으로 따라가면 신호위반할 가능성이 높다. 가 있다.

149 **교차로 황색 신호에서의 방어운전에 대한 설명이다. 틀린 것은?**

① 황색신호일 때는 멈출 수 있도록 감속하여 접근한다.
② 이미 교차로 안으로 진입하여 있을 때 황색신호로 변경된 경우에는 신속히 교차로 밖으로 빠져나간다.
③ 교차로 부근에는 무단 횡단하는 보행자 등 위험요인이 많으므로 돌발상황에 대비한다.
④ 가급적 딜레마 구간에 도달하기 전에 신호가 변경되면 빠른 속도로 교차로를 통과한다.

해설 ④의 문항 중 "빠른 속도로 교차로를 통과한다"는 틀리고, "바로 정지할 수 있도록 준비한다"가 옳은 문항이다. 이 외에 "황색신호일 때 모든 차는 정지선 바로 앞에 정지하여야 한다"가 있다.

150 **시가지 이면 도로에서의 방어운전 설명으로 옳지 않은 것은?**

① 주변에 주택 등이 밀집되어 있는 주택가나 동네길, 학교 앞 도로로 보행자의 횡단이나 통행이 많다.
② 길가의 뛰노는 어린이들이 많아 어린이들과의 접촉사고가 발생할 가능성이 높다.
③ 항상 보행자의 출현 등 돌발상황에 대비한 방어운전으로 차량의 속도를 줄인다.
④ 위험스럽게 느껴지는 자동차나 자전거, 손수레, 보행자 등을 발견하였을 때에는 그의 움직임과 무관하게 운행한다.

해설 ④의 문항 중 "그의 움직임과 무관하게 운행한다"는 틀리고, "그의 움직임을 주시하면서 운행한다"가 옳은 문항이며, 외에 ㉠ 자전거나 이륜차의 갑작스런 회전 등에 대비한다. ㉡ 주 · 정차된 차량이 출발하려고 할 때에는 감속하여 안전거리를 확보한다. 등이 있다.

151 **커브 길의 방어운전에 대한 설명이다. 옳지 않은 것은?**

① 지방도로는 커브길이 많아 자동차가 커브를 돌 때에는 차체에 원심력이 작용하게 마련이다.
② 원심력이란 어떠한 물체가 회전운동을 할 때 회전 중심으로부터 밖으로 뛰쳐나가려고 하는 힘의 작용을 말한다.
③ 자동차의 원심력은 속도의 제곱에 반비례하여 크게 작용하게 되며, 커브의 반경이 길어질수록 커진다.
④ 회전반경이 짧은 커브 길에서 속도를 높이면 높일수록 원심력은 한층 더 높아지고 전복사고의 위험도 그만큼 커진다.

해설 ③의 문항에서 " 속도의 제곱에 반비례"와 "반경이 길어질수록"은 틀리며, "속도의 제곱에 비례"와 "반경이 짧을수록"이 옳은 문항이다. 커브 길에서의 주행방법은 다음과 같다.
㉠ 슬로우-인, 패스트-아웃(Slow-in, Fast-out) : 커브 길에 진입할 때에는 속도를 줄이고 진출을 할 때에는 속도를 높이라는 의미이다.
㉡ 아웃-인-아웃(Out-in-Out) : 차로 바깥쪽에서 진입하여 안쪽, 바깥쪽 순으로 통과하라는 의미이다.

정답 144 ② 145 ④ 146 ④ 147 ③ 148 ④ 149 ④ 150 ④ 151 ③

152 커브 길 주행방법에 대한 설명이다. 옳지 않는 것은?

① 커브 길에 진입하기 전에 경사도나 도로의 폭을 확인하고 가속페달에서 발을 떼어 엔진 브레이크가 작동되도록 속도를 줄인다.
② 엔진 브레이크만으로 속도가 충분히 줄지 않으면 풋 브레이크를 사용하여 회전 중에 더 이상 감속하지 않도록 한다.
③ 회전이 끝나는 부분에 도달하였을 때는 핸들을 바르게 한다.
④ 감속된 속도에 맞는 기어로 변속하고, 가속페달을 밟아 속도를 서서히 높인다.

해설 ②의 문항 중 끝에 "감속하지 않도록 한다"는 틀리며, "감속하지 않도록 줄인다"가 옳은 문항이다.

153 커브 길에서 주행 시 주의사항이다. 잘못된 것은?

① 커브 길에서는 기상 상태, 노면 상태 및 회전 속도 등에 따라 차량이 미끄러지거나 전복될 위험이 증가하므로 부득이한 경우가 아니면 급핸들 조작이나 급제동은 하지 않는다.
② 회전 중에 발생하는 가속은 원심력을 증가시켜 도로 이탈의 위험이 발생하고, 감속은 차량의 무게중심이 한쪽으로 쏠려 차량의 균형이 쉽게 무너질 수 있다.
③ 급커브길 등에서 앞지르기는 대부분 규제 표지 및 노면 표시 등 안전표지로 금지하고 있으나, 금지 표지가 없어도 전방의 안전이 확인되지 않으면 절대 하지 않는다.
④ 커브 길에서 잠시 중앙선을 침범하거나 도로의 중앙선으로 치우친 운전을 하여도 된다.

해설 ④의 문항은 틀려 "중앙선을 침범하거나 도로의 중앙선으로 치우진 운전은 하지 않는다"가 옳은 문항이며, 이 외에 ㉠ 커브길 진입 전에 감속행위가 이루어져야 차선이탈 등의 사고를 예방한다. ㉡ 시야가 제한되어 있다면 주간에는 경음기, 야간에는 전조등을 사용하여 내 차의 존재를 반대 차로 운전자에게 알린다. ㉢ 겨울철 커브길은 노면이 얼어있는 경우가 많으므로 사전에 감속하여 안전사고가 발생하지 않도록 주의한다.

154 내리막길에서의 방어운전에 대한 설명이다. 옳지 않은 것은?

① 비교적 경사가 가파르지 않은 긴 내리막길을 내려갈 때 운전자의 시선은 먼 곳을 바라보고, 무심코 가속페달을 밟아 순간 속도를 높일 수 있으므로 주의해야 한다.
② 엔진 브레이크를 사용하면 페이드 현상 및 베이퍼 록 현상을 예방하여 운행 안전도 효과는 미미하다.
③ 내리막길에서는 반드시 변속기를 저속기어로, 자동 변속기는 수동 모드의 저속 기어 상태로 두고, 엔진 브레이크를 사용하여 감속 운전한다.
④ 내리막길을 내려갈 때는 엔진 브레이크로 속도 조절하는 것이 바람직하다.

해설 ②의 문항 중 "예방하여 운행 안전도 효과는 미미하다"는 틀리며, "예방하여 운행 안전도를 높일 수 있다"가 옳은 문항이다. 외에 ㉠ 도로의 내리막이 시작되는 시점에서 브레이크를 힘껏 밟아 브레이크를 점검한다. ㉡ 경사길 주행 중간에 불필요하게 속도를 줄이거나 급제동하는 것은 주의해야 한다.

155 오르막길에서의 방어운전에 대한 설명이다. 옳지 않은 것은?

① 정차할 때는 앞차가 뒤로 밀려 충돌할 가능성이 있으므로 충분한 차간거리를 유지한다.
② 오르막길의 정상 부근은 시야가 제한되는 사각 지대로 반대 차로의 차량이 앞에 다가올 때까지는 보이지 않을 수 있으므로 서행하며 위험에 대비한다.
③ 오르막길에서 부득이하게 앞지르기 할 때는 힘과 가속이 좋은 저단기어를 사용하지 않는 것이 안전하다.
④ 언덕길에서 올라가는 차량과 내려오는 차량이 교차할 때는 내려오는 차량에게 통행 우선권이 있으므로 올라가는 차량이 양보해야 한다.

해설 ③의 문항 중 "사용하지 않는 것이 안전하다"는 틀리며, "사용하는 것이 안전하다"가 맞는 문항이다. 이 외에 ㉠ 정차해 있을 때에는 가급적 풋 브레이크와 핸드 브레이크를 동시에 사용한다. ㉡ 뒤로 미끄러지는 것을 방지하기 위해 정지했다가 출발할 때는 핸드 브레이크를 사용하면 도움이 된다. 가 있다.

156 철길 건널목 통과 시 방어운전의 요령으로 옳지 않은 것은?

① 건널목 건너편 여유 공간을 확인한 후에 통과한다.
② 일시정지 후에는 철도 좌 · 우의 안전을 확인한다.
③ 철길 건널목에 접근할 때는 속도를 높여 신속히 통과한다.
④ 건널목을 통과할 때는 기어변속을 하지 않는다.

해설 ③의 철길 건널목에 접근할 때는 속도를 줄여 접근한다.

157 철길건널목 통과 중 시동이 꺼졌을 때의 조치방법이다. 아닌 것은?

① 즉시 동승자를 대피시키고, 차를 건널목 밖으로 이동시키기 위해 노력한다.
② 철도공무원, 건널목 관리원이나 경찰에게 알리고 지시에 따른다.
③ 건널목 내에서 차가 움직일 수 없을 때는 그 현장 부근의 가장 가까운 열차 역(驛)에 알린다.
④ 건널목 내에서 움직일 수 없을 때에는 열차가 오고 있는 방향으로 뛰어가면서 옷을 벗어 흔드는 등 기관사에게 위급함을 알려 열차가 정지할 수 있도록 조치를 취한다.

해설 ③의 문항은 틀린 내용의 문항이다.

158 고속도로 진입부에서의 안전운전에 대한 설명이다. 옳지 않은 것은?

① 본선 진입의도를 다른 차량에게 방향지시등으로 알린다.
② 본선 진입 전 충분히 가속하여 본선 차량의 교통흐름을 방해하지 않도록 한다.
③ 진입을 위한 가속차로에서 감속하지 않도록 주의한다.
④ 고속도로 본선을 저속으로 진입하거나 진입 시기를 잘못 맞추면 추돌사고 등 교통사고가 발생할 수 있다.

해설 ③의 문항 중 "가속차로에서 감속하지 않도록"은 틀린 문항이고, "가속차로 끝부분에서 감속하지 않도록"이 맞는 문항임.
*진출부에서의 안전운전은 다음과 같다.
㉠ 본선 진출 의도를 다른 차량에게 알린다.
㉡ 진출부에 진입 전에 본선 차량에 영향을 주지 않도록 주의한다.
㉢ 본선 차로에서 천천히 진출부로 진입하여 출구로 이동한다.

159 고속도로 안전운전 방법에 대한 설명이다. 옳지 않는 것은?

① 전방 주시 : 앞차의 뒷부분만 봐서는 안되며, 앞차의 전방까지 시야를 두면서 운전한다.
② 진입은 안전하게 천천히, 진입 후 가속은 빠르게 : 방향지시등으로 진입의사 표시 후 진입하고, 진입 후에는 빠른 속도로 가속해서 교통흐름에 방해가 되지 않도록 한다.
③ 주변 교통 흐름에 따라 적정 속도 유지 : 주변 차량들과 함께 교통흐름에 따라 운전하는 것이 중요하다.
④ 추행 차로로 주행 : 앞차를 추월할 경우 앞지르기 차로를 이용하며, 추월이 끝나도 추월차로로 계속 주행한다.

정답 152 ② 153 ④ 154 ② 155 ③ 156 ③ 157 ③ 158 ③ 159 ④

해설 ④의 문항 중 "추월이 끝나도 추월차로로 계속 주행한다"는 틀리고, "추월이 끝나면 주행차로로 복귀한다"가 옳은 문항이다. 이 외에 ㉠ 적절한 휴식 : 장시간 계속 운행 금지, 2시간에 1회는 휴식, 2시간 이상 , 200km 이상 운전을 자제 및 15분 휴식, 4시간 이상 운전 시 30분 간 휴식한다. ㉡ 전 좌석 안전띠 착용을 한다. 가 있다.

160 고속도로 교통사고 2차 사고 예방 안전행동요령이다. 옳지 않은 것은?

① 신속히 비상등을 켜고 다른 차의 소통에 방해가 되지 않도록 갓길로 차량만을 이동시킨다.(트렁크를 열어 위험을 알리는 것도 좋음)
② 후방에서 접근하는 차량의 운전자가 쉽게 확인할 수 있도록 고장 자동차의 표지(안전 삼각대)를 한다.
③ 야간에는 적색 섬광신호 · 전기제등 또는 불꽃신호를 추가로 설치한다.(시인성 안전조끼 착용 권장)
④ 운전자와 탑승자가 차량 내 또는 주변에 있는 것은 매우 위험하므로 가드레일(방호 벽) 밖 안전한 장소로 대피시킨다.

해설 ①의 문항 중 "차량만을 이동시킨다"는 틀리고, "차량 이동이 어려운 경우 탑승자들은 안전조치 후 신속하고 안전하게 가드레일 바깥 등의 안전한 장소로 대피시킨다"가 옳은 문항이다.

161 교통사고 현장에서 부상자 구호에 대한 설명이다. 잘못된 것은?

① 사고현장에서 의사, 구급차 등이 도착할 때까지 부상자에게는 가제나 깨끗한 손수건으로 지혈하는 등 응급조치를 한다.
② 함부로 부상자를 움직여서는 안 되며, 특히 두부에 상처를 입었을 때는 움직이지 말아야 한다.(단 2차 사고의 우려가 있을 경우에는 안전한 장소로 이동시킨다)
③ 사고를 낸 운전자는 사고 발생 장소, 사상자 수, 부상 정도, 그 밖의 조치상황을 경찰공무원이 현장에 있을 때는 경찰공무원에게, 경찰공무원이 현장에 없을 때에는 가장 가까운 경찰관서에 신고하여야 한다.
④ 사고 발생 신고 후 사고 차량의 운전자는 경찰공무원이 말하는 부상자 구호와 교통안전상 필요한 사항을 지킬 의무는 없다.

해설 ④의 문항 끝에 "필요한 사항을 지킬 의무는 없다"는 틀리며, "필요한 사항을 지켜야 한다"가 옳은 문항이다.

162 고속도로 2504 긴급견인 무료 서비스(1588-2504) 대상 차에 대한 설명이다. 대상차량이 아닌 차는?

① 승용자동차 ② 16인 이하 승합자동차
③ 1.4톤 이하 화물자동차 ④ 16인 이상 승합자동차

해설 ④의 "16인 이상 승합자동차"는 무료견인 서비스 대상 자동차에 해당되지 않는다.

163 야간 운전의 위험성으로 옳지 않은 것은?

① 야간에는 시야가 제한됨에 따라 노면과 앞차의 후미등 전방만을 보게 되므로 가시거리가 100m 이내인 경우에는 최고 속도를 20% 정도 감속하여 운행한다.
② 술 취한 사람이 갑자기 도로에 뛰어들거나 도로에 누워있는 경우가 발생하므로 주의해야 한다.
③ 밤에는 낮보다 장애물이 잘 보이지 않거나, 발견이 늦어 조치시간이 지연될 수 있다.
④ 원근감과 속도감이 저하되어 과속으로 운행하는 경향이 발생할 수 있다.

해설 ①의 문항 중 "최고 속도를 20% 정도 감속하여 운행한다"는 틀리고, "최고속도를 50% 정도 감속운행한다"가 맞는 문항이다. 이 외에 ㉠ 커브길이나 길모퉁이에서는 전조등 불빛이 회전하는 방향을 제대로 비추지 못하는 경향이 있으므로 속도를 줄여 주행한다. ㉡ 야간에는 운전자의 좁은 시야로 인해 안구 동작이 활발하지 못해 자극에 대한 반응이 둔해지고, 그로 인해 졸음 운전을 하게 되므로 더욱 주의가 필요하다.

164 야간 운행 중 마주 오는 대향차의 전조등 불빛으로 인해 도로 보행자의 모습을 볼 수 없게 되는 현상으로 옳은 것은?

① 착시 현상 ② 현혹 현상
③ 증발 현상 ④ 광막 현상

해설 ③의 증발 현상이다.

165 야간 운행 중 마주 오는 대향차의 전조등 불빛으로 인해 운전자의 눈 기능이 순간적으로 저하되는 현상으로 옳은 것은?

① 광막 현상 ② 현혹 현상
③ 착시 현상 ④ 수막 현상

해설 ②의 현혹 현상이다.

166 야간 운전 시 안전 운전 방법으로 옳지 않은 것은?

① 대향차의 전조등을 직접 바라보지 않는다.
② 전조등 불빛의 방향을 정면으로 향하여 자신의 위치를 알린다.
③ 주간 속도보다 20% 속도를 줄여 운행한다.
④ 보행자 확인에 더욱 세심한 주의를 기울인다.

해설 ②의 전조등 불빛의 방향을 아래로 향해야 한다. 외에 전조등이 비추는 범위의 앞쪽까지 살핀다.

167 야간에는 주간에 비해 시야가 전조등의 범위로 한정되는 경향이 있다. 그러므로 주간보다 야간에는 속도를 감속해야 하는데 그 속도로 옳은 것은?

① 주간 속도보다 약 50% 감속
② 주간 속도보다 약 40% 감속
③ 주간 속도보다 약 30% 감속
④ 주간 속도보다 약 20% 감속

해설 ④의 문항이 맞다

168 야간 운전 시 안전운전의 요령으로 옳지 않은 것은?

① 선글라스를 착용하여 대향차의 전조등에 대비한다.
② 대향차의 전조등을 직접 바라보지 않는다.
③ 해가 지기 시작하면 곧바로 전조등을 켜 다른 운전자들에게 자신을 알린다.
④ 커브길에서는 상향등과 하향등을 적절히 사용하여 자신이 접근하고 있음을 알린다.

해설 ①의 선글라스를 착용하고 운전하지 않는다. 외에 ㉠ 전조등 불빛의 방향을 아래로 향하게 한다. ㉡ 장거리를 운행할 때에는 운행계획에 휴식시간을 포함시켜 세운다. ㉢ 불가피한 경우가 아니면 도로 위에 주 · 정차하지 않는다. ㉣ 앞차의 미등만 보고 주행하지 않는다.

정답 160 ① 161 ④ 162 ④ 163 ① 164 ③ 165 ② 166 ② 167 ④ 168 ①

169 **야간에 보행자가 사고 방지를 위해 입으면 좋은 옷 색깔로 가장 적절한 것은?**

① 흑색 ② 적색
③ 회색 ④ 백색

해설 ②의 야간에 식별하기 용이한 색은 적색, 백색 순이며 흑색이 가장 어려운 색이다.

170 **안개길 안전운전 시 주의 사항으로 옳지 않은 것은?**

① 전조등, 안개등 및 비상점멸표시등을 켜고 운행한다.
② 앞을 분간하지 못할 정도의 짙은 안개로 운행이 어려울 시 차를 안전한 곳에 세우고 잠시 기다린다.
③ 안개가 짙으면 앞차가 보이지 않으므로 최대한 붙어서 간다.
④ 가시거리가 100m이내인 경우에는 최고속도를 50% 정도 감속하여 운행한다.

해설 ③의 문항은 "앞차와의 차간거리를 충분히 확보하고, 앞차의 제동이나 방향지시등의 신호를 예의주시하여 운행한다"가 맞다. ②의 경우, 이 때에는 미등, 비상점멸표시등(비상등)을 켜서 지나가는 차에게 내 차량의 위치를 알리고 충돌 등이 발생하지 않도록 조치한다.

171 **빗길 안전운전 시 안전운전 방법으로 옳지 않은 것은?**

① 폭우로 가시거리가 100m 이내인 경우에는 최고 속도의 30%를 줄인 속도로 운행한다.
② 보행자 옆을 통과할 때에는 속도를 줄여 흙탕물이 튀지 않도록 주의한다.
③ 비가 내려 노면이 젖어있는 경우에는 최고 속도의 20%를 줄인 속도로 운행한다.
④ 물이 고인 길을 통과할 때에는 속도를 줄여 저속으로 통과한다.

해설 ①의 문항 중 "최고 속도의 30%를 줄인 속도로"는 틀리고, "최고 속도의 50%를 줄인 속도로"가 옳은 문항이다. 이 외에 ㉠ 공사 현장의 철판 등을 통과하여야 하며, 급브레이크를 밟지 않는다. ㉡ 급출발, 급핸들, 급브레이크 조작은 미끄러짐이나 전복사고의 원인이 되므로 엔진브레이크를 적절히 사용하고, 브레이크를 밟을 때에는 페달을 여러 번 나누어 밟는다. 가 있다.

172 **경제운전의 개념과 효과(에코드라이빙)에 대한 설명이다. 맞지 아니한 것은?**

① 경제운전은 연료 소모율을 낮추고, 공해 배출을 최소화한다.
② 도로환경변화에 즉시 대처할 수 있는 급가속, 급제동, 급감속 등 위험운전을 하지 않음으로 안전 운전의 효과를 가져오고자 하는 운전방식이다.
③ 버스 업체에서는 에코드라이빙 기법의 적용 방법을 운전기사들에게 교육시킴으로써 연료 절감 효과를 얻을 수 있는 것으로 나타났다.
④ 교육 내용을 다소 일반적이지만 제동을 적게 하기, 공회전 줄이기 등 몇 가지만 지켜도 매년 20% 이상의 연료절감효과를 얻을 수 있는 것으로 나타났다.

해설 ④의 문항 중 "매년 20% 이상의"는 틀리고, "매년 18% 이상의""가 옳은 문항이다.

173 **경제운전의 기본적인 방법에 대한 설명이다. 다른 것은?**

① 급가속(가속 페달은 부드럽게)을 피한다.
② 급제동을 피하고, 급한 운전은 피한다.
③ 불필요한 공회전을 피하고, 일정한 차량속도(정속주행)를 유지한다.
④ 공해배출 등 환경문제의 감소효과가 있다.

해설 ④의 문항은 "경제운전의 효과"의 하나로 다른 것이다.

174 **경제운전의 효과에 대한 설명이다. 다른 것은?**

① 연비의 고효율(경제운전)이 발생한다.
② 차량 구조장치 내구성 증가(차량관리비, 고장수리비, 타이어 교체비 등의 감소)
③ 운전자 및 승객의 스트레스 증가
④ 고장수리 작업 및 유지관리 작업 등의 시간 손실 감소 효과

해설 ③의 문항 중 "스트레스 증가"는 틀리고, "스트레스 감소 효과"가 옳은 문항이다. 외에 ㉠ 공해 배출 등 환경 문제의 감소 효과 ㉡ 방어운전 효과 가 있다.

175 **경제운전의 용어 중 연료가 차단된다는 의미로, 관성을 이용한 운전에 속하는 용어는 무엇인가?**

① 토-인 ② 슬로우-인, 패스트-아웃
③ 퓨얼-컷 ④ 아웃-인-아웃

해설 ③의 퓨얼-컷(Fuel-cut)이란 운전자가 주행하다가 가속페달을 밟고 있던 발을 떼었을 때, 자동차의 모든 제어 및 명령을 담당하는 컴퓨터인 ECU가 가속페달의 신호에 따라 스스로 연료를 차단시키는 작업을 말한다. 자동차가 달리고 있던 관성(가속력)에 의해 축적된 운동에너지의 힘으로 계속 달려가게 되는 경제 운전 방법 중 하나이다. ①의 앞바퀴를 위에서 내려다봤을 때 양쪽 바퀴의 중심선 사이 거리가 뒤쪽보다 앞쪽이 약간 작게 돼 있는 것을 지칭하는 용어이다. ②, ④는 커브길 주행 시 사용되는 운전방법을 지칭하는 용어이다.

176 **경제운전에 영향을 미치는 요인에 대한 설명이다. 옳지 않은 것은?**

① 도심 교통상황에 따른 요인 ② 운전자의 감정
③ 도로 조건 ④ 기상 조건

해설 ②의 "운전자의 감정"은 안전운전에 관련된 사항이며, ①은 도심은 고밀도 인구에 도로가 복잡하고 교통체증도 심각한 환경이다. 그래서 운전자들이 바쁘고 가·감속 및 잦은 브레이크에 자동차 연비도 증가한다. ③은 도로의 젖은 노면은 구름 저항을 증가시키며, 경사도는 구배 저항에 영향을 미침으로서 연료소모를 증가시킨다. ④는 맞바람은 공기저항을 증가시키며, 연료소모율을 높인다.

177 **도로조건이 경제운전에 미치는 영향이다. 틀린 것은?**

① 도로의 젖은 노면은 구름 저항을 증가시킨다.
② 경사도는 구배저항에 영향을 미쳐 연료소모를 증가시킨다.
③ 맞바람은 공기저항을 증가시켜 연료 소모율을 높인다.
④ 고속도로나 시내의 외곽도로 전용도로 등에서 시속 100km라면 그 속도를 유지하면서 가장 하향으로 안정된 엔진 RPM을 유지하는 것이 연비 좋은 정속주행이다.

해설 ③의 문항은 기상조건의 영향에 해당되어 틀리다.

178 **경제운전 실천요령에 대한 설명이다. 틀린 것은?**

① 시동 직후 급가속이나 급출발(급제동)을 삼가고, 교차로 선행 신호등 주지.
② 경제속도로 정속주행하며, 적절한 시기에 변속한다.
③ 올바른 운전습관을 가져야 하고, 정기적으로 엔진을 점검하며, 타이어 공기압을 적절히 유지한다.
④ 시동을 걸 때나 시동 직후에 습관적으로 가속페달을 밟는 것은 잘못된 습관이 아니다.

해설 ④의 문항 끝에 "잘못된 습관이 아니다"는 틀리고, "잘못된 습관이다"가 옳은 문항이다. 외에 ㉠ 시동을 걸 때 클러치를 밟지 않는다. ㉡ 경제적인 주행코스(네비게이션)정보를 선택한다.

정답 169 ② 170 ③ 171 ① 172 ④ 173 ④ 174 ③ 175 ③ 176 ② 177 ③ 178 ④

179 **경제운전에서는 가 · 감속이 없는 정속주행을 해야 한다. 이러한 속도의 명칭은 무엇인가?**

① 최고 속도 ② 일정 속도
③ 최저 속도 ④ 제한 속도

해설 ② "일정 속도"이며, 경제속도는 80km이다.

180 **주행방법에 따른 경제운전에 대한 설명이다. 틀린 것은?**

① 속도 ; 가능한 한 일정속도로 주행하는 것이 매우 중요하다.
② 기어변속 : 기어변속은 엔진회전속도가 2500~3000 RPM 상태에서 고단 기어 변속이 바람직하다.
③ 제동과 관성 주행 : 교차로에 접근하든가 할 때 가속페달에서 발을 떼고 관성으로 차를 움직이게 할 수 있을 때에는 제동을 피하는 것이 좋다.
④ 교통류에의 합류와 분류 : 차가 지선에서 차량속도가 높은 본선으로 합류할 때는 강한 가속이 필수적이다. 이 경우는 경제운전보다 안전이 더 중요하기 때문이다.

해설 ②의 문항에서 "2500~3000 RPM"은 틀리고, "2000~3000 RPM"이 옳은 문항이며, 외에 ㉠ 위험예측운전(자신의 운전 행동을 도로 및 교통조건에 맞추어 나가는 것)과 경제운전과 방어운전(다른 도로 이용자의 행동과 도로, 교통조건 등에 예측, 판단해서 그 조건에 맞는 운전을 실행하는 것으로, 사고를 회피하는 뿐 아니라 연료소비 감소까지 가져오는 효과가 있기 때문에 본질적으로는 방어운전이지만 경제운전이 될 수도 있다.)

181 **출발하고자 할 때의 기본 운행 수칙이다. 맞는 것은?**

① 매일 운행을 시작할 때에는 후사경이 제대로 조정되어 있는지 확인한다.
② 주차브레이크가 채워진 상태에서 출발한다.
③ 운행을 시작하기 전에 제동등이 점등되는지 확인한다.
④ 출발 후 진로변경이 끝난 후에도 신호를 계속 하고 있지 않는다.

해설 ②의 문항 중에 "출발한다"는 틀리고, "출발하지 않는다"가 옳은 문항이며, 외에 ㉠ 운전석은 운전자의 체형에 맞게 조절하여 운전자세가 자연스럽도록 한다. ㉡ 주차 상태에서 출발할 때에는 차량의 사각지점을 고려하여 버스의 전 · 후, 좌 · 우의 안전을 직접 확인한다. ㉢ 출발 후 진로변경이 끝나기 전에 신호를 중지하지 않는다. 등이 있다.

182 **정지할 때의 기본 운행 수칙으로 맞지 아니한 것은?**

① 정지를 위한 감속 시, 엔진브레이크와 고단 기어를 활용한다.
② 정지를 할 때에는 미리 감속하여 급정지로 인한 타이어의 흔적이 발생하지 않도록 한다.
③ 정지할 때까지 여유가 있는 경우에는 브레이크 페달을 가볍게 2~3회 나누어 밟는 '단속조작'을 통해 정지한다.
④ 미끄러운 노면에서는 제동으로 인해 차량이 회전하지 않도록 주의한다.

해설 ①의 문항 중 "엔진브레이크와 고단 기어를 활용한다"는 맞지 않으며, "엔진브레이크와 저단 기어를 활용한다"가 옳은 문항이다.

183 **주차할 때의 기본 운행 수칙으로 맞지 아니한 것은?**

① 주차가 허용된 지역이나 갓길에 주차한다.
② 주행차로로 주차된 차량의 일부분이 돌출되지 않도록 주의한다.
③ 경사가 있는 도로에 주차할 때에는 밀리는 현상을 방지하기 위해 바퀴에 고임목 등을 설치하여 안전 여부를 확인한다.
④ 도로에서 차가 고장이 일어난 경우에는 안전한 장소로 이동한 후 고장자동차의 표지(비상삼각대)를 설치한다.

해설 ①의 맞는 문항은 "주차가 허용된 지역이나 안전한 지역에 주차한다. 갓길 주차는 매우 위험하므로 피한다"가 옳은 문항이다.

184 **주행하고 있을 때 기본운행 수칙으로 옳지 않은 것은?**

① 교통량이 많은 곳에서는 급제동 또는 후미추돌 등을 방지하기 위해 감속하여 주행한다.
② 앞뒤로 간격을 유지하되, 좌 · 우측 차량과는 밀접한 거리를 유지한다.
③ 노면상태가 불량한 도로에서는 감속하여 주행한다.
④ 전방의 시야가 충분히 확보되지 않는 기상상태나 도로조건 등에서는 감속하여 주행한다.

해설 ②의 문항 중 "좌 · 우측 차량과는 밀접한 거리를 유지한다"는 틀리고, "좌 · 우측 차량과는 일정 거리를 유지한다"가 옳은 문항이다. 외에 ㉠ 주택가나 이면도로 등은 돌발상황 등에 대비하여 과속이나 난폭운전을 하지 않는다. ㉡ 주행하는 차들과 제한속도를 넘지 않는 범위 내에서 속도를 맞추어 주행한다.

185 **기본운행 수칙으로 "주행하고 있을 때"의 방법이 아닌 것은?**

① 핸들을 조작할 때마다 상체가 한쪽으로 쏠리지 않도록 왼발은 발판에 놓아 상체 이동을 최소화시킨다.
② 신호대기 등으로 잠시 정지하고 있을 때에는 주차 브레이크를 당기거나, 브레이크 페달을 밟아 차량이 미끄러지지 않도록 한다.
③ 통행우선권이 없는 다른 차가 진입할 때에도 양보한다.
④ 급격한 핸들조작으로 타이어가 옆으로 밀리는 경우, 핸들복원이 늦어 차로를 이탈하는 경우 운전조작 실수로 차체가 균형을 잃는 경우 등이 발생하지 않도록 한다.

해설 ③의 문항은 틀리고 "통행우선권이 있는 다른 차가 진입할 때에는 양보한다"가 옳은 문항이다. 외에 ㉠ 직진도로를 통행하거나 구부러진 도로를 돌 때 다른 차도를 침범하거나, 2개 차로에 걸쳐 주행하지 않는다. ㉡ 주행하는 차들과 제한 속도를 넘지 않는 범위 내에서 속도를 맞추어 주행한다.

186 **앞 차를 뒤따라가고 있을 때 다른 차량과의 차간거리 유지의 방법이다. 틀린 것은?**

① 앞차가 급제동할 때 앞차를 추돌하지 않도록 안전거리를 유지한다.
② 적재 상태가 불량하거나 적재물이 떨어질 위험이 있는 자동차에 근접하여 주행하지 않는다.
③ 앞 차량에 근접하여 주행하지 않으며 앞 차량이 급제동할 경우 안전거리 미확보로인해 앞차의 후미를 추돌하게 된다.
④ 다른 차량이 차로를 변경하는 경우에는 양보하여 안전하게 진입할 수 있도록 한다.

해설 ①의 문항 중 "앞차를 추돌하지 않도록"은 틀리고 "후미를 추돌하지 않도록"이 맞는 문항이다. 외에 ㉠ 좌 · 우측 차량과 일정거리를 유지한다. 가 있다.

187 **기본운행 수칙에서 진로변경 및 주행차로를 선택할 때 방법에 대한 설명이다. 옳지 않는 것은?**

① 도로별 차로에 따른 통행차의 기준을 준수하여 주행차로를 선택한다.
② 일반도로에서 차로를 변경하는 경우에는 그 행위를 하려는 지점에 도착하기 전 30m(고속도로에서는 100m) 이상의 지점에 이르렀을 때 방향지시등을 작동시킨다.
③ 터널 안, 교차로 직전 정지선, 가파른 비탈길 등 백색 점선이 설치된 곳에서는 진로를 변경하지 않는다.
④ 다른 차량 등에 대한 배려나 양보 없이 본인 위주의 진로변경을 하지 않는다.

정답 179 ② 180 ② 181 ② 182 ① 183 ① 184 ② 185 ③ 186 ① 187 ③

해설 ③의 문항 중 "백색 점선이"는 틀리고, "백색 실선이" 옳은 문항이다. 외에 ㉠ 급차로를 변경하지 않는다. ㉡ 도로 노면에 표시된 백색 점선에서 진로를 변경한다. ㉢ 진로를 변경할 때까지 신호를 계속 유지하고, 진로변경이 끝난 후에는 신호를 중지한다.

188 기본운행 수칙에서 진로변경 위반에 해당되는 사항이다. 아닌 것은?

① 한 개 차로씩 단계적으로 진로변경 하는 경우
② 두 개의 차로에 걸쳐 운행하는 경우
③ 한 차로로 운행하지 않고 두 개 이상의 차로를 지그재그로 운행하는 경우
④ 갑자기 차로를 바꾸어 옆 차로로 끼어드는 행위

해설 ①의 문항이 정상적인 진로변경 방법이다. 외에 ㉠ 여러 차로를 연속적으로 가로지르는 행위. ㉡ 진로변경이 금지된 곳에서 진로를 변경하는 행위. 가 있다.

189 편도 1차로 도로 등에서 앞지르기하고자 할 때의 방법에 대한 설명이다. 틀린 것은?

① 앞지르기 할 때에는 언제나 방향지시등을 작동시킨다.
② 앞 차량의 우측 차로를 통해 앞지르기를 한다.
③ 앞 차의 좌측에 다른 차가 나란히 가고 있을 경우에는 앞지르기를 시도하지 않는다.
④ 앞 차가 다른 자동차를 앞지르고자 할 때에는 앞지르기를 시도하지 않는다.

해설 ②의 문항 중 "우측 차로를 통해"는 틀리고, "좌측 차로를 통해"가 옳은 문항이다. 외에 ㉠ 앞지르기가 허용된 구간에서만 시행한다. ㉡ 앞지르기를 할 때에는 반드시 반대방향 차량, 추월차로에 있는 차량, 뒤쪽 및 앞 차량과의 안전여부를 확인한 후 시행한다. ㉢ 앞지르기한 후 차로로 진입할 때에는 뒤차와의 안전을 고려하여 진입한다. ㉣ 제한속도를 넘지 않는 범위 내에서 시행한다. 가 있다.

190 교차로 통행(좌 · 우로 회전) 기본운행 수칙으로 옳지 않는 것은?

① 회전이 허용된 차로에서만 회전하고, 회전하고자 하는 지점에 이르기 전 30m(고속도 로에서는 100m) 이상의 지점에 이르렀을 때 방향지시등을 작동시킨다.
② 좌회전 차로가 2개 설치된 교차로에서 좌회전할 때에는 1차로(중 · 소형 승합자동차), 2차로(대형 승합자동차) 통행기준을 준수한다.
③ 대향차가 교차를 통과하고 있을 때에는 완전히 통과시킨 후 좌회전한다.
④ 우회전할 때에는 외륜차 현상으로 인해 보도를 침범하지 않도록 주의한다.

해설 ④의 문항 중 "외륜차 현상"은 틀리고, "내륜차 현상"이 옳은 문항이다. 외에 ㉠ 우회전하기 직전에는 직접 눈으로 또는 후사경으로 오른쪽 옆의 안전을 확인하여 충돌이 발생하지 않도록 주의한다. ㉡ 회전할 때에는 원심력이 발생하여 차량이 이탈하지 않도록 감속하여 진입한다. ㉢ 진행방향과 다른 방향의 지시등을 작동시키지 않는다. ㉣ 정당한 사유 없이 반복적이거나 연속적으로 경음기를 울리지 않는다. 가 있다.

191 1년 4계적의 특성에 대한 설명이다. 봄의 계절 특성은?

① 날씨가 온화해짐에 따라 사람들의 활동이 활발해지는 계절이다.
② 저녁 늦게까지 무더운 현상이 지속되는 열대야현상이 나타나기도 한다.
③ 맑은 날씨가 계속되고 기온도 적당하여 행락객 등에 의한 교통수요와 명절 귀성객에 의한 통행량이 많이 늘어난다.
④ 교통의 3대 요소인 사람, 자동차, 도로환경 등 모든 조건이 다른 계절에 비하여 열악한 계절이다.

해설 ①은 봄철, ②는 여름철, ③은 가을철, ④는 겨울철 특성에 해당된다.

192 봄철 기상 특성에 대한 설명이다. 틀린 것은?

① 발달된 양쯔 강 기단이 동서방향으로 위치하여 이동성 고기압으로 한반도를 통과하면 장기간 맑은 날씨가 지속된다.
② 봄 가뭄이 발생하지 않는다.
③ 시베리아 기단이 한반도에 겨울철 기압 배치를 이루면 꽃샘추위가 발생한다.
④ 낮과 밤의 일교차가 커지는 일기 변화로 인해 환절기 환자가 급증하는 시기로 건강에 유의해야 한다.

해설 ②의 문항은 틀리고 "봄 가뭄이 발생한다."가 맞는 문항이다.

193 봄철 교통사고의 위험요인이다. 다른 것은?

① 도로조건 : 날씨가 풀리면서 겨우내 얼어 있던 땅이 녹아 지반 붕괴로 인한 도로의 균열이나 낙석위험이 크다.
② 운전자 : 기온이 상승하고, 긴장이 풀리고 몸도 나른해짐으로써 춘곤증에 의한 전방 주시태만 및 졸음 운전은 사고로 이어질 수 있다.
③ 보행자 : 교통상황에 대한 판단능력이 떨어지는 어린이와 신체능력이 약화된 노약자들의 보행이나 교통수단이용이 증가한다.
④ 계절특성 : 날씨가 온화해짐에 따라 사람들의 활동이 활발해지는 계절이다.

해설 ④의 문항은 봄철의 계절 특성에 해당되어 위험요인이 아니다.

194 봄철 차량 안전운행 및 교통사고 예방방법으로 맞지 않는 것은?

① 교통 환경 변화 : 춘곤증이 발생하는 봄철 안전운전을 위해서 과로한 운전을 하지 않도록 건강관리에 유의한다.
② 주변 환경 변화 : 포근하고 화창한 기후조건은 보행자나 운전자의 집중력을 향상시킨다.
③ 주변 환경에 대한 대응 : 충분한 휴식을 통해 과로하지 않도록 주의하며, 운행 시에 주변 환경 변화를 인지하여 위험이 발생하지 않도록 방어운전을 한다.
④ 춘곤증 : 춘곤증이 의심되는 현상은 나른한 피로감, 졸음, 집중력 저하, 권태감, 식욕 부진, 소화불량, 현기증, 손 · 발의 저림, 두통, 눈의 피로, 불면증 등이 있다.

해설 ②의 문항 중 "집중력을 향상시킨다"는 틀리며, "집중력을 떨어뜨린다"가 옳은 문항이다. 외에 ㉠ 포장도로 곳곳에 파인 노면은 차량 주행 시 사고를 유발시킬 수 있으므로 운전자는 운행하는 도로 정보를 사전에 파악하도록 노력한다. ㉡ 본격적인 행락철을 맞이하여 교통수요가 많아지고 통행량이 증가한다.

195 봄철 자동차관리 방법으로 옳지 않는 것은?

① 세차(염화칼슘 제거, 찌든 먼지와 이물질 제거 등)
② 월동장비 관리(스노타이어 체인 등의 물기 제거)
③ 배터리(증류수 보충과 본체 청소 등) 및 엔진오일 상태 점검
④ 냉각장치 점검(냉각수 양, 누수, 팬벨트 장력 적정 여부)

해설 ④의 "냉각장치 점검"은 여름철 자동차 관리요령이다.

정답 188 ① 189 ② 190 ④ 191 ① 192 ② 193 ④ 194 ② 195 ④

196 여름철 계절 및 기상특성에 대한 설명이다. 틀린 것은?

① 6월 말부터 7월 중순까지 장마전선의 북상으로 비가 많이 내리고 장마 이후에는 무더운 날씨가 지속된다.
② 아침부터 저녁 늦게까지 무더운 현상이 지속되는 열대야 현상이 나타나기도 한다.
③ 한대전선대가 한반도에 위치할 경우 많은 강수가 연속적으로 내리는 장마가 발생한다.
④ 연안이나 해상에서 주로 이류안개가 빈번히 발생하고, 저위도에서 형성된 열대저기압이 태풍으로 발달하여 한반도까지 접근한다.

해설 ②의 문항 중 "아침부터"는 해당 없는 문항이다.

197 여름철 교통사고의 위험요소이다. 다른 것은?

① 도로조건 : 갑작스런 악천후 및 무더위 등으로 운전자의 시각적 변화와 긴장 · 흥분 · 피로감이 복합적 요인으로 작용하여 교통사고를 일으킬 수 있으므로 기상 변화에 잘 대비하여야 한다.
② 운전자 : 대기의 온도와 습도의 상승으로 불쾌지수가 높아져 적절히 대응하지 못하면 주행 중에 변화하는 교통 상황의 인지가 늦어지고, 판단이 부정확해질 수 있다.
③ 보행자 : 불쾌지수가 높아지면 위험한 상황에 대한 인식이 둔해지고, 교통법규를 무시하려는 경향이 강하게 나타날 수 있다.
④ 기상특성 : 한반도는 북서풍이 탁월하고 강하여, 습도가 낮고 공기가 매우 건조하다.

해설 ④의 문항은 겨울철의 기상 특성에 해당되어 위험요인이 아니라 기상특성에 해당된다.

198 여름철 불쾌지수가 높으면 나타날 수 있는 현상이다. 틀린 것은?

① 차량조작이 민첩하지 못하고, 난폭운전을 하기 쉽다.
② 사소한 일에도 언성을 높이고, 잘못을 전가하려는 신경질적인 반응을 보이기 쉽다.
③ 불필요한 경음기 사용, 감정에 치우친 운전으로 사고 위험이 증가한다.
④ 스트레스가 가중되어 운전이 손에 잡히고, 두통, 소화불량 등 신체 이상이 나타날 수 있다.

해설 ④의 문항 중 "운전이 손에 잡히고"는 틀리고, "운전이 손에 잡히지 않고"가 옳은 문항이다.

199 여름철 차량 안전운행 및 교통사고 예방방법으로 맞지 않는 것은?

① 뜨거운 태양 아래 장시간 주차하는 경우 : 기온이 상승하면 차량의 실내온도는 뜨거운 양철 지붕 속과 같이 뜨거우므로 출발하기 전에 창문을 열어 실내의 더운 공기를 환기시킨 다음 운행하는 것이 좋다.
② 주행 중에 갑자기 시동이 꺼졌을 경우 : 기온이 높은 날에 연료계통(파이프 내)에 엔진의 고온으로 끌어서 증기가 발생해 파이프 내에 기포가 발생하여 연료공급이 단절되면 운행 도중 엔진이 저절로 꺼지는 현상이 발생할 수 있다.
③ 이 때에는 자동차를 길 가장자리 통풍이 잘 되는 그늘진 곳으로 옮긴 다음 열을 식힌 후 재 시동을 건다.
④ 비가 내리고 있을 때 주행하는 경우 : 건조한 도로에 비해 노면과의 마찰력이 떨어져 미끄럼에 의한 사고가 발생할 수 있으므로 신속히 가속을 하여 피한다.

해설 ④의 문항 끝에 "신속히 가속을 하여 피한다"는 틀리고, "충분한 감속 운행을 한다"가 맞는 문항이다.

200 여름철 자동차관리 방법으로 옳지 않는 것은?

① 냉각 장치 점검 : 냉각수의 양과 누수 및 팬벨트 장력 적정.
② 와이퍼의 작동상태 점검 : 정상적으로 작동되는지, 유리면과 접촉하는 와이퍼 블레이드가 닳지 않았는지, 노즐의 분출구가 막히지 않았는지, 노즐의 분사 각도는 양호한 지 그리고 워셔액은 충분한지 등을 점검한다.
③ 에어컨 관리 : 차가운 바람이 적게 나오거나 나오지 않을 때에는 엔진룸 내의 팬모터가 작동되는 지 확인 한다.
④ 타이어 마모상태 점검 : 홈 깊이가 1.7mm 이상 되는지 확인.

해설 ④의 문항 중 "홈 깊이가 1.7mm 이상"은 틀리고 "홈 깊이가 1.6mm 이상"이 맞는 문항이다. 외에 ㉠ 브레이크 패드와 라이닝, 브레이크 액 등을 점검, ㉡ 전기 배선의 피복이 벗겨져 있는 지 점검을 한다.

201 가을철 계절 및 기상 특성에 대한 설명이다. 틀린 것은?

① 천고마비의 계절인 가을은 아침저녁으로 신선한 바람이 불어 즐거운 느낌을 주기도 하지만, 심한 일교차로 건강을 해칠 수도 있다.
② 맑은 날씨가 계속되고 기온도 적당하여 행락객 등에 의한 교통수와 명절 귀성객에 의한 통행량이 많이 발생한다.
③ 큰 일교차로 지표면에 접한 공기가 냉각되어 육지의 새벽이나 늦은 밤에 안개(복사안개)가 발생하여 아침에 해가 뜨면 사라진다.
④ 습윤한 공기는 해안으로 이동하여 야간에 냉각되면서 생기는 이류안개가 빈번히 형성되며 특히 하천이나 강을 끼고 있는 곳에서는 짙은 안개가 자주 발생한다.

해설 ④의 문항 중 "해안으로 이동하여"는 틀리고, "육지로 이동하여"가 옳은 문항이다.

202 가을철 교통사고의 위험요인이다. 다른 것은?

① 도로조건 : 추석 귀성객 등으로 교통량이 증가하지만 다른 계절에 비해 도로조건은 비교적 양호한 편이다.
② 운전자 : 추수철 국도 주변에는 저속으로 운행하는 경운기 · 트랙터 등의 통행이 늘고, 단풍 등 주변 환경에 관심을 가지게 되면 집중력이 떨어져 교통사고 발생 가능성이 존재한다.
③ 보행자 : 맑은 날씨, 곱게 물든 단풍, 풍성한 수확 등 계절적 요인으로 인해 교통신호 등에 대한 주의집중력이 분산될 수 있다.
④ 보행자 : 날씨가 추워지면 안전한 보행을 위해 보행자가 확인하고 통행하여야 할 사항을 소홀히 하거나 생략하여 사고에 직면하기 쉽다.

해설 ④의 보행자는 "겨울철 교통사고 위험요인"에 해당되어 다른 문항이다.

정답 196 ② 197 ④ 198 ④ 199 ④ 200 ④ 201 ④ 202 ④

203 **가을철 안전운행 및 교통사고 예방으로 옳지 않는 것은?**

① 이상기후 대처 : 안개 속을 주행할 때 갑자기 감속하면 뒤차에 의한 추돌이 우려되므로 안개지역을 통과할 때에는 처음부터 감속운행을 한다.

② 보행자에 주의하여 운행 : 보행자의 통행이 많은 곳을 운행할 때에는 보행자의 움직임에 주의한다.

③ 행락철 주의 : 계절 특성으로 각급 학교의 소풍, 회사나 가족단위의 단풍놀이 등 단체 여행의 증가로 주차장 등이 혼잡하고, 운전자의 기분이 좋아지므로 주의해야 한다.

④ 농기계 주의 : 추수기를 맞아 농기계(경운기 포함)의 빈번한 도로 운행은 교통사고의 원인이 되고, 경운기는 고령의 운전자가 다수이므로 주의하여야 한다.

해설 ③의 문항 중 "운전자의 기분이 좋아지므로"는 틀리고, "운전자의 주의력이 산만해질 수 있으므로"가 옳은 문항이다.

204 **가을철 자동차 관리에 대한 설명이다. 틀린 것은?**

① 세차 및 곰팡이 제거 : 바닷가 등을 운행한 차량은 바닷가의 염분이 차체를 부식시키므로 깨끗이 씻어내야 한다.

② 히터 및 서리제거 장치점검 : 여름 내 사용하지 않았던 히터는 작동시켜 정상적으로 작동되는지 확인한다.

③ 장거리 운행 전 점검 : 타이어 공기압은 적절한지, 냉각수, 브레이크액의 양, 엔진오일의 양 및 상태 등을 점검하고, 팬벨트의 장력은 적정한 지 점검을 한다.

④ 각종 램프의 작동여부 : 전조등 및 방향지시등을 점검하고, 운행 중에 발생하는 고장이나 점검에 필요한 휴대용 작업 등 예비부품 등은 준비하지 않아도 무방하다.

해설 ④의 문항 중에 "준비하지 않아도 무방하다"는 틀리며, "준비하여야 한다"가 맞는 문항이다.

205 **겨울철 계절 및 기상 특성에 대한 설명이다. 틀린 것은?**

① 차가운 대륙성 고기압의 영향으로 북서 계절풍이 불어 날씨는 춥고, 눈이 많이 내리고, 교통의 3대 요소인 사람, 자동차, 도로환경 등 모든 조건이 다른 계절에 비해 열악한 계절이다.

② 한반도는 북서풍이 탁월하고 강하여, 온도가 낮고 공기가 매우 건조하다.

③ 겨울철 안개는 서해안에 가까운 내륙지역과 찬 공기가 쌓이는 분지지역에서 주로 발생하며, 빈도는 적으나 지속시간이 긴 편이다.

④ 기온이 급강하하고 한파를 동반한 눈이 자주 내리며, 눈길, 빙판길, 바람과 추위는 운전에 악영향을 미치는 기상특성을 보인다.

해설 ②의 문항 중 "온도가 낮고"는 틀리고, "습도는 낮고"가 옳은 문항이다.

206 **겨울철 교통사고의 위험요인에 대한 설명이다. 맞지 않는 것은?**

① 도로조건 : 내린 눈이 잘 녹지 않고 쌓이며, 적은 양의 눈이 내려도 바로 빙판길이 될 수 있기 때문에 자동차간의 충돌 · 추돌 또는 도로이탈 등의 사고가 발생할 수 있다.

② 도로조건 : 햇볕을 받는 북쪽의 도로보다 햇볕을 받지 않는 남쪽 도로가 교통사고 위험이 더 많이 있다.

③ 운전자 : 각종 모임 등에서 마신 술이 깨지 않은 상태에서 운전할 가능성과 두꺼운 옷을 착용하고 운전하는 경우 둔해져 민첩한 대처 능력이 떨어지기 쉽다.

④ 보행자 : 보행자는 추위와 바람을 피하고자 두꺼운 외투, 방한복 등을 착용하고 앞만 보면서 목적지까지 최단거리로 이동하려는 경향이 있다.

해설 ②의 도로조건 문항 반대로 되어 있어 틀리고, "햇볕을 받는 남쪽도로는 햇볕을 받지 않는 북쪽 도로보다 사고위험이 적다"가 옳은 문항이다.

207 **겨울철 안전운행 및 교통사고 예방에 대한 설명이다. 틀린 것은?**

① 출발할 때 : 도로가 미끄러울 때에는 급출발하거나, 갑작스런 동작을 하지 않고, 부드럽게 천천히 출발하며, 미끄러운 길에서는 기어를 2단에 넣고 앞바퀴를 직진상태로 변경한 후 출발한다.

② 주행할 때 : 주행 중에 차체가 미끄러질 때에는 핸들을 미끄러지는 방향으로 틀어주면 스핀(Spin)을 방지할 수 있다.

③ 주행할 때 : 눈이 내린 후 타이어자국이 나있을 때에는 앞 차량의 타이어자국 위를 달리면 미끄럼을 예방할 수 있으며, 기어는 1단 혹은 2단으로 고정하여 구동력을 바꾸지 않은 상태에서 주행하면 미끄럼을 방지할 수 있다.

④ 장거리 운행 시 : 장거리를 운행할 때에는 목적지까지의 운행계획을 평소보다 여유있게 세워야하며, 도착지 · 행선지 · 도착시간 등을 승객에게 고지하여 기상악화나 불의의 사태에 신속히 대처할 수 있도록 하며 월동 비상장구는 항상 차량에 싣고 운행한다.

해설 ③의 문항 중 "기어는 1단 혹은 2단으로 고정하여"는 틀리고, "기어는 2단 혹은 3단으로 고정하여"가 맞는 문항이다.

208 **겨울철 자동차 관리에 대한 설명이다. 틀린 것은?**

① 월동장비 점검 : 유리에 끼인 성에를 제거하는 "스크래치"를 준비하고, 스노타이어 또는 체인을 구비하여 절단이나 마모부분은 없는 지 점검을 한다.

② 냉각장치 점검 : 부동액의 양 및 점도를 점검 한다(냉각수가 얼어붙으면 엔진과 라디에이터에 치명적인 손상을 초래한다)

③ 냉각수 점검 : 자동차 운행 후 냉각수 점검을 바로 해도 된다.

④ 정온기(온도조절기, themostat) 상태점검 : 정온기가 고장으로 열려 있다면 엔진의 온도가 적정 수준까지 올라가는데 많은 시간이 필요함에 따라 엔진의 워밍업 시간이 길어지고, 히터의 기능이 떨어지게 된다.

해설 ③의 문항은 손에 화장을 입을 수 있어 안전하지 못하고, 냉각수 점검은 뜨거운 냉각수에 손을 데일 수 있으므로 냉각될 때까지 기다렸다가 냉각장치 뚜껑을 열어 점검을 한다.

정답 203 ③ 204 ④ 205 ② 206 ② 207 ③ 208 ③

BUSINESS CLASS TAXI

03 운송서비스 요점정리

제1장 여객운수종사자의 기본자세

제1절 서비스의 개념과 특징

01. 서비스의 개념

1) 서비스의 정의는 한 당사자가 다른 당사자에게 소유권의 변동 없이 제공해 줄 수 있는 무형의 행위 또는 활동을 말한다.
2) 서비스란 긍정적인 마음을 적절하게 표현하여 승객을 편안하고 안전하게 목적지까지 이동시키는 것을 말한다.
3) 봉사하는 마음 기반으로 친절, 적극적인 태도, 신뢰를 통해 승객을 만족시켜 주고 고객의 만족으로 보람, 성취감을 느끼는 것으로 이론이 아닌 감정과 행동이 수반되는 응대이다.

① 서비스란 승객의 편익을 도모하기 위해 행동하는 정신적 · 육체적 노동을 말한다.
② 서비스도 하나의 상품으로 서비스 품질에 대한 승객만족을 위해 계속적으로 승객에게 제공하는 모든 활동을 의미한다.
③ 여객운송서비스는 택시를 이용하여 승객을 출발지에서 최종목적지까지 이동시키는 상업적 행위를 말하며, 택시를 이용하여 승객이 원하는 구간으로 이동시키는 서비스를 제공하는 행위 그 자체를 말한다.

02. 올바른 서비스 제공을 위한 5요소

① 단정한 용모 및 복장
② 밝은 표정
③ 공손한 인사
④ 친근한 말
⑤ 따뜻한 응대

03. 서비스의 특징

① 무형성 : 보이지 않는다.
1) 서비스는 형태가 없는 무형의 상품으로서 제품과 같이 누구나 볼 수 있는 형태로 제시되지 않는다.
2) 서비스는 측정하기는 어렵지만 누구나 느낄 수는 있다.
3) 서비스 수준은 택시의 요금, 운행시간, 차종, 목적지 도착시간 등에 영향을 받을 수 있다.

② 동시성 : 생산과 소비가 동시에 발생하므로 재고가 발생 하지 않는다.
1) 서비스는 공급자에 의해 제공됨과 동시에 승객에 의해 소비되는 성질을 가지고 있다.
2) 서비스는 재고가 없고, 불량서비스가 나와도 다른 제품처럼 반품할 수도 없으며, 고치거나 수리할 수도 없다.
3) 불량서비스를 한번 하게 되면 불량제품을 판매하는 경우보다 훨씬 나쁜 결과가 나온다.
4) 나쁜 결과가 다른 고객에게 전파되어 다른 운전자에게도 부정적인 영향을 줄 수 있다.

③ 인적 의존성 : 사람에 의존한다.
1) 서비스는 사람에 따라 품질의 차이가 발생하기 쉽다.
2) 서비스는 운전자에 의해 생산되기 때문에 인적 의존성이 높다.
3) 운전자가 제공하는 서비스인 안전운행 및 승객 응대 태도는 운전자마다 차이가 난다.
4) 승객과 대면하는 운전자의 태도, 복장, 말씨 등은 운송서비스에 있어 중요한 영향을 미친다.

④ 소멸성 : 즉시 사라진다.
1) 서비스는 오래 남아 있는 것이 아니라, 제공이 끝나면 즉시 사라져 남지 않는다.
2) 서비스의 무형성, 동시성 등으로 제공된 서비스에 대한 품질 수준을 측정하기 어렵다.

⑤ 무소유권 : 가질 수 없다.
1) 서비스는 누릴 수는 있으나 소유할 수는 없다.
2) 서비스는 승객이 제공받을 수는 있으나, 유형재처럼 소유권을 이전받을 수는 없다.

⑥ 변동성 : 운송서비스의 소비활동은 택시 실내의 공간적 제약요인으로 인해 상황의 발생 정도에 따라 시간, 요일 및 계절별로 변동성을 가질 수 있다.

⑦ 다양성 : 승객 요구의 다양함과 감정의 변화, 서비스 제공자에 따라 상대적이며, 승객의 평가 역시 주관적이어서 일관되고 표준화된 서비스 질을 유지하기 어렵다.

제2절 승객 만족

01. 승객만족의 개념 및 중요성

1) 승객이 **무엇을 원하고 무엇이 불만인지 니즈를 파악**하여 승객의 **기대에 맞춰가는 서비스를 제공함**으로써 승객으로 하여금 **만족감**을 느끼게 하는 것이다.
2) 승객을 만족시키기 위한 **추진력과 분위기 조성**은 **경영자의 몫**이라 할 수 있으나, **(실제로 승객을 상대)**하고 **실제로 승객을 만족시켜야 할 사람**은 승객과 **직접 접촉**하는 **고객접점의 운전자**이다.
3) 100명의 운수종사자 중 **99명의 운수종사자**가 바람직한 서비스를 제공한다 하더라도 **"승객"이 접해본 단 한 명이 불만족스러웠다면** 승객은 **그 한 명**을 통하여 **회사전체를 평가**하게 된다.
4) 한 업체에 대해 **고객이 거래를 중단**하는 이유는 **종사자의 불친절(68%)**, **제품에 대한 불만(14%)**, **경쟁사의 회유(9%)**, 가격이나 기타(9%)로 조사되어 고객이 **거래를 중단하는 가장 큰 이유**는 고객접 점 **종사자의 불친절**이다.

02. 일반적인 승객의 욕구

① 환영받고 싶어 한다.
② 편안해지고 싶어 한다.
③ 중요한 사람으로 인식되고 싶어 한다.
④ 존경받고 싶어 한다.
⑤ 기대와 욕구를 수용하고 인정받고 싶어 한다.

03. 승객만족을 위한 기본예절

1) 승객을 환영한다.
㉠ 승객을 환영한다는 것은 인간관계의 기본이다.
㉡ 승객을 기쁜 마음으로 환대해야 서비스가 시작된다.
㉢ 승객에 대한 관심을 표현함으로써 승객과의 관계는 더욱 가까워진다.
2) 자신의 입장에서만 생각하는 것은 승객만족의 저해 요소이다.
3) 약간의 어려움을 감수하는 것은 승객과 좋은 관계로 지속적인 고객을 투자하는 것이다.
4) 예의란 인간관계에서 지켜야할 도리이다.
5) 연장자는 사회의 선배로서 존중하고, 공 · 사를 구분하여 예우한다.
6) 상대가 불쾌하거나 불편해하는 말은 하지 않는다.
7) 승객에게 관심을 갖는 것은 승객으로 하여금 좋은 이미지를 갖게 한다.
8) 관심을 가짐으로써 승객과의 관계는 친숙해 질 수 있다.
9) 승객의 입장을 이해하고 존중한다.
10) 승객의 여건, 능력, 개인차를 수용하고 배려한다.
11) 승객을 존중하는 것은 돈 한 푼 들이지 않고 승객을 접대하는 효과가 있다.
12) 모든 인간관계는 성실을 바탕으로 한다.
13) 한결같은 마음으로 진정성 있게 승객을 대한다.

제3절 승객을 위한 행동예절

01. 이미지(Image) 관리

1 인사의 개념

① 이미지란 보여지는 모습인 외모와 마음가짐이 드러나는 태도 등에 대해 상대방이 받아들이는 느낌을 말한다.
② 개인의 이미지는 본인에 의해 결정되는 것이 아니라 상대방이 보고 느낀 것에 의해 결정된다.
③ 긍정적인 이미지를 만들기 위한 5요소.
㉠ 시선처리(눈빛). ㉡ 음성관리(목소리). ㉢ 표정관리(미소). ㉣ 용모복장(단정한 용모). ㉤ 제스처(비언어적인 요소인 손짓, 자세).

02. 인사의 개념

① 인사는 서비스의 첫 동작이자 마지막 동작이다.
② 인사는 서로 만나거나 헤어질 때 말 · 태도 등으로 존경, 사랑, 우정을 표현하는 행동 양식이다.
③ 상대의 인격을 존중하고 배려하기 위한 수단으로 마음, 행동, 말씨가 일치되어 승객에게 환대, 환송의 뜻을 전달하는 방법이다.
④ 상사에게는 존경심을, 동료에게는 우애와 친밀감을 표현할 수 있는 수단이다.

03. 인사의 중요성

① 인사는 평범하고도 대단히 쉬운 행동이지만 생활화되지 않으면 실천에 옮기기 어렵다.
② 인사는 애사심, 존경심, 우애, 자신의 교양 및 인격의 표현이다.
③ 인사는 서비스의 주요 기법 중 하나이다.
④ 인사는 승객과 만나는 첫걸음이다.
⑤ 인사는 승객에 대한 마음가짐의 표현이다.
⑥ 인사는 승객에 대한 서비스 진정성을 위한 표시이다.

04. 인사

1 올바른 인사

① 표정 : 밝고 부드러운 미소를 짓는다.
② 고개 : 고개는 반듯하게 들되, 턱을 내밀지 않고 자연스럽게 당긴다.
③ 시선 : 인사 전 · 후에 상대방의 눈을 정면으로 바라보며, 진심으로 존중하는 마음을 눈빛에 담는다.
④ 머리와 상체 : 일직선이 된 상태로 천천히 숙인다.

구분	인사 각도	인사 의미	인사말
가벼운 인사 (목례)	15°	• 기본적인 예의 표현	• 안녕하십니까. • 네, 알겠습니다.
보통 인사 (보통례)	30°	• 승객 앞에 섰을 때	• 처음 뵙겠습니다. • 감사합니다.
정중한 인사 (정중례)	45°	• 정중한 인사 표현	• 죄송합니다. • 미안합니다.

⑤ 입 : 미소를 짓는다.
⑥ 손 : 남자는 가볍게 쥔 주먹을 바지 재봉 선에 자연스럽게 붙이고, 주머니에 손을 넣는 일이 없도록 한다.
⑦ 발 : 뒤꿈치를 붙이되, 양발의 각도는 여자 15°, 남자 30° 정도 유지 (발)
⑧ 음성 : 적당한 크기와 속도로 자연스럽고 부드럽게 말한다.
⑨ 인사 : 먼저 본 사람이 하는 것이 좋으며, 상대방이 먼저 인사한 경우에는 "네, 안녕하십니까."로 응대한다.

2 잘못된 인사

① 턱을 쳐들거나 눈을 치켜뜨고 하는 인사
② 할까 말까 망설이다가 하는 인사
③ 성의 없이 말로만 하는 인사
④ 무표정한 인사
⑤ 경황없이 급히 하는 인사
⑥ 뒷짐을 지거나 호주머니에 손을 넣은 채 하는 인사
⑦ 상대방의 눈을 보지 않고 하는 인사
⑧ 자세가 흐트러진 인사
⑨ 머리만 까딱거리는 인사
⑩ 고개를 옆으로 돌리고 하는 인사

05. 호감 받는 표정 관리

1 표정

마음속의 감정이나 정서 따위의 심리 상태가 나타난 모습을 말하며, 다분히 주관적이며 순간마다 변할 수 있고 다양하게 표현된다.

2 표정의 중요성

① 밝고 환한 표정은 첫인상을 좋게 한다.
② 첫인상은 대면 직후 결정되는 경우가 많다.
③ 좋은 첫인상은 긍정적인 호감도로 이어진다.
④ 상대방과의 원활하고 친근한 관계를 만들어 준다.

⑤ 업무효과를 높일 수 있다.
⑥ 밝은 표정은 호감 가는 이미지를 형성하여 사회생활에 도움을 준다.
⑦ 밝은 표정과 미소는 신체와 정신건강을 향상시킨다.

3 밝은 표정의 효과

① 자신의 건강증진에 도움이 된다.
② 상대방과의 긍정적인 친밀감을 만드는데 도움이 된다.
③ 밝은 표정은 전이효과가 있어 상대에게 전달되며 상대방에게도 밝은 표정으로 연결된다. 따라서 좋은 분위기에서 업무를 볼 수 있다.
④ 업무능률 향상에 도움이 된다.

4 시선 처리

① 자연스럽고 부드러운 시선으로 상대를 본다.
② 눈동자는 항상 중앙에 위치하도록 한다.
③ 가급적 승객의 눈높이와 맞춘다.

> **승객이 싫어하는 시선**
> ㉠ 위로 치켜뜨는 눈
> ㉡ 곁눈질
> ㉢ 한 곳만 응시하는 눈
> ㉣ 위 · 아래로 훑어보는 눈

5 좋은 표정 만들기

① 밝고 상쾌한 표정을 만든다.
② 얼굴 전체가 웃는 표정을 만든다.
③ 돌아서면서 굳어지지 않도록 한다.
④ 입은 가볍게 다문다.
⑤ 입의 양 꼬리가 올라가게 한다.

6 잘못된 표정

① 상대의 눈을 보지 않는 표정
② 무관심하고 의욕 없는 표정
③ 입을 일자로 굳게 다물거나 입 꼬리가 쳐져 있는 표정
④ 갑자기 표정이 자주 변하는 얼굴
⑤ 눈썹 사이에 세로 주름이 지는 찡그리는 표정
⑥ 코웃음을 치는 것 같은 표정

7 승객 응대 마음가짐 10가지

① 사명감 가지기
② 승객의 입장에서 생각한다.
③ 편안하게 대한다.
④ 항상 긍정적으로 생각한다.
⑤ 승객이 호감을 갖도록 한다.
⑥ 공사를 구분하고 공평하게 대한다.
⑦ 승객의 니즈를 파악하려고 노력한다.
⑧ 예의를 지켜 겸손하게 대한다.
⑨ 자신감을 갖고 행동한다.
⑩ 개선할 사항은 변명보다 수용의 자세를 통해 개선한다.

06. 용모 및 복장

1 좋은 옷차림을 한다는 것은 단순히 좋은 옷을 멋지게 입는다는 뜻이 아니다. 때와 장소는 물론, 자신의 생활에 맞추어 옷을 "올바르게"입는다는 뜻이다.

2 단정한 용모와 복장의 중요성.

① 승객이 받는 첫인상을 결정한다.
② 회사의 이미지를 좌우하는 요인을 제공한다.
③ 하는 일의 성과에 영향을 미친다.
④ 활기찬 직장 분위기 조성에 영향을 준다.

3 근무복에 대한 공 · 사적인 입장

① 공적인 입장(운수회사 입장)
㉠ 시각적인 안정감과 편안함을 승객에게 전달할 수 있다.
㉡ 종사자의 소속감 및 애사심 등 심리적인 효과를 유발시킬 수 있다.
㉢ 효율적이고 능동적인 업무처리에 도움을 줄 수 있다.
② 사적인 입장(종사자 입장)
㉠ 사복에 대한 경제적 부담이 완화될 수 있다.
㉡ 승객에 대한 신뢰감을 줄 수 있다.

4 복장의 기본 원칙

① 깨끗하게
② 단정하게
③ 품위 있게
④ 규정에 맞게
⑤ 통일감 있게
⑥ 계절에 맞게
⑦ 편한 신발을 신되 샌들이나 슬리퍼는 삼가야 한다.

5 승객에게 불쾌감을 주는 몸가짐

① 충혈된 눈
② 잠잔 흔적이 남아 있는 머릿결
③정리되지 않은 덥수룩한 수염
④ 길게 자란 코털
⑤ 지저분한 손톱
⑥ 무표정한 얼굴

07. 언어 예절

1 대화의 4원칙

1) 밝고 적극적으로 말한다 : 밝고 따뜻한 말투로 승객과 즐거운 마음으로 대화를 이어 가며 적절한 유머 등을 활용하면 좋다.
2) 공손하게 말한다 : 승객에 대한 친밀감과 존중의 마음을 존경어, 겸양어, 정중한 어휘의 선택으로 공손하게 말한다.
3) 명료하게 말한다 : 정확한 발음과 적절한 속도로 전달하고자 하는 내용을 알기 쉽게 말한다.
4) 품위 있게 말한다 : 승객의 입장을 고려한 어휘의 선택과 호칭을 사용하는 배려를 아끼지 않아야 한다.
5) 상대방의 입장을 고려해 말한다 : 승객이 대화하기를 불편해 하면 운행 서비스에 꼭 필요한 내용만으로 응대한다.

2 승객에 대한 호칭과 지칭

① 누군가를 부르는 말은 그 사람에 대한 예의를 반영하므로 매우 조심스럽게 써야 한다.
② '고객'보다는 "차를 타는 손님"이라는 뜻이 담긴 '승객'이나 '손님'이란 단어를 사용하는 것이 좋다.
③ 할아버지, 할머니 등 나이가 드신 분들은 '어르신' 또는 '선생님'으로 호칭하거나 지칭한다.
④ '아줌마', '아저씨', '아가씨'는 상대방을 높이는 느낌이 들지않으므로 사용하지 않는다.
⑤ 초등학생과 미취학 어린이는 호칭 끝에 '000 어린이', '학생' 등의 호칭이나 지칭을 사용한다.
⑥ 중 · 고등학생은 호칭 끝에 '000 승객'이나 '손님'으로 성인에 준하는 호칭이나 지칭을 사용한다.

3 대화를 나눌 때의 언어예절

구분	의미	사용방법
존경어	• 사람이나 사물을 높여 말해 직접적으로 상대에 대해 경의를 나타내는 말이다.	• 직접 승객이나 상사에게 말을 걸 때 • 승객이나 상사의 일을 이야기 할 때
겸양어	• 자신의 동작이나 자신과 관련된 것을 낮추어 말해 간접적으로 상대를 높이는 말이다.	• 자신의 일을 승객에게 말할 때 • 자신의 일을 상사에게 말할 때 • 회사의 일을 승객에게 말할 때
정중어	• 자신이나 상대와 관계없이 말하고자 하는 것을 정중히 말해 상대에 대해 경의를 나타내는 말이다.	• 승객이나 상사에게 직접 말을 걸 때 • 손아래나 동료라도 말끝을 정중히 할 때

4 대화를 나눌 때의 표정 및 예절

구분	듣는 입장	말하는 입장
눈	• 상대방을 정면으로 바라보며 경청한다. • 시선을 자주 마주친다.	• 듣는 사람을 정면으로 바라보고 말한다. • 상대방 눈을 부드럽게 주시한다.
몸	• 정면을 향해 조금 앞으로 내미는듯한 자세를 취한다. • 손이나 다리를 꼬지 않는다. • 끄덕끄덕하거나 메모하는 태도를 유지한다.	• 표정을 밝게 한다. • 등을 펴고 똑바른 자세를 취한다. • 자연스런 몸짓이나 손짓을 사용한다. • 웃음이나 손짓이 지나치지 않도록 주의한다.
입	• 맞장구를 치며 경청한다. • 모르면 질문하며 물어본다. • 대화의 핵심사항을 재확인하며 말한다.	• 입은 똑바로, 정확한 발음으로, 자연스럽고 상냥하게 말한다. • 쉬운 용어를 사용하고, 경어를 사용하며, 말끝을 흐리지 않는다. • 적당한 속도와 맑은 목소리를 사용한다.
마음	• 흥미와 성의를 가지고 경청한다. • 말하는 사람의 입장에서 생각하는 마음을 가진다(역지사지의 마음).	• 성의를 가지고 말한다. • 최선을 다하는 마음으로 말한다.

5 대화할 때의 주의사항

1) 듣는 입장에서의 주의사항
  가) 침묵으로 일관하는 등 무관심한 태도를 취하지 않는다.
  나) 불가피한 경우를 제외하고 가급적 논쟁은 피한다.
  다) 상대방의 말을 중간에 끊거나 말참견을 하지 않는다.
  라) 다른 곳을 바라보면서 말을 듣거나 말하지 않는다.
  마) 팔짱을 끼고 손장난을 치지 않는다.
2) 말하는 입장에서의 주의사항.
  가) 불평불만을 함부로 말하지 않는다.
  나) 전문적인 용어나 외래어를 남용하지 않는다.
  다) 욕설, 독설, 험담, 과장된 몸짓은 하지 않는다.
  라) 남을 중상모략하는 언동은 조심한다.
  마) 쉽게 흥분하거나 감정에 치우치지 않는다.
  바) 손아랫사람이라 할지라도 농담은 조심스럽게 한다.
  사) 함부로 단정하고 말하지 않는다.
  아) 상대방의 약점을 잡아 말하는 것은 피한다.
  자) 일부를 보고, 전체를 속단하여 말하지 않는다.
  차) 도전적으로 말하는 태도나 버릇은 조심한다.
  카) 자기 이야기만 일방적으로 말하는 행위는 조심한다.

6 상황에 따라 호감을 주는 화법

구분	사용방법
긍정할 때	• 네, 잘 알겠습니다. • 네, 그렇죠, 맞습니다.
맞장구를 칠 때	• 네, 그렇군요. • 정말 그렇습니다. • 참 잘 되었네요.
부탁할 때	• 양해해 주셨으면 고맙겠습니다. • 그렇게 해 주시면 정말 고맙겠습니다.
겸손한 태도를 나타낼 때	• 천만의 말씀입니다. • 제가 도울 수 있어서 다행입니다. • 오히려 제가 더 감사합니다.
부정할 때	• 그럴 리가 없다고 생각되는데요. • 확인해 보겠습니다.
거부할 때	• 어렵겠습니다만, • 정말 죄송합니다만, • 유감스럽습니다만,
사과할 때	• 폐를 끼쳐 드려서 정말 죄송합니다. • 무어라 사과의 말씀을 드려야 할지 모르겠습니다.
분명하지 않을 때	• 어떻게 하면 좋을까요? • 아직은 ~입니다만, • 저는 그렇게 알고 있습니다만

08. 직업관

1 직업의 개념과 의미

1) 직업이란 경제적 소득을 얻거나 사회적 가치를 이루기 위해 참여하는 계속적인 활동으로 삶의 한 과정이다.
2) 직업의 특징
  가) 우리는 평생 어떤 형태로든지 직업과 관련된 삶을 살아가도록 되어 있으며, 직업을 통해 생계를 유지할 뿐만 아니라 사회적 역할을 수행하고, 자아실현을 이루어간다.
  나) 어떤 사람들은 일을 통해 보람과 긍지를 맛보며 만족스런 삶을 살아가지만, 어떤 사람들은 그렇지 못하다.
3) 직업의 의미
  가) 경제적 의미
    (1) 직업을 통해 안정된 삶을 영위해 나갈 수 있어 중요한 의미를 가진다.
    (2) 직업은 인간 개개인에게 일할 기회를 제공한다.
    (3) 일의 대가로 임금을 받아 본인과 가족의 경제생활을 영위한다.
    (4) 인간이 직업을 구하려는 동기 중의 하나는 바로 노동의 대가, 즉 임금을 얻는 소득 측면이 있다.
  나) 사회적 의미
    (1) 직업을 통해 원만한 사회생활, 인간관계 및 봉사를 하게 되며, 자신이 맡은 역할을 수행하여 능력을 인정받는 것이다.
    (2) 직업을 갖는다는 것은 현대사회의 조직적이고 유기적인 분업 관계 속에서 분담된 기능의 어느 하나를 맡아 사회적 분업 단위의 지분을 수행하는 것이다.
    (3) 사람은 누구나 직업을 통해 타인의 삶에 도움을 주기도 하고, 사회에 공헌하며 사회발전에 기여하게 된다.
    (4) 직업은 사회적으로 유용한 것이어야 하며, 사회발전 및 유지에 도움이 되어야 한다.

다) 심리적 의미

(1) 삶의 보람과 자기실현에 중요한 역할을 하는 것으로 **사명감과 소명의식**을 갖고 정성과 정열을 쏟을 수 있는 것이다.

(2) 인간은 직업을 통해 **자신의 이상을 실현**한다.

(3) 인간의 **잠재적 능력, 타고난 소질**과 적성 등이 **직업을 통해** 개발되고 발전된다.

(4) 직업은 인간 개개인의 자아실현의 매개인 동시에 장이 되는 것이다.

(5) 자신이 갖고 있는 제반 욕구를 충족하고 자신의 이상이나 자아를 직업을 통해 실현함으로써 인격의 완성을 기하는 것이다.

2 직업관에 대한 이해

(1) 직업관이란 특정한 개인이나 사회의 구성원들이 직업에 대해 갖고 있는 태도나 가치관을 말한다.

(2) **생계유지의 수단, 개성발휘의 장, 사회적 역할의 실현 등** 서로 상응관계에 있는 3가지 측면에서 직업을 인식할 수 있으나, 어느 측면을 보다 강조하느냐에 따라서 각기 특유의 직업관이 성립된다.

(3) **바람직한 직업관**

가) 소명의식을 지닌 직업관 : 항상 **소명의식**을 가지고 일하며, 자신의 직업을 천직으로 생각한다.

나) 사회구성원으로서의 역할 지향적 직업관 : 사회구성원으로서의 직분을 다하는 일이자 **봉사하는 일이라 생각**한다.

다) 미래 지향적 전문능력 중심의 직업관 : 자기 분야의 **최고 전문가**가 되겠다는 생각으로 최선을 다해 노력한다.

(4) **잘못된 직업관**

가) 생계유지 수단적 직업관 : 직업을 **생계를 유지**하기 위한 **수단**으로 본다.

나) 지위 지향적 직업관 : 직업생활의 최고 목표는 **높은 지위에 올라가는 것**이라고 생각한다.

다) 귀속적 직업관 : 능력으로 인정받으려 하지 않고 **학연과 지연에** 의지한다.

라) 차별적 직업관 : **육체노동을 천시**한다.

마) 폐쇄적 직업관 : 신분이나 성별 등에 따라 개인의 능력을 **발휘할 기회를 차단**한다.

3 올바른 직업윤리

1) **소명의식** : 직업에 종사하는 사람이 어떠한 일을 하든지 자신이 하는 일에 **전력을 다 하는 것이 하늘의 뜻**에 따르는 것이라고 생각하는 것이다.

2) **천직의식** : 자신이 하는 일보다 다른 사람의 직업이 수입도 많고 지위가 높더라도 **자신의 직업에 긍지를 느끼며**, 그 일에 열성을 가지고 **성실히 임하는 직업의식**을 말한다.

3) **직분의식** : 사람은 각자의 직업을 통해서 사회의 각종 기능을 수행하고, 직접 또는 간접으로 **사회구성원**으로서 마땅히 해야 할 **본분을 다해야** 한다.

4) **봉사정신** : 현대 산업사회에서 직업 환경의 변화와 직업의식의 강화는 자신의 직무 수행과정에서 **협동정신** 등이 필요로 하게 되었다.

5) **전문의식** : 직업인은 자신의 직무를 수행하는데 필요한 **전문적 지식과 기술**을 갖추어야 한다.

6) **책임의식** : 직업에 대한 **사회적 역할과 직무를 충실히 수행**하고, 맡은 바 **임무나 의무를 다해야** 한다.

4 직업의 가치

1) 내재적 가치

가) 자신에게 있어서 **직업 그 자체에 가치**를 둔다.

나) 자신의 **능력을 최대한 발휘하길 원하며**, 그로 인한 **사회적인 헌신과 인간관계를 중시**한다.

다) **자기표현이 충분히 되어야** 하고, **자신의 이상을 실현**하는데 그 목적과 의미를 두는 것에 초점을 맞추려는 경향을 갖는다.

2) 외재적 가치

가) 자신에게 있어서 직업을 **도구적인 면에 가치**를 둔다.

나) 삶을 유지하기 위한 **경제적인 도구**나 **권력**을 추구하고자 하는 수단을 중시하는데 의미를 두고 있다.

다) 직업이 주는 **사회 인식**에 초점을 맞추려는 경향을 갖는다.

제2장 운송사업자 및 운수종사자 준수 사항

제1절 운송사업자 준수 사항

01. 일반적인 준수사항

① 운송사업자는 **노약자 · 장애인** 등에 대해서는 **특별한 편의를 제공**해야 한다.

② 운송사업자는 여객에 대한 **서비스의 향상 등을 위하여 관할 관청이** 필요하다고 인정하는 경우에는 운수종사자로 하여금 **단정한 복장 및 모자를 착용**하게 해야 한다.

③ 운송사업자는 자동차를 **항상 깨끗하게 유지**하여야 하며, 관할 관청이 단독으로 실시하거나 관할관청과 조합이 합동으로 실시하는 청결 상태 등의 **검사**에 대한 확인을 받아야 한다.

④ 운송사업자[**대형(승합자동차를 사용하는 경우로 한정한다) 및 고급형 택시운송사업자는 제외한다**]는 다음의 사항을 승객이 자동차 안에서 **쉽게 볼 수 있는 위치에 게시**해야 한다. 이 경우 택시운송사업자는 **앞좌석의 승객과 뒷좌석의 승객이 각각 볼 수 있도록 2곳 이상에 게시**하여야 한다.

㉠ **회사명(개인 택시운송사업자의 경우는 게시하지 아니한다)**, 자동차번호, 운전자 성명, **불편사항 연락처 및 차고지** 등을 적은 표지판을 성실하게 지키도록 하고, 이를 항시 지도 감독해야 한다.

㉡ **정류소 또는 택시 승차대**에서 주차 또는 정차할 때에는 **질서를 문란하게 하는 일이 없도록** 할 것

㉢ **정비가 불량한 사업용자동차를 운행하지 않도록** 할 것

㉣ **위험 방지를 위한 운송사업자 · 경찰 공무원 또는 도로 관리청 등의 조치에 응하도록** 할 것

㉤ **교통사고**를 일으켰을 때에는 **긴급조치 및 신고의 의무를 충실하게 이행하도록** 할 것

㉥ **자동차의 차체가 헐었거나 망가진 상태로 운행하지 않도록** 할 것

⑤ **운송업자**는 운송종사자로 하여금 여객을 운송할 때 다음의 사항을 성실하게 지키도록 하고, 이를 항시 **지도 · 감독해야** 한다.

㉠ **정류소 또는 택시 승차대**에서 주차 또는 정차할 때에는 **질서를 문란하게 하는 일이 없도록** 할 것

㉡ **정비가 불량한 사업용자동차를 운행하지 않도록** 할 것

㉢ 위험 방지를 위한 운송사업자 · **경찰공무원 또는 도로 관리청 등**의 조치에 응하도록 할 것

㉣ 교통사고를 일으켰을 대에는 긴급조치 및 신고의 의무를 충실하게 이행하도록 할 것

㉤ 자동차의 차체가 헐었거나 망가진 상태로 운행하지 않도록 할 것

⑥ 운송사업자는 속도 제한 장치 또는 운행 기록계가 장착된 운송사업용 자동차를 해당 장치 또는 기기가 정상적으로 작동되는 상태에서 운행되도록 해야 한다.

⑦ 택시운송사업자[대형(승합자동차를 사용하는 경우로 한정) 및 고급형 택시운송사업자는 제외]는 차량의 입 · 출고 내역, 영업 거리 및 시간 등 택시 미터기에서 생성되는 택시운송사업용 자동차의 운행 정보를 1년 이상 보존해야 한다.

⑧ 일반택시운송사업자는 소속 운수종사자가 아닌 자 (형식상의 근로계약에도 불구하고 실질적으로는 소속 운수종사자가 아닌 자를 포함)에게 관계 법령상 허용되는 경우를 제외하고는 운송사업용 자동차를 제공해서는 안 된다.

⑨ 운송사업자 (개인택시운송사업자 및 특수여객자동차운송사업자는 제외)는 차량 운행 전에 운수종사자의 건강 상태, 음주 여부 및 운행 경로 숙지 여부 등을 확인해야 하고, 확인 결과 운수종사자가 질병 · 피로 · 음주 또는 그 밖의 사유로 안전한 운전을 할 수 없다고 판단되는 경우에는 해당 운수종사자가 차량을 운행하도록 해서는 안 된다.

⑩ 수요응답형 여객자동차운송사업자는 여객의 운행 요청이 있는 경우 이를 거부해서는 안 된다.

⑪ 운송사업자 (개인택시운송사업자 및 특수여객자동차운송사업자는 제외)는 운수종사자를 위한 휴게실 또는 대기실에 난방 장치, 냉방 장치 및 음수대 등 편의 시설을 설치해야 한다.

02. 자동차의 장치 및 설비 등에 관한 준수 사항

1 택시운송사업용 자동차 및 수요응답형 여객자동차(승용 자동차만 해당)

① 택시운송사업용 자동차 [대형(승합자동차를 사용하는 경우로 한정) 및 고급형 택시운송사업용 자동차는 제외]의 안에는 여객이 쉽게 볼 수 있는 위치에 요금미터기를 설치해야 한다.

② 대형(승합자동차를 사용하는 경우는 제외) 및 모범형 택시운송사업용 자동차에는 요금영수증 발급과 신용카드 결제가 가능하도록 관련기기를 설치해야 한다.

③ 택시운송사업용 자동차 및 수요응답형 여객자동차 안에는 난방 장치 및 냉방 장치를 설치해야 한다.

④ 택시운송사업용 자동차 [대형(승합자동차를 사용하는 경우로 한정) 및 고급형 택시운송사업용 자동차는 제외] 윗부분에는 택시운송사업용 자동차임을 표시하는 설비를 설치하고, 빈차로 운행 중일 때에는 외부에서 빈차임을 알 수 있도록 하는 조명 장치가 자동으로 작동되는 설비를 갖춰야 한다.

⑤ 대형(승합자동차를 사용하는 경우는 제외) 및 모범형 택시운송사업용 자동차에는 호출 설비를 갖춰야 한다.

⑥ 택시운송사업자 [대형(승합자동차를 사용하는 경우로 한정) 및 고급형 택시운송사업자는 제외]는 택시 미터기에서 생성되는 택시운송사업용 자동차 운행 정보의 수집 · 저장 장치 및 정보의 조작을 막을 수 있는 장치를 갖춰야 한다.

⑦ 수요응답형 여객자동차에는 시 · 도지사가 정하는 수요응답 시스템을 갖춰야 한다.

⑧ 그 밖에 국토교통부장관이나 시 · 도지사가 지시하는 설비를 갖춰야 한다.

제2절 운수종사자 준수 사항

01. 준수 사항

① 여객의 안전과 사고 예방을 위하여 운행 전 사업용 자동차의 안전 설비 및 등화 장치 등의 이상 유무를 확인해야 한다.

② 질병 · 피로 · 음주나 그 밖의 사유로 안전한 운전을 할 수 없을 때에는 그 사정을 해당 운송사업자에게 알려야 한다.

③ 자동차의 운행 중 중대한 고장을 발견하거나 사고가 발생할 우려가 있다고 인정될 때는 즉시 운행을 중지하고 적절한 조치를 해야 한다.

④ 운전 업무 중 해당 도로에 이상이 있었던 경우에는 운전 업무를 마치고 교대할 때에 다음 운전자에게 알려야 한다

⑤ 여객이 다음 행위를 할 때에는 안전운행과 다른 여객의 편의를 위하여 이를 제지하고 필요한 사항을 안내해야 한다.

㉠ 다른 여객에게 위해(危害)를 끼칠 우려가 있는 폭발성 물질, 인화성 물질 등의 위험물을 자동차 안으로 가지고 들어오는 행위.

㉡ 다른 여객에게 위해를 끼치거나 불쾌감을 줄 우려가 있는 동물(장애인 보조견 및 전용 운반상자에 넣은 애완동물은 제외 한다)을 자동차 안으로 데리고 들어오는 행위.

㉢ 자동차의 출입구 또는 통로를 막을 우려가 있는 물품을 자동차 안으로 가지고 들어오는 행위.

⑥ 관계 공무원으로부터 운전면허증, 신분증 또는 자격증의 제시 요구를 받으면 즉시 이에 따라야 한다.

⑦ 여객자동차운송사업에 사용되는 자동차 안에서 담배를 피워서는 안 된다.

⑧ 사고로 인하여 사상자가 발생하거나 사업용 자동차의 운행을 중단할 때에는 사고의 상황에 따라 다음의 적절한 조치를 하여야 한다.

㉠ 신속한 응급수송수단의 마련.

㉡ 가족이나 그 밖의 연고자에 대한 신속한 통지.

㉢ 대체운송수단의 확보와 여객에 대한 편의제공.

㉣ 그 밖에 사상자의 보호 등 필요한 조치.

⑨ 영수증 발급기 및 신용카드 결제기를 설치해야 하는 택시의 경우 승객이 요구하면 영수증의 발급 또는 신용카드 결제에 응해야 한다.

⑩ 관할 관청이 필요하다고 인정하여 복장 및 모자를 지정할 경우에는 그 지정된 복장과 모자를 착용하고, 용모를 항상 단정하게 해야 한다.

⑪ 택시운송사업의 운수종사자는 승객이 탑승하고 있는 동안에는 미터기를 사용하여 운행해야 한다. 다만 다음의 경우에는 그렇지 않다.

㉠ 구간운임제 시행지역 및 시간운임제 시행지역의 운수종사자.

㉡ 대형(승합자동차를 사용하는 경우로 한정) 및 고급형 택시운송사업의 운수종사자.

㉢ 운송가맹점의 운수종사자(가맹사업자가 확보한 운송플랫폼을 통해서 사전에 요금을 확정하여 여객과 운송 계약을 체결한 경우에만 해당한다).

⑫ 운송사업자의 운수종사자는 운송 수입금의 전액에 대하여 다음 각 호의 사항을 준수해야 한다.

㉠ 1일 근무 시간 동안 택시요금미터에 기록된 운송 수입금의 전액을 운수종사자의 근무 종료 당일 운송사업자에게 납부할 것

㉡ 일정 금액의 운송 수입금 기준액을 정하여 납부하지 않을 것

⑬ 운수종사자는 차량의 출발 전에 여객이 좌석 안전띠를 착용하도록 안내해야 한다. 이때 안내의 방법, 시기, 그 밖에 필요한 사항은 국토교통부령으로 정한다.

⑭ 그 밖에 이 규칙에 따라 운송사업자가 지시하는 사항을 이행해야 한다.

02. 금지 사항

① 문을 완전히 닫지 않은 상태에서 자동차를 출발시키거나 운행하는 행위

② 택시요금미터를 임의로 조작 또는 훼손하는 행위

제3장 운수종사자의 기본 소양

제1절 운전예절

1 교통질서의 중요성

① 제한된 도로 공간에서 많은 운전자가 안전운전을 하기 위해서는 운전자의 질서의식이 제고되어야 한다

② 타인도 쾌적하고 자신도 쾌적한 운전을 하기 위해서는 모든 운전자가 교통질서를 준수해야 한다.

③ 교통사고로부터 국민의 생명 및 재산을 보호하고, 원활한 교통흐름을 유지하기 위해서는 운전자가 스스로 교통질서를 준수해야 한다.

2 사업용 운전자의 사명과 자세

① 운전자의 사명

㉮ 타인의 생명도 내 생명처럼 존중 : 사람의 생명은 이 세상 다른 무엇보다도 존귀하고 소중하며, 안전운전을 통해 인명손실을 예방할 수 있다.

㉯ 사업용 운전자는 '공인'이라는 사명감이 필요 : 승객의 소중한 생명을 보호할 의무가 있는 공인이라는 사명감이 수반되어야 한다.

② 운전자가 가져야할 자세

㉮ 교통법규이해와 준수 : ㉠ 교통법규나 규칙은 단지 아는 것으로 끝나는 것이 아니라 실천하는 것이 중요하다. ㉡ 운전자는 수시로 변하는 교통상황에 맞게 차를 운전하면서 그 상황에 맞는 적절한 판단으로 교통법규를 준수해야한다.

㉯ 여유 있는 양보운전 : ㉠ 교통사고 원인에는 운전자의 조급성과 자기중심적인 사고가 깔려 있다. ㉡ 항상 마음의 여유를 가지고, 서로 양보하는 마음의 자세로 운전을 한다.

㉰ 주의력 집중 : ㉠ 운전은 한 순간의 방심도 허용되지 않는 복잡한 과정이다. ㉡ 운전 중에는 방심하지 않고, 운전에만 집중해야 돌발 상황을 빨리 발견하여 적절한 조치를 취할 수 있다. ㉢ 전방주시 태만, 과속, 운전부주의 등 운전 중 부적절한 행동은 대형사고의 원인이 될 수 있다.

㉱ 심신상태 안정 : ㉠ 운전자의 몸과 마음이 안정되어 있어야 운전도 안전하게 할 수 있다. ㉡ 운전자는 운행 전에 심신 상태를 차분하게 진정시켜, 냉정하고 침착한 자세로 운전하여야 한다.

㉲ 추측운전 금지 : ㉠ 운전자는 운행 중에 발생하는 각종 상황에 대해 자신에게만 유리한 판단이나 행동은 조심해야 한다. ㉡ 조그만 교통상황 변화에도 반드시 안전을 확인한 후 자동차를 조작하여야 한다.

㉳ 운전기술 과신은 금물 : ㉠ 운전이란 혼자 하는 것이 아니라 도로이용자인 다른 운전자, 보행자 등과 도로에서 상충될 수 있다. ㉡ 아무리 유능하고 자신 있는 운전자라 하더라도 자신의 판단 착오 등으로 사고가 발생할 수 있다.

㉴ 배출가스로 인한 대기 오염 및 소음 공해 최소화 노력 등.

3 올바른 운전예절

1) 인성과 습관의 중요성.

① 운전자는 일반적으로 각 개인이 가지는 사고, 태도 및 행동특성인 인성의 영향을 받게 된다.

② 운전자의 운전형태를 보면 어떤 행위를 오랫동안 되풀이하는 과정에서 저절로 익혀진 운전 습관이 나타나는 것을 살펴볼 수 있다.

㉠ 습관은 후천적으로 형성되는 조건반사 현상으로 무의식중에 어떤 것을 반복적으로 행할 때 자신도 모르게 생활화된 행동으로 나타나게 된다.

㉡ 습관은 본능에 가까운 강력한 힘을 발휘하게 되어 나쁜 운전습관이 몸에 배면 나중에 고치기 어려우며 잘못된 습관은 교통사고로 이어진다.

③ 올바른 운전 습관은 다른 사람들에게 자신의 인격을 표현하는 방법 중의 하나이다.

2) 운전예절의 중요성.

① 사람은 일상생활의 대인관계에서 예의범절을 중시하고 있다.

② 사람의 됨됨이는 그 사람이 얼마나 예의 바른가에 따라 가늠하기도 한다.

③ 예의바른 운전습관은 명랑한 교통질서를 유지하고, 교통사고를 예방할 뿐만 아니라 교통문화 선진화의 지름길이 될 수 있다.

4 운전자가 지켜야 하는 행동

① 횡단보도에서의 올바른 행동

㉠ 신호등이 없는 횡단보도에서 보행자가 통행 중이라면 일시 정지하여 보행자를 보호한다.

㉡ 보행자가 통행하고 있는 횡단보도 안으로 차가 넘어가지 않도록 정지선을 지킨다.

② 전조등의 올바른 사용

㉠ 야간 운행 중 반대 방향에서 오는 차가 있으면 전조등을 하향등으로 조정해 상대 운전자의 눈부심 현상을 방지한다.

㉡ 야간에 커브 길을 진입하기 전, 상향등을 깜박여 반대 방향에서 주행 중인 차에게 자신의 진입을 알린다.

③ 차로 변경에서 올바른 행동

방향 지시등을 작동시켜 차로 변경을 시도하는 차가 있는 경우, 속도를 줄여 원활하게 진입할 수 있도록 도와준다.

④ 교차로를 통과할 때 올바른 행동

㉠ 교차로 전방의 정체 현상으로 인해 통과하지 못할 때는 교차로에 진입하지 않고 대기한다.

㉡ 앞 신호에 따라 진행 중인 차가 있는 경우, 안전하게 통과하는 것을 확인한 후 출발한다.

5 운전자가 삼가야 하는 행동

① 다른 운전자를 불안하게 만드는 행동을 하지 않는다.

② 과속 주행을 하며 급브레이크를 밟는 행위를 하지 않는다.

③ 운행 중 갑자기 끼어들거나 다른 운전자에게 욕설을 하지 않는다.

④ 도로상에서 사고가 발생 시, 시비 · 다툼 등의 행위로 다른 차량의통행을 방해하지 않는다.

⑤ 운행 중 갑자기 오디오 볼륨을 올려 승객을 놀라게 하거나, 경음기를 눌러 다른 운전자를 놀라게 하지 않는다.

⑥ 신호등이 바뀌기 전, 빨리 출발하라고 전조등을 깜빡이거나 경음기를 누르는 등의 행위를 하지 않는다.

⑦ 교통 경찰관의 단속에 불응 · 항의하는 행위를 하지 않는다.

⑧ 갓길 통행을 하지 않는다.

제2절 운전자 상식

01. 교통관련 용어 정의

1 교통사고 조사규칙(경찰청 훈령)에 따른 대형 사고

① 3명 이상이 사망 (교통사고 발생일로부터 30일 이내에 사망)
② 20명 이상의 사상자가 발생

2 중대한 교통사고 (여객자동차 운수사업법)

① 전복 사고
② 화재가 발생한 사고
③ 사망자 2명 이상이 발생한 사고
④ 사망자 1명과 중상자 3명 이상이 발생한 사고
⑤ 중상자 6명 이상이 발생한 사고

02. 교통사고조사규칙에 따른 교통사고 용어

① 충돌 사고 : 차가 반대 방향 또는 측방에서 진입하여 그 차의 정면으로 다른 차의 정면 또는 측면을 충격한 것
② 추돌 사고 : 2대 이상의 차가 동일 방향으로 주행 중 뒤차가 앞차의 후면을 충격한 것
③ 접촉 사고 : 차가 추월, 교행 등을 하려다가 차의 좌우측면을 서로 스친 것
④ 전도 사고 : 차가 주행 중 도로 또는 도로 이외의 장소에 차체의 측면이 지면에 접하고 있는 상태

> **전도 사고**
> 좌측면이 지면에 접해 있으면 좌전도 사고, 우측면이 지면에 접해 있으면 우전도 사고

⑤ 전복 사고 : 차가 주행 중 도로 또는 도로 이외의 장소에 뒤집혀 넘어진 것
⑥ 추락 사고 : 자동차가 도로의 절벽 등 높은 곳에서 떨어진 사고

03. 자동차와 관련된 용어(자동차 및 자동차부품의 성능과 기준에 관한 규칙)

① 공차 상태 : 자동차에 사람이 승차하지 않고 물품(예비 부분품 및 공구 기타 휴대 물품을 포함)을 적재하지 않은 상태로서, 연료 · 냉각수 및 윤활유를 만재하고 예비 타이어 (예비 타이어를 장착한 자동차만 해당)를 설치하여 운행할 수 있는 상태
② 차량 중량 : 공차 상태의 자동차 중량
③ 적차 상태 : 공차 상태의 자동차에 승차 정원의 인원이 승차하고 최대 적재량의 물품이 적재된 상태

> **적재 시, 다음과 같이 적재시킨 상태여야 한다.**
> ① 승차 정원 1인의 중량은 65kg으로 계산 (13세 미만의 자는 1.5인이 승차 정원 1인)
> ② 좌석 정원의 인원은 정위치에, 입석 정원의 인원은 입석에 균등하게 승차
> ③ 물품은 물품 적재 장치에 균등하게 적재시킨 상태

④ 차량 총중량 : 적차 상태의 자동차의 중량
⑤ 승차 정원 : 자동차에 승차할 수 있도록 허용된 최대 인원 (운전자 포함)

04. 교통사고 현장에서의 원인조사

1 노면에 나타난 흔적조사

스키드마크, 요마크, 프린트자국 등 타이어자국의 위치 및 방향. 충돌충격에 의한 차량파손품의 위치 및 방향. 충돌 후에 떨어진 액체 잔존물 위치 및 방향. 차량 적재물의 낙하위치 및 방향. 도로구조물의 및 안전 시설물의 파손 위치 및 방향.

2 사고차량 및 피해자 조사

사고차량의 손상부위 정도 및 손상방향. 사고차량에 묻은 흔적, 마찰, 찰과흔(擦過痕). 사고차량 및 피해자의 위치 및 방향. 피해자의 상처 및 정도.

3 사고 당사자 및 목격자 조사

운전자, 탑승자, 목격자에 대한 사고 상황조사.

4 사고현장 시설물조사

사고 지점 부근의 가로등, 가로수, 전신주((電信柱) 등의 시설물 위치. 신호등(신호기) 및 신호 체계. 차로, 중앙선, 중앙분리대, 갓길 등 도로 횡단구성요소. 방호울타리, 충격 흡수시설, 안전표지 등 안전 시설 요소. 노면의 파손, 결빙, 배수불량 등 노면상태요소.

5 사고현장 측정 및 사진촬영

사고 지점 부근의 도로 선형(평면 및 교차로 등). 사고지점의 위치. 차량 및 노면에 나타난 물리적 흔적 및 시설물 등의 위치. 사고현장에 대한 가로 방향 및 세로 방향의 길이. 곡선구간의 곡선반경, 노면의 경사도(종단 구배 및 횡단 구배). 도로의 시거 및 시설물의 위치 등. 사고현장, 사고차량, 물리적 흔적 등에 대한 사진촬영.

제3절 응급 처치 방법

01. 부상자 의식 상태 확인

① 말을 걸거나 팔을 꼬집어 눈동자를 확인 후 의식이 있으면 말로 안심시킨다.
② 의식이 없다면 기도를 확보한다. 머리를 뒤로 충분히 젖힌 뒤, 입안에 있는 피나 토한 음식물 등을 긁어내 막힌 기도를 확보한다.
③ 의식이 없거나 구토할 때는 질식하지 않도록 옆으로 눕힌다.
④ 목뼈 손상의 가능성이 있는 경우 목 뒤쪽을 한 손으로 받쳐준다.
⑤ 환자의 몸을 심하게 흔드는 것은 금지한다.

02. 심폐소생술

1 의식 · 호흡 확인 및 주변에 도움 요청

① 성인 · 소아 : 환자를 바로 눕히고 양쪽 어깨를 가볍게 두드리며 의식 확인. 정상적인 호흡이 이뤄지는 지 확인 후, 주변 사람들에게 119 신고 및 자동 제세동기를 가져오도록 요청
② 영아 : 한쪽 발바닥을 가볍게 두드리며 의식이 있는지 확인. 정상적인 호흡이 이뤄지는지 확인 후 주변 사람들에게 119 신고 및 자동 제세동기를 가져오도록 요청

2 가슴 압박 30회

① 성인, 소아 : 가슴 압박 30회 (분당 100~120회 / 약 5cm 이상의 깊이)
② 영아 : 가슴압박 30회 (분당 100~120회 / 약 4cm 이상의 깊이)

3 기도 개방 및 인공호흡 2회

성인, 소아, 영아 – 가슴이 충분히 올라올 정도로 2회 실시(1회당 1초간)

4 가슴 압박 및 인공호흡 무한 반복 시행

30회 가슴 압박과 2회 인공호흡 반복 (30:2)

심폐소생술

(1) 가슴 압박 방법

1) 성인

① 가슴의 중앙인 흉골의 아래쪽 절반 부위에 손바닥을 위치시킨다,
② 양손을 깍지 낀 상태로 손바닥의 아래 부위만을 환자의 흉골 부위에 접촉
③ 시술자의 어깨는 환자의 흉골이 맞닿는 부위와 수직이 되게 위치시킨다.
④ 양어깨의 힘을 이용해 분당 100~120회 속도, 5cm 이상 깊이로 강하고 빠르게 30회 눌러 준다.

2) 소아

① 압박할 위치는 양쪽 젖꼭지 부위를 잇는 선 정중앙의 바로 아랫부분이다.
② 한 손으로 손바닥의 아래 부위만을 환자의 흉골 부위에 접촉 시킨다.
③ 시술자의 어깨는 환자의 흉골이 맞닿는 부위와 수직이 되게 위치시킨다.
④ 한 손으로 분당 100~120회 정도의 속도, 5cm 이상 깊이로 강하고 빠르게 30회 눌러준다.

3) 영아

① 압박할 위치는 양쪽 첫지 부위를 잇는 선 정종앙의 바로 아랫부분이다.
② 검지 · 중지 또는 중지 · 약지 손가락을 모아 첫마디 부위를 환자의 흉골 부위에 접촉시킨다.
③ 시술자의 손가락은 환자의 흉골이 맞닿는 부위와 수직이 되게 위치한다.
④ 분당 100~120회의 속도, 4cm 이상의 깊이로 강하고 빠르게 30회 눌러준다.

(2) 기도 개방 및 인공호흡 방법

1) 성인

① 한 손으로 턱을 들어 올리고, 다른 손으로 머리를 뒤로 젖혀 기도를 개방시킨다.
② 머리를 젖힌 손의 검지와 엄지로 코를 막는다.
③ 가슴 상승이 눈으로 확인될 정도로 1초 동안 인공호흡을 2회 실시한다.

2) 소아

① 한 손으로 턱을 들어 올리고, 다른 손으로 머리를 뒤로 젖혀 기도를 개방시킨다
② 머리를 젖힌 손의 검지와 엄지로 코를 막는다
③ 가슴 상승이 눈으로 확인될 정도로 1초 동안 인공호흡을 2회 실시한다.

3) 영아

① 한 손으로 귀와 바닥이 평행하도록 턱을 들어 올리고, 다른 손으로 머리를 뒤로 젖혀 기도를 개방한다.
② 환자의 입과 코에 동시에 숨을 불어넣을 준비를 한다.
③ 가슴 상승이 눈으로 확인될 정도로 1초 동안 인공호흡을 2회 실시 한다.

03. 출혈 또는 골절

1 출혈

① 출혈이 심할 시 출혈 부위보다 심장에 가까운 부위를 헝겊 또는 손수건 등으로 지혈될 때까지 꽉 잡아맨다.
② 출혈이 적을 때에는 거즈나 깨끗한 손수건으로 상처를 꽉 누른다.

2 내출혈

① 가슴이나 배를 강하게 부딪쳐 내출혈이 발생하였을 때에는, 얼굴에 핏기가 없어지고 창백해지며 식은 땀을 흘리고 호흡이 얕고 빨라지는 쇼크 증상이 발생한다.
② 부상자가 입고 있는 옷의 단추를 푸는 등 옷을 헐렁하게 하고 하반신을 높게 한다.
③ 부상자가 춥지 않도록 모포 등을 덮어주지만, 햇볕은 직접 쬐지 않도록 조치한다.

3 골절

① 골절 부상자는 잘못 다루면 오히려 위험해질 수 있으므로 가급적 구급차가 올 때까지 기다리는 것이 바람직하다.
② 지혈이 필요하다면 골절 부분은 건드리지 않도록 주의하며 지혈한다.
③ 팔이 골절되었다면 헝겊으로 띠를 만들어 팔을 매달도록 한다.

04. 차멀미

① 차멀미는 차를 타면 어지럽고, 속이 메스꺼우며, 토하는 증상이다.
② 환자의 경우 통풍이 잘되고 비교적 흔들림이 적은 앞쪽으로 앉도록 조치한다.
③ 심한 경우 휴게소 내지는 안전하게 정차할 수 있는 곳에 정차 후 차에서 내려 시원한 공기를 마시도록 조치한다.
④ 토할 경우를 대비해 위생 봉지를 준비한다.
⑤ 토한 경우에는 주변 승객이 불쾌하지 않도록 신속히 처리한다.

05. 교통사고 발생 시 조치 사항

피해 최소화와 제2차사고 방지를 위한 조치를 우선적으로 취해야 한다.

1 탈출

우선 엔진을 멈추게 하고 연료가 인화되지 않도록 조치하고, 안전하고 신속하게 사고차량에서 탈출해야 하며, 반드시 침착해야 한다.

2 인명구조

① 적절한 유도로 승객의 혼란 방지에 노력해야 한다.
② 부상자, 노인, 여자, 어린이 등 노약자를 우선적으로 구조한다.
③ 정차 위치가 차도나 노면 등과 같이 위험한 장소일 때는 신속히 도로 밖의 안전 장소로 유도한다.
④ 부상자가 있을 때는 우선 응급조치를 시행한다.
⑤ 야간에는 특히 주변 안전에 주의하며 냉정하고 기민하게 구출 유도를 해야 한다.

3 후방방호

고장 발생 시와 마찬가지로, 특히 경향이 없는 중에 통과차량에 알리기 위해 차도로 뛰어나와 손을 흔드는 등의 위험한 행동은 삼가야 한다.

4 연락

보험 회사나 경찰 등에 다음 사항을 연락한다.

① 사고 발생 지점 및 상태
② 부상 정도 및 부상자 수
③ 회사명
④ 운전자 성명
⑤ 우편물, 신문, 여객의 휴대 화물 상태
⑥ 연료 유출 여부

5 대기

고장 차량의 경우와 같이 한다. 다만, 부상자가 있는 경우 응급처치 등 부상자 구호에 필요한 조치를 먼저 하고, 후속 차량에 구급 후송을 요청할 것. 이때 부상자는 위급한 환자부터 먼저 후송하도록 조치해야 한다.

06. 차량 고장 시 조치 사항

① 정차 차량의 결함일 선할 시 비상등을 점멸시키면서 갓길에 바짝 차를 대업 정착
② 차에서 내릴 때에는, 옆 차로의 차량 주행 상황을 살핀 후 내린다.
③ 야간에는 밝은 색 옷이나 야광이 되는 옷을 착용하는 것이 좋다.
④ 비상 전화를 하기 전 차의 후방에 경고 반사판을 설치해야 하며, 야간에는 주의를 기울인다.
⑤ 비상 주차대에 정차할 때는 다른 차량의 주행에 지장이 없도록 정차해야 한다.
⑥ 후방에 대한 안전 조치를 취해야 한다.

⑦ 고장자동차의 표지는 후방에서 접근하는 자동차의 운전자가 확인 할 수 있는 위치에 설치하여야 한다. 밤에는 고장자동차의 표지와 함께 사방 500미터 지점에서 식별할 수 있는 적색의 섬광신호, 전기제등 또는 불꽃신호를 추가로 설치하여야 한다.

07. 재난 발생 시 조치 사항

① 신속하게 차량을 안전지대로 이동시킨 후 즉각 회사 및 유관 기관에 보고한다.

② 장시간 고립 시 유류, 비상식량, 구급 환자 발생 등을 현재 상황을 즉시 신고한 뒤, 한국도로공사 및 인근 유관 기관 등에 협조를 요청 한다.

③ 승객의 안전 조치를 가장 우선적으로 취한다.

㉠ 폭설 및 폭우 시, 응급환자 및 노인, 어린이를 우선적으로 안전지대에 대피시킨 후, 유관 기관에 협조 요청 한다.

㉡ 차내에 유류 확인 및 업체에 현재 위치를 알리고, 도착 전까지 차내에서 안전하게 승객을 보호한다.

㉢ 차량 내부의 이상 여부를 확인 및 신속하게 안전지대로 차량을 이동한다.

03 운송서비스 출제예상문제

01 다음 중 여객운송사업의 서비스 개념으로 틀린 것은?

① 한 당사자가 다른 당사지자에게 소유권의 변동 없이 제공해 줄 수 있는 유형의 행위 또는 활동을 말한다.
② 서비스란 긍정적인 마음을 적절하게 표현하여 승객을 편안하고 안전하게 목적지까지 이동시키는 것을 말한다.
③ 봉사하는 마음을 기반으로 친절, 적극적인 태도, 신뢰를 통해 승객을 만족시켜 주는 것이다.
④ 고객의 만족으로 보람, 성취감을 느끼는 것으로 말과 이론이 아닌 감정과 행동이 수반되는 응대이다.

해설 유형의 행위 또는 활동이 아닌, 무형의 행위 또는 활동이 옳은 문항이다.

02 다음 중 여객운송서비스에 대한 설명으로 옳지 않는 것은?

① 서비스란 승객의 편익을 도모하기 위해 행동하는 정신적 · 육체적 노동을 말한다.
② 서비스도 하나의 상품으로 서비스 품질에 대한 승객만족을 위해 일시적으로 승객에게 제공하는 모든 활동을 말한다.
③ 여객운송서비스는 택시를 이용하여 승객을 출발지에서 최종목적지까지 이동시키는 상업적 행위를 말한다.
④ 여객 운송서비스는 택시를 이용하여 승객이 원하는 구간으로 이동시키는 서비스를 제공하는 행위 그 자체를 말한다.

해설 ②의 문항 중 "일시적으로"가 아닌, "계속적으로"가 맞는 문항이다.

03 여객운송업의 올바른 서비스 제공을 위한 요소가 아닌 것은?

① 단정한 용모 및 복장
② 공손한 인사와 밝은 표정
③ 따뜻한 응대와 친근한 말
④ 머리만 까딱거리는 인사

해설 ④의 문항은 잘못된 인사법의 하나이다.

04 여객운송서비스의 특징에 대한 설명이다. 틀린 것은?

① 무형성 : 보이지 않는다.
② 인적 의존성 : 사람에 의존한다.
③ 소멸성 : 즉시 사라진다.
④ 동시성 : 생산과 소비가 동시 발생하므로 재고가 발생한다.

해설 ④의 문항 중 "재고가 발생한다."가 아닌, "재고가 발생하지 않는다."가 옳은 문항이다.

05 여객운송서비스의 특징에 대한 설명이다. 옳지 못한 것은?

① 서비스는 형태가 없는 무형의 상품으로서 제품과 같이 누구나 볼 수 있는 형태로 제시되지 않으며, 서비스를 측정하기는 어렵지만 누구나 느낄 수는 있다.
② 서비스는 공급자에 의해 제공됨과 동시에 승객에 의해 소비되는 성질을 가지고 있다.
③ 운송서비스는 운전자에 의해 생산되기 때문에 인적 의존성이 높다.
④ 서비스는 승객이 제공 받을 수는 있으나, 유형재처럼 소유권을 이전받을 수 있다.

해설 ④의 문항 끝에 "이전받을 수 있다."가 아닌, "이전받을 수는 없다."가 옳은 문항이다.

06 서비스는 형태가 없는 무형의 상품으로서 제품과 같이 누구나 볼 수 있는 형태로 제시되지 않으며, 서비스를 측정하기는 어렵지만 누구나 느낄 수는 있다. 는 어떤 서비스 특징에 대한 설명인가?

① 무형성
② 동시성
③ 인적 의존성
④ 소멸성

해설 서비스의 특징 중 무형성에 해당된다.

07 한 업체에 대해 고객이 거래를 중단하는 이유로 맞는 것은?

① 종사자의 불친절
② 제품에 대한 불만
③ 경쟁사의 회유
④ 가격이나 기타

해설 ①의 "종사자의 불친절"이 68%로 제일 많다. 기타 사유 : 제품에 대한 불만(14%), 경쟁사의 회유(9%), 가격이나 기타(9%)

08 일반적인 승객의 욕구에 대한 설명으로 맞지 않는 것은?

① 환영받고 싶어 한다.
② 중요한 사람으로 인식되고 싶어 한다.
③ 편안해지고 싶어 한다.
④ 친절해지고 싶어 한다.

해설 ④의 문항 중 "친절해지고" 가 아닌, "존중받고"가 맞는 문항이며, 그 외에 "기대와 욕구를 수용하고 인정받고 싶어 한다."가 있다.

09 승객만족을 위한 기본예절 중 틀린 문항은?

① 승객을 환영한다는 것은 인간관계의 기본조건이다.
② 승객에게 관심을 갖지 않고 안전운전에만 전념한다.
③ 승객을 존중하는 것은 돈 한 푼 들이지 않고 승객을 접대하는 효과가 있다.
④ 연장자는 서회의 선배로서 존중하고 공 · 사를 구분하여 예우한다.

해설 ②의 문항이 아닌 "승객에 대한 관심을 표현함으로써 승객 과의 관계는 더욱 가까워지고 친숙해 질 수 있다."이다.

정답 01 ① 02 ② 03 ④ 04 ④ 05 ④ 06 ① 07 ① 08 ④ 09 ②

10 **승객을 위한 행동예절에서 긍정적인 이미지(Image)를 만들기 위한 요소로 해당되지 않는 것은?**

① 시선처리(눈빛) ② 음성관리(목소리)
③ 표정관리(미소) ④ 용모복장 관리(외형)

해설 ④의 문항 "용모복장 관리(외형)"가 아닌 용모복장(단정한 용모), 제스쳐(비언어적요소인 손짓, 자세)가 있다.

11 **다음 중 인사의 개념에 대한 설명으로 틀린 문항은?**

① 인사는 서비스의 첫 동작이자 마지막 동작이다.
② 인사는 서로 만나거나 헤어질 때 말 · 태도 등으로 존경, 사랑, 우정을 표현하는 행동양식이다.
③ 상대의 인격을 존중하고 배려하기 위한 수단으로 마음, 행동, 말씨가 일치되어 승객에게 환대, 환송의 뜻을 전달하는 방법이다.
④ 상사에게는 우애와 동료에게는 존경심과 친밀감을 표현할 수 있는 수단이다.

해설 ④의 문항 중 "상사에게는 우애와 동료에게는 존경심과"가 아닌, "상사에게는 존경심을 동료에게는 우애와"가 맞는 문항이다.

12 **다음 중 인사의 중요성에 대한 설명으로 맞지 않는 문항은?**

① 인사는 평범하고도 대단히 쉬운 생활화되지 않아도 실천에 옮기기 쉽다.
② 인사는 애사심, 존경심, 우애, 자신의 교양 및 인격의 표현이다.
③ 인사는 서비스의 주요 기법이다.
④ 인사는 승객과 만나는 첫걸음이다.

해설 ①의 문항은 "인사는 평범하고도 대단히 쉬운 행동이지만 생활화되지 않으면 실천에 옮기기 어렵다"가 맞는 문항이다.

13 **다음 중 올바른 인사방법에 대한 설명으로 맞지 않는 것은?**

① 표정 : 밝고 부드러운 미소를 짓는다.
② 고개 : 반듯하게 들되, 턱을 내밀지 아니하고 자연스럽게 당긴다.
③ 음성 : 적당한 크기와 속도로 자연스럽고 부드럽게 말한다.
④ 입 : 입은 일자로 굳게 다문 표정을 짓는다.

해설 ④의 문항 "입 : 미소를 짓는다."가 옳은 문항이다.

14 **다음 중 올바른 인사법에서 정중한 인사(정중례)의 각도로 옳은 것은?**

① 인사 각도 15° ② 인사 각도 20°
③ 인사 각도 30° ④ 인사 각도 45°

해설 ①은 가벼운 인사(목례), ②는 해당 없음, ③은 보통 인사(보통례) 방법이다.

15 **다음은 잘못된 인사방법에 대한 설명이다. 옳은 인사 방법은?**

① 턱을 쳐들거나 눈을 치켜뜨고 하는 인사
② 먼저 본 사람이 하는 것이 좋으며, 상대방이 먼저 인사한 경우에는 "네, 안녕하십니까."로 응대한다.
③ 뒷짐을 지거나 호주머니에 손을 넣은 채 하는 인사
④ 상대방의 눈을 보지 않고 하는 인사

해설 ②의 문항이 올바른 인사방법이며, ①, ③, ④ 외에 할까말까 망설이다하는 인사와 성의 없이 말로만 하는 인사, 무표정한인사

16 **다음 중 표정의 중요성에 대한 설명으로 옳지 않는 문항은?**

① 밝고 환한 표정은 첫인상을 좋게 만든다.
② 첫 인상은 대면 직후 결정되는 경우가 적다.
③ 좋은 인상은 긍정적인 호감도로 이어진다.
④ 밝은 표정과 미소는 신체와 정신 건강을 향상시킨다.

해설 ②의 문항 끝에 "적다"가 아닌, "많다"가 옳은 문항이다.

17 **다음은 밝은 표정의 효과에 대한 설명이다. 틀린 문항은?**

① 타인의 건강증진에 도움이 된다.
② 상대방과의 긍정적인 친밀감을 만드는데 도움이 된다.
③ 밝은 표정은 전이효과가 있어 상대에게 전달되며, 상대방에게도 밝은 표정으로 연결되며, 좋은 분위기에서 업무를 볼 수 있다.
④ 업무능률 향상에 도움이 된다.

해설 ①의 문항 중 "타인의"가 아닌, "자신의"가 맞는 문항이다.

18 **다음 표정관리 중 승객이 싫어하는 시선은?**

① 자연스럽고 부드러운 시선으로 상대를 본다.
② 위로 치켜뜨는 눈, 한곳만 응시하는 눈
③ 눈동자는 항상 중앙에 위치하도록 한다.
④ 가급적 승객의 눈높이와 맞춘다.

해설 ②의 문항은 승객이 싫어하는 시선이며, 외에 곁눈질, 위 · 아래로 훑어보는 눈이 있다.

19 **호감 받는 표정관리로 좋은 표정 만들기에 맞지 않는 것은?**

① 밝고 상쾌한 표정을 만든다.
② 얼굴 전체가 웃는 표정을 만든다.
③ 상대 얼굴을 보면서 표정이 굳어지지 않도록 한다.
④ 입은 가볍게 다문다.

해설 ③문항 "상대 얼굴을 보면서"가 아닌, "돌아서면서"가 옳은 문항이며. 외에 입은 가볍게 다문다. 입의 양꼬리가 올라가게 한다. 가 있다.

20 **다음 중 잘못된 표정에 대한 설명이 아닌 문항은?**

① 돌아서면서 표정이 굳어지지 않아야 한다.
② 상대의 눈을 보지 않는 표정.
③ 무관심하고 의욕이 없는 무표정.
④ 입을 일자로 굳게 다물거나 입꼬리가 처져 있는 표정.

해설 ①의 문항은 "좋은 표정 만들기"의 문항에 해당된다.

21 **다음 중 승객응대 마음가짐에 대한 설명으로 잘못된 것은?**

① 사명감을 가지고, 승객의 입장에서 생각한다.
② 승객을 편안하게 대하고, 항상 부정적으로 생각한다.
③ 승객이 호감을 갖도록 공평하게 대하며, 자신감을 갖고 행동한다.
④ 승객의 니즈를 파악하려고 노력한다.

해설 ②의 문항 중 "부정적으로 생각 한다"가 아닌, "긍정적으로 생각 한다"가 옳은 문항이다.

정답 10 ④ 11 ④ 12 ① 13 ④ 14 ④ 15 ② 16 ② 17 ① 18 ② 19 ③ 20 ① 21 ②

22 다음 중 단정한 용모와 복장의 중요성의 설명으로 맞지 않는 것은?

① 운수회사가 받는 첫인상을 결정한다.
② 회사의 이미지를 좌우하는 요인을 제공한다.
③ 하는 일의 성과에 영향을 미친다.
④ 활기찬 직장 분위기 조성에 영향을 준다.

해설 ①의 문항 중 "운수회사가 받는"이 아닌, "승객이 받는"이 맞는 문항이다.

23 근무복에 대한 공적인(운수회사) 입장이 아닌 것은?

① 시각적인 안정감과 편안함을 승객에게 전달할 수 있다.
② 승객에게 신뢰감을 줄 수 있다.
③ 종사자의 소속감 및 애사심 등 심리적인 효과를 유발시킬 수 있다.
④ 효율적이고 능동적인 업무처리에 도움을 줄 수 있다.

해설 ②의 문항은 "사적인(종사자) 입장"에 해당된다.

24 복장의 기본 원칙에 대한 설명으로 맞지 않는 것은?

① 깨끗하고, 단정하게
② 품위 있고, 규정에 맞게
③ 통일감 있고, 계절에 맞게
④ 편한 신발을 신되 샌들이나 슬리퍼를 신어도 된다.

해설 ④의 문항 중 "슬리퍼를 신어도 된다."가 아닌, "슬리퍼는 삼가야 한다."가 옳은 문항이다.

25 다음 중 승객에게 불쾌감을 주는 몸가짐의 설명이 아닌 것은?

① 밝은 표정의 얼굴
② 잠잔 흔적이 남아 있는 머릿결
③ 정리되지 않은 덥수룩한 수염
④ 무표정한 얼굴과 지저분한 수염

해설 ①의 문항은 "좋은 표정"의 하나이다.

26 대화의 4원칙에 대한 설명으로 잘못된 문항은?

① 밝고 적극적으로 말한다.
② 공손하고, 명료하게 말한다.
③ 확실하게 말한다.
④ 상대방의 입장을 고려해 말한다.

해설 ③의 문항 중 "확실하게 말한다."가 아닌, "품위있게 말한다."가 옳은 문항이다.

27 대화에 대한 설명으로 맞지 않는 문항은?

① 밝고 적극적으로 말한다 : 밝고 따뜻한 말투로 즐거운 마음으로 대화를 이어가며, 적절한 유머를 활용하면 좋다.
② 공손하고 명료하게 말한다 : 친밀감과 존중의 마음(존경어, 겸양어, 정중한 어휘)으로 정확한 발음과 적절한 속도로 알기쉽게 말한다.
③ 확실하게 말한다 : 승객의 입장을 고려한 어휘의 선택과 호칭을 사용하는 배려를 아끼지 않아야 한다.
④ 상대방의 입장을 고려해 말한다 : 승객이 대화하기를 불편해하면 운행 서비스에 꼭 필요한 내용만으로 응대한다.

해설 ③의 문항 "확실하게"가 아닌, "품위 있게"가 옳은 문항이다.

28 승객에 대한 호칭과 지칭으로 적당하지 않는 것은?

① 고객 : 승객이나 손님
② 할아버지, 할머니 : 어르신 또는 선생님
③ 아줌마, 아저씨, 아가씨 : 상대방을 높이는 느낌이 있으므로 이대로 사용한다.
④ 초등학생과 미취학 어린이 : 000 어린이/학생의 호칭이나 지칭을 사용하고, 중 · 고등학생은 000승객이나 손님으로 성인에 준하여 호칭이나 지칭한다.

해설 ③의 문항은 상대방을 높이는 느낌이 들지 않으므로 호칭이나 지칭으로 사용하지 않는다.

29 다음 중 대화를 나눌 때 언어예절 의미가 아닌 문항은?

① 존경어 : 사람이나 사물을 높여 말해 직접적으로 상대에 대해 경의를 나타내는 말이다.
② 존경어 : 회사의 일을 승객에게 말할 때.
③ 겸양어 : 자신의 동작이나 자신과 관련된 것을 낮추어 말해 간접적으로 상대를 높이는 말이다.
④ 정중어 : 자신이나 상대와 관계없이 말하고자 하는 것을 정중히 말해 상대에 대해 경의를 나타내는 말이다.

해설 ②의 존경어 문항은 언어예절의 사용방법에 해당하는 문항이다.

30 대화를 나눌 때(듣는 입장)의 표정 및 예절이다. 다른 것은?

① 눈 : 듣는 사람을 정면으로 바라보고 말하며, 상대방 눈을 부드럽게 주시한다.
② 몸 : 정면을 향해 조금 앞으로 내미는듯한 자세를 취하고, 끄덕끄덕하거나 메모하는 태도를 유지한다.
③ 입 : 맞장구를 치며 경청하고, 모르면 질문하여 물어보며, 대화의 핵심사항을 재확인하며 말한다.
④ 마음 : 흥미와 성의를 가지고 경청하고, 말하는 사람의 입장에서 생각하는 마음을 가진다(역지사지의 마음).

해설 ①의 설명은 "말하는 입장"에서의 표정 및 예절로 다른문항이며, "듣는 입장"의 설명은 상대방을 정면으로 바라보며 경청하고, 시선을 자주 마주 친다.가 옳은 문항이다.

31 다음은 대화를 나눌 때(말하는 입장)의 표정 및 예절이다. 다른 것은?

① 눈 : 듣는 사람을 정면으로 바라보고 말하며, 상대방 눈을 부드럽게 주시한다.
② 몸 : 표정을 밝게 하고, 등을 펴고 똑바른 자세를 취하며, 자연스런 몸짓이나 손짓을 사용한다.
③ 입 : 고상한 용어를 사용하고, 경어를 사용하며, 말끝을 흐리지 않는다,
④ 마음 : 성의를 가지고 말하며, 최선을 다하는 마음으로 말한다.

해설 ③의 문항 중 "고상한 용어"가 아닌, "쉬운 용어"가 맞는 문항이다.

정답 22 ① 23 ② 24 ④ 25 ① 26 ③ 27 ③ 28 ③ 29 ② 30 ① 31 ③

32 다음 중 대화할 때(듣는 입장)의 주의사항으로 잘못된 문항은?

① 침묵으로 일관하는 등 무관심한 태도를 취하지 않는다.
② 불가피한 경우를 제외하고 가급적 논쟁을 피한다.
③ 상대방의 말을 처음부터 끊거나 말참견을 하지 않는다.
④ 다른 곳을 바라보면서 말을 듣거나 말하지 않으며, 팔짱을 끼고 손장난을 치지 않는다.

해설 ③의 문항 중 "처음부터"가 아닌, "중간에"가 옳은 문항이다.

33 다음 중 대화를 할 때(말하는 입장)의 주의사항으로 잘못된 문항은?

① 어르신이라 할지라도 농담은 조심스럽게 한다.
② 전문적인 용어나 외래어를 사용하여 말한다.
③ 남을 중상 모략하는 언동은 조심한다.
④ 쉽게 흥분하거나 감정에 치우치지 않는다.

해설 ①의 문항 중 "어르신"이 아닌, "손 아랫사람"이다.

34 직업의 의미에 대한 구성요소로 해당되지 않는 것은?

① 경제적 의미 ② 사회적 의미
③ 인간적 의미 ④ 심리적 의미

해설 ③의 "인간적 의미"는 해당 없는 문항이다.

35 다음은 직업의 의미와 특징에 대한 설명이다. 해당되지 않는 문항은?

① 직업이란 경제적 소득을 얻거나 사회적 가치를 이루기 위해 참여하는 계속적인 활동으로 삶의 고정이다.
② 직업을 통해 생계를 유지할 뿐만 아니라 사회적 역할을 수행하고, 자아실현을 이루어 간다.
③ 어떤 사람들은 일을 통해 보람과 긍지를 맛보며 만족스런 삶을 살아가지만, 어떤 사람들은 그렇지 못하다.
④ 직업은 사회적으로 유용한 것이어야 하며, 사회발전 및 유지에 도움이 되어야 한다.

해설 ④의 문항은 직업의 의미에서 "사회적 의미"에 해당되는 문항이다.

36 다음은 직업의 경제적 의미에 대한 설명이다. 다른 문항은?

① 직업을 통해 안정된 삶을 영위해 나갈 수 있어 중요한 의미를 가진다.
② 직업은 인간 개개인에게 일할 기회를 제공한다.
③ 일의 대가로 임금을 받아 본인과 가족의 경제생활을 영위한다.
④ 인간은 직업을 통해 자신의 이상을 실현한다.

해설 ④의 문항은 "심리적 의미"의 하나로 다른 문항이다.

37 다음은 직업의 사회적 의미에 대한 설명이다. 다른 문항은?

① 직업을 통해 원만한 사회생활, 인간관계 및 봉사를 하게 되며, 자신이 맡은 역할을 수행하여 능력을 인정받는 것이다.
② 직업을 갖는다는 것은 현대사회의 조직적이고 유기적인 분업 관계 속에서 분담된 기능의 어느 하나를 맡아 사회적 분업 단위의 지분을 수행하는 것이다.
③ 직업은 경제적으로 유용한 것이어야 하며, 사회생활 및 유지에 도움이 되어야 한다.
④ 사람은 누구나 직업을 통해 타인의 삶에 도움을 주기도 하고, 사회에 공헌하며 사회발전에 기여하게 된다.

해설 ③의 문항 중 "경제적으로"가 아닌, "사회적으로"가 옳은문항이다.

38 다음은 직업의 심리적 의미에 대한 설명이다. 다른 문항은?

① 인간은 직업을 통해 경제적 이득을 실현한다.
② 인간의 잠재적 능력, 타고난 소질과 적성 등이 직업을 통해 개발되고 발전한다.
③ 직업은 인간 개개인의 자아실현의 매개인 동시에 장이 되는 것이다.
④ 자신이 갖고 있는 제반 욕구를 충족하고, 자신의 이상이나 자아를 직업을 통해 실현함으로써 인격의 완성을 기하는 것이다.

해설 ①의 문항 중에 "경제적 이득"이 아닌, "자신의 이상"이 맞는 문항이다.

39 다음 중 직업관의 상응관계 3가지 측면이 아닌 것은?

① 생계유지 수단 ② 개성발휘의 장
③ 사회적 역할의 실현 ④ 전문 의식

해설 ④의 문항은 "올바른 직업윤리"의 하나이다.

40 바람직한 직업관에 대한 설명이다. 아닌 것은?

① 소명의식을 지닌 직업관 : 항상 소명 의식을 가지고 일하며, 자신의 직업을 천직으로 생각한다.
② 사회구성원으로서의 역할 지향적 직업관 : 직분을 다하는 일이자 봉사하는 일이라 생각 한다.
③ 내재적 가치 : 자신의 능력을 최대한 발휘하길 원하며, 그로 인한 사회적인 헌신과 인간관계를 중시 한다.
④ 미래 지향적 전문능력 중심의 직업관 : 자기 분야의 최고 전문가가 되겠다는 생각으로 최선을 다해 노력한다.

해설 ③의 문항은 직업의 가치 중 "내재적 가치"이다.

41 다음은 직업관에 대한 설명이다. 맞지 않는 것은?

① 생계유지 수단적 직업관 : 직업을 출세하기 위한 수단으로 본다.
② 지위 지향적 직업관 : 직업생활의 최고 목표는 높은 지위에 올라가는 것이라고 생각 한다.
③ 귀속적 직업관 : 능력으로 인정받으려 하지 않고, 학연과 지연에 의지한다.
④ 폐쇄적 직업관 : 신분이나 성별 등에 따라 개인의 능력을 발휘할 기회를 차단 한다.

해설 ①의 문항 중에 "출세하기 위한 수단"이 아닌, "생계를 유지하기 위한 수단"이 옳은 문항이다.

정답 32 ③ 33 ① 34 ③ 35 ④ 36 ④ 37 ③ 38 ① 39 ④ 40 ③ 41 ①

42 **다음 중 올바른 직업윤리에 대한 설명이 아닌 것은?**

① 소명의식 : 자신이 하는 일에 전력을 다하는 것이 하늘의 뜻에 따르는 것이라고 생각한다.
② 천직의식 : 자신의 직업에 긍지를 느끼며, 그 일에 열성을 가지고 성실히 임하는 직업의식을 말한다.
③ 직분의식 : 각자의 직업을 통해서 직접 또는 간접으로 사회 구성원으로서 본분을 다해야 한다.
④ 전문의식 : 직업인은 자신의 직무를 수행하는데 필요한 일반적 지식과 기술을 갖추어야 한다.

해설 ④의 문항 중 "일반적 지식과"가 아닌, "전문적 지식과"가 옳은 문항이며, 외에 ㉠ 봉사정신 : 자신의 직무수행과정에서 협동정신 등이 필요로 하게 된다. ㉡ 책임의식 : 사회적 역할과 직무를 충실히 수행하고, 맡은 바 임무나 의무를 다해야 한다. 가 있다.

43 **다음 중 직업의 내재적 가치에 대한 설명이 아닌 것은?**

① 자신에게 있어서 직업 그 자체에 가치를 둔다.
② 자신에게 있어서 직업을 도구적인 면에 가치를 둔다.
③ 자신의 능력을 최대한 발휘하길 원하며, 그로 인한 사회적인 헌신과 인간관계를 중시한다.
④ 자기표현이 충분히 되어야 하고, 자신의 이상을 실현하는데 그 목적과 의미를 두는 것에 초점을 맞추려는 경향을 갖는다.

해설 ②의 문항은 "직업의 외재적 가치"의 하나이다.

44 **운송사업자의 일반적인 준수사항이 잘못되어 있는 것은?**

① 운송사업자는 13세 미만의 어린이에 대해서는 특별한 편의를 제공해야 한다.
② 운송사업자는 관할관청이 필요하다고 인정하는 경우에는 운수 종사자로 하여금 단정한 복장과 모자를 착용하여야 한다.
③ 운송사업자는 자동차를 깨끗하게 유지하여야 하며, 관할관청이 단독으로 실시하거나 관할관청과 조합이 합동으로 실시하는 경우에는 청결상태 등의 검사에 대한 확인을 받아야 한다.
④ 운송사업자는 속도제한장치 또는 운행기록계가 장착된 운송사업용 자동차를 해당 장치 또는 기기가 정상적으로 작동되는 상태에서 운행되도록 해야 한다.

해설 ①의 문항 중 "13세 미만의 어린이"가 아닌, "노약자 · 장애인 등"이 옳은 문항이다.

45 **다음 중 운송사업자의 일반적인 준수사항으로 잘못된 것은?**

① 일반 택시운송사업자는 소속 운수종사자가 아닌(실질적으로 소속 운수종사자가 아닌 자를 포함)자에게 관계법령상 허용되는 경우를 제외하고 운송 사업용 자동차를 제공하여서는 아니 된다.
② 운송사업자(개인택시 및 특수여객자동차운송사업자는 제외)는 차량운행 전에 건강상태 음주여부 및 운행경로 숙지여부 등을 확인해야 한다.
③ ②의 확인 결과 질병 · 피로 · 음주 또는 그 밖의 사유가 경미하여 안전한 운전을 할 수 있다고 판단되는 경우에는 자동차를 운행해도 된다.
④ 수요응답형 여객자동차운송사업자는 여객의 요청이 있는 경우 이를 거부하여서는 안 된다.

해설 ③의 문항이 잘못된 문항이며, "확인 결과 운수종사자가 질병 · 피로 · 음주 또는 그 밖의 사유로 안전한 운전을 할 수 없다고 판단되는 경우에는 해당 운수종사자가 차량을 운행하도록 해서는 안 된다."가 옳은 문항이다.

46 **다음 중 운송사업자가 운수종사자로 하여금 여객을 운송할 때 성실하게 지키도록 항상 지도 · 감독할 사항이 아닌 것은?**

① 정류소 또는 택시 승차대에서 주차 또는 정차할 때에는 질서를 문란하게 하는 일이 없도록 할 것
② 정비가 양호한 사업용자동차를 운행할 것
③ 위험방지를 위한 운송사업자 · 경찰공무원 또는 도로관리청 등의 조치에 응하도록 할 것
④ 자동차의 차체가 헐었거나 망가진 상태로 운행하지 않도록 할 것

해설 ②의 문항은 해당 없다. "정비가 불량한 사업용자동차를 운행하지 않도록 할 것"이 옳은 문항이며, 외에 "교통사고를 일으켰을 때에는 긴급조치 및 신고의무를 충실하게이행하도록 할 것"이 있다.

47 **택시운송사업자(대형 또는 고급형은 제외)는 차량의 입 · 출고 내역, 영업거리 및 시간 등 택시 미터기에서 생성되는 자동차의 운행정보의 보존 기한으로 맞는 것은?**

① 1년 이상 ② 2년 이상
③ 3년 이상 ④ 4년 이상

해설 ①의 1년 이상 보존하여야 한다.

48 **자동차의 장치 및 설비 등에 관한 준수사항의 설명으로 옳지 않는 것은?**

① 택시운송사업용 자동차(대형 및 고급형은 제외) 안에는 여객이 쉽게 볼 수 있는 위치에 요금미터기를 설치해야 한다.
② 대형 및 모범형 택시 운송사업자동차에는 요금영수증 발급과 신용카드 결제가 가능하도록 관련기기를 설치해야 한다.
③ 택시 운송사업용 자동차 및 수요 응답형 여객자동차 안에는 난방장치 및 냉방장치를 설치해야 한다.
④ 모든 택시운송사업용 자동차에는 호출 설비를 갖춰야 한다.

해설 ④의 문항 중 "모든"이 아닌, "대형 및 모범형"이 맞는 문항이다.

49 **자동차의 장치 및 설비 등에 관한 준수사항의 설명으로 맞지 않는 것은?**

① 택시운송사업용 자동차(대형승합차로 한정하고, 고급형 택시는 제외) 윗부분에는 택시운송사업용 자동차임을 표시하는 설비를 설치하여야 한다.
② 택시운송사업용 자동차가 빈(공)차로 운행 중일 때에는 외부에서 빈(공)차임을 알 수 있도록 하는 조명 장치가 자동으로 작동되는 설비를 갖춰야 한다.
③ 수요응답형 여객자동차에는 국토교통부장관이 정한 수요응답시스템을 갖추어야 한다.
④ 택시운송사업자(대형 및 고급형 택시는 제외)는 택시 미터기에서 생성되는 택시운송사업용 자동차 운행정보의 수집 · 저장장치 및 정보의 조작을 막을 수 있는 장치를 갖추어야 한다.

해설 ③의 문항 중 "국토교통부장관이"가 아닌, "시 · 도지사가"가 맞는 문항이다.

정답 42 ④ 43 ② 44 ① 45 ③ 46 ② 47 ① 48 ④ 49 ③

50 다음 중 운수종사자의 준수사항에 대한 설명으로 맞지 않는 것은?

① 여객의 안전과 사고예방을 위하여 운행 전 사업용 자동차의 안전설비 및 등화장치 등의 이상 유무를 확인해야 한다.
② 질병 · 피로 · 음주나 그 밖의 사유로 안전한 운전을 할 수 없을 때에는 그 사정을 해당 운송사업자에게 알려야 한다.
③ 자동차의 운행 중 중대한 고장을 발견하거나 사고가 발생할 우려가 있다고 인정될 때에는 즉시 운행을 중지하고 적절한 조치를 해야 한다.
④ 운전업무 중 해당 도로에 이상이 있을 경우에는 즉시 운행을 중지하고 운송사업자에게 알려야 한다.

해설 ④의 문항이 아닌, "운전업무 중 해당 도로에 이상이 있었던 경우에는 운전업무를 마치고 교대할 때에 다음 운전자에게 알려야 한다."가 옳은 문항이다.

51 다음은 운수종사자의 준수사항에 대한 설명이다. 옳지 않는 것은?

① 관계 공무원으로부터 운전면허증, 신분증, 신분증 또는 자격증의 제시 요구를 받으면 이에 따라야 한다.
② 여객자동차 운송사업에 사용되는 자동차 안에서 담배를 피워서는 아니 된다.
③ 관할관청이 필요하다고 인정하여 복장 및 모자를 지정할 경우에는 그 지정된 복장과 모자를 착용하고, 용모를 항상 단정하게 해야 한다.
④ 영수증 발급기 및 신용카드 결제기를 설치해야 하는 택시의 경우 운전자가 요구하면 영수증의 발급 또는 신용카드 결제에 응해야 한다.

해설 ④의 문항 중에 "운전자가 요구하면"이 아닌, "승객이 요구 하면"이 맞는 문항이다.

52 다음 중 운수종사자가 승객의 승차를 제지할 수 대상에서 제외 되는 경우는?

① 장애인 보조견이나 전용 운반상자에 넣은 애완동물과 함께 승차하는 경우
② 다른 여객에게 위해(危害)를 끼칠 우려가 있는 폭발성 물질, 인화성 물질 등의 위험물을 자동차 안으로 가지고 들어 오는 경우
③ 다른 여객에게 위해를 끼치거나 불쾌감을 줄 우려가 있는 동물을 자동차 안으로 데리고 들어오는 경우
④ 자동차 출입구 또는 통로를 막을 우려가 있는 물품을 자동차 안으로 가지고 들어오는 경우

해설 ①의 경우는 승객과 같이 승차할 수 있는 경우에 해당한다.

53 운전자가 사고로 인하여 사상자가 발생하거나 사업용 자동차운행을 중단할 때 사고의 상황에 따라 적절한 조치사항으로 잘못된 것은?

① 가능한 응급수송수단의 마련
② 가족이나 그 밖의 연고자에 대한 신속한 통지
③ 대체운송수단의 확보와 여객에 대한 편의제공
④ 그 밖에 사상자의 보호 등 필요한 조치

해설 ①의 문항 중 "가능한"이 아닌, "신속한"이 옳은 문항이다.

54 다음은 택시운송사업의 운수종사자가 미터기를 사용하지 않고 운행하는 경우이다. 잘못된 것은?

① 구간운임제 시행지역 및 시간운임제 시행지역의 운수종사자
② 대형(승합자동차를 사용하는 경우로 한정) 및 고급형 택시운송사업의 운수종사자
③ 일반 승객이 탑승하고 운행 중인 경우
④ 운송가맹점의 운수종사자(플랫폼가맹사업자가 확보한 운송플랫폼을 통해서 사전에 요금을 정하여 여객과 운송계약을 체결한 경우에만 해당)

해설 ③의 일반승객이 탑승하고 운행한 경우는 반드시 미터기를 사용하고 운행해야 한다.

55 다음 중 택시운수종사자의 준수사항으로 잘못된 것은?

① 1일 근무 시간 동안 택시 요금미터에 기록된 운송수입금의 전액을 운수종사자의 근무종료 당일 운송사업자에게 납부할 것
② 운수종사자는 일정금액의 운송수입금 기준액을 정하여 납부하지 않을 것
③ 운수종사자는 차량의 출발 전에 여객이 좌석안전띠를 착용하도록 안내해야한다.
④ 좌석안전띠 착용 안내의 방법, 시기, 그 밖에 필요한 사항은 행정안전부령으로 정한다.

해설 ④의 문항 중 "행정안전부령"이 아닌, "국토교통부령"이 맞는 문항이다.

56 다음 중 택시운수종사자의 금지사항이 아닌 것은?

① 문을 닫지 않은 상태에서 자동차를 출발 시키거나 운행하는 경우
② 자동차 안에서 담배를 피우는 행위
③ 택시요금미터를 임의로 조작 또는 훼손하는 행위
④ 승객을 태우고 운행 중에 중대한 고장을 발견한 뒤, 즉시 운행을 중단하고 조치를 한 경우

해설 ④의 경우는 운수종사자의 준수사항 중의 하나이다.

57 다음 중 교통질서의 중요성에 대한 설명이 아닌 것은?

① 제한된 도로 공간에서 많은 운전자가 안전한 운전을 하기 위해서는 운전자의 질서의식이 제고되어야 한다.
② 타인도 쾌적하고 자신도 쾌적한 운전을 하기 위해서는 모든 운전자가 교통질서를 준수해야 한다.
③ 교통사고로부터 국민의 생명 및 재산을 보호하고, 원활한 교통 흐름을 유지하기 위해서는 운전자 스스로 교통질서를 준수해야 한다.
④ 사람의 됨됨이는 그 사람이 얼마나 예의 바른가에 가늠하기도 한다.

해설 ④의 문항은 운전예절의 중요성의 하나로 다른 문항이다.

정답 50 ④ 51 ④ 52 ① 53 ① 54 ③ 55 ④ 56 ④ 57 ④

58 **다음 중 운전자의 인성과 습관의 중요성에 대한 설명으로 잘못된 것은?**

① 운전자는 일반적으로 각 개인이 가지는 사고, 태도 및 행동 특성인 인성(人性)의 영향을 받게 된다.
② 습관은 후천적으로 형성되는 조건반사 현상으로 무의식중에 어떤 것을 반복적으로 행할 때 타인도 모르게 생활화된 행동으로 나타나게 된다.
③ 습관은 본능에 가까운 힘을 발휘하게 되어 나쁜 운전습관이 몸에 배면 나중에 고치기 어려우며 잘못된 습관은 교통사고로 이어질 수 있다.
④ 올바른 운전 습관은 다른 사람에게 자신의 인격을 표현하는 방법 중의 하나이다.

해설 ②의 문항 중 "타인도"가 아닌, "자신도"가 옳은 문항이다.

59 **다음 중 택시운전자의 운전예절의 중요성에 대한 설명으로 잘못된 것은?**

① 사람은 사회생활의 대인관계에서 예의범절을 중시하고 있다.
② 사람의 됨됨이는 그 사람이 얼마나 예의 바른가에 따라 가늠 하기도 한다.
③ 예의바른 운전습관은 명랑한 교통질서를 유지한다.
④ 예의바른 운전습관은 교통사고를 예방할 뿐만 아니라 교통문화 선진화의 지름길이 될 수 있다.

해설 ①의 문항 중 "사회생활의"가 아닌, "일상생활의"가 옳은 문항이다.

60 **다음 중 택시운전자가 지켜야하는 행동에 대한 설명으로 잘못된 문항은?**

① 횡단보도에서의 올바른 행동 : 신호등이 없는 횡단보도를 통행하고 있는 보행자가 없어도 일시 정지하여 보행자를 보호한다.
② 전조등의 올바른 사용 : 야간운행 중 반대차로에서 오는 차가 있으면 전조등을 변환빔(하향등)으로 조정하여 상대 운전자의 눈부심 현상을 방지한다.
③ 차로변경에서 올바른 행동 : 방향지시등을 작동시킨 후 차로를 변경하고 있는 경우에는 속도를 줄여 진입이 원활하도록 도와준다.
④ 교차로를 통과할 때의 올바른 행동 : 교차로 전방의 정체 현상으로 통과하지 못할 때에는 교차로에 진입하지 않고 대기한다.

해설 ①의 문항 중 "없어도"가 아닌, "있으면"이 옳은 문항이다.

61 **다음 중 운전자가 삼가 하여야하는 행동이 아닌 것은?**

① 지그재그 운전으로 다른 운전자를 불안하게 만드는 행동을 하지 않는다.
② 운행 중에 갑자기 끼어들거나 다른 운전자에게 욕설을 하지 않으며, 상황에 따라 갓길 통행 등 유동적인 운전을 한다.
③ 도로상에서 사고가 발생한 경우 차량을 세워 둔 채로 시비, 다툼 등의 행위로 다른 차량의 통행을 방해하지 않는다.
④ 교통 경찰관의 단속에 불응하거나 항의하는 행위를 하지 않는다.

해설 ②의 문항 중 "상황에 따라 갓길 통행 등 유동적인 운전을 한다."가 아닌, "갓길로 통행하지 않는다."가 옳은 문항이다. 이외에 과속운행 또는 급브레이크를 밟는 행위를 하지 않는다. 신호등이 바뀌기 전에 빨리 출발하라고 전조등을 깜빡이거나 경음기로 재촉하는 행위를 하지 않는다. 가 있다.

62 **다음 중 교통사고조사규칙에 따른 교통사고의 용어에 대한 설명으로 잘못된 것은?**

① 충돌사고 : 차가 반대방향 또는 측방에서 진입하여 그 차의 정면으로 다른 차의 정면을 또는 측면을 충격한 것을 말함.
② 추돌사고 : 2대 이상의 차가 반대 방향으로 주행 중 뒤차가 앞차의 후면을 충격한 것을 말한다.
③ 전도사고 : 차가 주행 중 도로 또는 도로 이외의 장소에 차체의 측면이 지면에 접하고 있는 상태(좌측면이 지면에 접해 있으면 좌전도, 우측면이 지면에 접해 있으면 우전도)를 말한다.
④ 전복사고 : 차가 주행 중 도로 또는 도로 이외의 장소에 뒤집혀 넘어진 것을 말한다.

해설 ②의 문항 중 "반대 방향"이 아닌, "동일 방향"이며, 외에 접촉사고(차가 추월,교행 등을 하려다가 차의 좌우측면을 서로 스친 것), 추락사고(자동차가 도로의 절벽 등 높은 곳에서 떨어진 사고)가 있다.

63 **다음 중 자동차와 관련된 용어에 대한 설명으로 틀린 문항은?**

① 차량 중량 : 공차 상태의 자동차 중량을 말한다.
② 차량 총중량 : 적차 상태의 자동차의 중량을 말한다.
③ 적차 상태 : 공차상태의 자동차에 승차정원의 인원이 승차하고, 최대의 물품이 적재된 상태를 말한다.
④ 승차 정원 : 자동차에 승차할 수 있도록 허용된 최대인원(운전자를 포함한다)을 말한다.

해설 ③의 문항 중 "최대의 물품"이 아닌, "최대적재량의 물품"이 맞는 문항이며, 외에 공차상태 : 자동차에 사람이 승차하지 아니하고 물품(예비 부분품 및 공구 기타 휴대품을 포함)을 적재하지 아니한 상태로서 연료 · 냉각수 및 윤활유를 만재하고 예비 타이어(예비 타이어를 장착한 자동차만 해당)를 설치하여 운행할 수 있는 상태가 있다.

64 **최대적재량의 적재상태를 판단할 때 승차정원 1인 중량 몇 Kg으로 계산하는가. 옳은 것은?**

① 75kg ② 65kg ③ 55kg ④ 45kg

해설 ②의 65Kg이 옳은 문항이며, 13세 미만의 자는 1.5인을 승차 정원 1인으로 본다.

65 **다음 중 교통사고 현장에서 원인조사를 할 때 조사해야 하는 사항이 아닌 것은?**

① 노면에 나타난 흔적조사 : 스키드 마크, 요마크, 타이어 자국, 차량 파손품, 액체 잔존물, 차량적재물의 위치 및 방향 등
② 사고 차량 및 피해자 조사 : 사고 차량의 손상 부위 정도 및 손상 방향, 사고차량에 묻은 흔적, 찰과흔(擦過痕) 등
③ 사고 당사자 및 목격자 조사 : 운전자 · 탑승자 · 목격자에대한 사고 상황조사, 사고 운전자의 가정환경 조사
④ 사고현장 측정 및 사진 촬영 : 사고지점 부근의 가로등, 가로수, 전신주(電信柱) 등의 시설물 위치, 신호등(신호기 및 신호체계, 차로, 중앙선, 중앙분리대, 갓길 등 도로 횡단구성 요소, 방호울타리, 충격흡수시설, 안전표지 등 안전시설 요소, 노면의 파손, 결빙, 배수불량 등 노면상태 요소

해설 ③의 문항에서 "사고운전자의 가정환경"은 조사사항이 아니다.

정답 58 ② 59 ① 60 ① 61 ② 62 ② 63 ③ 64 ② 65 ③

66 다음 중 부상자의 의식상태 확인에 대한 설명으로 잘못된 것은?

① 말을 걸거나 팔을 꼬집어 눈동자를 확인한 후 의식이 없다면 몸을 심하게 흔들어 의식유무를 확인한다.
② 의식이 없거나 구토할 때는 목이 오물로 막혀 질식하지 않도록 옆으로 눕힌다.
③ 목뼈 손상의 가능성이 있는 경우에는 목 뒤쪽을 한 손으로 받쳐 준다.
④ 의식이 없다면 기도를 확보한다. 머리를 뒤로 충분히 젖힌 뒤, 입안에 있는 피나 토한 음식물 등을 긁어 내어 막힌 기도를 확보한다.

해설 ①의 문항 중 "의식이 없다면 몸을 심하게 흔들어 의식유무를 확인한다."가 아닌, "의식이 있으면 말로 안심시킨다."가 맞는 문항이다. 외에 "환자의 몸을 심하게 흔드는 것은 금지한다. 가 있다.

67 다음은 심폐소생술을 하기 위한 성인과 영아의 의식 상태 확인 요령에 대한 설명이다. 다른 문항은?

① 성인 : 환자를 바로 눕힌 후 양쪽 어깨를 가볍게 두드리며 의식이 있는지 반응을 확인한다.
② 성인 : 숨을 정상적으로 쉬는지 확인하고, 자동제세기를 가져올 것을 요청한다.
③ 영아 : 한쪽 발바닥을 가볍게 두드리며 의식이 있는지 확인하고, 숨을 정상적으로 쉬고 있는지 반응을 확인한다.
④ 성인, 소아, 영아는 가슴이 충분히 올라올 정도로 2회(1회당 1초간) 실시한다.

해설 ④의 문항은 "기도개방 및 인공호흡 실시방법"의 하나이다.

68 다음 중 심폐소생술을 시행할 때 성인에 대한 가슴압박의 깊이로 옳은 것은?

① 약 5cm 이상 ② 약 4cm 이상
③ 약 3cm 이상 ④ 약 2cm 이상

해설 ①의 "약 5cm 이상"이 맞는 문항이다. 영아의 경우는 "약 4cm 이상"의 깊이로 압박한다.

69 다음 중 심폐소생술을 시행할 때 가슴압박의 속도와 횟수로 맞는 문항은?

① 30회(분당 80~100회) ② 30회(분당 100~120회)
③ 40회(분당 80~100회) ④ 40회(분당 100~120회)

해설 ②의 가슴압박 "30회(분당 100~120회)"가 맞는 문항이다.

70 다음 중 심폐소생술을 실시할 때 가슴압박 : 인공호흡 횟수로 맞는 것은?

① 20 : 2 ② 25 : 2
③ 30 : 2 ④ 40 : 2

해설 ③의 "30회 가슴압박과 인공호흡 2회 반복실시"가 맞다.

71 다음 중 교통사고 발생 시 가장 먼저 확인해야 할 사항은?

① 부상자의 체온 확인 ② 부상자의 신분 확인
③ 부상자의 출혈 확인 ④ 부상자의 호흡 확인

해설 ④의 부상자의 호흡 상태를 확인하여야 한다.

72 음식물이나 이물질로 인하여 기도가 폐쇄되어 질식할 위험이 있을 때 흉부에 강한 압력을 주어 토해내게 하는 응급처치 방법으로 맞는 것은?

① 인공호흡법 ② 하임리히법
③ 가슴압박법 ④ 심폐소생술

해설 ②의 "하임리히법"이 맞는 문항이다.

73 출혈 또는 내출혈 환자에 대한 응급조치요령으로 잘못된 것은?

① 출혈이 심하다면 출혈부위보다 심장에 가까운 부위를 헝겊 또는 손수건 등으로 지혈될 때까지 꽉 잡아맨다.
② 출혈이 적을 때에는 거즈나 깨끗한 손수건으로 상처를 꽉 누른다.
③ 부상자 옷의 단추를 푸는 등 옷을 헐렁하게 하고, 상반신을 높게 한다.
④ 내출혈이 발생하였을 때에는 부상자가 춥지 않도록 모포 등을 덮어 주지만 햇볕은 직접 쬐지 않도록 한다.

해설 ③의 문항 중 "상반신을 높게 한다."가 아닌 "하반신을 높게 한다."가 맞는 문항이다.

74 다음 중 골절부상자를 위한 응급조치로 잘못된 것은?

① 골절부상자는 가급적 구급차가 올 때까지 기다리는 것이 바람직하다.
② 환자를 움직이지 말고 손으로 머리를 고정하고 환자를 지지한다.
③ 팔이 골절 되었다면 헝겊으로 띠를 만들어 팔을 매달도록 한다.
④ 지혈이 필요하다면 골절부분은 건드리지 않도록 주의하며 지혈을 하고, 다친 부위를 심장보다 낮게 한다.

해설 ④의 문항 중 "심장보다 낮게 한다."가 아닌, "심장보다 높게 한다."가 옳은 문항이다.

75 차멀미를 하는 승객이 있을 때 조치할 수 있는 사항으로 옳지 않는 것은?

① 환자의 경우는 통풍이 잘되고 비교적 흔들림이 적은 앞쪽으로 앉도록 한다.
② 차멀미가 심한 경우에는 휴게소 내지는 안전하게 정차할 수 있는 곳에 정차하여 차에서 내려 시원한 공기를 마시도록 한다.
③ 차멀미가 예상되는 승객은 차 중간의 좌석에 승차하는 것이 안전하다.
④ 차멀미 승객이 토할 경우를 대비해 위생봉지를 준비한다.

해설 ③의 문항은 차멀미 환자의 조치사항을 부적당하고, 외에 "차멀미 승객이 토할 경우에는 주변 승객이 불쾌하지 않도록 신속히 처리한다."가 있다.

76 교통사고 발생 시 운전자의 조치 순서로 옳은 것은?

① 탈출→인명구조→후방방호→신고→대기
② 탈출→신고→인명구조→후방방호→대기
③ 신고→인명구조→탈출→후방방호→대기
④ 인명구조→신고→후방방호→탈출→대기

해설 ①의 문항이 옳은 문항이다.

정답 66 ① 67 ④ 68 ① 69 ② 70 ③ 71 ④ 72 ② 73 ③ 74 ④ 75 ③ 76 ①

77 **다음은 교통사고가 발생 시 인명구조를 해야 될 경우 유의해야 할 사항이다. 잘못된 문항은?**

① 승객이나 동승자가 있는 경우 적절한 유도로 승객의 혼란방지에 노력해야 한다.
② 인명구출 시 부상자, 노인, 어린아이 및 부녀자 등 노약자를 우선적으로 구조한다.
③ 정차위치가 차도, 노견 등과 같이 위험한 장소일 때에는 신속히 도로 밖의 안전장소로 유도하고, 2차 피해가 일어나지 않도록 한다.
④ 주간에는 주변의 안전에 특히 주의하고 냉정하고 기민하게 구출유도를 해야 한다.

해설 ④의 문항 중 "주간에는"이 아닌, "야간에는"이 옳은 문항이며, 외에 "부상자가 있을 때에는 우선 응급조치를 한다." 가 있다.

78 **교통사고 발생 시 보험회사나 경찰 등에 전달할 사항으로 옳지 않은 것은?**

① 사고발생 지점 및 상태
② 부상정도 및 부상자 수
③ 사고차 운전자의 주민등록번호
④ 회사명과 운전자 성명

해설 ③의 문항은 해당되지 않는다. 외에 우편물, 신문, 여객의 휴대화물의 상태, 사고 차량의 연료유출 여부 등이 있다.

79 **자동차 고장 시 조치해야 하는 사항으로 옳지 않는 것은?**

① 정차 차량의 결함이 심할 때는 비상등을 점멸시키면서 길어깨(갓길)에 바짝 차를 대서 정차한다.
② 차에서 내릴 때에는 옆 차로의 차량 주행상황을 살핀 후 내린다.
③ 야간에는 밝은 색 옷이나 야광이 되는 옷을 착용하는 것이 좋다.
④ 도로변에 정차할 때는 타 차량의 주행에 지장이 없도록 정차해야 한다.

해설 ④의 문항 중 "도로변에"가 아닌, "비상주차대에"가 옳은 문항이며, 외에 "비상전화를 하기 전에 차의 후방에 경고반사판을 설치해야 하며, 특히 야간에는 주의를 기울인다.""밤에는 고장자동차의 표지와 함께 사방 500미터 지점에서 식별할 수 있는 적색의 섬광신호 · 전기제등 또는 불꽃신호를 추가로 설치하여야 한다." 가 있다.

80 **다음 중 재난발생 시 운전자의 조치사항에 대한 설명으로 잘못된 것은?**

① 운행 중 재난이 발생한 경우에는 신속하게 차량을 안전지대로 이동한 후 즉각 회사 및 유관기관에 보고 한다.
② 장시간 고립 시에는 유류, 비상식량, 구급환자발생 등을 즉시 신고, 한국도로공사에만 협조를 요청한다.
③ 폭설 및 폭우로 운행이 불가능하게 된 경우에는 응급환자 및 노인, 어린이 승객을 우선적으로 안전지대로 대피시키고 유관기관에 협조를 요청한다.
④ 재난 시 차내에 유류 확인 및 업체에 현재 위치를 알리고, 도착 전까지 차내에서 안전하게 승객을 보호한다.

해설 ②의 문항 중 "한국도로공사에만 협조를 요청한다."가 아닌, "한국도로공사 및 인근 유관기관 등에 협조를 요청한다."가 맞는 문항이며, 외에 "재난 시 차량 내부의 이상 여부 확인 및 신속하게 안전지대로 차량을 대피한다."가 있다.

정답 77 ④ 78 ③ 79 ④ 80 ②

부산광역시 지역 응시자용

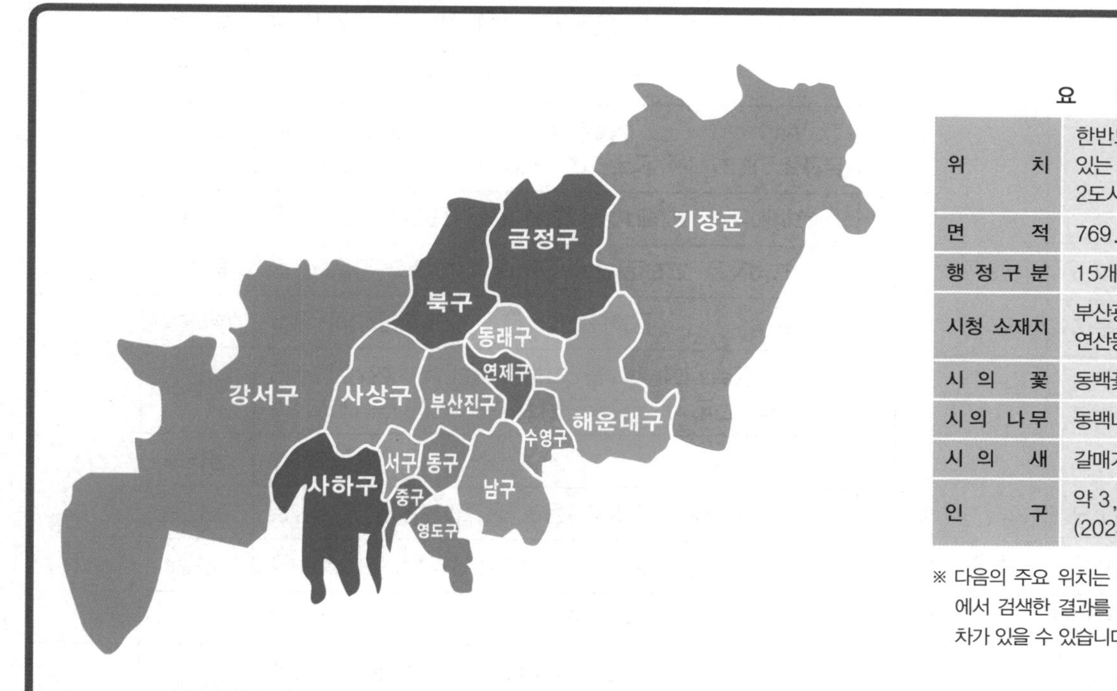

요 약

위 치	한반도의 동남단에 있는 대한민국의 제2도시
면 적	769.89km²
행 정 구 분	15개구 1개군
시청 소재지	부산광역시 연제구 연산동 1000
시 의 꽃	동백꽃
시 의 나 무	동백나무
시 의 새	갈매기
인 구	약 3,315,516명 (2023.02.)

※ 다음의 주요 위치는 통합 검색 사이트에서 검색한 결과를 수록한 것으로 오차가 있을 수 있습니다.

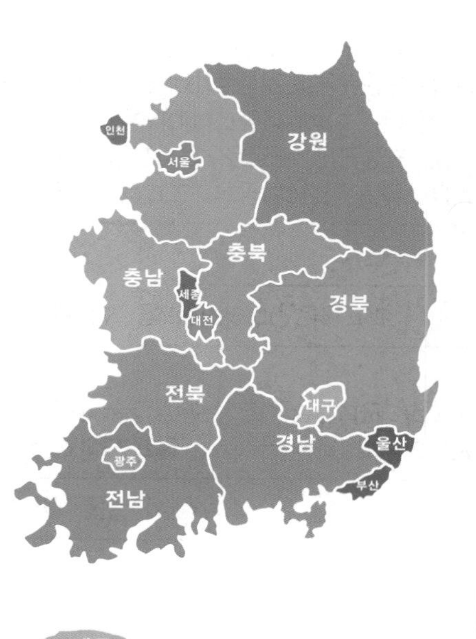

01. 지역별 주요 관공서 및 공공건물 위치

소재지		명 칭
강서구	대저동	강서구청, 강서구의회, 강서고교, 부산교도소, 부산우편집중국, 김해국제공항, 서부산IC, 부산시농업기술센터
	명지동	부산지방법원 서부지원, 부산강서경찰서, 부산지방검찰청 서부지청, 국회부산도서관, 부산강서세무서, 명지부민병원, 365한하병원
	버방동	한국해양대학교, 서부산 금융 캠퍼스
	송정동	부산지방중소벤처기업청, 부산강서소방서, 갑을녹산병원, 녹산국가산업단지, 부산본부세관신항청사
	성북동	부산신항, 컨테이너부두, BCT부산 컨테이너 터미널, 에이치 엠엠피에스에이신항만, 덕문고교
금정구	구서동	브니엘고교, 구서IC, 브니엘예술고교, 금정우체국, 금정경찰서, 과학고교, 브니엘예술고교, 마이크로병원
	금사동	고용노동부 부산동부지청, 한국소방안전원부산지부
	남산동	부산외국어대학교 남산동캠퍼스, 침례병원
	부곡동	부산사대부고, 금정세무서, 금정구청, 금정소방서, 부산카톨릭대학교, 부산예고, 금정구의회, 순병원, 화청한병원
	서 동	세웅병원, 금정여고, 부산광역시립서동도서관
	장전동	부산대학교, 대진전자통신고교, 지온병원
기장군	기장읍	기장군청, 기장군의회, 기장군보건소, 국립수산과학원
	일광읍	기장경찰서
	장안읍	동남권원자력의학원
	정관읍	기장소방서, 정관일신기독병원, 한국폴리텍대학동부산캠퍼스, 정관고교, 신정고교교
남 구	대연동	부경대학교 대연캠퍼스, TBN부산교통방송, 경성대학교, 남부경찰서, 도로교통공단 부산지부, 부산공고, 남구청, 남부교육지원청, 남구의회, 부산시여성회관, 부산예술회관, 부산문화회관, 대연고교, 부산고려병원, 부산예술대학교, 중앙고교, 동천고교, 에연고교
	용당동	동명대학교, 부경대학교 용당캠퍼스, 동명고교, 한국보건의료인국가시험원부산 · 경남시험원, 부산남부국가자격시험장, 한국해양수산연구원 용당캠퍼스, 부산지방식품의약품안전청신선대수입식품검사소
	용호동	부산성모병원, 부산남부운전면허시험장
	우암동	성지고교
동 구	범일동	좋은문화병원, 데레사여고, 시민회관, BBS부산불교방송, 공무원연금공단부산지부
	수정동	동구보건소, 동구청, 동구의회, 동부경찰서, 부산진세무서, 경남여고, 부산일보
	좌천동	부산지방해양수산청, 일신기독병원, 남해지방해양경찰청, 봉생기념병원, 금성고교
	초량동	부산지방국토관리청, 한국토지주택공사 부산울산지역본부, 부산고교, 부산역, 부산컴퓨터과학고, 부산항국제여객선터미널, 한국해양대학교다운타운캠퍼스
동래구	낙민동	동래구청, 동래우리들병원, 중앙여고
	명륜동	부산지방기상청, 동래구보건소, 대동병원
	복천동	동래교육지원청
	사직동	사직종합운동장, 국민건강보험공단부산동래지사

소재지		명 칭
동래구	수안동	동래경찰서
	안락동	동래봉생병원, 부산환경공단관로사업소(동부)
	온천동	광혜병원, 우리들병원, 부산전자공고, 동래원예고교
	칠산동	동래고교
부산진구	가야동	동의대학교 가야캠퍼스, 가야고교
	개금동	인제대학교 부산캠퍼스, 인제대학교 부산백병원
	당감동	부산국제고교, 한국과학영재학교, 개성고교, 경원고교, 온종합병원
	범천동	부산상공회의소, 범내골역, 춘해병원, CBS부산방송
	부암동	부산진구청, 부산진구의회
	부전동	부산도시개발공사, 교보문고 부산점, 부산진경찰서
	양정동	부산상수도사업본부, 부산광역시교육청, 동의의료원, 부산여자대학교, 동의과학대학교, 고용노동부부산고용센터, 고용복지플러스센터
	연지동	국립부산국악원
	전포동	부산진소방서, 경남공고, 부산동고, 동성고교, 마케팅고교
	초읍동	부산시립시민도서관, 부산진고교
북 구	구포동	북구청, 북구의회, 북부산등기소, 북부교육지원청, 부산과학기술대학교, 구포성심병원, 백양고교, 성도고교, 삼정고교, 경혜여고, 학생예술문화회관
	금곡동	부산지방조달청, 한국산업인력공단 부산지역본부, 부산시교통문화연수원, 부산광역시 인재개발원, 북부소방서
	덕천동	부민병원, 한국폴리텍대학 부산캠퍼스
	화명동	한국방송통신대학교 부산지역대학, 북부경찰서, 화명기독일신병원, 화명고교, 금명여고
사상구	감전동	사상경찰서, 사상구의회, 사상구청, 북부산세무서
	괘법동	신라대학교, 부산서부버스터미널, 서부산센텀병원
	덕포동	부산북부운전면허시험장, 고용노동부부산북부지청
	삼락동	사상소방서
	주례동	부산보훈병원, 한국교통안전공단부산본부, 한국교통안전공단주례검사소, 경남정보대학교, 동서대학교, 부산구치소
	학장동	부산시여성문화회관, 부산시립정신병원
사하구	감천동	중앙U병원, 부일외고, 부일전자디자인고교, 삼성여고
	괴정동	동아고교, 동아공고, 해동고교, 동주대학교, 보건대학교
	당리동	사하구청, 사하구의회, 대광고교, 부산일과학고교, 부산본병원, 서호하단병원, 에디스여성병원
	신평동	사하경찰서, 사하소방서
	장림동	국제금융고교, 자동차고교, 부산정신병원, 다대자연병원
	하단동	부산여고, 을숙도문화회관, 동아대학교 승학캠퍼스, 건국고교, 부산노인전문제4병원, 미래아이병원, 프라임병원, 한국법무보호복지공지단부산지부, 큐병원, 레이어스호텔하단점
서 구	동대신동	동아대학교 구덕캠퍼스, 동아대학교병원, 경남고교
	부민동	동아대학교 부민캠퍼스
	부용동	서구보건소
	서대신동	서부산세무서, 부경고교, 구덕운동장, 삼육부산병원, 서부경찰서, 국민건강보험공단부산서부지사
	아미동	부산대학교병원 권역외상센터
	암남동	고신대학교 송도캠퍼스, 고신대학교복음병원
	토성동	서구청, 서구의회

소재지		명 칭
수영구	광안동	한서병원, 남부소방서, 센텀종합병원, BHS한서병원
	남천동	수영세무서, 수영구청, 수영구의회, KBS부산총국, 좋은강안병원
	망미동	부산울산지방병무청, 여자상고, 남일고교
	민락동	MBC부산문화방송, 광안대교(다이아몬드브릿지)
	수영동	수영경찰서, 수영동우체국
연제구	거제동	부산교육대학교, 부산지방법원, 부산고등법원, 부산고등검찰청, 부산지방검찰청, 부산의료원, 부산지방우정청, 동래세관, 동래세무서, 동남지방통계청, 계성여고, 국가기록원 역사기록관, 이사벨고교
연제구	연산동	부산외고, 부산경상대학교, 연제구청, 부산고용노동청, 부산지방국세청, 연제경찰서, 동래소방서, 부산시교육연수원, 부산광역시경찰청, 부산광역시청, 부산광역시의회, 연제구의회, 부산시소방재난본부, 국민연금관리공단 부산지역본부, 연제보건소, 한양류마디병원
영도구	대교동	부산영도경찰서, 영도병원, 영도구선거관리위원회
	동삼동	고신대학교 영도캠퍼스, 부산해양경찰서, 부산항만소방서, 한국해양대학교, 부산해사고교, 부산국제크루즈터미널, 국립해양조사원, 한국해양수산연수원, 한국해양과학기술원, KMI해외시장분석센터, 영도문화예술회관, 체육고교, 영도여고, 광명고교, 부산남고교, 부산해사고교
	봉래동	해동병원
	청학동	영도구청, 영도구의회, 영도구보건소, 남해해양경찰수련원, 남해지방해양경찰청특공대
중 구	광복동	동주여고
	대창동	중부경찰서
	대청동	중구청, 중구의회
	동광동	메리놀병원
	보수동	부산시립중앙도서관, 중부산세무서
	중앙동	부산항만공사, 부산지방보훈청, 부산본부세관, 부산출입국외국인청, 중부소방서, 부산우체국, 부산무역회관, 부산항연안여객터미널
해운대구	반송동	영산대학교 해운대캠퍼스, 동부산대학교, 영산고교
	반여동	서울메트로병원
	우 동	해운대소방서, 해운대관광고교, 해운대여고, 부산기계공고, 부산시립미술관, 수영요트경기장본관, 양운폭포, 경남정보대학교센텀캠퍼스, 동서대학교센텀캠퍼스, 부산디자인진흥원, 국민보험공단해운대지사, 국민연금공단동부산지사, 부산문화여 고, 부산센텀여고, 부산노인전문병원제3병원, 동백섬, 장산체육공원
	좌 동	해운대교육지원청, 인제대학교 해운대백병원, 부흥고교, 해운대도서관, 부산소방항공대, 양운고교, 신도고교
	재송동	부산지방법원동부지원, 부산지방검찰청 동부지청, 해운대경찰서, 효성시티병원
	중 동	해운대구청, 해운대의회, 해운대세무서

02. 문화유적·관광지

소재지		명 칭
강서구	대저동	맥도생태공원, 대저생태공원, 에어포트호텔, 에어스카이관광호텔, 낙동간변30리벗꽃길, 강서체육공원
	명지동	브라운도트호텔 명지점, 신라스테이서부산, 넘버25호텔, 씨엘오션호텔, 호텔오유부티크호텔, 라라쥬동물원, 금샘해수온천, 명지지구문화공원
	신호동	V호텔, 브라운도트호텔 신호점, 더브레인호텔, 호텔에그, 블랑비지니스호텔
	범방동	렛츠런파크부산경남, 천성진성, 오션블루가덕휴게소
	천성동	가덕도보문사굿당, 연대봉, 천성진성, 오션블루가덕휴게소
금정구	구서동	브라운도트호텔 구서역점, 이마트 금정점, 물망골폭포
	금성동	금정산, 금정산성, 미륵사, 부산화명수목원
	부곡동	이데아호텔, 금정산부곡온천
	서 동	윤산, 서명공원, 넘버25호텔
	장전동	까치공원, 달마사, 금정산여울마당
	청룡동	범어사, 놀이마당공원 의상대
기장군	기장읍	남산봉수대, 해동용궁사, 기장해녀촌, 기장시장, 죽성드림세트장, 힐튼호텔부산, 동부산관광호텔, 브라운도트호텔 기장연화리점, 이데아호텔, 브룩스호텔, 호텔페오, 호텔힐, 넘버25호텔기장점, 호텔5월, 호텔루이스해밀턴호텔기장점, 하운드호텔기장오시리아점, 호텔케니기장
	일광읍	일광해수욕장, 브라운도트호텔 기장일광점, 하운드호텔, 기장일광점, 국립달음산자연휴양림, 아시아CC, 스톤게이트CC, 부산카라빈파크
	장안읍	임랑해수욕장, 어메이징캠프부산점, 기장도예촌, 동부산SPA온천호텔, 장안천가족휴게공원, 부산국제승마장, 장안신기솔밭쌈지공원
	정관읍	브라운도트호텔 정관점, 홈플러스 정관점 정관박물관
남 구	감만동	홈플러스 감만점, 감만부두
	대연동	부산박물관, 평화공원, 유엔기념공원, 르이데아호텔, 호텔스미스, 뮤트호텔
	문현동	이마트 문현점, 황련산유원지생태숲
	용당동	동명불원
	용호동	오륙도, 이기대수변공원, 신선대휴게소
동 구	범일동	부산진시장, 자유도매시장, 자성대공원, 라메르호텔, 현대백화점 부산점, 브라운도트호텔 범일점, 부산진성공원, 프린스호텔, 틴토호텔, 루이스호텔, 투에이치호텔, 코리아시티호텔, 자성대CC호텔
	수정동	수정산 배수지, 고지대그린테마공원, 수정산가족체육공원, 브라운도트호텔, 부산진역점, 프라임관광호텔
	좌천동	수정성당
	초량동	이바구공원, 중앙공원, 아스티호텔부산, 토요코인호텔 부산역1호점, 아몬드호텔, 호텔포레 더스파, 디노호텔, 하운드호텔부산역, 부산역르이데아호텔, 부산뷰호텔, 마란트호텔, 샤이어호텔, 이레아호텔, 라마다앙코르부산역호텔, 시티호텔
동래구	낙민동	낙민공원, 수민어울공원, 연안수민공원
	명륜동	동래향교, 동래사적공원, 동래덴바스타호텔, V호텔
	복천동	복천박물관, 동래복천동고분군, 서장대
	사직동	사직놀이공원, 브라운도트사직야구장점
	안락동	충렬사, 호텔더라찌
	온천동	온천공원, 금강공원, 부산해양자연사박물관, 호텔농심, 녹천호텔, 천일온천호텔, 롯데백화점 동래점, 홈플러스 동래점, 브라운도트호텔 미남점, 대성관온천호텔, 금강국민호텔, 하운드호텔사직미남역점, 호텔미투나, 대한불교조계종 매덕사

소재지		명 칭
부산진구	가야동	수정산, 홈플러스 가야점
	당감동	당감시장, 백양가족공원
	범전동	부산시민공원, 농협기부숲
	범천동	만리산체육공원, 브라운도트호텔 서면범천점
	부전동	부전시장, 서면시장, 사우스반데코호텔, 아르반호텔, 롯데호텔 부산본점, 솔라리아니시테츠호텔부산, 청맥병원, 엠버서더호텔이비스부산시티센터, 부산비지니스호텔, 브라운도트비즈니스호텔, 라이온호텔, 퀸스호텔, 덴바스타센트럴호텔, 그린비호텔부산서면, 1B호텔, 솔라리아니시테츠호텔, 하운드호텔서면점, 넘버25호텔서면역점
	전포동	황령산, 황령산레포츠공원, 홈플러스 서면점, 송상현광장
	초읍동	삼광사, 부산어린이대공원, 성지곡 수원지, 도안풀빌라&키즈호텔, 쏠호텔, 넘버25호텔초읍점
북 구	구포동	구포시장, 구포어린이교통공원, 브라운도트호텔 구포점, 북구아몬드호텔, 스미스호텔, 호텔티티구포본호텔, 덴바스타키즈호텔
	덕천동	구포왜성, 의성대, 브라운도트호텔 덕천점, 연꽃만지
	화명동	화명강변공원, 화명생태공원, SPA호텔
사상구	감전동	부산새벽시장, 사상근린공원
	괘법동	파라곤호텔, 이마트 사상점, 하운드호텔, 르네상스호텔, ND1226호텔, 프레미엄아바호텔, 투헤븐호텔, 어반스테이MU호텔, 하이디자인호텔, 르이데아호텔, 잠101호텔, 소르젠떼비지니스호텔, 호텔더반, 부산콤마호텔
	모라동	넘버25호텔
	삼락동	삼락생태공원, 삼락강변체육공원, 미스터브릭호텔
	엄궁동	엄궁농산물도매시장, 브라운도트호텔 엄궁점, 호텔로마
사하구	감천동	감천문화마을, 감천산림공원, 천마산옥녀봉
	괴정동	시약산, 크로바호텔, 오작교체육공원
	다대동	몰운대, 다대포해수욕장, 아미산전망대, 통일아시아드공원, 아미산자생식물원, 오이아호텔
	당리동	제석골산림공원, 국립승하산치유의숲
	장림동	봉화산, 장림시장, 홈플러스 장림점
	하단동	을숙도(낙동강 하구), 낙동강하굿둑전망대, 에덴공원, 을숙도생태공원, 부산현대미술관, 호수형습지, 뉴턴의사과나무공원, 을숙도철새공원, 낙동강하류철새도래지, 레이어스호텔하단점, 덴바스라호텔, 그린힐 호텔, 브라운도트호텔하단점, 넘버25호텔하단점, E팰리스호텔
서 구	남부민동	부산공동어시장, 송도부산비치관광호텔
	동대신동	부산광복기념관
	서대신동	꽃마을
	암남동	천마산, 송도해수욕장, 암남공원, 송림공원, 송도비치관광호텔 스카이라운지, 브라운도트호텔 송도해수욕장점, 유엔송도호텔, Q5호텔, EL호텔, 그램디오션송도, 호텔권, 튜헤븐호텔, 호텔99.9, 덕포해수욕장
수영구	광안동	켄트호텔, 광안리by켄싱턴, 호텔아쿠아펠리스, 호메르스호텔, 호텔1, 유토피아 관광호텔, 하운드호텔, 누리호텔, 호텔센트럴베이, 브라운도트호텔광안리해수욕장점, 뷰먼트풀빌라, 광안리해변, 광안대교
	민락동	광안리해수욕장, 민락회타운시장, 민락수변공원, AG405호텔, 호텔런더너광안점, H에비뉴 광안리해변점, 보나트리호텔, H에비뉴호텔광안리점, 넘버25호텔

소재지		명 칭
연제구	거제동	부산아시아드주경기장, 부산사직종합운동장실내수영장, 홈플러스 아시아드점, 십자산, 한마음공원
	연산동	배산, 금련산, 온천천시민공원, 시애틀비호텔, 하운드호텔연산점, 아르반시티호텔, 이마트 연제점, 노보텔앰버서더부산, 넘버25호텔연산점, 부산시티호텔, 브라운도드호텔, 스피스호텔, 황령산벚꽃길
영도구	남항동	전차종점기념비
	대교동	밸류호텔부산, 베이하운드호텔, 호텔아델라, 노스하버호텔
	동삼동	영도, 태종산, 태종대, 감지해변, 태종대공원, 구민체육공원, 국립해양박물관, 75광장, 함지골공원, 태종대오션플라잉테마파크, 태종대온천, 태종대유원지, 곤포유람선터미널
	봉래동	라발스호텔, 글랜스호텔, 홈플러스 영도점
	영선동	흰여울문화마을
	청학동	봉래산, 그랜드베른호텔, 영도해돋이전망대, 청학수변공원, 영도해돋이전망대, 영도마리노오토캠핑장
중 구	광복동	용두산공원, 용두산공원부산타워, 이순신장군동상, 와호텔, 호텔콤마, 더라스트호텔, 마룬호텔, 호텔그라운드27, 이코노미호텔남포점, 광복동패션거리
	남포동	자갈치시장, 네일끌리다남포점, 스텐포드호텔부산, MGM호텔, 호텔리어, 풀빌라가온, K게스트하우스남포1호점, 라운지26호텔, 호텔모모, 아몬드호텔남포동, 리자인호텔, 그리핀베이호텔, 스테이웰호텔, 호텔포래프리미어남포점, 오션투자헤븐호텔&스파, 어반스테이부티크남포BIFF
	대청동	근대역사박물관
	대창동	토요코인호텔 부산중앙점
	동광동	부산관광호텔, 타워힐호텔, 더하운드호텔, 아리아부티크호텔남포, 엘리제호텔, 더휴식아늑호텔부산남포점, YTT호텔남포
	부평동	부평깡통시장, GNB호텔, 대영호텔, 헤르메스호텔, 남하운드프리미어호텔
	신창동	국제시장
	영주동	대한해협전승비, 부산민주공원, 힐사이드관광호텔, 코모도호텔, 무궁화동산, 조각공원
	중앙동	크라운하버호텔부산, 롯데백화점 광복점
해운대구	반송동	반송삼절사, 동네체육공원, 꽃다래공원 약수터
	반여동	장산, 반여농산물도매시장, 홈플러스 반여점
	송정동	송정해수욕장, 죽도공원, 송정호텔, 플레르관광호텔, 호텔라온, 브라운도트호텔송정점, 더쿨리스트호텔, 에이치모먼트호텔, 호텔 젬, 감동호텔, 가인호텔
	우 동	동백섬, 동백공원, 벡스코, 웨스틴조선부산, 라마다앙코르해운대호텔, 캔버스호스텔, 아크블루호텔, 파크하얏트부산, 토요코인 부산해운대2호점, 센텀호텔, 신라스테이해운대, 롯데백화점 센텀시티점, 홈플러스 센텀시티점, 누리마루APEC하우스, 호텔아라, L7해운대, 해운대센텀호텔, 센텀프리미어호텔, 조선호텔웨스틴조선부산, 해운대해수욕장, 넘버25호텔해운대점
	좌 동	대천공원, 장산공원, 장산산림욕장, 대천산림문화공원
	중 동	해운대해수욕장, 청사포다릿돌전망대, 달맞이공원, 리베로호텔해운대, 파라다이스호텔부산, 라비트아틀란호텔, 코오롱씨클라우드호텔, 그랜드조선부산, 토요코인 부산해운대1호점, 호텔일루아, 시그니엘부산, 그랜드엘시티레지던스, 골든튤립해운대호텔&스위트, 이마트 해운대점, 베스트웨스턴해운대호텔, 마르안느호텔, 페어필드바이메리어드 부산, 팔레드시즈, 베니키아호텔프르미어호텔해운대

03. 주요 도로

1 고속도로

명 칭	구 간
경부고속도로	노포 – 부산TG
남해제2고속도로	서부산TG – 사상
부산외곽순환고속도로	진영분기점 – 기장분기점
동해고속도로 (부산울산고속도로)	동부산IC – 장안IC

2 부산광역시 주요 간선 도로

명 칭	구 간
가야대로	감전동 IC ~ 부전동 서면교차로
가락대로	가덕대교 입구 ~ 죽림동 오봉삼거리
기장대로	기장읍내리 송정1호교 ~ 기장군장안읍 명례리
거제대로	양정동 송곡삼거리 ~ 거제동 교대사거리
과학대로	강서구 구랑동 ~ 지사동 지사교차로
관문대로	동구좌천동 좌천사거리 ~ 사상구삼락동 삼락IC
고분로(연제구)	연산동 연산교차로 ~ 연산동 월륜교차로
공항로	명지동 명지 IC ~ 대저1동 대동수문
과정로	수영 망미역 교찰 ~ 연산동 과정교차로
개좌로	금사교차로 ~ 철마초등학교 교차로
구덕로	옛시청 교차로 ~ 구덕운동장 삼거리
금강공원로	온천교사거리 ~ 온천동 금강공원
금정도서관로	범어사전철역 입구 ~ 선동 영락 IC
광안해변로	도시가스 교차로 ~ 민락 교차로
내부순환도로	신평동 66호광장 ~ 신평동 66호광장
낙동남로	송정교차로 ~ 하단교차로
낙동북로	강동동 김해교 ~ 구포동 포천사거리
낙동대로	서대신사거리 ~ 덕천동 덕천교차로
노포사송로	노포동 노포삼거리 ~ 남부동 7번교차로
녹산산업북로	송정동11번 신호등교차로 ~ 1번 신호등교차로
대티로	괴정 초교삼거리~ 서대신사거리
대영로	서대신사거리 ~ 중구 중앙동4가
대교로	봉래교차로 ~ 중앙동4가세관삼거리
대청로	부민동1가부민사거리 ~ 중앙동5가연안부두삼거리
대변로	기장읍 청강사거리 ~ 기장읍 대변리
대저로	강서구 대저1동 ~ 대저1동 대동사거리
다대로	당리주민센터사거리 ~ 기장읍 대변리
동평로	강서구 대저1동 ~ 대저1동 대동사거리
동서고가로	당리주민센터사거리 ~ 신평동 66호광장
동부산관광로	백양터널 어귀삼거리 ~ 양정동 양정교차로
당감로	감만동 감만사거리 ~ 감전동 사상 IC
덕상로	덕포 남영APT ~ 모라동 동원 APT
덕천로	구포시장 삼거리 ~ 만덕산 한신 APT

명 칭	구 간
망양로	서대신사거리 ~ 범곡교차로
미남로	연제구 거제동 ~ 온천동 미남교차로
반여로	반여동 왕자맨션삼거리 ~ 반여동 신동아아파트
반송로	연산동 연산교차로 ~ 기장읍 교리삼거리
번영로	구서동 구서 IC ~ 좌천동 충장고가로
보수대로	남포동6가 자갈치교차로 ~ 서대신동3가 구덕터널
백양대로	부암동 진양사거리 ~ 덕천동 덕천교차로
사하로	남포동6가 자갈치교차로 ~ 서대신동3가 구덕터널
사상로	부암동 진양사거리 ~ 덕천동 덕천교차로
상덕로	구평동 구평초교삼거리 ~ 괴정동 괴정교차로
삼덕로	주례동 주례교차로 ~ 구포동 구포삼거리
시실로	중림동 죽림삼거리 ~ 강동동 득천삼거리
신암로	범곡 교차로 ~ 가야굴다리 교차로
성지로	연지삼거리 ~ 어린이대공원
수영로	문현 교차로 ~ 민락동 수영교
수영강변대로	우동항 삼거리 ~ 석대동 석대 IC
식문원로	소정천 삼거리 ~ 금강식물원
서동로	금정구 부곡동 ~ 서동 금사교차로
석대로	세양물류앞 삼거리 ~ 금정구 회동동
석포로	감만동 교차로 ~ 대연동 유엔교차로
생곡로	녹산동 성산삼거리 ~ 생곡동 세산교차로
센텀북대로	망미동 좌수영교 교차로 ~ 재송동 센텀고등학교
아시아드대로	거제동 현대APT앞 교차로 ~ 온천동 미남교차로
양운로	좌동 동백초등사거리 ~ 좌동 대천램프
여고로	동래구 사직동 ~ 사직동 부전교회
연수로	양정교차로 ~ 수영교차로
연제로	연제구청 삼거리 ~ 연산동 시청앞 교차로
용소로	용소삼거리 ~ 연산동 시청앞 교차로
원양로	안남동 수산가공선진화단지 ~ 감천동 감천사거리
월드컵대로	초읍동 시민도서관삼거리 ~ 연산동 신리삼거리
외부순환도로	사하구 신평동66호광장 ~ 해운대구 우동광안대교
외곽순환고속도로(부산)	김해시 진영읍 우동리(진영IC) ~ 기장군 일광읍 회진리(기장 IC)
자성로	좌천동 좌천삼거리 ~ 문현동 문현교차로
장인로	감전교차로 ~ 사상구 학장동
장평로	사하구 장림동 ~ 괴정동 사하초등삼거리
절영로	봉래동1가 ~ 동삼 국민은행앞 교차로
진남로	대연동 대연사거리 ~ 연제구 연산동
중앙대로	남포동 옛시청교차로 ~ 동면 영천마을입구
전포대로	문현교차로 ~ 삼전교차로
좌수영로	민락교차로 ~ 토곡사거리
좌천로(부산)	동구 좌천동 ~ 동구 좌천동 그린빌라

명 칭	구 간
좌천로(기장)	일광읍원리좌천교삼거리 ~ 장안읍좌천리좌천사거리
청연로	가장읍청강리 연화육교교차로 ~ 연화리 서암입구
철마로	구두동 임석사거리 ~ 안평리 철마삼거리
천마로	아남동 송도교차로 ~ 서구 통성동4가
충열대로	온천동 제2만덕터널 ~ 안락동 원동교
충무대로	송도해수욕장 ~ 충무동교차로
체육공원로	금정소방서 교차로 ~ 금정구 구두동
태종로	옛 시청교차로 ~ 태종대 앞 교차로
하신중앙로	사하구 장림동 ~ 하단동 하단교차로
황령대로	범천동 범내골교차로 ~ 본녹산 삼거리
화전산업대로	반여동 원동교 ~ 송정동 송정1호교
해운대로	우동 수영2호교 ~ 중동 오산공원
헤운대해변로	엄궁 삼거리 ~ 주례 삼거리
학장로	엄궁 삼거리 ~ 주례 삼거리
학사로	화명동삼거리 ~ 금곡동 율리역
홍티로	기계2단지교차로 ~ 사하구 다대동
흑교로	부평고차로 ~ 부용사거리
호계로	죽림동 오봉삼거리 ~ 김해시 동상동

04. 부산광역시 주요 교통시설

1 주요 지하철역

소재지		명 칭
강서구	대저동	대저역
금정구	노포동	노포역
기장군	일광면	일광역
	장안읍	월내역, 좌천역
	철마면	안평역, 고촌역
동구	좌천동	부산진역
	초량동	부산역
동래구	온천동	동래역, 미남역
부산진구	가야동	가야역
	부전동	부전역, 서면역
	범천동	범내골 역
북구	구포동	구포역
	덕천동	덕천역
	화명동	화명역
사상구	괘법동	사상역
수영구	광안동	수영역
연제구	거제동	교대역, 거제역
	연산동	연산역
해운대구	우동	벡스코역
	좌동	신해운대역, 장산역

❷ 주요 터널, 터미널, 대교, 항구, 및 공항

소재지		명 칭
강서구	대저동	김해국제공항, 김해국제공항 국내선화물터미널, 구포대교
	성북동	부산신항만
	송정동	부산물류터미널
금정구	노포동	부산종합버스터미널
기장군	기장읍	대변항
남구	감만동	감만부두
	대연동	대연터널
	문현동	문현터널, 황령터널
	용당동	동명부두
동구	수정동	수정터널
	초량동	부산항국제여객터미널, 북항중앙부두
북구	만덕동	제1만덕터널, 제2만덕터널
사상구	괘법동	부산서부시외버스터미널
	모라동	백양터널
사하구	장림동	장림포구
서구	동대신동	부산터널
	암남동	남항대교
	서대신동	구덕터널

소재지		명 칭
수영구	광안동	광안터널, 수영터널
	민락동	민락항, 광안대교
연제구	연산동	연산터널
영도구	대교동	영도대교
	동삼동	부산국제크루즈터미널
중구	중앙동	제2부두
해운대구	송정동	해운대터널
	우동	장산1터널, 장산2터널, 해운대시외버스터미널
	좌동	송정터널
	중동	미포항, 청사포

부산광역시 지하철 노선도

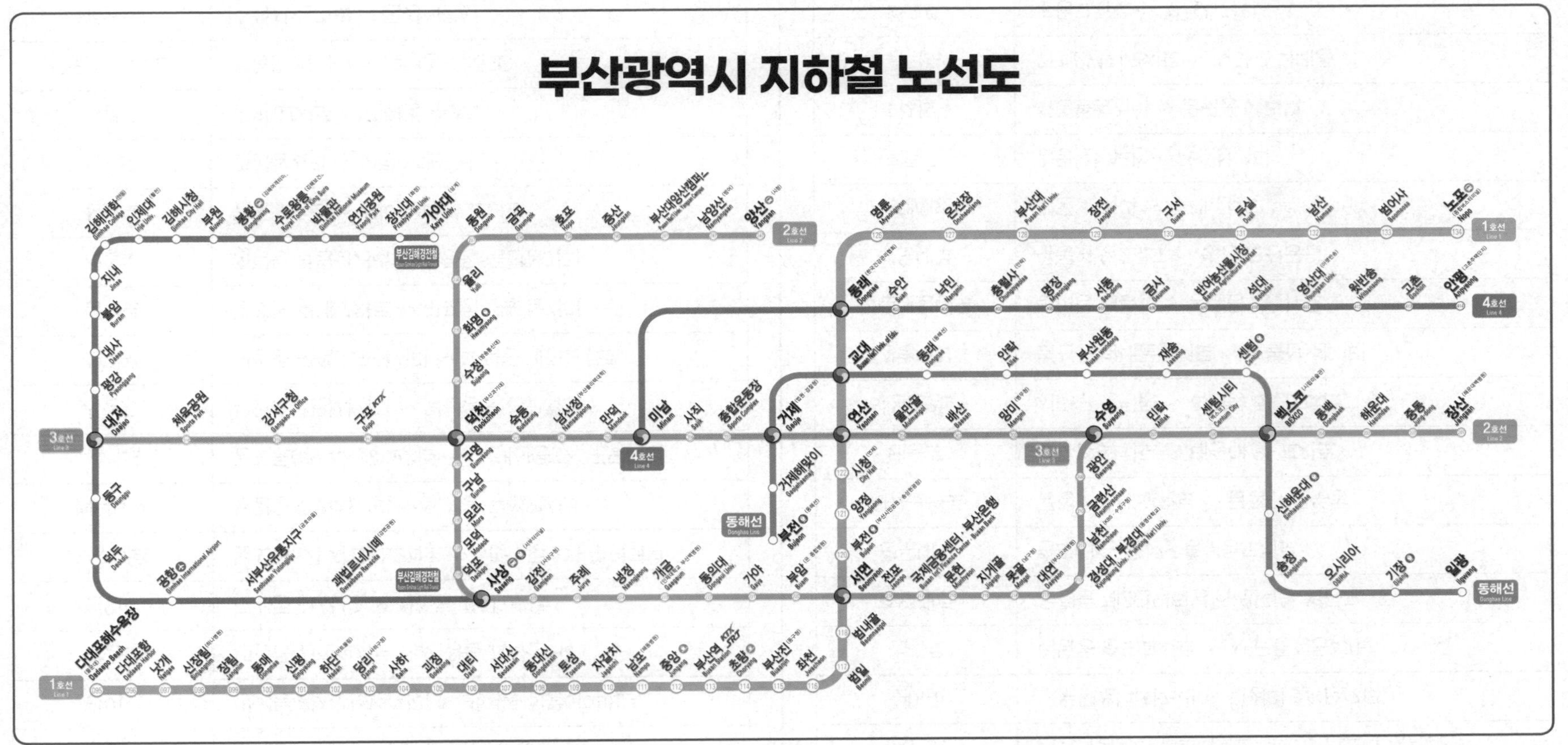

부산광역시 주요지리 출제예상문제

1 다음 중 강서구청의 소재지로 옳은 것은?
① 가락동 ② 명지동
③ 대저동 ④ 녹산동

2 다음 중 남구에 위치한 섬으로 옳은 것은?
① 오륙도 ② 을숙도
③ 동백섬 ④ 가덕도

3 다음 명소 중 강서구에 소재한 명소가 아닌 것은?
① 가덕도 ② 연대봉
③ 까치공원 ④ 맥도생태공원

4 다음 중 사상IC – 감만사거리로 이어지는 도로명으로 옳은 것은?
① 대변로 ② 동서고가로
③ 자성로 ④ 동부산관광로

5 다음 지역 중 수정성당이 위치한 곳으로 옳은 것은?
① 서구 암남동 ② 북구 덕천동
③ 동구 좌천동 ④ 기장군 장안읍

6 다음 중 BBS부산불교방송 인근에 위치한 것으로 옳은 것은?
① 녹산국가산업단지 ② 데레사여고
③ 동아대학교 승학캠퍼스 ④ 동남권원자력의학원

7 다음 중 해운대 도서관이 위치한 지역으로 옳은 것은?
① 해운대구 재송동 ② 해운대구 중동
③ 해운대구 반송동 ④ 해운대구 좌동

8 다음 지역 중 교보문고 부산점 인근에 위치하지 않은 것은?
① 동주대학교 ② 범내골역
③ 한국과학영재학교 ④ 부산도시개발공사

9 다음 중 구청과 소재지가 잘못 짝지어진 것은?
① 북구청 – 구포동 ② 강서구청 – 송정동
③ 동래구청 – 낙민동 ④ 서구청 – 토성동

10 다음 중 관광 명소와 그 소재지가 잘못 짝지어진 것은?
① 동래향교 – 동래구 명륜동
② 아미산전망대 – 사하구 다대동
③ 흰여울문화마을 – 영도구 영선동
④ 반송삼절사 – 해운대구 반여동

11 다음 중 금정구에 있는 금정산성의 소재지로 옳은 것은?
① 청룡동 ② 금성동
③ 서 동 ④ 장전동

12 다음 중 부산남부운전면허시험장이 소재한 곳으로 옳은 것은?
① 연제구 거제동 ② 북구 화명동
③ 남구 용호동 ④ 사하구 당리동

13 다음 중 동래구에 있는 동래교육지원청이 위치한 곳으로 옳은 것은?
① 낙민동 ② 칠산동
③ 수안동 ④ 복천동

14 다음 중 힐튼호텔부산 인근에 위치한 해수욕장으로 옳은 것은?
① 광안리해수욕장 ② 송도해수욕장
③ 임랑해수욕장 ④ 송정해수욕장

15 다음 중 금정구 금성동에 위치하는 것으로 옳지 않은 것은?
① 금정산 ② 미륵사
③ 금정산성 ④ 까치공원

16 다음 중 금정구에 소재하는 지역이 아닌 것은?
① 청룡동 ② 부곡동
③ 감전동 ④ 서동

17 다음 중 동래구 온천동에 위치한 호텔이 아닌 것은?
① 녹천호텔 ② 아르반호텔
③ 천일온천호텔 ④ 호텔농심

정답 1 ③ 2 ① 3 ③ 4 ② 5 ③ 6 ② 7 ④ 8 ① 9 ② 10 ④ 11 ② 12 ③ 13 ④ 14 ③ 15 ④ 16 ③ 17 ②

18 다음 중 기장군청의 소재지로 옳은 것은?

① 기장읍 ② 일광면
③ 정관읍 ④ 장안읍

19 다음 중 사하구에 소재한 관광 명소로 옳지 않은 것은?

① 시약산 ② 감천문화마을
③ 장림시장 ④ 꽃마을

20 다음 지역 중 TBN부산교통방송의 소재지로 옳은 것은?

① 연제구 거제동 ② 부산진구 양정동
③ 남구 대연동 ④ 사상구 주례동

21 다음 중 김해국제공항의 위치로 옳은 것은?

① 강서구 송정동 ② 강서구 대저동
③ 해운대구 우동 ④ 해운대구 중동

22 다음 중 부산터널의 소재지로 옳은 것은?

① 해운대구 우동 ② 동구 수정동
③ 사상구 모라동 ④ 서구 동대신동

23 다음 중 감만 부두가 위치한 지역으로 옳은 것은?

① 강서동 ② 남구
③ 연제구 ④ 수영구

24 다음 중 흰여울문화마을 인근에 위치한 관광 명소로 옳은 것은?

① 전차종점기념비
② 부산사직종합운동장실내수영장
③ 송림공원
④ 용호동

25 다음 중 남구에 속한 지역으로 옳지 않은 것은?

① 수정동 ② 감만동
③ 용호동 ④ 문현동

26 다음 중 연제구에 소재한 호텔로 옳지 않은 것은?

① 시애틀비호텔 ② 아르반시티호텔
③ 호메르스호텔 ④ 하운드호텔

27 다음 대학교 중 남구에 소재한 대학교로 옳지 않은 것은?

① 동명대학교 ② 부산대학교
③ 부경대학교 ④ 경성대학교

28 다음 중 진양사거리 – 덕천 교차로로 이어지는 도로의 명칭은?

① 번영로 ② 신암로
③ 백양대로 ④ 다대로

29 다음 중 거제동 현대아파트앞교차로 – 미남교차로로 이어지는 도로는?

① 학장로 ② 원양로
③ 장인로 ④ 아시아드대로

30 다음 중 김해시 진영읍 우동리 – 기장군 일광읍 회전리으로 이어지는 고속도로의 명칭은?

① 남해제2고속도로 ② 부산외곽순환고속도로
③ 경부고속도로 ④ 동해고속도로

31 다음 중 건물 중 남구 대연동에 소재하지 않는 것은?

① 남부경찰서 ② 부산예술회관
③ 남구청 ④ 부산성모병원

32 다음 지역 중 남부소방서가 위치한 곳으로 옳은 것은?

① 영도구 동삼동 ② 북구 구포동
③ 기장군 장안읍 ④ 수영구 광안동

33 다음 중 부산북부운전면허시험장의 소재지로 옳은 것은?

① 사상구 덕포동 ② 북구 구포동
③ 기장군 정관읍 ④ 금정구 부곡동

34 다음 중 국립수산과학원이 위치한 지역으로 옳은 것은?

① 연제구 거제동 ② 수영구 민락동
③ 기장군 기장읍 ④ 사상구 삼락동

35 다음 중 동구청이 소재한 지역으로 옳은 것은?

① 범일동 ② 좌천동
③ 초량동 ④ 수정동

36 다음 중 부산역의 소재지로 옳은 것은?

① 영도구 봉래동 ② 동구 초량동
③ 북구 화명동 ④ 수영구 수영동

37 다음 중 부산시민공원의 위치로 옳은 것은?

① 수영구 민락동 ② 부산진구 범전동
③ 남구 용당동 ④ 북구 덕천동

정답
18 ① 19 ④ 20 ③ 21 ② 22 ④ 23 ② 24 ① 25 ① 26 ③ 27 ② 28 ③ 29 ④ 30 ② 31 ④ 32 ④
33 ① 34 ③ 35 ④ 36 ② 37 ②

38 다음 중 동래구에 있는 명소들의 소재지로 잘못 짝지어진 것은?

① 부산해양자연사박물관 – 온천동
② 복천박물관 – 복천동
③ 동래향교 – 명륜동
④ 충렬사 – 사직동

39 다음 중 만리산체육공원 인근에 위치하지 않은 것은?

① 의성대 ② 송상현광장
③ 황령산 ④ 서면시장

40 다음 중 서구 암남동에 위치하지 않는 것은?

① 송림공원 ② 브라운도트호텔
③ 해동용궁사 ④ 송도해수욕장

41 다음 중 부산신항만의 소재지로 옳은 것은?

① 북구 만덕동 ② 사하구 장림동
③ 강서구 성북동 ④ 해운대구 우동

42 다음 중 사상구에 소재하는 것이 아닌 것은?

① 부산상수도사업본부 ② 북부산세무서
③ 신라대학교 ④ 부산구치소

43 다음 중 영도구에 소재한 호텔로 옳지 않은 것은?

① 밸류호텔부산 ② 라발스호텔
③ 글랜스호텔 ④ 크라운하버호텔부산

44 다음 중 부산민주공원이 소재한 지역으로 옳은 것은?

① 북구 덕천동 ② 영도구 동삼동
③ 중구 영주동 ④ 사하구 당리동

45 다음 중 서구에 속하지 않는 지역으로 옳은 것은?

① 전포동 ② 동대신동
③ 부용동 ④ 토성동

46 다음 중 동래구에 있는 동래 경찰서의 소재지로 옳은 것은?

① 복천동 ② 안락동
③ 칠산동 ④ 수안동

47 다음 중 구덕운동장 인근에 소재하지 않는 것은?

① 부경고교 ② 구포왜성
③ 고신대학교복음병원 ④ 부산대학교병원

48 다음 중 백양터널의 소재지로 옳은 것은?

① 기장군 기장읍 ② 사상구 모라동
③ 연제구 연산동 ④ 남구 대연동

49 다음 중 주요 터널과 그 소재지가 잘못 짝지어진 것은?

① 황령터널 – 남구 문현동
② 남항대교 – 서구 암남동
③ 송정터널 – 해운대구 좌동
④ 수영터널 – 수영구 민락동

50 다음 중 동래세무서가 위치한 지역으로 옳은 것은?

① 동래구 칠산동 ② 북구 화명동
③ 중구 보수동 ④ 연제구 거제동

51 다음 중 국립부산국악원이 위치한 곳으로 옳은 것은?

① 사상구 감전동 ② 사하구 당리동
③ 부산진구 연지동 ④ 동래구 복천동

52 다음 중 동아대학교병원의 소재지로 옳은 것은?

① 강서구 대저동 ② 서구 동대신동
③ 수영구 망미동 ④ 중구 보수동

53 다음 중 금정구에 있는 부산외국어대학교의 소재지로 옳은 것은?

① 남산동 ② 부곡동
③ 장전동 ④ 구서동

54 다음 중 동남권원자력의학원이 지역으로 옳은 것은?

① 동래구 ② 기장군
③ 금정구 ④ 해운대구

55 다음 중 놀이마당공원의 소재지로 옳은 것은?

① 남구 문현동 ② 동구 수정동
③ 금정구 청룡동 ④ 수영구 광안동

56 다음 중 다이아몬드브릿지라 불리는 광안대교의 위치로 옳은 것은?

① 해운대구 재송동 ② 영도구 동삼동
③ 수영구 민락동 ④ 부산진구 당감동

57 다음 중 롯데호텔 부산본점과 같은 위치에 있는 시장으로 옳은 것은?

① 엄궁농산물도매시장 ② 당감시장
③ 부산진시장 ④ 서면시장

정답
38 ④ 39 ① 40 ③ 41 ③ 42 ① 43 ④ 44 ③ 45 ① 46 ④ 47 ② 48 ② 49 ④ 50 ④ 51 ③ 52 ②
53 ① 54 ② 55 ③ 56 ③ 57 ④

58 다음 중 반송삼절사가 소재한 지역으로 옳은 것은?

① 금정구 ② 해운대구
③ 사상구 ④ 중구

59 다음 중 고지대그린테마공원의 소재지로 옳은 것은?

① 동구 수정동 ② 연제구 연산동
③ 남구 대연동 ④ 부산진구 전포동

60 다음 중 부산광역시교육청이 위치한 곳으로 옳은 것은?

① 동래구 온천동 ② 남구 우암동
③ 해운대구 좌동 ④ 부산진구 양정동

61 다음 중 브니엘예술고교가 위치한 지역으로 옳은 것은?

① 부산진구 부암동 ② 동래구 사직동
③ 금정구 구서동 ④ 동구 초량동

62 다음 중 도로교통공단 부산지부가 있는 지역에 위치한 것으로 옳지 않은 것은?

① 기장해녀촌 ② 부산고려병원
③ 유엔기념공원 ④ 부산예술회관

63 다음 중 사상구에 소재하는 호텔로 옳지 않은 것은?

① 넘버25호텔 ② 파라곤호텔
③ 브라운도트호텔 ④ 켄트호텔

64 다음 중 낙동강하굿둑전망대의 소재지로 옳은 것은?

① 연제구 거제동 ② 남구 용호동
③ 사하구 하단동 ④ 부산진구 가야동

65 다음 중 한국해양수산연수원이 있는 지역으로 옳은 것은?

① 연제구 거제동 ② 중구 대청동
③ 강서구 명지동 ④ 영도구 동삼동

66 다음 중 사하구에 있는 동아대학교 승학캠퍼스의 소재지로 옳은 것은?

① 하단동 ② 신평동
③ 감천동 ④ 당리동

67 다음 중 한국산업인력공단 인근에 위치한 것은?

① 부산시립시민도서관
② 한국폴리텍대학 부산캠퍼스
③ MBC부산문화방송
④ 을숙도문화회관

68 다음 중 해운대구에 있는 인제대학교 해운대백병원의 소재지로 옳은 것은?

① 반여동 ② 좌동
③ 우동 ④ 중동

69 다음 중 수영구에 소재하는 해수욕장으로 옳은 것은?

① 광안리해수욕장 ② 덕포해수욕장
③ 해운대해수욕장 ④ 송도해수욕장

70 다음 중 부산의 공공기관과 그 소재지가 잘못 짝지어진 것은?

① 부산지방조달청 – 북구 금곡동
② 고용노동부 부산동부지청 – 금정구 금사동
③ 부산진구청 – 부산진구 부전동
④ 기장소방서 – 기장군 정관읍

71 다음 중 76호광장교차로 – 본녹산삼거리로 이어지는 도로의 이름은?

① 홍티로 ② 화전산업대로
③ 센텀북대로 ④ 충무대로

72 다음 중 김해국제공항과 동일한 지역에 소재한 전철역으로 옳은 것은?

① 벡스코역 ② 노포역
③ 좌천역 ④ 대저역

73 다음 지역 중 교대역 인근에 위치하지 않은 것은?

① 부산지방우정청
② MBC부산문화방송
③ 홈플러스 아시아드점
④ 부산사직종합운동장실내수영장

74 다음 중 부산진구청 인근에 위치한 공공기관으로 옳지 않은 것은?

① 한국방송통신대학교 부산지역대학
② 부산상수도사업본부
③ 고용노동부부산고용센터
④ 부산광역시교육청

75 다음 중 행정상 중구에 속하는 동으로 옳지 않은 것은?

① 동광동 ② 남항동
③ 대청동 ④ 부평동

76 다음 중 월내역 인근에 위치한 것은?

① 당감시장 ② 넘버25호텔
③ 임랑해수욕장 ④ 부전시장

정답
58 ② 59 ① 60 ④ 61 ③ 62 ① 63 ④ 64 ③ 65 ④ 66 ① 67 ② 68 ② 69 ① 70 ③ 71 ② 72 ④
73 ② 74 ① 75 ② 76 ③

77 다음 중 동래구에 위치한 공원으로 옳지 않은 것은?
① 에덴공원 ② 금강공원
③ 온천공원 ④ 사직놀이공원

78 다음 중 부산진구에 소재한 공원으로 옳은 것은?
① 온천천시민공원 ② 통일아시아드공원
③ 암남공원 ④ 부산시민공원

79 다음 중 해운대구 중동에 소재한 호텔이 아닌 것은?
① 그랜드엘시티레지던스 ② 호텔일루아
③ 파라다이스호텔 ④ 신라스테이해운대

80 다음 중 미남역과 같은 지역에 있는 역으로 옳은 것은?
① 일광역 ② 동래역
③ 화명역 ④ 구포역

81 다음 중 북구청의 소재지로 옳은 것은?
① 광안동 ② 덕천동
③ 구포동 ④ 화명동

82 다음 중 동구에 있는 공원과 그 소재지가 잘못 짝지어진 것은?
① 고지대그린테마공원 – 수정동
② 이바구공원 – 초량동
③ 자성대공원 – 범일동
④ 수정산가족체육공원 – 좌천동

83 다음 중 부산진구에 소재한 역이 아닌 것은?
① 안평역 ② 서면역
③ 부전역 ④ 가야역

84 다음 중 부산국제크루즈터미널의 소재지로 옳은 것은?
① 영도구 동삼동 ② 강서구 성북동
③ 서구 서대신동 ④ 해운대구 좌동

85 다음 중 사상구청이 위치하는 지역으로 옳은 것은?
① 거제동 ② 연산동
③ 감전동 ④ 학장동

86 다음 중 을숙도문화회관 인근에 소재한 것으로 옳은 것은?
① 범내골역 ② 동주대학교
③ 부산광역시경찰청 ④ 춘해병원

87 다음 중 영도구에 속해 있는 행정구역으로 옳지 않은 것은?
① 대교동 ② 재송동
③ 동삼동 ④ 봉래동

88 다음 중 중부산세무서에 소재지로 옳은 것은?
① 부산진구 점포동 ② 서구 아미동
③ 중구 보수동 ④ 동구 초량동

89 다음 중 사상구에 위치한 관광 명소로 옳은 것은?
① 용두산공원 ② 삼락생태공원
③ 천마산 ④ 꽃마을

90 다음 중 사하구청이 위치한 지역으로 옳은 것은?
① 신평동 ② 대저동
③ 사직동 ④ 당리동

91 다음 중 서구에 위치하지 않는 것으로 옳은 것은?
① 의성대 ② 삼육부산병원
③ 부산광복기념관 ④ 구덕운동장

92 다음 중 장산역 인근에 위치하는 것으로 옳은 것은?
① 경남고교 ② 대천공원
③ 부산시립시민도서관 ④ 신라대학교

93 다음 중 남구에 소재하는 관광 명소로 옳지 않은 것은?
① 자성대공원 ② 유엔기념공원
③ 호텔스미스 ④ 평화공원

94 다음 중 구덕터널 – 자갈치교차로로 이어지는 도로의 명칭은?
① 시실로 ② 동평로
③ 보수대로 ④ 석포로

95 다음 중 영도대교 인근에 있는 것으로 옳은 것은?
① 이데아호텔 ② 부산지방조달청
③ 정관일신기독병원 ④ 베이하운드호텔

96 다음 중 행정상 서구에 속해 있는 지역으로 옳지 않은 것은?
① 암남동 ② 남부민동
③ 구포동 ④ 서개신동

97 다음 중 국제시장의 위치로 옳은 것은?
① 수영구 광안동 ② 해운대구 우동
③ 영도구 봉래동 ④ 중구 신창동

정답
77 ① 78 ④ 79 ④ 80 ② 81 ③ 82 ④ 83 ① 84 ① 85 ③ 86 ② 87 ② 88 ③ 89 ② 90 ④ 91 ①
92 ② 93 ① 94 ③ 95 ④ 96 ③ 97 ④

98 다음 중 금정구의 관광 명소로 옳지 않은 것은?
① 동명불원 ② 미륵사
③ 까치공원 ④ 범어사

99 다음 중 황령터널과 그 소재지가 같은 것은?
① 문현터널 ② 송정터널
③ 연산터널 ④ 백양터널

100 다음 중 미포항과 그 소재지가 같은 항구로 옳은 것은?
① 장림포구 ② 민락항
③ 대변항 ④ 청사포

101 다음 중 송도해수욕장 부근에 위치한 호텔로 옳은 것은?
① 호텔농심 ② 파라곤호텔
③ 브라운도트호텔 ④ 호메르스호텔

102 다음 중 수영구청이 위치한 동은?
① 대연동 ② 남천동
③ 민락동 ④ 연산동

103 다음 중 수영구에 소재한 지역으로 옳지 않은 것은?
① 남천동 ② 대천동
③ 망미동 ④ 민락동

104 다음 중 부산지방병무청가 위치한 곳으로 옳은 것은?
① 북구 금곡동 ② 사하구 당리동
③ 수영구 망미동 ④ 연제구 거제동

105 다음 중 동래구 명장동 – 온천교사거리로 이어지는 도로는?
① 반송로 ② 번영로
③ 시실로 ④ 서동로

106 다음 중 구평초교삼거리 – 괴정교차로로 이어지는 도로로 옳은 것은?
① 망양로 ② 공항로
③ 사하로 ④ 센텀북대로

107 다음 중 웨스틴조선부산의 소재지로 옳은 것은?
① 북구 덕천동 ② 영도구 대교동
③ 해운대구 우동 ④ 중구 부평동

108 다음 중 맥도생태공원 인근에 위치한 공원으로 옳은 것은?
① 대저생태공원 ② 낙민공원
③ 서명공원 ④ 민락수변공원

109 다음 중 부산진구의회의 소재지로 옳은 것은?
① 연지동 ② 부암동
③ 당감동 ④ 가야동

110 다음 중 연산교차로에서 시작하거나 끝나는 도로끼리 옳게 짝지어진 것은?
① 반송로 – 기장대로 ② 상덕로 – 보수대로
③ 고분로(연제구) – 반송로 ④ 보수대로 – 동부산관광로

111 다음 중 영도구청이 위치한 지역으로 옳은 것은?
① 청학동 ② 대교동
③ 봉래동 ④ 동삼동

112 다음 중 수영요트경기장본관의 소재지로 옳은 것은?
① 중구 중앙동 ② 남구 우암동
③ 영도구 대교동 ④ 해운대구 우동

113 다음 중 사상구 학장동에 위치한 의료기관으로 옳은 것은?
① 한양류마디병원 ② 부산시립정신병원
③ 구포성심병원 ④ 부산대학교병원

114 다음 중 자갈치시장의 소재지로 옳은 것은?
① 수영구 광안동 ② 중구 남포동
③ 영도구 영선동 ④ 해우대구 반송동

115 다음 중 라스베가스관광호텔이 위치한 지역으로 옳은 것은?
① 기장군 일광면 ② 동래구 온천동
③ 사하구 하단동 ④ 서구 동대신동

116 다음 중 영도구에 있는 산으로 옳은 것은?
① 승학산 ② 장산
③ 시약산 ④ 봉래산

117 다음 중 영도대교의 소재지로 옳은 것은?
① 금정구 노포동 ② 사하구 장림동
③ 해운대구 송정동 ④ 영도구 대교동

118 다음 중 감만부두와 대연터널이 있는 곳으로 옳은 것은?
① 연제구 ② 중구
③ 남구 ④ 사상구

119 다음 중 중구청이 위치하고 있는 지역으로 옳은 것은?
① 대청동 ② 광복동
③ 수정동 ④ 남포동

정답
98 ① 99 ① 100 ④ 101 ③ 102 ② 103 ② 104 ③ 105 ③ 106 ③ 107 ③ 108 ① 109 ② 110 ③
111 ① 112 ④ 113 ② 114 ② 115 ③ 116 ④ 117 ④ 118 ③ 119 ①

120 다음 중 중구에 위치하는 호텔이 아닌 것은?

① 베이하운드호텔 ② 엘리제호텔
③ 타워힐호텔 ④ 아리아부티크호텔

121 다음 중 중구에 소재한 롯데백화점의 위치로 옳은 것은?

① 광복동 ② 영주동
③ 중앙동 ④ 동광동

122 다음 중 죽도공원의 소재지로 옳은 것은?

① 동래구 사직동 ② 북구 화명동
③ 연제구 연산동 ④ 해운대구 송정동

123 다음 중 서면시장 인근에 있는 자연 명소로 옳은 것은?

① 봉화산 ② 황령산
③ 금련산 ④ 시약산

124 다음 중 금련산의 소재지로 옳은 것은?

① 사상구 모라동 ② 부산진구 초읍동
③ 연제구 연산동 ④ 사하구 다대동

125 다음 중 지하철 부산 1호선에 속한 역이 아닌 것은?

① 노포역 ② 남산역
③ 부산대역 ④ 전포역

126 다음 중 부전역과 동일한 지역에 위치한 역으로 옳은 것은?

① 가야역 ② 미남역
③ 서면역 ④ 장산약

127 다음 중 66호 광장 – 광안대교로 이어지는 도로는?

① 외부순환도로 ② 월드컵대로
③ 좌천로(기장군) ④ 아시아드대로

128 다음 중 신평동 기계단지2교차로 – 우동 사하구 다대동으로 이어지는 도로의 명칭은?

① 연수로 ② 자성로
③ 홍티로 ④ 흑교로

129 다음 중 덕포남영아파트 – 모라동 동원아파트로 이어지는 도로로 옳은 것은?

① 진남로 ② 덕상로
③ 천마로 ④ 석대로

130 다음 중 강변 대로 – 을숙도대로로 이어지는 도로의 명칭은?

① 노포사송로 ② 대영로
③ 번영로 ④ 내부순환도로

131 다음 중 반송삼절사 인근에 위치한 대학교로 옳은 것은?

① 동아대학교 ② 영산대학교
③ 부산경상대학교 ④ 한국해양대학교

132 다음 중 크라운하버호텔부산의 소재지로 옳은 것은?

① 수영구 남천동 ② 해운대구 우동
③ 중구 중앙동 ④ 영도구 동삼동

133 다음 중 동백공원이 위치한 지역으로 옳은 것은?

① 해안대구 우동 ② 서구 암남동
③ 남구 문현동 ④ 영도구 남항동

134 다음 중 해운대구청이 위치하는 지역으로 옳은 것은?

① 좌동 ② 중동
③ 거제동 ④ 명륜동

135 다음 중 해운대구에 소재하는 행정구역은?

① 가야동 ② 아미동
③ 재송동 ④ 토성동

136 다음 중 자연 명소와 그 소재지가 잘못 짝지어진 것은?

① 가덕도 – 강서구 명지동 ② 배산 – 연제구 연산동
③ 수정산 – 부산진구 가야동 ④ 오륙도 – 남구 용호동

137 다음 중 연제경찰서 인근에 위치한 것으로 옳은 것은?

① 중앙U병원 ② 영도병원
③ 부산여자대학교 ④ 동래소방서

138 다음 중 영도구의회의 소재지로 옳은 것은?

① 동삼동 ② 봉래동
③ 청학동 ④ 남항동

139 다음 중 안평역의 소재지로 옳은 것은?

① 동래구 온천동 ② 기장군 철마면
③ 동구 좌천동 ④ 사상구 괘법동

140 다음 중 해운대구 우동에 위치하지 않은 것은?

① 해운대여고 ② 해운대세무서
③ 벡스코역 ④ 해운대소방서

정답
120 ① 121 ③ 122 ④ 123 ② 124 ③ 125 ④ 126 ③ 127 ① 128 ③ 129 ② 130 ④ 131 ② 132 ③
133 ① 134 ② 135 ③ 136 ① 137 ④ 138 ③ 139 ② 140 ②

울산광역시 주요지리 요점정리

울산광역시 지역 응시자용

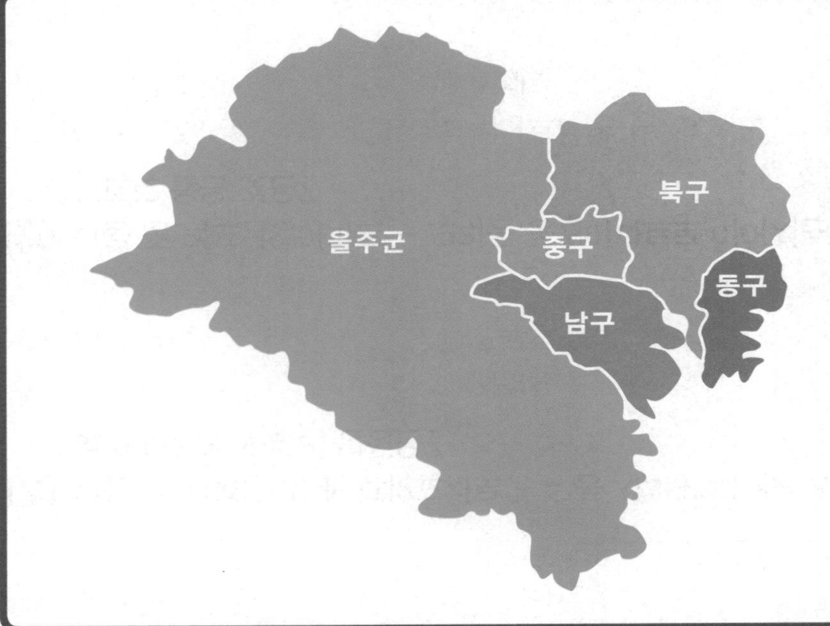

요 약

위 치	경상남도 북동부 해안에 위치한 대표적인 중화학 공업도시
면 적	1,062.05km²
행 정 구 분	4개구 1개군
시청 소재지	울산광역시 남구 신정동 646-4
시 의 꽃	장미
시 의 나 무	대나무
시 의 새	백로
인 구	약 1,108,665명 (2023.02.)

※ 다음의 주요 위치는 통합 검색 사이트에서 검색한 결과를 수록한 것으로 오차가 있을 수 있습니다.

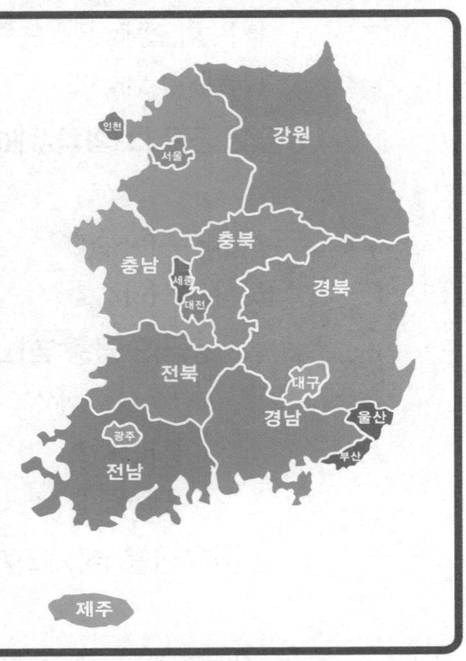

01. 지역별 주요 관공서 및 공공건물 위치

소재지		명 칭
남 구	달동	남구청, 남구의회, 한국교통안전공단 울산본부, 울산출입국외국인사무소, 울산문화예술회관, KBS울산방송국, 극동방송, 울산신문사, 달동우체국, 하이본병원, 강남동병원
	두왕동	울산과학기술원 산학융합캠퍼스, 호반숲속작은도서관, 울산대학교 산학융합지구캠퍼스, 한국폴리텍대학 석유화학공정기술교육원
	매암동	울산항만공사, 울산지방해양수산청, 국립울산검역소, 해양환경공단 울산지사, 울산항해상교통관제센터, 울산광역시 남구도시관리공단, 울산출입국외국인사무소 항만분소
	무거동	좋은삼정병원, 울산대학교, 무거고교, 울산문수고교, 울산과학대학교 서부캠퍼스, 우신고교, 문수고교, 서울아동병원, 울산무거동우체국
	삼산동	울산택시운송사업공제조합, 울산세무서, 남구보건소, 울산남부소방서, 울산고용복지플러스센터, 울산삼산고교, 울산보람병원, 울산광역시 남구치매안심센터
	선암동	울산해양경찰서, 울산삼일여고
	신정동	울산광역시소방본부, 울산광역시청, 울산시의회, 울산강남교육지원청, 한국은행 울산본부, 남부경찰서, 울산여고, 울산상공회의소, 울산도시공사, CBS울산방송, 울산상수도사업본부, 울산병원, 울산중앙병원, 울산제일병원, 울산공고, 울산여상, 학성고교, 종하체육관, 신정고교, 건강한월병원, 울산경제자유구역청, 울산광역시강남교육지원청특수교육지원센터, 국민건강보험공단 울산남부지사, 울산민원복무관리센터
	야음동	울산세관, 대현고교, 신선여고, 9988주간복지센터, 야음동우체국, 동평재가노인지원서비스센터
	여천동	한국교통안전공단 울산자동차검사소, 울산도서관
	옥동	남부도서관, 울산과학관, 울산지방법원, 울산가정법원, 울산지방검찰청, 고용노동부 울산고용노동지청, 울산보훈지청, 성광여고, 제일고교, 울산가족문화센터, 울산광역시보건환경연구원, 울산광역시교육연구정보원
동 구	동부동	현대공고, 현대중공업공과대학
	미포동	현대중공업본사, 방어진수질개선사업소
	방어동	울산동부소방서, 문현고교, 화암고교

소재지		명 칭
동 구	서부동	현대고교, 현대청운고교, 남목고교, 동부도서관, 국민건강보험공단 울산동부지사, 울산광역시동구장애인복지관
	전하동	동부경찰서, 울산대학교병원, 울산광역시육아종합지원센터
	화정동	동구청, 동구의회, 동구보건소, 대송고교, 방어진고교, 울산생활과학고교, 울산과학대학교 동부캠퍼스, 현대외국인학교, 울산화정월봉우편취급국, 울산화정지역아동센터, 울산대송동우편취급국
북 구	송정동	울산공항, 울산북부소방서, 울산광역시유아교육진흥원
	연암동	북구청, 북구의회, 북구보건소, 울산지방중소벤처기업청, 울산강북교육지원청, 시티병원, 울산무룡고교
	정자동	정자항
	진장동	울산우편집중국, 울산차량등록사업소, CTS기독교TV울산방송
	천곡동	울산동천고교, 울산농소3동우편취급국
	화봉동	동울산세무서, 울산에너지고교, 울산북부경찰서, 화봉고교
	호계동	호계고교, 울산엘리아병원
	효문동	울산마이스터고교, 울산효정고교, 울산화물터미널
울주군	두동면	울산기독병원, 봉계보건진료소
	범서읍	울주경찰서, 울주군선바위도서관, 범서119안전센터, 범서고교, 천상고교, 울산상고, 범서우체국, 책과보건진료소
	삼남읍	울산산업고교, 울주군보건소, 서울산보람병원
	상북면	울산운전면허시험장, 울산경의고교, 울산과학고교
	서생면	울산전파관리소, 진하진료보건소, 화산보건진료소, 한국수력원자력 새울원자력본부(고리교육훈련센터, 인재개발원, HPO센터)
	언양읍	언양고교, 울산과학기술대학교, 울산과학기술원
	온산읍	남울주소방서, 울산기술공고, 온산우체국
	온양읍	울산시립노인병원, 남창고교, 울산중앙방송
	웅촌면	울산미용예술고교, 춘해보건대학교
	청량읍	울주군청, 울주군의회, 울산구치소, 농업기술센터, LX한국국토정보공사 울주지사, 한국농어촌공사 울산지사, 울산시 상수도사업본부수질연구소, 울산119화학구조센터

소재지		명 칭
중 구	교동	도로교통공단울산교육장, 국립재난안전연구원, 한국산업인력공단본부, 울산광역시 제2장애인체육관, 근로복지공단본사, 울산광역시상수도사업본부 중부사업소
	남외동	중부경찰서, 울산종합운동장, 동천체육관, 중구보건소, 동천동강병원
	다운동	한국화학융합시험연구원 울산청사, 한국수소산업협회, 태화강생태연구소, 가가호호울산재가복지센터, 보금자리 청소년회복지원시설, 정밀화학소재기술지원단, 다운고교
	동동	한국폴리텍대학 울산캠퍼스
	반구동	울산중앙여고, 울산중구 시각장애인주간보호센터
	복산동	울산고교, 성신고교, 중구청, 중구의회, 울산울구육아종합지원센터, 복산세운우편취급국, 울산광역시 여성회관
	서동	LH울산사업본부
	성안동	울산광역시경찰청, 한국방송통신대학교 울산지역대학, 울산애니원고교, 한국국토정보공사 울산지사, TBN울산교통방송, 성안동 우체국, 에너지경제연구원, 대한적십자사 울산광역시지사, 외국인출입국 외국인사무소, 고용노동부고객상담센터, 한국동서발전본사, 한국산업안전보건공단본사, 한국화학연구원 바이오화학실용화센터
	약사동	학성여고, 약사고교, 울산기상대
	유곡동	울산광역시교육청, 함월고교, 중부소방서, 중구청소년센터
	태화동	동강병원, 울산중앙고교, 태화강국가정원안내센터
	학산동	UBC울산방송, 아이윤병원
	학성동	울산우체국, 울산MBC, 울산광역시선거관리위원회

02. 문화유적·관광지

소재지		명 칭
남 구	달동	울산문화공원, 뉴코아아울렛, 롯데시티호텔울산, 울산시티호텔, 신라스테이울산, 롯데마트 울산점, 호텔플레이, 호텔가온, 넘버25호텔 울산시청점, 울산문화공원
	매암동	장생포고래문화마을, 장생포고래박물관, 중국요양시백탑공원
	무거동	울산체육공원, 태화강전망대, 브라운도트호텔 무거점, 시카고호텔, 10월호텔, 거마가람길, 바위공원, 문수산 탄산온천
	삼산동	울산농수산물도매시장, 롯데꿈동산공중관람차, 브라운도트호텔 울산삼산점, 스타즈호텔울산, 호텔여우비, 롯데호텔울산, 현대백화점 울산점, 롯데백화점 울산점, 이마트 울산점, 한화호텔 앤드 리조트, 스타즈호텔 울산점, 호텔아마레, 토요코인호텔 울산삼산점, H호텔, 호텔더클래식, 호텔소호102, 호텔암 울산삼산점, 판도라호텔
	선암동	선암호수공원, 울산인공암벽센터
	신정동	수암시장, 신정시장, 울산박물관, 태화강동굴피아, 호텔반디, 호텔마릴린, 애쉬튼호텔, 핑크뮬리정원, 울산시민공원
	야음동	야음시장, 홈플러스 울산남구점, 도산골공원, 보현사
	옥동	문수힐링피크닉장, 울산대공원(동물원, 아쿠아시스), 문수월드컵축구경기장, 울산공원묘원, 문수호반광장
	장생포동	브라운도트호텔 장생포점, 장생포 벚꽃길
	황성동	처용암, 처용공원
동 구	동부동	울산테마식물수목원, 마골산, 무지개골 쌈지공원
	방어동	슬도, 슬도등대, 화암추등대, 울산대교전망대, 꽃나무공원
	서부동	현대백화점 울산동구점, 현대예술관, 현대예술공원, 명덕저수지(호수공원 수변산책로), 큰마을저수지(둘레길)
	일산동	일산해수욕장, 울기등대, 대왕암공원(해안공원), 일산유원지, 대왕암오토캠핑장
	전하동	염포산, 명덕호수공원, 호텔현대바이라한울산, 굿모닝관광호텔, 전하전통시장, 하이호텔
	주전동	주전해수욕장, 주전몽돌해변, 금빛바다펜션
	화정동	대송농수산물시장, 오션뷰호텔, 방어진체육공원
북 구	당사동	강동오토캠핑장, 당사해양낚시공원, 용바위
	명촌동	명촌근린공원, 태화강억새군락지
	산하동	강동화암주상절리, 강동몽돌해변, 머큐어앰배서더서 울산, 시코어호텔, 브라운도트호텔 정자해수욕장점, 하운드호텔, 더반호텔 울산점, JS오션호텔앤리조트
	송정동	박상진의사 생가, 송정 박상진호수공원
	염포동	신전시장, 염포시장, 염포체육공원, 나산식물원
	진장동	울산농산물종합유통센터, 롯데마트 진장점, 메가마트 울산점, 호텔그라운드7, 노바호텔, 보스턴호텔, 뉴이스테이호텔, 프리미어호텔, 모다아울렛 울산점, 코스트코 울산점
	화봉동	송내공원, 가람근린공원, 한솔근린공원, 화동못수변공원, 화봉종합시장
울주군	삼남읍	신불산억새평원, 작천정(작괘천)계곡, 작천정달빛야영장, 영남알프스골프파크, 골드그린GC, 여천각시굴, 가천저수지, JK호스트레이닝공원
	상북면	신불산, 간월산, 가지산, 간월사지석조여래좌상, 석남사, 파래소폭포, 간월재억새군락지, 영남알프스, 간월산자연휴양림, 국립신불산폭포자연휴양림, 자수정동굴나라, 아젤란리조트, 배내골캠핑장, 캠핑월드, 등억알프스야영장
	서생면	간절곶, 진하해수욕장, 울산해양박물관, 진하더케이콘도리조트, 온더웨이브호텔, 호텔씨엘, 브라운도트호텔 진하해수욕장점, 나사해수욕장, 서생포왜성, 울산해양박물관, 마근저수지, 골프존카운티더골프, 팜핑레이크캠핑장
	언양읍	대곡리반구대암각화, 언양시장, 반구대, 울주언양읍성
	온양읍	내원암계곡, 남창시장, 발리온천, 온양체육공원, 국립대운산치유의숲, 울산수목원
	웅촌면	울산컨트리클럽, 은현리적석총
	청량읍	덕하공설시장, 망해사지승탑, 문수사대웅전
	두동면	하나호텔&리조트 DIC두동공장점
	범서읍	선바위공원, 선바위유원지, 문수산성지, 척과저수지힐링캠프, 큰골폭포, 범서온천 지지워터피아, 경숙옹주태실비
중 구	교동	울산향교, 한결공원
	남외동	홈플러스울산점, 울산동천체육관
	다운동	입화산, 입화산자연휴양림, 입화산제2오토캠핑장, 입화산참살이숲야영장, 길상서원, 무궁화공원, 다전생태공원, 다정공원, 다운역사공원, 다운동고분군, 다운자전거연습장
	동동	울산병영청, 외솔 최현배선생기념관(터)
	반구동	호텔다움, 신울산종합시장
	복산동	삼성홈플러스, 달빛공원, 서덕출조각공원
	성남동	태화강체육공원, 젊음의거리, 성남프라자, 호텔리버사이드울산, 브라운도트 울산성남점, 호텔마르, 태화강둔치
	성안동	함월루, 백양삭, 성안체육공원, 정암저수지
	옥교동	울산중앙전통시장, 옥골시장
	우정동	우정시장, 우암공원, 우정공원
	유곡동	공룡발자국공원, 동학관, 유곡호국공원, 수운최제우 유허지, 길촌길다복다복생활공원
	태화동	태화강국가정원, 태화강십리대밭(은하수길, 관음사), 십리대숲
	학산동	브라운도트호텔 울산학산점, 넘버25 울산학산점
	학성동	역전시장, 학성공원, 호텔루바토 울산중구학성점, 울산왜성

03. 주요 도로

1 울산광역시 주요 고속도로

명 칭	구 간
울산고속도로	신복진입 – 언양JC
동해고속도로(울산–포항)	울산JC – 남포항IC
동해고속도로(부산–울산)	울산JC – 좌동1교

2 울산광역시 주요 간선 도로

명 칭	구 간
강북로	성남동 태화루사거리 ~ 반구동 내황교
구교로	옥교동 옥교사거리 ~ 남외동 병영오거리
꽃바위로	동구 방어동 ~ 동구 방어동 방어진사거리
강남로	신정동 태화로터리 ~ 삼산동 명촌대교
남부순환로	무거동 신복로터리 ~ 선암동 명동삼거리
남산로	무거동 삼호교 남교차로 ~ 신정동 태화로터리
농서로	상안동 신상안교 교차로 ~ 가대동 시리새교
남창로	울주군 온양읍 운화리 ~ 두왕동 두왕사거리
두왕로	두왕동 두왕사거리 ~ 신정동 공업탑로터리
두산로	범서읍 서사사거리 ~ 범서읍 서사리
다운로	중구 다운동 다운사거리 ~ 범서읍 서사리 서사사거리
돋질로	남구 신정동 봉월사거리 ~ 삼산동 명천교 남교차로
대송로	일산동 찬물락사거리 ~ 동구 화정동
대학로	무거동 무거삼거리 ~ 무거동 신복로터리
동천서로	중구 서동 서동로터리 ~ 북구 상안동 신답사거리
덕남로	울주군 온산읍 덕신리 ~ 울주군 온양읍 동상리
덕신로	온산읍 덕신리 온산삼거리 ~ 온산읍 방도리 대덕삼거리
무룡로	북구 연암동 상방사거리 ~ 북구 정자동
문수로	무거동 무거삼거리 ~ 신정동 공업탑로터리
명륜로	중구 성남동 태화교 ~ 중구 교동 북정교차로
방어진순환도로	북구 염포동 성내삼거리 ~ 북구 염포동 성내삼거리
번영로	남구 야음동 야음사거리 ~ 북구 효문동 울산경제진흥원 앞 교차로
북부순환로	남구 무거동 신복로터리 ~ 북구 연암동 상방사거리
봉수로	동구 방어동 문현삼거리 ~ 동구 서부동 한채사거리
봉월로	남구 신정동 공업탑로터리 ~ 남구 신정동 태화로터리
성안로	중구 북정동 북정교차로 ~ 중구 성안동
삼호로	남구 무거동 신복로터리 ~ 남구 무거동 와와교차로
사평로	청량읍 상남리 금호석유화학 ~ 남구 선암동 명동삼거리
삼산로	남구 신정동 공업탑로터리 ~ 남구 삼산동 태화강역 앞 교차로
수암로	남구 신정동 공업탑로터리 ~ 남구 여천동 신여천사거리

명 칭	구 간
산업로	남구 두왕동 두왕사거리 ~ 강동면 유금리 유강터널[1]
상북로	울주군 상북면 향산리 천진사거리 ~ 울주군 상북면 궁근정리 양등교차로
아산로	북구 명촌동 명천교 북교차로 ~ 북구 염포동 성내삼거리
월평로	남구 신정동 은월사거리 ~ 남구 삼산동 근로복지회관 앞 교차로
오토벨리로	북구 양정동 현대자동차 출고교차로 ~ 북구 중산동 중산교차로
염포로	중구 반구동 반구사거리 ~ 북구 염포동 염포삼거리
울산역로	울주군 삼남읍 구수리 구수교차로 ~ 울주군 삼남읍 교동리
웅촌로	울주군 웅촌면 대대리회야교 ~ 남구 모거동 무삼삼거리
온산로	울주군 온산읍 방도리 대덕삼거리 ~ 남구 두왕동 두왕사거리
온양로	울주군 온양읍 운화리 온양사거리 ~ 울주군 사생면 화정리 서생삼거리
울밀로	울주군 상북면 덕현리 가지산터널 ~ 남구 무거동 삼호교 남교차로
장생포로	남구 여천동 신여천사거리 ~ 남구 매암동 울산항
중앙로	남구 야음동 롯데캐슬삼거리 ~ 남구 신정동 태화로터리
태화로	중구 다운동 다운사거리 ~ 중구 성남동 태화루사거리
처용로	남구 야음동 새터삼거리 ~ 남구 용연동 27번교차로
화산로	북구 송정동 행복복지센터 ~ 북구 송정동
호계로	북구 송정동 유아교육원교차로 ~ 신천동 천곡사거리
화합로	여천동 여천오거리 ~ 복산동 중구청 교차로

04. 울산광역시 주요 교통시설·주요 교량

1 주요 교통시설

소재지		명 칭
남 구	매암동	울산항
	무거동	문수터널
	삼산동	태화강역, 울산시외버스터미널, 울산고속버스터미널
	장생포동	울산항, 장생포항
	황성동	울산신항
동 구	방어동	방어진항, 염포산터널
	주전동	주전항
북 구	당사동	당사항
	송정동	울산공항
	어물동	무룡터널
	정자동	정자항
	호계동	호계역
울주군	삼남읍	KTX 울산역
	상북면	가지산터널
	온산읍	온산항
	온양읍	남창역, 온양터널
	청량읍	덕하역, 울주종합화물터미널

2 주요 교량

소재지		명 칭
남 구	다운동	신삼호교
	매암동	울산대교
	무거동	삼호교
	삼산동	광로교
	신정동	태화교
	여천동	여천교
북 구	명촌동	명촌 대교
	상안동	신상안교, 신답교
	신명동	신명교
	웅촌면	산하교
	진장동	진장교, 동천교
	화봉동	삼일교
울주군	범서읍	사연대교, 범서대교, 망성교, 구영교, 범서육교, 선바위교
	서생면	서생교, 명선교
	언양읍	천소교, 대천교, 반송교, 남천교, 반곡교
	온양읍	동천1교
	온산읍	덕신대교
	웅촌면	회야교, 대복교
	청량읍	개산교, 청량교
중 구	남외동	외솔교
	반구동	학성교
	신정동	태화교
	옥교동	번영교
	태화동	은하수다리

울산광역시 주요지리
출제예상문제

1 다음 중 남구청의 소재지로 옳은 것은?
① 달동 ② 무거동
③ 야음동 ④ 신정동

2 다음 중 울주군에 속한 행정구역으로 옳지 않은 것은?
① 두동면 ② 복산동
③ 언양읍 ④ 온산읍

3 다음 중 중구 남외동에 위치하지 않는 것은?
① 중부경찰서 ② 울산종합운동장
③ 중구보건소 ④ 중구청

4 다음 중 남구에 위치하지 않는 관광 명소는?
① 울산문화공원 ② 선암호수공원
③ 주전해수욕장 ④ 울산농수산물도매시장

5 다음 중 울주군에 위치한 호텔로 옳은 것은?
① 더케이콘도리조트 ② 호텔리버사이드울산
③ 호텔현대바이라한울산 ④ 브라운도트호텔

6 다음 중 중구 성안동에 위치하지 않는 것은?
① 울산애니원고교
② 울산중앙여고
③ 한국방송통신대학교 울산지역대학
④ TBN울산교통방송

7 다음 중 남구청과 소재지가 같지 않은 것은?
① 한국교통안전공단 울산본부
② 울산대학교병원
③ 극동방송
④ KBS울산방송국

8 다음 중 울산해양경찰서의 소재지로 옳은 것은?
① 북구 정자동
② 중구 성안동
③ 남구 선암동
④ 동구 서부동

9 다음 중 북구에 있는 롯데마트의 소재지로 옳은 것은?
① 산하동 ② 천곡동
③ 송정동 ④ 진장동

10 다음 중 남구에 위치한 남부경찰서의 정확한 소재지로 옳은 것은?
① 야음동 ② 신정동
③ 달동 ④ 옥동

11 다음 중 태화강역의 소재지로 옳은 것은?
① 남구 삼산동 ② 동구 주전동
③ 북구 어물동 ④ 울주군 온양읍

12 다음 중 젊음의 거리가 위치한 지역으로 옳은 것은?
① 남구 매암동 ② 울주군 서생면
③ 중구 성남동 ④ 동구 서부동

13 다음 중 학성공원이 위치한 지역에 있는 것으로 옳지 않은 것은?
① 울산MBC ② 울산문화공원
③ 울산우체국 ④ 역전시장

14 다음 중 울주군보건소가 위치한 지역으로 옳은 것은?
① 두동면 ② 웅촌면
③ 언양읍 ④ 삼남읍

15 다음 중 동구에 속한 행정구역이 아닌 것은?
① 방어동 ② 전하동
③ 동부동 ④ 복산동

16 다음 중 울산도시공사의 소재지로 옳은 것은?
① 중구 복산동 ② 동구 전하동
③ 남구 신정동 ④ 북구 화봉동

17 다음 중 대왕암공원이 위치한 지역으로 옳은 것은?
① 남구 신정동 ② 동구 일산동
③ 울주군 상북면 ④ 북구 진장동

정답 1 ① 2 ② 3 ④ 4 ③ 5 ① 6 ② 7 ② 8 ③ 9 ④ 10 ② 11 ① 12 ③ 13 ② 14 ④ 15 ④ 16 ③ 17 ②

18 다음 중 남구 신정동에 위치하지 않는 것은?
① 울산해양경찰서 ② 울산광역시청
③ 한국은행 울산본부 ④ 종하체육관

19 다음 중 동구 방어동에 위치하는 학교로 옳은 것은?
① 울산문수고교 ② 울산에너지고교
③ 울산효정고교 ④ 문현고교

20 다음 중 울주군 웅촌면에 소재하는 대학교로 옳은 것은?
① 울산대학교 산학융합지구캠퍼스
② 한국폴리텍대학 울산캠퍼스
③ 춘해보건대학교
④ 울산과학기술대학교

21 다음 중 북구에 위치한 것과 그 소재지가 옳게 짝지어진 것은?
① 정자항 – 진장동 ② 박상진의사생가 – 송정동
③ 강동몽돌해변 – 천곡동 ④ 울산공항 – 연암동

22 다음 중 동구청의 소재지로 옳은 것은?
① 서부동 ② 방어동
③ 화정동 ④ 동부동

23 다음 중 동구에 소재한 울산대학교병원 인근에 위치하지 않는 것은?
① 명덕호수공원 ② 수암시장
③ 굿모닝관광호텔 ④ 동부경찰서

24 다음 중 동구 화정동에 위치한 호텔로 옳은 것은?
① 오션뷰호텔 ② 스타즈호텔울산
③ 롯데호텔울산 ④ 신라스테이울산

25 다음 중 성내삼거리 – 한채사거리 – 성내삼거리로 이어지는 도로의 이름은?
① 명륜로 ② 강남로
③ 방어진순환도로 ④ 문수로

26 다음 중 내원암계곡의 소재지로 옳은 것은?
① 울주군 온양읍 ② 봉대산
③ 월봉사 ④ 동축사

27 다음 중 대곡리반구대암각화가 있는 지역으로 옳은 것은?
① 남구 매암동 ② 울주군 삼남읍
③ 남구 야음동 ④ 울주군 언양읍

28 다음 중 동구에 위치한 동부경찰서의 소재지로 옳은 것은?
① 화정동 ② 일산동
③ 동부동 ④ 전하동

29 다음 중 울산대공원이 위치한 곳으로 옳은 것은?
① 중구 서동 ② 남구 옥동
③ 북구 송정동 ④ 울주군 청량읍

30 다음 중 북구 화봉동에 위치한 교량으로 옳은 것은?
① 신삼호교 ② 광로교
③ 삼일교 ④ 신답교

31 다음 중 북구청이 위치하는 지역으로 옳은 것은?
① 효문동 ② 송정동
③ 연암동 ④ 전하동

32 다음 중 북구에 속한 행정구역이 아닌 것은?
① 천곡동 ② 송정동
③ 여천동 ④ 정자동

33 다음 중 울산박물관의 소재지로 옳은 것은?
① 남구 신정동 ② 동구 일산동
③ 울주군 상북면 ④ 중구 태화동

34 다음 중 중구 유곡동에 소재한 것으로 옳은 것은?
① 울산해양박물관 ② 덕하시장
③ 성남프라자 ④ 공룡발자국공원

35 다음 중 울산공항의 소재지로 옳은 것은?
① 남구 옥동 ② 북구 송정동
③ 울주군 온산읍 ④ 중구 약사동

36 다음 중 고용노동부 울산지청의 소재지로 옳은 것은?
① 남구 옥동 ② 울주군 두동면
③ 북구 정자동 ④ 동구 서부동

37 다음 중 울산미용예술고교 인근에 소재하지 않는 것은?
① 현대중공업본사 ② 울산과학고교
③ 울산구치소 ④ 춘해보건대학교

38 다음 중 명덕호수공원의 소재지로 옳은 것은?
① 정자해수욕장 ② 강동화암주상절리
③ 동구 전하동 ④ 방어진항

정답
18 ① 19 ④ 20 ③ 21 ② 22 ③ 23 ② 24 ① 25 ③ 26 ① 27 ④ 28 ④ 29 ② 30 ③ 31 ③ 32 ③
33 ① 34 ④ 35 ② 36 ① 37 ① 38 ③

39 다음 중 장생포고래박물관의 소재지로 옳은 것은?

① 중구 반구동 ② 동구 일산동
③ 울주군 상북면 ④ 남구 매암동

40 다음 중 울주군에 위치한 산으로 옳지 않은 것은?

① 염포산 ② 간월산
③ 가지산 ④ 신불산

41 다음 중 울산공원묘원의 소재지로 옳은 것은?

① 남구 달동 ② 남구 옥동
③ 동구 전하동 ④ 동구 방어동

42 다음 중 울산광역시청이 위치하는 지역으로 옳은 것은?

① 중구 성안동 ② 중구 복산동
③ 남구 신정동 ④ 남구 옥동

43 다음 중 북구보건소의 소재지로 옳은 것은?

① 호계동 ② 연암동
③ 화봉동 ④ 천곡동

44 다음 중 동구의회의 소재지로 옳은 것은?

① 미포동 ② 방어동
③ 동부동 ④ 화정동

45 다음 중 울산우편집중국의 위치로 옳은 것은?

① 북구 진장동 ② 동구 서부동
③ 남구 신정동 ④ 중구 성안동

46 다음 중 울산시립노인병원이 위치한 지역으로 옳은 것은?

① 남구 여천동 ② 울주군 온양읍
③ 중구 유곡동 ④ 북구 연암동

47 다음 중 울산체육공원의 소재지로 옳은 것은?

① 중구 유곡동 ② 남구 무거동
③ 북구 송정동 ④ 남구 매암동

48 다음 중 호텔과 그 소재지가 잘못 짝지어진 것은?

① 호텔리버사이드울산 – 중구 태화동
② 호텔여우비 – 남구 삼산동
③ 머큐어앰배서더울산 – 북구 산하동
④ 호텔다움 – 중구 반구동

49 다음 중 울산MBC가 위치한 지역으로 옳은 것은?

① 중구 학성동 ② 남구 달동
③ 중구 남외동 ④ 남구 신정동

50 다음 중 롯데꿈동산공중관람차가 있는 행정구역으로 옳은 것은?

① 동구 화정동 ② 울주군 서생면
③ 남구 삼산동 ④ 중구 다운동

51 다음 중 공업탑로터리 – 태화강역앞교차로로 이어지는 도로의 이름은?

① 봉월로 ② 삼산로
③ 울밀로 ④ 화합로

52 다음 중 입화산의 소재지로 옳은 것은?

① 중구 다운동 ② 울주군 상북면
③ 북구 산하동 ④ 남구 선암동

53 다음 중 대송농수산물 시장이 위치한 곳으로 옳은 것은?

① 동구 화정동 ② 남구 삼산동
③ 북구 산하동 ④ 남구 선암동

54 다음 중 울산농산물종합유통센터의 소재지로 옳은 것은?

① 동구 일산동 ② 울주군 온양읍
③ 북구 진장동 ④ 남구 무거동

55 다음 중 울산택시운송사업조합이 위치한 곳으로 옳은 것은?

① 남구 삼산동 ② 중구 서동
③ 북구 진장동 ④ 남구 선암동

56 다음 중 여천오거리 – 중구청교차로로 이어지는 도로는?

① 수암로 ② 번영로
③ 화합로 ④ 장생포로

57 다음 중 울산운전면허시험장이 위치하는 곳으로 옳은 것은?

① 남구 무거동 ② 중구 성안동
③ 울주군 상북면 ④ 북구 연암동

58 다음 중 울산경의고교의 소재지로 옳은 것은?

① 남구 삼산동 ② 울주군 상북면
③ 북구 천곡동 ④ 중구 교동

59 다음 중 한국화학융합시험연구원 울산청사의 소재지로 옳은 것은?

① 남구 야음동 ② 북구 화봉동
③ 울주군 청량읍 ④ 중구 다운동

정답

39 ④ 40 ① 41 ② 42 ③ 43 ② 44 ④ 45 ① 46 ② 47 ② 48 ① 49 ① 50 ③ 51 ② 52 ① 53 ①
54 ③ 55 ① 56 ③ 57 ③ 58 ② 59 ④

60 다음 중 중구에 위치한 울산병영성의 소재지로 옳은 것은?

① 남외동 ② 동동
③ 반구동 ④ 복산동

61 다음 중 울산화물터미널이 있는 지역으로 옳은 것은?

① 남구 여천동 ② 중구 옥교동
③ 북구 효문동 ④ 울주군 서생면

62 다음 중 울산항만공사가 위치한 곳으로 옳은 것은?

① 남구 매암동 ② 북구 진장동
③ 울주군 웅촌면 ④ 중구 약사동

63 다음 중 남구에 위치한 뉴코아아울렛의 소재지로 옳은 것은?

① 삼산동 ② 신정동
③ 옥동 ④ 달동

64 다음 중 울기등대와 같은 행정구역에 있는 것으로 옳은 것은?

① 울산우체국 ② 일산해수욕장
③ 선암호수공원 ④ 울산중앙여고

65 다음 중 동천체육관의 소재지로 옳은 것은?

① 울주군 청량읍 ② 남구 신정동
③ 중구 남외동 ④ 울주군 두동면

66 다음 중 화암추등대가 있는 곳으로 옳은 것은?

① 동구 방어동 ② 중구 복산동
③ 울주군 삼남읍 ④ 북구 산하동

67 다음 중 슬도의 위치로 옳은 것은?

① 동구 ② 북구
③ 남구 ④ 중구

68 다음 중 울산테마식물수목원의 소재지로 옳은 것은?

① 남구 옥동 ② 북구 송정동
③ 중구 성안동 ④ 동구 동부동

69 다음 중 문수월드컵축구경기장의 소재지로 옳은 것은?

① 남구 ② 북구
③ 울주군 ④ 중구

70 다음 중 염포산의 소재지로 옳은 것은?

① 남구 옥동 ② 북구 천곡동
③ 울주군 상북면 ④ 동구 전하동

71 다음 중 울산전파관리소가 있는 행정구역으로 옳은 것은?

① 울주군 서생면 ② 남구 삼산동
③ 중구 대청동 ④ 북구 정자동

72 다음 중 북구 연암동에 위치하는 것으로 옳은 것은?

① 울산가족문화센터 ② 울산지방중소벤처기업청
③ 울산북부소방서 ④ 현대중공업본사

73 다음 중 농업기술센터의 소재지로 옳은 것은?

① 남구 야음동 ② 북구 진장동
③ 중구 성안동 ④ 울주군 청량읍

74 다음 중 UBC울산방송의 소재지는?

① 중구 학산동 ② 동구 동부동
③ 북구 송정동 ④ 남구 옥동

75 다음 중 경찰서와 그 소재지가 잘못 짝지어진 것은?

① 울주경찰서 – 울주군 범서읍
② 남부경찰서 – 남구 선암동
③ 동부경찰서 – 동구 전하동
④ 중부경찰서 – 중구 남외동

76 다음 중 CBS울산방송의 소재지로 옳은 것은?

① 남구 신정동 ② 중구 유곡동
③ 동구 서부동 ④ 북구 천곡동

77 다음 중 동강병원이 있는 지역으로 옳은 것은?

① 남구 매암동 ② 남구 달동
③ 중구 태화동 ④ 중구 동동

78 다음 중 울산광역시 행정구역에 해당되지 않는 지역은?

① 동구 ② 중구
③ 북구 ④ 서구

79 다음 중 주전해수욕장의 소재지로 옳은 것은?

① 남구 ② 울주군
③ 중구 ④ 동구

정답
60 ② 61 ③ 62 ① 63 ④ 64 ② 65 ③ 66 ① 67 ① 68 ④ 69 ① 70 ④ 71 ① 72 ② 73 ④ 74 ①
75 ② 76 ① 77 ③ 78 ④ 79 ④

80 다음 중 대왕암오토캠핑장 인근에 위치한 것으로 옳은 것은?

① 신불산　② 울산컨트리클럽
③ 굿모닝관광호텔　④ 선암호수공원

81 다음 중 신불산억새평원의 소재지로 옳은 것은?

① 중구 성남동　② 남구 달동
③ 울주군 삼남읍　④ 동구 화정동

82 다음 중 태화강체육공원과 같은 지역에 있지 않는 것은?

① 울산향교　② 젊음의 거리,
③ 성남프라자　④ 호텔리버사이드울산

83 다음 중 태화강국가정원과 같은 지역에 있는 것은?

① 파래소폭포　② 십리대숲
③ 영남알프스　④ 덕하시장

84 다음 중 울주군 상북면에 위치하지 않는 것은?

① 간월재억새군락지　② 간월산
③ 자수정동굴나라　④ 남창시장

85 다음 중 울산중앙전통시장의 소재지로 옳은 것은?

① 동구 전하동　② 울주군 언양읍
③ 중구 옥교동　④ 남구 삼산동

86 다음 중 문수힐링피크닉장 인근에 위치한 시장이 아닌 것은?

① 울산농수산물도매시장　② 수암시장
③ 덕하시장　④ 신정시장

87 다음 중 아젤란리조트 인근에 있는 관광 명소로 옳은 것은?

① 일산유원지
② 국립신불산폭포자연휴양림
③ 명덕호수공원
④ 십리대숲

88 다음 중 울산대교염포산터널의 소재지로 옳은 것은?

① 남구 다운동　② 울주군 삼남읍
③ 동구 방어동　④ 북구 송정동

89 다음 중 산하교가 위치한 지역으로 옳은 것은?

① 울주군 청량읍　② 북구 웅촌면
③ 중구 태화동　④ 남구 무거동

90 다음 중 무룡터널의 소재지로 옳은 것은?

① 울주군 상북면　② 동구 주전동
③ 남구 장생포동　④ 북구 어물동

91 다음 중 중구청이 위치한 지역으로 옳은 것은?

① 복산동　② 우정동
③ 반구동　④ 성남동

92 다음 중 중구에 속하지 않는 행정구역은?

① 다운동　② 학성동
③ 효문동　④ 태화동

93 다음 중 한국국토정보공사 울산지사의 소재지로 옳은 것은?

① 북구 산하동　② 중구 성안동
③ 동구 일산동　④ 울주군 온산읍

94 다음 중 북구에 소재하는 강동화암주상절리가 있는 지역으로 옳은 것은?

① 정자동　② 송정동
③ 진장동　④ 산하동

95 다음 중 울산차량등록사업소의 소재지로 옳은 것은?

① 북구 진장동　② 울주군 상북면
③ 동구 서부동　④ 남구 신정동

96 다음 중 울산마이스터고교의 소재지로 옳은 것은?

① 중구 복산동　② 북구 효문동
③ 남구 삼산동　④ 울주군 언양읍

97 다음 중 중구에 있는 관광 명소와 소재지가 잘못 짝지어진 것은?

① 울산중앙전통시장 – 학성동
② 울산병영성 – 동동
③ 울산향교 – 교동
④ 공룡발자국공원 – 유곡동

98 다음 중 역전시장이 위치하는 지역으로 옳은 것은?

① 북구 진장동　② 남구 야음동
③ 중구 학성동　④ 울주군 상북면

99 다음 중 봉월사거리 – 명촌교남교차로로 이어지는 도로는?

① 태화로　② 봉월로
③ 강북로　④ 돈질로

정답
80 ③ 81 ③ 82 ① 83 ② 84 ④ 85 ③ 86 ③ 87 ② 88 ③ 89 ② 90 ④ 91 ① 92 ③ 93 ② 94 ④
95 ① 96 ② 97 ① 98 ③ 99 ④

100 다음 중 LH울산사업본부가 위치하는 곳으로 옳은 것은?
① 남구 선암동 ② 중구 서동
③ 울주군 온산읍 ④ 북구 연암동

101 다음 중 KTX 울산역의 소재지로 옳은 것은?
① 동구 주전동 ② 남구 삼산동
③ 울주군 삼남읍 ④ 북구 어물동

102 다음 중 광로교와 같은 지역에 있는 교량은?
① 명촌대교 ② 태화교
③ 학성교 ④ 산하교

103 다음 중 덕신대교 인근에 위치한 것으로 옳은 것은?
① 일산해수욕장 ② 울산테마식물수목원
③ 울산동부소방서 ④ 내원암계곡

104 다음 중 울산도서관이 위치한 곳으로 옳은 것은?
① 북구 화봉동 ② 남구 여천동
③ 중구 교동 ④ 동구 미포동

105 다음 중 울산동천고교가 위치한 지역으로 옳은 것은?
① 북구 천곡동 ② 울주군 삼남읍
③ 중구 복산동 ④ 남구 무거동

106 다음 중 울산출입국외국인사무소의 소재지로 옳은 것은?
① 북구 정자동 ② 울주군 서생면
③ 남구 달동 ④ 동구 전하동

107 다음 중 울산기술공고 인근에 위치한 공공기관은?
① 울산세관 ② 온산소방서
③ 울산광역시경찰청 ④ 울산북부소방서

108 다음 중 도로교통공단울산교육장이 위치한 곳으로 옳은 것은?
① 북구 양정동 ② 남구 달동
③ 울주군 범서읍 ④ 중구 교동

109 다음 중 울산시외버스터미널의 소재지로 옳은 것은?
① 북구 어물동 ② 남구 삼산동
③ 울주군 온양읍 ④ 동구 주전동

110 다음 중 신답교와 같은 지역에 위치하는 교량은?
① 은하수다리 ② 천소교
③ 외솔교 ④ 신상안교

111 다음 중 공업탑로터리에서 시작하는 도로가 아닌 것은?
① 문수로 ② 남산로
③ 수암로 ④ 삼산로

112 다음 중 신여천사거리 – 울산항으로 이어지는 도로는?
① 대학로 ② 두왕로
③ 봉월로 ④ 장생포로

113 다음 중 롯데캐슬삼거리 – 태화로터리로 이어지는 도로의 명칭은?
① 중앙로 ② 수암로
③ 강남로 ④ 화합로

114 다음 중 공업탑로터리 – 무거삼거리로 이어지는 도로는?
① 울밀로 ② 문수로
③ 두왕로 ④ 강북로

115 다음 중 태화루사거리 – 내황교로 이어지는 도로의 이름은?
① 남산로 ② 강북로
③ 울밀로 ④ 장생포로

116 다음 중 야음사거리 – 울산경제진흥원앞교차로로 이어지는 도로는?
① 번영로 ② 돋질로
③ 문수로 ④ 삼산로

117 다음 중 명륜로의 구간으로 옳은 것은?
① 여천오거리 – 학성교 – 중구청
② 태화교 – 북정교차로
③ 신복로터리 – 상방사거리
④ 롯데캐슬삼거리 – 태화로터리

118 다음 중 태화로터리 – 명촌대교로 이어지는 도로는?
① 남부순환로 ② 태화로
③ 강남로 ④ 돋질로

119 다음 중 신복로터리 – 명동삼거리로 이어지는 도로의 이름은?
① 대학로 ② 번영로
③ 문수로 ④ 남부순환로

120 다음 중 태화교 또는 태화로터리에서 시작하는 도로가 아닌 것은?
① 명륜로 ② 강남로
③ 북부순환로 ④ 남산로

정답
100 ② 101 ③ 102 ① 103 ④ 104 ② 105 ① 106 ③ 107 ② 108 ④ 109 ② 110 ④ 111 ② 112 ④
113 ① 114 ② 115 ② 116 ① 117 ② 118 ③ 119 ④ 120 ③

121 다음 중 함월고교 인근에 위치한 공공기관은?

① 울산동부소방서 ② 중부소방서
③ 동울산세무서 ④ 울주경찰서

122 다음 중 남구에 있는 남부도서관의 소재지로 옳은 것은?

① 야음동 ② 삼산동
③ 옥동 ④ 여천동

123 다음 중 다운사거리 – 태화루사거리로 이어지는 도로의 이름은?

① 남산로 ② 번영로
③ 태화로 ④ 수암로

124 다음 중 울산민원복무관리센터 인근에 소재한 학교로 옳은 것은?

① 현대청운고교 ② 울산여고
③ 울산생활과학고교 ④ 화암고교

125 다음 중 남구에 소재하지 않는 건물로 옳은 것은?

① 울산공항 ② 울산광역시소방본부
③ 울산제일병원 ④ CBS울산방송

126 다음 중 울산상수도사업본부가 위치한 곳으로 옳은 것은?

① 남구 무거동 ② 북구 정자동
③ 남구 신정동 ④ 북구 진장동

127 다음 중 북구에 있는 울산강북교육지원청의 소재지로 옳은 것은?

① 효문동 ② 화봉동
③ 연암동 ④ 정자동

128 다음 중 울산대교전망대의 소재지로 옳은 것은?

① 북구 송정동 ② 남구 달동
③ 중구 신정동 ④ 동구 방어동

129 다음 중 울주군의회의 소재지로 옳은 것은?

① 범서읍 ② 언양읍
③ 청량읍 ④ 웅촌면

130 다음 중 각 의회와 그 위치가 잘못 짝지어진 것은?

① 남구의회 – 남구 달동
② 동구의회 – 동구 화정동
③ 북구의회 – 북구 연암동
④ 중구의회 – 중구 반구동

정답 121 ② 122 ③ 123 ③ 124 ② 125 ① 126 ③ 127 ③ 128 ④ 129 ③ 130 ④

경상남도 주요지리 요점정리

경상남도 지역 응시자용

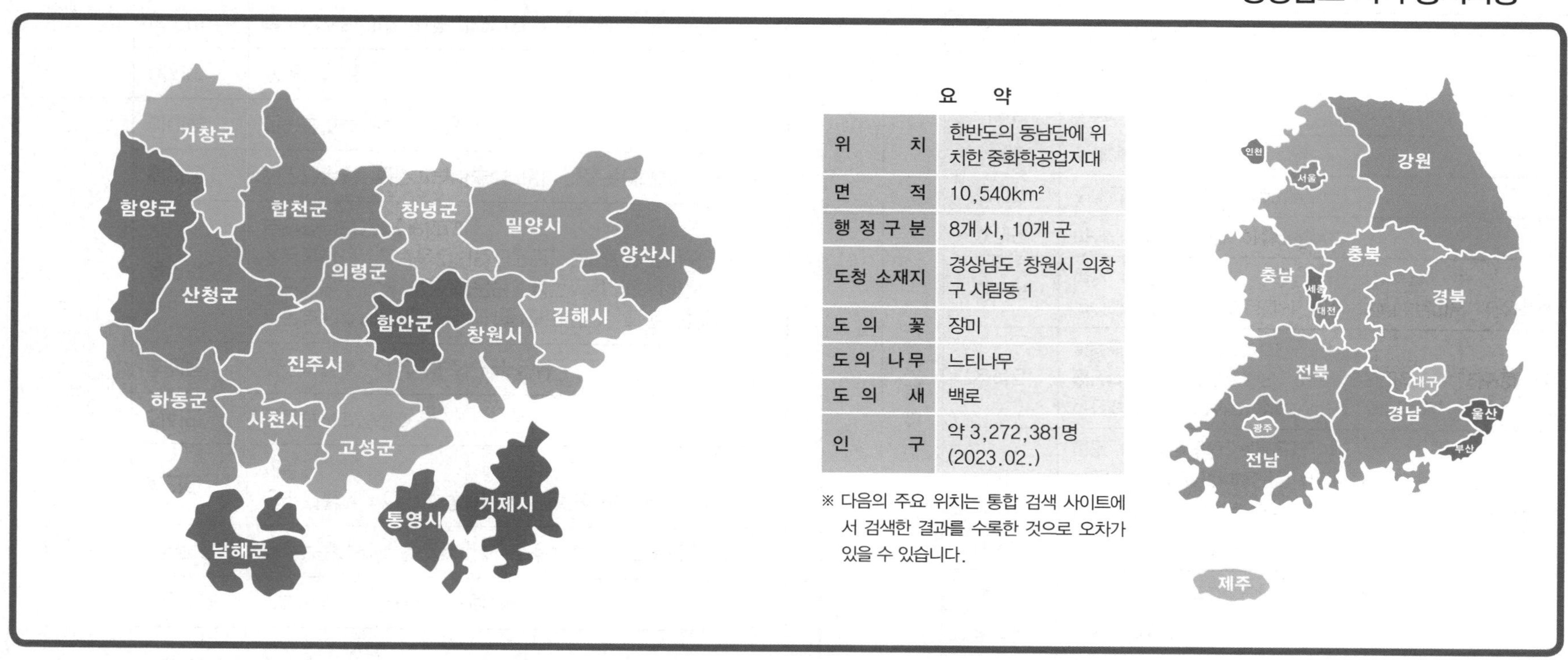

요 약

위 치	한반도의 동남단에 위치한 중화학공업지대
면 적	10,540km²
행 정 구 분	8개 시, 10개 군
도청 소재지	경상남도 창원시 의창구 사림동 1
도 의 꽃	장미
도 의 나 무	느티나무
도 의 새	백로
인 구	약 3,272,381명 (2023.02.)

※ 다음의 주요 위치는 통합 검색 사이트에서 검색한 결과를 수록한 것으로 오차가 있을 수 있습니다.

01. 지역별 주요 관공서 및 공공건물 위치

소재지		명 칭
거제시	고현동	거제시청, 거제우체국, 거제도서관, 거제시의회, 거제교육지원청, 거제중앙고교, 거제아동병원, 거제공고, 창원지법 통영지원거제시법원, 경남항만 관리소 거제사무소
	동부면	율포항
	상동동	거붕백병원
	양정동	거제보건소
	옥포동	거제경찰서, 거제소방소, 옥포항
	장목면	장목항
	장승포동	거제대학교, 장승포항
거창군	거창읍	거창군청, 거창읍사무소, 거창경찰설, 거창세무서, 거창우체국, 거창도서관, 경남도립거창대학, 한국승강기대학교, 거창적십자병원, 거창버스터미널, 거창군보건소, 거창소방서, 거창여고, 대성고교, 대성일고교, 창원지방법원 거창지원, 국민건강보험공단 거창지사, 법률구조공단 창원지부 거창출장소, 국립농산물 품질관리원 경남지원 거창사무소, 거창고교, 거창중앙고교
고성군	고성읍	고성우체국, 고성군청, 고성경찰서, 고성소방서, 고성군보건소, 창원지법고성군법원, 고성상수도사업소, 항공고교, 칠성고교
김해시	대청동	김해서부경찰서, 대청고교, 김해시립장유도서관
	봉황동	김해중부경찰서, 김해도서관
	부원동	김해시청, 김해세무서, 김해시제2청사, 부산출입국외국인청 김해출장소
	삼계동	가야대학교 김해캠퍼스
	어방동	인제대학교 김해캠퍼스
	율하동	김해외국어고등학교, 율하고교, 수남고교, 율하우체국
	전하동	김해우체국, 국민건강보험공단 김해지사
	진영읍	진영시외버스터미널, 진영우체국, 진영병원, 진영고교, 제일고교, 와우호텔
남해군	남해읍	남해군청, 남해경찰서, 남해우체국, 남해군보건소, 경남도립남해대학, 남해교육지원청, 남해소방서, 한국국토정보공사 남해지사, 진주세무서 남해민원실, 경남교육청 남해도서관, 남해제일고교, 남해병원, 남해군립노인전문병원
밀양시	가곡동	밀양우체국, 밀양우리병원, 세종고교, 국립농산물품질관리원 밀양사무소, 경남수학문화관 밀양수학체험센터, 한국국토정보공사 밀양지사
	교동	밀양시청, 밀양소방서, 밀양시절관리공단, 밀양기상과학관, 밀양시립박물관, 밀양아리랑아트센터, 밀양향교, 밀양종합운동장, 밀양교동손병순씨고가, 충혼탑, 봉안각전시관
	내이동	밀양버스터미널, 창원지방검찰청 밀양지청, 창원지방법원 밀양지원
	삼랑진읍	부산대학교 밀양캠퍼스
	삼문동	밀양병원, 밀양시보건소, 김해세무서 밀양지서, 밀양시립도서관
	상남면	밀양경찰서, 밀양교육지원청
사천시	대방동	대방진굴항, 사천시시설관리공단
	동금동	사천경찰서, 사천소방서, 삼천포여고, 삼천포공고, 삼천포서울병원, 삼천포보건센터
	벌리동	사천교육지원청, 삼천포종합운동장, 삼천포터미널
	사남면	경남국제외국인학교
	사천읍	사천공항, 사천시외버스터미널, 사천도서관, 사천우체국, 북사보건진료소, 사천보건지소
	용현면	사천시청, 사천시법원, 사천시보건소, 용남고교, 사천시농업기술센터, 국립농산물품질관리원 경남지원 사천사무소, 한국국토정보공사 사천지사, 국민연금공단 사천남해지사
	이금동	한국폴리텍대학 항공캠퍼스
	향촌동	한마음병원

소재지		명 칭
산청군	산청읍	산청군청, 산청경찰서, 산청우체국, 산청도서관, 산청시외버스터미널, 산청군법원, 산청소방서, 한국국토정보공사 산청지사, 산청군가족센터, 산청문화원, 피앤엘산청연수원, 산청고교
	생초면	생초시외버스터미널
양산시	남부동	양산시청, 한국국토정보공사 양산지사
	명곡동	동원과학기술대학교
	물금읍	양산경찰서, 양산교육지원청, 부산대학교 양산캠퍼스, 양산부산대학교병원, 양산소방서, 경남교육청 양산도서관, 국민연금공단 양산지사, 양산시 사회복지관, 물금고교, 증산고교, 범어고교, 국립한의학임상연구센터, 부산대학교 의학전문대학 법의학연구소, 부산대학교 치의학전문대학원, 양산부산대학교병원, 부산대학교 치과병원, 영남권역 재활병원, 부산대학교 한방병원, 부산대학교 어린이병원, 부산대학교무인이동체융합연구소
	신기동	양산우체국, 베네스타병원
	주남동	영산대학교 양산캠퍼스
	중부동	양산시보건소, 국민건강보험공단 양산지사
의령군	의령읍	의령군청, 의령경찰서, 의령우체국, 의령군보건소, 의령도서관, 의령버스터미널, 의령교육지원청, 의령군법원, 의령소방서, 의령고교, 의령사랑병원, 의령병원, 의령농업기술센터, 한국국토정보공사 의령지사, 의령군 가족센터, 한국농어촌공사 의령지사, 의령군 종합사회복지관, 의령군민문화회관, 국립농산물품질관리원 의령사무소, 농경문화 홍보관, 경남교육청미래교육원
진주시	가좌동	경상국립대학교 가좌캠퍼스, 연암공과대학교, 사대부고
	금산면	공군교육사령부, 공군항공과학고등학교
	문산읍	한국국제대학교
	상대동	진주시청, 진주소방서
	상봉동	진주보건대학교
	신안동	진주교육대학교, 창원지방법원 진주지원, 창원지방검찰청 진주지원
	장대동	반도병원, 진주시외버스터미널
	주약동	경상국립대학교 칠암캠퍼스, 경상국립대학교병원 본관
	중안동	진주경찰서, 진주교육지원청, 장덕한방병원, 진주우체국
	진성면	경남과학고등학교
	초전동	진주보건소, 경상남도청 서부청사
	충무공동	한국토지주택공사 본사, 주택관리공단, 한국시설안전공단, 중소벤처기업진흥공단, 한국산업기술시험원, 한국남동발전, 한국승강기안전공단, 국방기술품질원, 국토안전관리원, 진양고교
	칠암동	진주세무서, 진주고속버스터미널, 경상국립대학교
	하대동	한국폴리텍대학 진주캠퍼스
창녕군	대지면	창녕소방서
	부곡면	부곡버스터미널, 국립부곡병원
	창녕읍	창녕군청, 창녕경찰서, 창녕군보건소, 창녕시외버스터미널, 창녕교육지원청

소재지			명 칭
창원시	의창구	도계동	의창구청, 창원서부경찰서, 도계동우체국, 창원고교
		명서동	경남택시운송사업조합, 창원파티마병원
		사림동	경상남도청, 경남경찰청, 경남도청우체국
		서상동	메트로병원, 창원과학고교, 고향의봄도서관
		소계동	경상고등학교, 창원힘찬병원
		퇴촌동	창원대학교
		팔용동	한국교통안전공단 경남본부, 도로교통공단 울산경남지부, 창원종합버스터미널, 경상국립대학교 창원캠퍼스
	성산구	대원동	한국교통안전공단 창원자동차검사소
		반림동	경상남도교통문화연수원
		반송동	창원중앙도서관
		사파동	창원지방법원, 창원지방검찰청, 사파고교
		상남동	창원우체국, 한마음창원병원, 전자고교
		성주동	성산구청, 창원경상국립대학교병원
		신월동	창원중부경찰서, 창원소방서, 경남지방병무청, 경남지방조달청, 창원보건소, 경남지방중소벤처기업청, 낙동강유역환경청, KNN경남본부, 창원교육지원청, 한국국토정보공사 경남지역본부, 낙동강 유역환경청, 국민연금공단 창원지사, 고용노동부창원고용노동지청, 국민건강보험공단 창원중부지사, 경남신문
		용호동	한국토지주택공사 경남지역본부, 창원시청, 경상남도교육청(제2청사 포함), CBS경남방송, 한국농어촌공사 경남지역본부, 국립농산물 품질관리원 경남지원, 한국산업안전공단 경남지역본부, 경남개발공사, 경남여성가족재단, 대한적십자사 경남지사
		외동	한국가스안전공사 경남지역본부, 한국산업단지공단 경남지역본부
		중앙동	창원도서관, 한국폴리텍대학 창원캠퍼스, 근로복지공단창원병원, 창원세무서, 창원기계공고, 창원여고
	마산합포구	가포동	국립마산병원
		신포동	마산소방서, 창원출입국외국인사무소, 정부경남지방합동청사, 대한법률구조공단 마산지부, 경남지방보훈지청, 마산지방해양수산청, 창원해양경찰서, 마산세관
		월영동	경남대학교, 해양환경공단마산지사, 마산소방서 소방정대
		장군동	마산의료원, 창원지법 마산지원
		중앙동	마산합포구청, 마산중부경찰서, 마산세무서
		진동면	마산운전면허시험장
		해운동	마산보건소, 한국방송통신대학교 창원시학습관
	마산회원구	내서읍	마산대학교, 청아병원
		석전동	마산우체국, 한국국토정보공사 창원서부지사, 국민연금공단 마산지사, 국민건강보험공단 창원마산지사, 동마산병원, 365병원, 베스트수병원, 서울병원
		양덕동	마산회원구청, 마산고속버스터미널, 잘본병원, MBC경남창원본부, 마산양덕동우체국, 양봉119안전센터, 대한산업보건회부설 마산의원, 한일여고
		합성동	창신대학교, 마산동부경찰서, 마산시외버스터미널, 삼성창원병원, 마산공고
		회원동	마산시립회원도서관, 마산무학여고
창원시	진해구	장천동	진해항제1부두, 진해항제2부두
		석동	진해경찰서
		여좌동	진해도서관
		인의동	해군사관학교, 진해시외버스터미널
		통신동	진해우체국
		풍호동	진해구청, 진해보건소, 창원소방본부

소재지		명 칭
통영시	광도면	통영서울병원, 통영경찰서, 통영종합버스터미널, 통영해양경찰서, 통영소방서
	무전동	통영시청, 통영세무서, 통영우체국, 통영시보건소
	봉평동	통영도서관, 통영고교
	서호동	통영항여객선터미널, 통영적십자병원
	용남면	창원지방검찰청 통영지청, 창원지방법원 통영지원, 충열여고
	인평동	경상국립대학교 통영캠퍼스
하동군	금성면	하동소방서
	하동읍	하동군청, 하동경찰서, 하동우체국, 새하동병원, 하동도서관, 하동군보건소, 하동교육지원청, 하동고교, 하동여고, 광양만경제자유구역청하동사무소, 한국농어촌공사 하동남해지사
함안군	가야읍	함안군청, 함안경찰서, 함안우체국, 함안군보건소, 함안교육지원청, 함안버스터미널, 함안소방서, 함안고교, 창원지법 함안법원, 명덕고교, 국민건강보험공단 함안의령지사, 경남교육청 함안도서관, 한국농어촌공사 함안지사, 한국국토정보공사 함안지사, 함안교육지원청 특수교육지원센터, 와플대학교
함양군	백전면	녹색대학
	함양읍	함양군청, 함양경찰서, 함양우체국, 함양도서관, 함양성심병원, 함양시외버스터미널, 함양소방서, 함양군보건소
합천군	가야면	해인사시외버스터미널
	합천읍	합천군청, 합천경찰서, 합천우체국, 합천교육지원청, 삼성합천병원, 합천소방서, 합천군보건소, 합천고려병원, 국립농산물품질관리원 경남지원 합천사무소, 합천군농업기술센터, 합천사무소, 합천군 농업기술센터, 합천군청제2청사, 함천농어촌공사 합천지사, 한국국토정보공사 합천지사, 가축위생방역지원본부 경남북부사무소, 합천여고

02. 문화유적·관광지

소재지		명 칭
거제시	거제면	선자산, 죽림해수욕장, 거제스포츠파크
	고현동	거제도포로수용소유적공원, 거제관광모노레일, 거제종합운동장, 거제효정문화센터, 더 호텔, 에이플러스호텔, HT호텔, 하이엔드호텔거제, 아침도시레지던스
	남부면	가라산, 해금강(명승 제2호), 바람의언덕, 명사해수욕장, 해금강유람선
	덕포동	덕포해수욕장
	동부면	노자산, 학동흑진주몽돌해변, 거제자연휴양림, 거제자연예술랜드
	아주동	옥녀봉
	연초면	대금산
	옥포동	옥포대첩기념공원, 홈포레스트레지던스호텔
	일운면	외도보타니아(해상공원), 구조리해수욕장, 와현해수욕장, 소노캄거제오션어드벤처, 라마다스위츠거제호텔, 해금강외도구조라유람선터미널
	장목면	저도, 매미성, 구영해수욕장, 한화리조트거제벨버디어
	장승포동	옥성관광유람선선착장, 홈포레스트호텔
	장평동	거제삼성호텔, 오아시스호텔
거창군	가조면	고견사
	거창읍	거열산성군립공원, 거창스포츠파크
	남상면	일원정
	남하면	둔마리벽화고분(사적 제239호)
	북상면	남덕유산, 주은자연휴양림
	위천면	기백산, 금원산, 마애삼존불상, 금원산자연휴양림, 스승대관광지, 금원산 생태수목원, 기백산 군립공원
고성군	개천면	연화산, 옥천사, 연화산도립공원
	거류면	만화방초
	고성읍	고성송학동고분군, 갈모봉산림욕장, 고성탈박물관, 오션스파호텔, 프린스호텔
	하이면	운흥사, 상족암군립공원, 고성공룡박물관
	회화면	당항포관광지
김해시	구산동	구지봉, 파사석탑, 구지봉공원, 국립김해박물관
	내동	김해연지공원, 김해문화의전당
	대성동	김해향교, 대성동고분군 김해구산동백운대고분
	대청동	장유대청계곡, 호텔파인그로브, 호텔브라운도트 워터파크점, 장유넘버장호텔 김해장유점, 더테라스호텔, 제니스호텔, 호텔101스테이인호텔, 호텔런더너, 장유W호텔, 아리아호텔, 그레이195호텔
	부원동	아이스퀘어호텔, 호텔그란트베이, 보스턴호텔, 클라우드9호텔, 호텔스미스, 휴호텔, 부원공원
	삼방동	신어산산림욕장, 가야랜드, 가야컨트리클럽
	상동면	신어산
	생림면	무척산, 무척산천지폭포
	서상동	수로왕릉
	신문동	반룡산, 김해롯데워터파크
	어방동	분성산, 분산성, 김해가야테마파크, 김해천문대
	율하동	김해시 어린이교통공원, 율하유적공원, 율하유적전시관, 약사암, 고인돌공원
	주촌면	경운산, 정산컨트리클럽
	진례면	포웰CC, 김해클럽하우스
	진영읍	봉하마을생태문화공원, 노무현대통령묘역, 진영역철도박물관, 봉화산정토원
남해군	고현면	화방사, 관음포 이충무공전몰유허
	남해읍	맨하탄호텔, 남해향교, 남해유배문학관, 남해근린공원, 남해공설운동장, 아산저수지, 선소왜성
	남면	설흘산, 임진성, 섬이정원, 다랭이마을, 아난티 남해컨트리클럽
	미조면	송정솔바람해수욕장, 항도, 몽돌해수욕장, 천하몽돌해수욕장, 베스트호텔앤펜션
	삼동면	죽방림, 남해편백자연휴양림, 독일마을
	상주면	금산, 단군성전, 남해금산영응기적비 대한충흥공덕축성비, 보리암(3대 기도처), 상주은모래비치, 상주한려해상체육공원, 두모유채꽃메밀꽃단지
	서면	남해스포츠파크호텔
	이동면	남해용문사, 한려해상국립공원, 호구산군립공원
	창선면	라피스호텔, 사우스케이프스파앤스위트

소재지		명 칭
밀양시	교동	밀양아리랑우주천문대, 밀양아리랑대공원
	가곡동	더반호텔, 밀양관광호텔, 밀양영화세트장, 밀양종합관광안내소, 한국연극협회 밀양지부, 용두교유원지
	내일동	영남루, 밀양읍성
	단장면	재약산, 재약산사자평, 표충사(기념물 제17호)
	무안면	영산정사, 표충비(사명대사비, 유형문화재 제15호)
	부북면	밀양아리나, 김종직선생생가
	산내면	구만산, 백운산, 호박소계곡, 구룡소폭포, 얼음골, 석골사, 가지산도립공원, 운문산군립공원
	삼문동	호텔아리나, 밀양온천, 어뮤즈호텔, 유채꽃단지
사천시	곤명면	다솔사, 세종대왕태실지, 단종태실지
	대방동	각산 봉화대, 사천바다케이블카, 삼천포대교공원, 삼천포해상관광호텔
	사남면	항공우주박물관, 우천자연발생유원지, 용소계곡
	사천읍	사천읍성, 사천향교, 사천에어쇼, 센트럴호텔, 사천관광호텔
	서금동	노산공원, 박재삼문학관, 부엉이호텔, 써니호텔, 카카오호텔, 토마토호텔, 무니호텔, 호텔야자 삼천포항구점
	신수동	신수도몽돌해변
	용현면	선진리성, 사천온천앤그랜드관광호텔
	향촌동	남일대해수욕장, 엘리너스호텔, 남일대코끼리바위
산청군	금서면	전구형왕릉, 산청한방테마파크, 산청한방가족호텔, 지리산신세계리조트, 산청동의보감촌
	단성면	백운동계곡, 성철대종사생사, 남사예담촌, 목면시배유지 문익점면화시배지
	산청읍	산청한방리조트, 웅석봉군립공원, 산청온천랜드, 산청마당극마을, 웅석계곡자연발생유원지, 경호강래프팅의신화 사람과바다, 지리산새미골농원, 산청시장
	삼장면	대원사, 대원사계곡길
	생초면	경호강, 생초국제조각공원
	시천면	구곡산, 고운동계곡, 중산리계곡, 산청덕천서원
	신등면	율곡사, 율현저수지
	신안면	선유동폭포, 수월폭포, 문익점묘(기념물 제66호)
양산시	교동	양산향교, 마고산성, 양산항일독립기념공원
	동면	법기수원지, 베키니아양산호텔
	매곡동	에이원컨트리클럽, 동부산컨트리클럽
	명동	명동근린공원, 관음정사
	물금읍	물금증산리왜성(문화재 276호), 양산디자인공원, 제석당동굴, 황산생태공원, 양산워터파크, 더 테라조, 타임호텔, 칸호텔, 2헤븐호텔, 이데아호텔, 블리스호텔, 타임스퀘어호텔, 더힐링호텔
	북정동	양산시립박물관, 호텔시그니처, 양산북정리고분군
	상북면	홍룡폭포, 양산CC, 박제상유적효충사

소재지		명 칭
양산시	원동면	토곡산, 천태산용연폭포, 배내골, 신동대굴, 원동자연휴양림, 에덴밸리리조트스키장, 에덴밸리컨트리클럽
	주진동	화엄사, 천성산 철쭉군락지
	평산동	무지개폭포, 천성산편백군락지
	하북면	내원사, 통도사, 내원사계곡, 통도환타지아콘도&호텔, 통도파인이스트컨트리클럽, 통도호텔
의령군	가례면	자굴산, 자굴산치유수목원
	궁류면	칠비계곡, 일붕사, 의령벽계관광지
	용덕면	수도사, 의령운곡리 고분군, 관정 이종환회장생가
	의령읍	충익사, 의병박물관, 서동생활공원, 의령호국공원, 의령향교, 전통농경문화테마파크, 의령군총생태학습관, 의령친환경야구장, 의령친환경골프장, 의령아열대식물원, 리치호텔
진주시	가좌동	석류공원, 원계공원
	강남동	강남987호텔
	금곡면	남악서원, 송곡저수지, 인담저수지
	금산면	청곡사, 금호지, 남강변파크골프장
	남성동	호국사, 국립진주박물관, 북장대, 서장대, 창열사, 김시민장군전공비, 산청범학리 삼층석탑
	명석면	봉화대, 광제서원, 용호정원, 진양우수리방형고분군
	본성동	남강의암, 진주성, 촉석루, 남강유등축제, 개천예술제, 나인호텔, M호텔, 진주게스트하우스더패밀리호텔, 영남포정사문루, 의기사, 진주남강유등축제, 임진대첩계사순의단
	상대동	제이스퀘어호텔, 호텔무로, 온도호텔, 다음호텔, 로얄궁전, 호텔메이저
	옥봉동	호텔동방, 호텔코코, 부티끄슈퍼로켓호텔, 진주옥봉고분군
	이반성면	경상남도수목원(야생동물원)
	진성면	진주컨트리클럽, 월아산자연휴양림
	충무공동	라온스테이호텔, 뉴그랜드호텔, 브라운도트호텔, 뉴라온스테이호텔, 물초울공원
	판문동	진양호, 진양호공원
창녕군	고암면	화왕산자연휴양림
	부곡면	부곡로얄관광호텔, 삼성온천호텔, 키즈스테이호텔인부곡, 레인보우관광호텔, 부곡스파디움따오기호텔, 일성부곡온천콘도&리조트
	유어면	우포늪, 우포늪생태관
	창녕읍	화왕산, 구현산, 관룡사, 창녕석빙고(보물 제310호), 신라진흥왕척경비, 창녕박물관, 화왕산군립공원, 만옥정공원

소재지			명 칭
창원시	의창구	도계동	창원컨트리클럽, 도계체육공원
		동읍	주남저수지, 동판저수지
		북면	달천계곡, 마금산원탕보양온천
		소계동	천주산, 소계체육공원
		소답동	창원향교, 구룡사, 뉴금호온천
		퇴촌동	경남도립미술관, 용동공원
		팔용동	크라운호텔 창원, 브라운도트호텔 팔용, 아바호텔
	성산구	가음동	창원장미공원, 남산녹지공원, 창원습지공원
		대방동	불곡사, 사천바다케이블카, 삼천포대교공원
		대원동	그랜드머큐어앰버서더호텔, 선인장온실
		상남동	베스트루이스헤밀턴호텔, 그랜드시티호텔 창원, 해리티지호텔, 마산민속골동품경매장
		삼정자동	삼정자동마애불(문화재98호)
		외동	성산패총, 임호체육공원
		용지동	용지호수공원, 해병대상남훈련대기념탑
		용호동	불모산, 호텔에비뉴, 성산호텔, 비즈니스호텔, 돈호텔, 넘버25호텔 용호점
		중앙동	창원호텔, 호텔인터내셔널, 토요코인호텔 창원점, 브라운도트호텔 창원중앙점, 올림픽호텔, 더 퍼스트호텔, AT비지니스호텔, 캔버라호텔, 호텔인터내셔널
		천선동	성주사, 성주사해우소, 성주사삼성각
		토월동	비음산, 창원진례산성, 신대골
	마산합포구	구산면	로봇랜드
		동성동	마산M호텔, 골든튤립호텔남강
		산호동	산호공원, 이삼 사보이호텔, 호텔701, 마산왜성
		신포동	스카이뷰관광호텔, 아모르호텔, 브룩스호텔, 마산조각공원
		오동동	마산관광호텔, 브라운도트관광호텔 오동점, 호텔야자 마산오동점, 자라호텔
		월영동	돝섬해상유원지, 만날공원인공암벽장, 만날근린공원
		진동면	광암해수욕장, 창원진동리유적
		추산동	창원시립마산박물관
		해운동	월영대, 잠호텔, 아몬드호텔, 서항공원
	마산회원구	석전동	아리랑관광호텔, 다이노스호텔
		양덕동	창원NC파크, 브라운도트호텔마산양덕점, 팔용산돌탑공원, 양덕중앙시장, 삼각지공원, 통영한산마리나 창원지점
		회원동	봉화산, 무학산, 삼학사
	진해구	경화동	진해루, 경화역벚꽃길, 진해바다 70리길
		남빈동	해군사관학교 박물관
		대천동	진해군항제
		명동	진해해양공원(해양생물테마파크)
		용원동	브라운도트호텔 진해부산신항점, 브라운도트호텔 용원부산신항만시그니처, 더K호텔, 호텔런더너, 하운드호텔, 투헤븐호텔
		제황산동	제황산, 제황산공원, 진해탑, 루이스호텔
		충무동	인터시티호텔
		태백동	장복산, 장복산조각공원, 장복산공원

소재지		명 칭
통영시	당동	충무해저터널
	도남동	도남관광단지, 통영케이블카, 통영유람선터미널, 스탠포드호텔앤리조트, 금호통영마리나리조트
	도산면	도덕산, 에이앤비더카트인통영, 관덕저수지
	도천동	윤이상기념공원, 통영시립박물관, 보현사
	동호동	남망산조각공원, 동피랑벽화마을, 디피랑198계단, 나폴리호텔, 블루마운틴1225, 더뷰호스텔
	명정동	충렬사, 통영2시비
	문화동	세병관(국보 제305호), 통영삼도수군통제영
	미수동	해저터널(입구), 통영거북선호텔, 별다섯착한하우스
	봉평동	미륵산, 봉평동지석묘, 포르투나호텔
	사량면	사량도, 대항해수욕장, 수우도조망전망대
	산양읍	미륵도, 달아공원, 통영한산마리나호텔, 박경리기념관, 통영달아공원전망대, 수륙해수욕장, 공설해수욕장, 통영한산마리나호텔앤리조트, 동양로얄컨트리클럽앤리조트, 동원로얄CC골프텔
	욕지면	욕지도, 연화도, 욕지도제1 · 2출렁다리, 흰작살해수욕장
	용남면	일봉산, 통영RCE세자트라숲, 잔디광장
	정량동	이순신공원, 브룩스호텔, 통영관광호텔, 호텔라온통영엔초비관광호텔, 호텔피어48, 헤미쉬호텔, 통영정량무장애나눔길
	한산면	한산도, 매물도, 소매물도, 비진도, 제승당, 봉암해수욕장, 비진도해수욕장, 비진도해수욕장, 죽도해수욕장, 장사도해상공원, 까멜리아
하동군	금남면	학섬, 금오산, 경충사, 정기룡장군유허지, 하동케이블카
	악양면	최참판댁, 고소성군립공원, 섬진강변벚꽃길
	옥종면	덕원자연휴양림, 하동편백자연휴양림, 옥소불소유황천
	청암면	거사봉, 청암계곡, 비바체리조트, 지리산삼천궁, 배달성전 삼성궁, 청학동 다소랑정원
	화개면	불일폭포, 쌍계사, 칠불사, 화개장터, 하동십리벚꽃길, 켄싱턴리조트 지리산하동점, 신선대구름다리
함안군	가야읍	함연연꽃테마파크, 충의공원, 참주공원, 함안박물관, 함안말이산고분군, 함안성산산성
	군북면	서산서원, 원효암칠성각, 군북파크골프장
	대산면	악양루, 악양루생태공원, 처녀뱃사공노래비
	산인면	입곡군립공원, 입곡저수지출렁다리, 고려동유적지, 호텔야자함안산인점, 브리즈무인호텔, 더해밀턴호텔, 갤러리아호텔
함양군	마천면	지리산, 한신계곡, 칠선계곡, 지리산자연휴양림
	서상면	월봉산, 남덕유산, 삼산자연휴양림, 부천계곡
	서하면	대봉산, 거연정, 함양군자정, 황석산캠핑장
	수동면	청계서원, 사군산성추모사당, 남계서원
	안의면	용추계곡, 농월정, 안의광풍루, 용추자연휴양림, 연암물레방아공원, 기백산(군립공원), 금원산
	함양읍	함양학사루, 상림공원, 함양향교, 머루와인동굴

소재지		명 칭
합천군	가야면	가야산, 홍류동계곡, 해인사, 청량사, 가야산국립공원, 해인사관광호텔, 대장경테마파크, 아델스코트CC
	가회면	황매산군립공원, 황매산수목원, 영암사지쌍사자석등
	대병면	합천호, 회양관광단지, 광암정
	용주면	황계폭포, 합천영상테마파크, 합천국보테마파크
	봉산면	오도산자연휴양림, 합천호, 옥계서원
	합천읍	화엄사, 함벽루, 강양향교, 합천왕후시장

03. 주요 도로

1 경상남도 경유 고속도로

명 칭	구 간 (경유 구간)
남해고속도로 (10호)	하동IC – 진교IC – 곤양IC – 축동IC – 사천IC – 진주분기점 – 진주IC – 문산IC – 진성IC – 지수IC – 군북IC – 장지IC – 함안IC – 산인분기점 – 칠원분기점 – 창원1터널(서측) – 창원1터널(동측) – 북창원IC – 창원분기점 – 동창원IC – 진영IC – 진영분기점 – 진례IC – 진례분기점 – 냉정분기점 – 서김해IC – 동김해IC – 김해분기점
남해고속도로 제1지선 (102호)	산인분기점 – 내서분기점 – 서마산IC – 동마산IC – 마산요금소
남해고속도로 제2지선 (104호)	냉정분기점 – 장유IC – 서부산요금소
광주대구고속도로 (12호)	서함양하이패스IC – 함양IC – 함양분기점 – 거창IC – 가조IC – 해인사IC
통영대전고속도로 (35호)	북통영IC – 동고성IC – 고성IC – 연화산IC – 진주분기점 – 서진주IC – 단성IC – 산청IC – 생초IC – 함양분기점 – 지곡IC – 서상IC
중부내륙고속도로 (45호)	내서IC – 내서분기점 – 칠원요금소 – 칠원분기점 – 칠서IC – 남지IC – 영산IC – 창녕IC
중앙고속도로지선 (551호)	대동분기점 – 물금IC – 남양산IC – 양산분기점
경부고속도로 (1호)	양산분기점 – 양산IC – 통도사하이패스IC – 통도사IC – 서울산IC

2 경상남도 주요 간선도로

구 분	명 칭	구 간
남북노선	국도3호선	남해군–사천시–진주시–산청군–함양군–거창군
	국도5호선	창원시–함안군–창녕군
	국도19호선	남해군–하동군
	국도25호선	창원시–김해시–밀양시
	국도33호선	고성군–사천시–진주시–산청군–의령군–합천군
	국도35호선	부산시–양산시–울산시
	국도79호선	의령군–함안군–창원시
동서노선	국도2호선	하동군–사천시–진주시–창원시
	국도14호선	거제시–통영시–고성군–창원시–김해시
	국도20호선	산청군–의령군–합천군–창녕군
	국도24호선	함양군–거창군–합천군–창녕군–밀양시

구 분	명 칭	구 간
주요대로 (창원시 관내)	중앙대로	도청광장교차로 – 공단본부삼거리
	창원대로	소계광장교차로 – 창원터널
	3.15대로	월영광장교차로 – 창원육교
	원이대로	도계광장교차로 – 가음정사거리
	창이대로	용원교차로 – 성주광장교차로

04. 경상남도 주요 교통시설

1 주요 철도역, 공항, 버스터미널, 항구 등 교통시설

구 분	위 치	명 칭
거제시	고현동	고현버스터미널
	능포동	장승포시외버스터미널
	일운면	해금강외도구조라유람선터미널
	장승포동	장승포시외버스터미널
거창군	거창읍	거창버스터미널
고성군	고성읍	고성여객자동차터미널
	회화면	배둔시외버스터미널
김해시	관동동	대청터널
	부원동	김해시청역
	삼정동	인제대역
	외 동	김해여객터미널
	진례면	진례역
	진영읍	진영시외버스터미널, 진영역KTX
남해군	남해읍	남해시외버스터미널
밀양시	가곡동	밀양역KTX
	내이동	밀양시외버스터미널
	삼랑진읍	삼랑진역
사천시	동금동	사량도여객선터미널
	벌리동	삼천포터미널
	사천읍	사천공항, 사천시외버스터미널
	서 동	삼천포항
산청군	산청읍	산청버스터미널
	생초면	생초시외버스터미널
양산시	중부동	양산시외버스터미널
의령군	의령읍	의령버스터미널
진주시	가좌동	개양시외버스승강장, 진주역KTX
	일반성면	반성역
	장대동	진주시외버스터미널
	칠암동	진주고속버스터미널
창녕군	부곡면	부곡버스터미널
	창녕읍	창녕시외버스터미널

창원시	의창구	동정동	창원역KTX
		용 동	창원중앙역KTX
		팔용동	창원종합버스터미널
	성산구	남산동	남산시외버스정류장
		천선동	안민터널
	마산합포구	월포동	마산항
		해운동	마산남부시외버스터미널
	마산회원구	내서읍	중리역
		봉암동	팔룡터널
		양덕동	마산고속버스터미널
		합성동	마산시외버스터미널, 마산역KTX
	진해구	인의동	진해시외버스터미널
		현 동	장복터널
통영시		광도면	통영종합버스터미널
		도남동	통영유람선터미널
		도산면	사량도여객선터미널
		미수동	
		서호동	통영항여객선터미널
하동군		하동읍	하동버스터미널, 하동역
함안군		가야읍	함안버스터미널
		함안면	함안역
함양군		함양읍	함양시외버스터미널
합천군		가야면	해인사시외버스터미널
		합천읍	합천버스정류장

2 경상남도 주요 교량

명 칭	구 간	
	(북 단)	(남 단)
사천대교	사천시(서포면)	사천시(용현면)
삼천포대교	사천시(대방동)	사천시(늑도동)
노량대교	하동군(금남면)	남해군(설천면)
창선대교	남해군(창선면)	남해군(삼동면)
마창대교	창원시(귀산동)	창원시(가포동)
천수교	진주시(신안동)	진주시(망경동)
남강교	진주시(충무공동)	진주시(상대동)
상평교	진주시(상평동)	진주시(호탄동)
밀주교	밀양시(삼문동)	밀양시(부북면)
진양교	진주시(칠암동)	진주시(상대동)
진주교	진주시(동성동)	진주시(강남동)

경상남도 주요지리 출제예상문제

1 다음 중 창원시에 있는 경상남도청의 소재지로 옳은 것은?

① 진해구 여좌동 ② 마산회원구 양덕동
③ 의창구 사림동 ④ 성산구 성주동

2 다음 중 사천시청의 소재지로 옳은 것은?

① 대방동 ② 용현면
③ 향촌동 ④ 이금동

3 다음 중 한국승강기대학교가 위치한 지역으로 옳은 것은?

① 통영시 봉평동 ② 사천시 동금동
③ 거창군 거창읍 ④ 김해시 외동

4 다음 중 김해중부경찰서의 위치로 옳은 것은?

① 봉황동 ② 진영읍
③ 삼계동 ④ 어방동

5 다음 중 경남과학고등학교의 소재지로 옳은 것은?

① 양산시 물금읍 ② 함안군 가야읍
③ 진주시 진성면 ④ 하동군 하동읍

6 다음 중 의령도서관 인근에 위치한 것으로 옳은 것은?

① 경남국제외국인학교 ② 서동생활공원
③ 덕원자연휴양림 ④ 옥천사

7 다음 중 파사석탑의 소재지로 옳은 것은?

① 밀양시 산내면 ② 김해시 구산동
③ 양산시 원동면 ④ 사천시 서금동

8 다음 중 경상남도수목원이 있는 지역으로 옳은 것은?

① 밀양시 부북면 ② 산청군 단성면
③ 의령군 궁류면 ④ 진주시 이반성면

9 다음 중 냉정분기점–장유IC–서부산요금소를 통과하는 고속도로의 명칭은?

① 광주대구고속도로 ② 남해고속도로 제2지선
③ 중부내륙고속도로 ④ 경부고속도로

10 다음 중 창원시에 소재한 경남택시운송사업조합의 위치로 옳은 것은?

① 의창구 명서동 ② 마산합포구 진동면
③ 성산구 성주동 ④ 진해구 석동

11 다음 중 통영시청의 소재지로 옳은 것은?

① 광도면 ② 무전동
③ 서호동 ④ 인평동

12 다음 중 거제경찰서가 위치한 지역으로 옳은 것은?

① 고현동 ② 동부면
③ 상동동 ④ 옥포동

13 다음 중 인제대학교 김해캠퍼스의 소재지로 옳은 것은?

① 어방동 ② 봉황동
③ 외동 ④ 율하동

14 다음 중 주은자연휴양림의 소재지로 옳은 것은?

① 남해군 이동면 ② 김해시 삼방동
③ 거창군 북상면 ④ 고성군 거류면

15 다음 중 삼천포항의 소재지로 옳은 것은?

① 창원시 ② 통영시
③ 거제시 ④ 사천시

16 다음 중 남해시외버스터미널의 소재지로 옳은 것은?

① 고현면 ② 남해읍
③ 상주면 ④ 이동면

17 다음 중 산청군–의령군–합천군–창녕군으로 이어지는 국도는?

① 국도3호선 ② 국도19호선
③ 국도14호선 ④ 국도20호선

18 다음 중 밀양시청의 소재지로 옳은 것은?

① 교동 ② 삼랑진읍
③ 가곡동 ④ 내이동

정답 1 ③ 2 ② 3 ③ 4 ① 5 ③ 6 ② 7 ② 8 ④ 9 ② 10 ① 11 ② 12 ④ 13 ① 14 ③ 15 ④ 16 ② 17 ④ 18 ①

19 다음 중 사천시 사천읍에 위치하지 않는 것은?
① 사천우체국 ② 사천소방서
③ 사천공항 ④ 사천시외버스터미널

20 다음 중 한국토지주택공사 본사의 소재지로 옳은 것은?
① 함안군 가야읍 ② 통영시 무전동
③ 의령군 의령읍 ④ 진주시 충무공동

21 다음 중 함안우체국의 소재지로 옳은 것은?
① 산인면 ② 대산면
③ 가야읍 ④ 군북면

22 다음 중 고성송학동고분군이 있는 곳으로 옳은 것은?
① 회화면 ② 개천면
③ 거류면 ④ 고성읍

23 다음 중 수로왕릉의 소재지로 옳은 것은?
① 양산시 원동면 ② 김해시 서상동
③ 산청군 단성면 ④ 남해군 미조면

24 다음 중 통영도서관이 위치한 지역에 있는 관광 명소로 옳은 것은?
① 해인사 ② 도덕산
③ 미륵산 ④ 성주사

25 다음 중 합천소방서 인근에 위치한 관광 명소로 옳은 것은?
① 이순신공원 ② 불일폭포
③ 악양루 ④ 화엄사

26 다음 중 화개장터의 소재지로 옳은 것은?
① 산청군 ② 창원시
③ 의령군 ④ 하동군

27 다음 중 고성군청이 위치한 지역으로 옳은 것은?
① 고성읍 ② 개천면
③ 하이면 ④ 회화면

28 다음 중 사천시 서금동에 소재한 공원으로 옳은 것은?
① 진양호공원 ② 노산공원
③ 만옥정공원 ④ 의령호국공원

29 다음 중 진주시에 위치한 국립진주박물관의 소재지로 옳은 것은?
① 가좌동 ② 강남동
③ 남성동 ④ 금산면

30 다음 중 남강유등축제가 열리는 지역으로 옳은 것은?
① 산청군 단성면 ② 진주시 본성동
③ 양산시 명동 ④ 창녕군 부곡면

31 다음 중 창녕군 부곡면에 소재하는 호텔로 옳지 않은 것은?
① 키즈스테이호텔인부곡 ② 삼성온천호텔
③ 레인보우관광호텔 ④ 뉴그랜드호텔

32 다음 중 남악서원의 소재지로 옳은 것은?
① 밀양시 무안면 ② 진주시 금곡면
③ 양산시 매곡동 ④ 산청군 단성면

33 다음 중 항공우주박물관이 위치한 지역으로 옳은 것은?
① 함양군 수동면 ② 창녕군 유어면
③ 사천시 사남면 ④ 밀양시 내일동

34 다음 중 창원시 마산합포구에 있는 마산합포구청의 소재지로 옳은 것은?
① 중앙동 ② 신포동
③ 월영동 ④ 장군동

35 다음 중 자굴산치유수목원이 위치한 지역으로 옳은 것은?
① 진주시 남성동 ② 의령군 가례면
③ 합천군 가회면 ④ 함양군 안의면

36 다음 중 통영시 문화동에 있는 국보의 이름으로 옳은 것은?
① 충렬사 ② 금호지
③ 세병관 ④ 성산패총

37 다음 중 함양군에 위치한 계곡으로 옳지 않은 것은?
① 한신계곡 ② 내원사계곡
③ 용추계곡 ④ 칠선계곡

38 다음 중 가야대학교 김해캠퍼스의 소재지로 옳은 것은?
① 봉황동 ② 대청동
③ 외동 ④ 삼계동

39 다음 중 대동분기점-물금IC-남양산IC-양산분기점을 통과하는 고속도로는?
① 광주대구고속도로 ② 중부내륙고속도로
③ 중앙고속도로지선 ④ 경부고속도로

정답
19 ② 20 ④ 21 ③ 22 ④ 23 ② 24 ③ 25 ④ 26 ④ 27 ① 28 ② 29 ③ 30 ② 31 ④ 32 ② 33 ③
34 ① 35 ② 36 ③ 37 ② 38 ④ 39 ③

40 다음 중 개양시외버스승강장의 소재지로 옳은 것은?
① 김해시 삼정동 ② 밀양시 가곡동
③ 진주시 가좌동 ④ 창녕군 부곡면

41 다음 중 합천영상테마파크의 소재지로 옳은 것은?
① 가야면 ② 용주면
③ 가회면 ④ 합천읍

42 다음 중 안의광풍루가 있는 지역으로 옳은 것은?
① 함양군 안의면 ② 함안군 가야읍
③ 양산시 원동면 ④ 밀양시 부북면

43 다음 중 통영세무서의 소재지로 옳은 것은?
① 용남면 ② 인평동
③ 광도면 ④ 무전동

44 다음 중 진해경찰서 인근에 소재한 관광 명소로 옳은 것은?
① 제황산공원 ② 거사봉
③ 중산리계곡 ④ 쌍계사

45 다음 중 창원시 진해구에 속한 행정구역이 아닌 것은?
① 남빈동 ② 풍호동
③ 여좌동 ④ 석전동

46 다음 중 창원소방본부의 소재지로 옳은 것은?
① 성산구 사파동 ② 진해구 풍호동
③ 마산합포구 장군동 ④ 마산회원구 합성동

47 다음 중 창원시 의창구에 소재하는 관광 명소가 아닌 것은?
① 천주산 ② 창원컨트리클럽
③ 창원향교 ④ 비음산

48 다음 중 창원시 귀산동과 창원시 가포동을 연결하는 교량의 이름은?
① 노량대교 ② 남강교
③ 마창대교 ④ 천수교

49 다음 중 삼천포터미널이 있는 지역으로 옳은 것은?
① 남해군 삼동면 ② 사천시 벌리동
③ 함양군 함양읍 ④ 거제시 일운면

50 다음 중 하동군과 남해군을 잇는 교량으로 옳은 것은?
① 사천대교 ② 진양교
③ 밀주교 ④ 노량대교

51 다음 중 함안군 산인면에 소재하는 공원으로 옳은 것은?
① 용지호수공원 ② 입곡군립공원
③ 남망산조각공원 ④ 고소성군립공원

52 다음 중 창원시 성산구에 소재하는 관광 명소로 옳지 않은 것은?
① 창원향교 ② 창원장미공원
③ 불곡사 ④ 성산패총

53 다음 중 진주시청이 위치한 지역으로 옳은 것은?
① 진성면 ② 하대동
③ 상대동 ④ 상봉동

54 사천시에 소재하는 아래의 각 기관과 그 위치가 잘못 짝지어진 것은?
① 사천경찰서 – 동금동 ② 사천공항 – 사천읍
③ 사천우체국 – 벌리동 ④ 사천시법원 – 용현면

55 다음 중 밀양시보건소의 소재지로 옳은 것은?
① 가곡동 ② 내이동
③ 교동 ④ 삼문동

56 다음 중 만화방초 인근에 소재하는 것으로 옳은 것은?
① 합천우체국 ② 의령군청
③ 고성군청 ④ 창녕소방서

57 다음 중 통영적십자병원의 소재지로 옳은 것은?
① 서호동 ② 무전동
③ 용남면 ④ 인평동

58 다음 중 수승대관광지 인근에 있는 것으로 옳지 않은 것은?
① 일원정 ② 금원산
③ 주은자연휴양림 ④ 진양호

59 다음 중 도계광장교차로–가음정사거리로 이어지는 간선도로의 명칭은?
① 창이대로 ② 중앙대로
③ 원이대로 ④ 3.15대로

60 다음 중 얼음골의 소재지로 옳은 것은?
① 밀양시 단장면 ② 양산시 물금읍
③ 밀양시 산내면 ④ 김해시 생림면

정답
40 ③ 41 ② 42 ① 43 ④ 44 ① 45 ④ 46 ② 47 ④ 48 ③ 49 ② 50 ④ 51 ② 52 ① 53 ③ 54 ③
55 ④ 56 ③ 57 ① 58 ④ 59 ③ 60 ③

61 다음 중 김해천문대의 위치로 옳은 것은?
① 김해시 어방동 ② 밀양시 초동면
③ 창원시 성산구 ④ 진주시 가좌동

62 다음 중 가지산도립공원이 위치하는 곳은?
① 하동군 ② 의령군 의령읍
③ 밀양시 산내면 ④ 양산시 물금읍

63 다음 중 하동군청이 위치한 지역으로 옳은 것은?
① 하동읍 ② 악양면
③ 청암면 ④ 화개면

64 다음 중 통영시 도남동에 위치하지 않는 것은?
① 금호통영마리나리조트 ② 통영유람선터미널
③ 통영거북선호텔 ④ 통영케이블카

65 다음 중 충무해저터널의 소재지로 옳은 것은?
① 사천시 신수동 ② 통영시 당동
③ 함안군 가야읍 ④ 하동군 옥종면

66 다음 진해시에 위치한 건물 중 풍호동에 소재하는 것은?
① 진해경찰서 ② 진해도서관
③ 진해우체국 ④ 진해구청

67 다음 창원시에 소재하는 것들 중 그 소재지가 다른 하나는?
① 마산운전면허시험장 ② 마산보건소
③ 마산우체국 ④ 마산소방서

68 다음 중 통영시에 속하는 섬이 아닌 것은?
① 비진도 ② 연화도
③ 저도 ④ 한산도

69 다음 중 남해군 – 하동군으로 이어지는 간선도로로 옳은 것은?
① 국도19호선 ② 국도79호선
③ 국도24호선 ④ 국도2호선

70 다음 중 김해여객터미널이 위치하는 곳으로 옳은 것은?
① 관동동 ② 진영읍
③ 부원동 ④ 외동

71 다음 중 배둔시외버스터미널의 소재지로 옳은 것은?
① 사천시 동금동 ② 김해시 외동
③ 고성군 회화면 ④ 밀양시 가곡동

72 다음 중 자굴산의 소재지로 옳은 것은?
① 거제시 아주동 ② 의령군 가례면
③ 창녕군 부곡면 ④ 사천시 신수동

73 다음 중 산청군청이 위치한 지역으로 옳은 것은?
① 산청읍 ② 신안면
③ 시천면 ④ 삼장면

74 다음 중 경호강의 소재지로 옳은 것은?
① 산청군 생초면 ② 창녕군 고암면
③ 의령군 궁류면 ④ 진주시 옥봉동

75 다음 중 통영시 명정동에 소재하는 것으로 옳은 것은?
① 합천호 ② 서산서원
③ 충렬사 ④ 일봉산

76 다음 중 의령군 궁류면에 소재하는 관광 명소로 옳은 것은?
① 서동생활공원 ② 찰비계곡
③ 구곡산 ④ 봉화대

77 다음 중 산청군에 위치한 계곡으로 옳은 것은?
① 찰비계곡 ② 달천계곡
③ 장유대청계곡 ④ 백운동계곡

78 다음 중 용지호수공원의 인근에 있는 산으로 옳은 것은?
① 토곡산 ② 불모산
③ 미륵산 ④ 일봉산

79 다음 중 월영광장교차로–창원육교로 이어지는 간선도로의 이름은?
① 3.15대로 ② 국도2호선
③ 국도5호선 ④ 창원대로

80 다음 중 죽도해수욕장의 소재지로 옳은 것은?
① 남해군 삼동면 ② 산청군 단성면
③ 통영시 한산면 ④ 창녕군 부곡면

81 다음 중 양산시청의 소재지로 옳은 것은?
① 중부동 ② 신기동
③ 주남동 ④ 남부동

정답
61 ① 62 ③ 63 ① 64 ③ 65 ② 66 ④ 67 ③ 68 ③ 69 ① 70 ④ 71 ③ 72 ② 73 ① 74 ① 75 ③
76 ② 77 ④ 78 ② 79 ① 80 ③ 81 ④

82 다음 중 한국남동발전이 위치한 지역으로 옳은 것은?
① 거제시 상동동 ② 진주시 충무공동
③ 양산시 주남동 ④ 김해시 부원동

83 다음 중 창원시 진해구에 소재하는 학교로 옳은 것은?
① 해군사관학교 ② 창신대학교
③ 경상국립대학교 ④ 창원대학교

84 다음 중 진해항제1, 2부두의 소재지로 옳은 것은?
① 통신동 ② 석동
③ 장천동 ④ 남빈동

85 다음 중 김해가야테마파크가 위치하는 지역은?
① 주촌면 ② 삼방동
③ 상동면 ④ 어방동

86 다음 중 창원시 성산구에 위치하는 관광 명소로 옳지 않은 것은?
① 창원호텔 ② 스카이뷰관광호텔
③ 비음산 ④ 성주사

87 다음 중 석류공원 인근에 있는 학교로 옳지 않은 것은?
① 동원과학기술대학교
② 공군항공과학고등학교
③ 경상국립대학교 가좌캠퍼스
④ 한국국제대학교

88 다음 중 한국 3대 사찰 중 하나인 통도사의 소재지로 옳은 것은?
① 의령군 용덕면 ② 합천군 합천읍
③ 양산시 하북면 ④ 진주시 명석면

89 다음 중 오도산자연휴양림 인근에 소재하는 것으로 옳지 않은 것은?
① 한신계곡 ② 해인사관광호텔
③ 화엄사 ④ 황계폭포

90 다음 중 함양군에 있는 함양학사루의 소재지로 옳은 것은?
① 서상면 ② 마천면
③ 안의면 ④ 함양읍

91 다음 중 충의공원과 그 소재지가 같은 것은?
① 아리랑관광호텔 ② 함안연꽃테마파크
③ 최참판댁 ④ 이순신공원

92 다음 중 의령군청이 위치하는 곳으로 옳은 것은?
① 궁류면 ② 용덕면
③ 의령읍 ④ 가례면

93 다음 중 산청한방리조트의 소재지로 옳은 것은?
① 금서면 ② 단성면
③ 생초면 ④ 산청읍

94 다음 중 주남저수지와 그 소재지가 같은 것은?
① 남사예담촌 ② 무지개폭포
③ 동판저수지 ④ 진양호공원

95 다음 중 밀양시에 위치한 관광 명소로 옳지 않은 것은?
① 다솔사 ② 표충비
③ 영남루 ④ 영산정사

96 다음 중 노산공원 인근에 위치한 박물관으로 옳은 것은?
① 의병박물관 ② 국립김해박물관
③ 항공우주박물관 ④ 고성공룡박물관

97 다음 중 창녕군청의 소재지로 옳은 것은?
① 유어면 ② 부곡면
③ 창녕읍 ④ 대지면

98 다음 중 창녕석빙고 인근에 위치한 자연 명소들로 옳지 않은 것은?
① 구현산 ② 홍룡폭포
③ 우포늪 ④ 화왕산

99 다음 중 진주시에 있는 호텔로 옳지 않은 것은?
① 레인보우관광호텔 ② 제이스퀘어호텔
③ 라온스테이호텔 ④ 뉴그랜드호텔

100 다음 중 장복터널과 그 소재지가 같은 것은?
① 거사봉 ② 농월정
③ 루이스호텔 ④ 도덕산

101 다음 중 사량도여객선터미널이 소재하지 않는 곳은?
① 통영시 도산면 ② 사천시 동금동
③ 사천시 서동 ④ 통영시 미수동

102 다음 중 김해시에 소재하는 역으로 옳은 것은?
① 인제대역 ② 반성역
③ 중리역 ④ 삼랑진역

정답 82 ② 83 ① 84 ③ 85 ④ 86 ② 87 ① 88 ③ 89 ① 90 ④ 91 ② 92 ③ 93 ④ 94 ③ 95 ① 96 ③ 97 ③ 98 ② 99 ① 100 ③ 101 ③ 102 ①

103 다음 중 지리산의 행정구역상 소재지로 옳은 것은?
① 거제시 일운면 ② 진주시 판문동
③ 통영시 도산면 ④ 함양군 마천면

104 다음 중 진주교육대학교가 위치한 곳으로 옳은 것은?
① 중안동 ② 하대동
③ 초전동 ④ 신안동

105 다음 중 국토안전관리원이 위치하고 있는 지역은?
① 사천시 벌리동 ② 진주시 충무공동
③ 산청군 생초면 ④ 창녕군 부곡면

106 정기룡장군유허지가 있는 지역과 동일한 곳에 위치한 것으로 옳지 않은 것은?
① 서산서원 ② 경충사
③ 금오산 ④ 학섬

107 다음 중 양산우체국의 소재지로 옳은 것은?
① 남부동 ② 명곡동
③ 물금읍 ④ 신기동

108 다음 중 국방기술품질원과 동일한 지역에 있지 않은 것은?
① 낙동강유역환경청 ② 한국승강기안전공단
③ 한국산업기술시험원 ④ 주택관리공단

109 다음 중 창원시 성산구에 있는 창원중앙도서관의 소재지로 옳은 것은?
① 대원동 ② 반송동
③ 신월동 ④ 용호동

110 다음 중 율포항과 같은 지역에 위치하는 것은?
① 경운산 ② 노자산
③ 삼천포항 ④ 매미성

111 아래의 지역 중 창녕군청이 위치한 곳은?
① 부곡면 ② 창녕읍
③ 유어면 ④ 대지면

112 다음 중 법기수원지의 소재지로 옳은 것은?
① 양산시 동면 ② 김해시 주촌면
③ 산청군 단성면 ④ 의령군 궁류면

113 다음 중 남해군에 위치한 해수욕장으로 옳은 것은?
① 명사해수욕장 ② 신수도몽돌해변
③ 송정솔바람해변 ④ 학동흑진주몽돌해변

114 다음 중 양산시 물금읍에 소재하는 것으로 옳지 않은 것은?
① 양산시청 ② 부산대학교 양산캠퍼스
③ 물금증산리왜성 ④ 양산디자인공원

115 다음 중 경철서와 그 소재지가 옳게 짝지어진 것은?
① 김해서부경찰서 – 대청동 ② 사천경찰서 – 벌리동
③ 진주경찰서 – 주약동 ④ 통영경찰서 – 봉평동

116 다음 중 마산운전면허시험장의 소재지로 옳은 것은?
① 마산합포구 신포동 ② 마산합포구 진동면
③ 마산회원구 회원동 ④ 마산회원구 석전동

117 다음 중 창원시–함안군–창녕군까지 이어지는 도로의 이름은?
① 국도19호선 ② 국도79호선
③ 국도20호선 ④ 국도5호선

118 다음 중 창원시청의 소재지로 옳은 것은?
① 성산구 상남동 ② 진해구 풍호동
③ 성산구 용호동 ④ 마산합포구 월영동

119 다음 중 창원시 진해구에 있는 기관과 그 소재지가 잘못 짝지어진 것은?
① 진해구청 – 풍호동 ② 진해경찰서 – 석동
③ 진해보건소 – 인의동 ④ 진해우체국 – 통신동

120 다음 중 둔마리벽화고분의 소재지로 옳은 것은?
① 밀양시 단장면 ② 김해시 삼방동
③ 고성군 거류면 ④ 거창군 남하면

121 다음 중 창원시에 있는 구청과 그 소재지가 잘못 짝지어진 것은?
① 성산구청 – 사파동 ② 마산회원구청 – 양덕동
③ 마산합포구청 – 중앙동 ④ 진해구청 – 풍호동

122 다음 중 창원시에 소재하지 않는 대학은?
① 경남대학교 ② 한국폴리텍대학
③ 동원과학기술대학교 ④ 창신대학교

정답
103 ④ 104 ④ 105 ② 106 ① 107 ④ 108 ① 109 ② 110 ② 111 ② 112 ① 113 ③ 114 ① 115 ①
116 ② 117 ④ 118 ③ 119 ③ 120 ④ 121 ① 122 ③

123 다음 중 근로복지공단창원병원이 위치하는 곳으로 옳은 것은?
① 하동군 금성면 ② 창원시 성산구 중앙동
③ 진주시 주약동 ④ 밀양시 내이동

124 다음 중 삼성창원병원의 소재지로 옳은 것은?
① 마산회원구 합성동 ② 성산구 반림동
③ 의창구 서상동 ④ 진해구 남빈동

125 다음 중 갈모봉산림욕장이 위치하는 지역으로 옳은 것은?
① 거창군 가조면 ② 남해군 남면
③ 고성군 고성읍 ④ 산청군 신안면

126 다음 중 해금강외도구조라유람선터미널이 위치한 지역으로 옳은 것은?
① 통영시 광도면 ② 거제시 일운면
③ 양산시 중부동 ④ 고성군 회화면

127 다음 중 통영유람선터미널이 소재한 지역으로 옳은 것은?
① 미수동 ② 서호동
③ 도산면 ④ 도남동

128 다음 중 해인사시외버스터미널 인근에 위치한 명소로 옳은 것은?
① 만옥정공원 ② 가야산국립공원
③ 입곡군립공원 ④ 달아공원

129 다음 중 창원시에서 진해군항제가 열리는 곳으로 옳은 것은?
① 제황산동 ② 대천동
③ 경화동 ④ 태백동

130 다음 중 창원NC파크 인근에 위치한 건물로 옳은 것은?
① 아리랑관광호텔 ② 홈포레스트레지던스호텔
③ 한산마리나호텔 ④ 비바체리조트

131 다음 중 거제시 장목면에 위치한 해수욕장으로 옳은 것은?
① 와현해수욕장 ② 구영해수욕장
③ 구조라해수욕장 ④ 덕포해수욕장

132 다음 중 남해군에 위치하지 않는 것은?
① 죽방렴 ② 독일마을
③ 영남루 ④ 상주은모래비치

133 다음 중 거제시-통영시-고성군-창원시-김해시 국도는 몇 번 도로인가?
① 국도25호선 ② 국도14호선
③ 국도20호선 ④ 국도24호선

134 다음 중 밀양시(삼문동) - 밀양시(부북면)를 잇는 교량의 이름은?
① 밀주교 ② 마창대교
③ 상평교 ④ 진주교

135 다음 중 김해시청역 인근에 위치하지 않는 것은?
① 아이스퀘어호텔 ② 김해외국어고등학교
③ 밀양아리나 ④ 김해세무서

136 다음 중 전구형왕릉의 소재지로 옳은 것은?
① 사천시 용현면 ② 산청군 금서면
③ 양산시 북정동 ④ 진주시 이반성면

137 다음 중 통영시 광도면에 소재하지 않는 것은?
① 통영경찰서 ② 통영해양경찰서
③ 통영서울병원 ④ 통영우체국

138 다음 중 하동군 하동읍에 위치하지 않는 기관은?
① 하동경찰서 ② 하동소방서
③ 하동군보건소 ④ 하동도서관

139 다음 중 마산시립회원도서관 인근에 위치한 것은?
① 지리산자연휴양림 ② 박경리기념관
③ 삼학사 ④ 윤이상기념공원

140 다음 중 황매산군립공원이 위치한 지역으로 옳은 것은?
① 합천군 가회면 ② 산청군 단성면
③ 하동군 옥종면 ④ 거제시 연초면

141 다음 중 고견사의 소재지로 옳은 것은?
① 산청군 생초면 ② 거창군 가조면
③ 김해시 신문동 ④ 밀양시 무안면

142 다음 중 합천교육지원청 인근에 위치하는 것으로 옳지 않은 것은?
① 함벽루 ② 합천호
③ 화엄사 ④ 성주사

정답
123 ② 124 ① 125 ③ 126 ② 127 ④ 128 ② 129 ② 130 ① 131 ② 132 ③ 133 ② 134 ① 135 ③
136 ② 137 ④ 138 ② 139 ③ 140 ① 141 ② 142 ④

143 다음 중 밀양시외버스터미널 인근에 소재하는 것으로 옳은 것은?

① 창신대학교
② 경상남도교통문화연수원
③ 창원지방검찰청 밀양지청
④ 경상고등학교

144 다음 중 거제삼성호텔과 같은 지역에 소재하는 호텔은?

① 아이스퀘어호텔 ② 홈포레스트레지던스호텔
③ 오션스파호텔 ④ 오아시스호텔

145 다음 중 장유대천계곡 인근에 위치한 호텔로 옳은 것은?

① 통도호텔 ② 엘리너스호텔
③ 호텔파인그로브 ④ 라피스호텔

146 다음 중 양산시립박물관인근에 위치한 문화재로 옳은 것은?

① 물금증산리왜성 ② 충렬사
③ 성산패총 ④ 세병관

147 다음 중 함안군청의 소재지로 옳은 것은?

① 대산면 ② 군북면
③ 가야읍 ④ 산인면

148 다음 중 연암물레방아공원의 위치로 옳은 것은?

① 통영시 동호동 ② 창녕군 고암면
③ 남해군 창선면 ④ 함양군 안의면

149 다음 중 라피스호텔 인근에 위치한 것으로 옳지 않은 것은?

① 구만산 ② 남해용문사
③ 보리암 ④ 한려해상국립공원

150 다음 중 김해시에 소재하는 교통시설이 아닌 것은?

① 대청터널 ② 진례역
③ 반성역 ④ 인제대역

151 다음 중 함양군청의 소재지로 올바른 것은?

① 백전면 ② 함양읍
③ 서하면 ④ 수동면

152 다음 지역 중 거창군에 소재한 기백산이 위치한 지역으로 옳은 것은?

① 북상면 ② 남하면
③ 위천면 ④ 거창읍

153 다음 중 경호강 인근에 위치한 교통시설로 옳은 것은?

① 고성여객자동차터미널 ② 생초시외버스터미널
③ 창녕시외버스터미널 ④ 의령버스터미널

154 다음 중 진주시(충무공동) – 진주시(상대동)을 잇는 교량의 명칭은?

① 밀주교 ② 남강교
③ 상평교 ④ 진주교

155 다음 중 함양군–거창군–합천군–창녕군–밀양시까지 이어지는 국도로 옳은 것은?

① 국도3호선 ② 국도35호선
③ 국도24호선 ④ 국도14호선

156 다음 중 합천군청의 소재지로 옳은 것은?

① 대양면 ② 가야면
③ 가회면 ④ 합천읍

157 다음 중 합천군 가회면에 소재하는 것으로 옳은 것은?

① 황매산군립공원 ② 황계폭포
③ 합천호 ④ 화엄사

158 다음 중 창원시 마산합포구 월영동에 위치한 명소로 옳은 것은?

① 월영대 ② 마금산원탕보양온천
③ 돋섬해상유원지 ④ 불곡사

159 다음 중 신라진흥왕척경비가 위치하는 지역으로 옳은 것은?

① 사천시 신수동 ② 양산시 북정동
③ 창녕군 창녕읍 ④ 진주시 판문동

160 다음 중 진주시(동성동) – 진주시(강남동)를 잇는 교량으로 옳은 것은?

① 천수교 ② 진주교
③ 노량대교 ④ 사천대교

정답
143 ③ 144 ④ 145 ③ 146 ① 147 ③ 148 ④ 149 ① 150 ③ 151 ② 152 ③ 153 ② 154 ② 155 ③
156 ④ 157 ① 158 ③ 159 ③ 160 ②

MEMO

크라운출판사 도서 안내

운전면허
필기시험문제

정가 13,000원

운전면허 필기시험문제
한번에 합격하기(46판)

정가 12,000원

운전면허시험 제1,2종
보통면허 합격출제문제

정가 12,000원

기능검정원 기능
학과강사 필기시험 출제예상문제

정가 36,000원

※ 가격은 변경될 수 있으며, 크라운출판사 홈페이지를 참고하시기 바랍니다.

국가자격
시험문제
전문출판
에듀크라운

크라운출판사 도서 안내

1일이면 합격! 끝내주는!
화물운송종사 자격시험문제

정가 13,000원

완전합격 화물운송종사
자격시험 총정리문제

정가 16,000원

1일이면 합격! 끝내주는!
버스운전 자격시험출제문제

정가 15,000원

완전합격 버스운전
자격시험문제

정가 13,000원

※ 가격은 변경될 수 있으며, 크라운출판사 홈페이지를 참고하시기 바랍니다.

제1편 교통 및 여객자동차운수사업 법규

01 **여객 자동차 운수 사업법의 목적** ➲ ① 운수 사업에 관한 질서 확립, ② 여객의 원활한 운송, ③ 운수 사업의 종합적인 발달을 도모, ④ 공공복리 증진

02 **여객 자동차 운송 사업의 종류** ➲ ① 여객 자동차 운송 사업, ② 자동차 대여 사업, ③ 여객 자동차 터미널 사업 및 여객 자동차 운송 플랫폼 사업

03 **여객 자동차 운송 사업** ➲ 다른 사람의 수요에 응하여 자동차를 사용하여 유상(有償)으로 여객을 운송하는 사업.

04 **여객 자동차 운송 플랫폼 사업** ➲ 여객의 운송과 관련한 다른 사람의 수요에 응하여 이동 통신 단말 장치. 인터넷 홈페이지 등에서 사용되는 응용 프로그램(운송 플랫폼)을 제공하는 사업

05 **정류소** ➲ 여객이 승차 또는 하차할 수 있도록 노선 사이에 설치한 장소

06 **택시 승차대** ➲ 택시 운송 사업용 자동차에 승객을 승차 또는 하차시키거나 승객을 태우기 위하여 대기하는 장소나 구역

07 **택시 운송 사업의 구분** ➲ ① 경형(1.000cc 미만), ② 소형(1.600cc 미만), ③ 중형(1.600cc이상), ④ 대형(승용 : 2.000cc 이상 - 6인 이상 ~ 10인 이하, 승합 : 2.000cc 이상 - 13인승 이하), ⑤ 모범형(승용 : 1.900cc 이상), ⑥ 고급형(승용 : 2.800cc 이상)

08 **택시 운송 사업의 사업 구역 : ① "대형 및 고급형"의 사업 구역** ➲ 특별시 · 광역시 · 도 단위, ② "경형, 소형, 중형, 모범형" ➲ 특별시 · 광역시 · 특별자치시 · 특별자치도 또는 시 · 군 단위)

09 **택시 경형** ➲ 배기량 1.000cc 미만의 승용 자동차(승차 정원 5인승 이하의 것만 해당)를 사용하는 택시 운송 사업이다.

10 **택시 중형** ➲ 배기량 1.600cc 이상의 승용 자동차(승차 정원 5인승 이하의 것만 해당)를 사용하는 사업을 말한다.

11 **택시 대형** ➲ ① 배기량 - 2.000cc 이상 승용 자동차(승차 정원 6인 이상 10인승 이하만 해당), ② 배기량 - 2.000cc 이상 승차 정원 23인승 이하인 승합 자동차

12 **택시 모범형** ➲ 배기량 1.900cc 이상의 승용 자동차(5인 이하의 것만 해당)

13 **택시 고급형** ➲ 배기량 2.800cc 이상의 승용 자동차를 사용하는 택시 운송 사업

14 **택시 운전 종사 자격 요건 등을 규정하고 있는 법은** ➲ 여객 자동차 운수 사업법

15 **사업용 택시를 경형, 중형, 대형, 모범형, 고급형으로 구분하는 기준** ➲ 배기량

16 **여객 자동차 운송 사업의 구분** ➲ ① 전세 버스 운송 사업, ② 특수 여객 자동차 운송 사업, ③ 일반 택시 운송 사업, ④ 개인택시 운송 사업

17 **여객 자동차 운송 사업용 자동차의 운전 업무에 종사하려는 자의 자격 요건** ➲ 20세 이상으로서 해당 사업용 자동차 운전 경력이 1년 이상인 사람

18 **운전 적성 정밀 검사의 종류** ➲ 신규 검사, 특별 검사, 자격 유지 검사

① 신규 검사 : 신규로 여객 자동차 운송 사업용 자동차를 운전하려는 사람

② 특별 검사 : 과거 1년간 운전면허 행정 처분 기준에 따라 누산 점수가 81점 이상인 사람 또는 중상 이상의 사상 사고를 일으킨 사람

③ 자격 유지 검사 : 65세 이상 70세 미만인 사람(적합 판정을 받고 3년이 지나지 않는 사람은 제외), 70세 이상인 사람(적합 판정을 받고 1년이 지나지 아니한 사람은 제외)

19 **택시 운송 사업 구역과 인접한 주요 교통 시설 · 범위** ➲ ① 고속 철도역 경계선 기준 : 10km, ② 여객 이용 시설이 설치된 무역항의 경계선 기준 : 50km, ③ 복합 환승 센터의 경계선을 기준 : 10km

20 **여객 자동차 운수 사업법에 따른 중대한 교통사고** ➲ ① 사망자 2명 이상 발생한 사고, ② 사망자 1명과 중상자 3명 이상이 발생한 사고, ③ 중상자 6명 이상이 발생한 사고, ④ 전복사고, ⑤ 화재가 발생한 사고

21 **택시 운송 사업자가 택시 안에 표시해야 할 사항** ➲ 회사명, 자동차 번호, 운전자 성명, 불편 사항 연락처, 차고지 등의 표지판을 게시

22 **택시 승객이 신용 카드 결제를 요청 할 경우** ➲ 운전자는 신용 카드 결제 요구에 응해야 함

23 **운송 사업자가 운행 전 운수 종사자에게 확인 할 사항** ➲ ① 음주 여부, ② 운수 종사자의 건강 상태, ③ 운행 경로 숙지 여부 등

24 운수 사업자가 운수 종사자의 음주 여부 등 확인 결과의 기록 서면의 보관 연수 ➡ 3년

25 운수 종사자가 운전 업무 중 해당 도로에 이상이 있었을 때의 경우 ➡ 운전 업무를 마치고 교대 할 때 다음 운전자에게 알려야 함.

26 택시 요금 할증 적용 시간 ➡ 24:00 ~ 04:00(각 시 · 도별로 다름)

27 여객 자동차 운송 사업용 자동차 안에서 운수 종사자의 흡연 여부 ➡ 흡연 불가

28 여객 자동차 운수 사업법상 "교통사고 발생 시의 조치 등" ➡ ① 운송 사업자는 24시간 이내에 사고의 일시, 장소, 및 피해 사항 등 개략적인 상황을 관할 시 · 도지사에게 보고, ② 2차로 72시간 이내에 사고 보고서를 작성하여 관할 시 · 도지사에게 제출

29 여객 자동차 운수 사업법상 운수 종사자가 해서는 안 되는 행위 ➡ ① 택시 요금 미터 임의 조작 또는 훼손 행위, ② 일정한 장소에 오랜 시간 정차하여 여객 유치 행위, ③ 자동차 안에서 흡연 행위, ④ 문을 완전히 닫지 않고 자동차를 출발하는 행위, ⑤ 정당한 사유 없이 여객의 승차 거부 또는 여객을 중도에서 하차하는 행위, ⑥ 부당한 운임 또는 요금을 받는 행위, ⑦ 여객이 승차하기 전 출발 또는 승차할 여객이 있는데도 정차하지 않고 지나는 경우

30 택시 운전 자격시험의 합격은 총점의 몇 할 이상 ➡ 6할 이상 얻어야 합격한다.

31 택시 운수 종사자의 준수 사항(정당한 사유 없이 여객의 승차를 거부하거나 여객을 중도에서 내리게 하는 행위) 위반 시 처분 ➡ 1년 내 ① 1차 위반 : 자격 정지 10일, ② 2차 위반 : 자격 정지 20일, ③ 3차 이상 위반 : 자격 취소

32 택시운수 종사자의 준수 사항(부당한 운임 또는 요금을 받는 행위) 위반 시 처분 ➡ ① 1차 위반 : 자격 정지 10일, ② 2차 위반 : 자격정지 20일, ③ 3차 위반 : 자격 취소

33 택시 운수 종사자의 준수 사항(여객의 합승 행위) 위반 시 처분 ➡ ① 1차 위반 : 자격 정지 10일, ② 2차 위반 : 자격 정지 20일, ③ 3차 이상 위반 : 자격 취소

34 택시 운수 종사자의 준수 사항 (여객의 요구에도 불구하고 영수증 발급 또는 신용 카드 결제에 응하지 않는 행위) 위반 시 처분 ➡ ① 1차 위반 : 자격 정지 10일, ② 2차 위반 : 자격 정지 10일, ③ 3차 이상 위반 : 자격 취소 (* 단 영수증 발급기 및 신용 카드 결제기가 설치된 경우에 한정).

35 택시 운전 종사자가 운전 자격 정지의 처분 기간 중에 택시 운전 업무에 종사한 경우의 행정 처분 기준 ➡ 자격 취소.

36 택시 운전 자격증을 소지한 자가 다른 사람에게 대여한 사실이 적발된 경우의 행정 처분 기준 ➡ 자격 취소.

37 개인택시 운송 사업자가 불법으로 다른 사람으로 하여금 대리운전을 하게 한 경우에 행정 처분 기준 ➡ ① 1차 위반 : 자격 정지 30일, ② 2차 이상 위반 : 자격 정지 30일

38 중대한 교통사고로 사망자 2명 이상의 사상자를 발생케 한 경우의 행정 처분 기준 ➡ ① 1차 위반 : 자격 정지 60일, ② 2차 이상 위반 : 자격 정지 60일

39 중대한 교통사고로 사망자 1명 및 중상자 3명 이상의 사상자를 발생케 한 경우의 행정 처분 기준 ➡ ① 1차 위반 : 자격 정지 50일, ② 2차 이상 위반 : 자격 정지 50일

40 중대한 교통사고로 중상자 6명 이상의 사상자를 발생케 한 경우의 행정 처분의 기준 ➡ ① 1차 위반 : 자격 정지 40일, ② 2차 이상 위반 : 자격 정지 40일

41 운수 종사자 교육의 종류와 교육 시간 ➡ ① 신규 교육 : 16시간, ② 보수 교육 : 무사고 · 무벌점 기간이 5년 이상 10년 미만인 운수 종사자(4시간 – 격년), 무사고 · 무벌점 기간이 5년 미만인 운수 종사자(4시간 – 매년), 법령 위반 운수 종사자(8시간 – 수시), ③ 수시 교육 : 국토교통부 장관 또는 시 · 도지사가 교육을 받을 필요가 있다고 인정하는 운수 종사자 (4시간 : 필요 시)

42 여객 자동차 운송 사업용 택시의 차령 기준 ➡ ① 개인택시(경형, 소형) – 5년, "2400cc 미만" – 7년, "2400cc 이상" – 9년, 개인택시(전기 자동차) – 9년, ② 일반 택시(경형, 소형) – 3년 6개월, "2400cc 미만" – 4년, "2400cc 이상" – 6년, 일반 택시(전기 자동차) – 6년

43 택시 운송 사업자에게 과징금이 부과되는 경우 ➡ ① 택시 미터기를 부착하지 아니하고 운행한 경우, ② 정류장에서 주차 또는 정차 질서를 문란하게 한 경우, ③ 면허를 받은 사업 구역 외의 행정 구역에서 영업을 한 경우, ④ 운수 종사자의 자격 요건을 갖추지 않은 사람을 운전 업무에 종사하게 한 경우, ⑤ 운임 · 요금의 신고 또는 변경 신고를 하지 않거나 부당한 요금을 받은 경우 등

44 운송 사업자가 면허를 받거나 등록한 차고를 이용하지 않고 차고지가 아닌 곳에서 밤샘 주차한 경우의 과징금 ➲ ① 일반 택시 : 1차 위반 – 10만 원(2차 위반 – 15만 원), ② 개인택시 : 1차 위반 – 10만 원 (2차 위반 – 15만 원)

45 운송 사업자가 운수 종사자의 자격 요건을 갖추지 않은 사람을 운전 업무에 종사하게 한 경우의 과징금 ➲ ① 일반 택시 : 1차 위반 –360만 원(2차 위반– 720만 원), ② 개인택시 : 1차 위반 – 360만 원(2차 위반– 720만 원)

46 운송 사업자가 운수 종사자의 교육에 필요한 조치를 하지 않은 경우의 과징금 ➲ 일반 택시 : 1차 위반 – 30만 원, 2차 위반 – 60만 원, 3차 이상 위반 – 90만 원

47 여객 자동차 운송 사업자가 면허를 받은 사업 구역 외의 행정 구역에서 사업을 한 경우의 과징금 ➲ ① 일반 택시 : 1차 위반 – 180만 원, 2차 위반 – 360만 원, 3차 위반 – 540만 원, ② 개인택시 : 1차 위반 – 180만 원, 2차 위반 – 360만 원, 3차 위반 : 540만 원

48 운수 종사자로부터 운송 수익금 전액을 납부 받지 않은 경우의 과태료 ➲ 1회 위반 – 500만 원, 2회 위반 – 1.000만 원, 3회 이상 위반 – 1.000만 원

49 운수 종사자에게 여객의 좌석 안전띠 착용에 관한 교육을 실시하지 않은 경우의 과태료 ➲ 1회 위반 – 20만 원, 2회 위반 – 30만 원, 3회 이상 위반 – 50만 원

50 운수 종사자의 요건을 갖추지 않고 여객 자동차 운송 사업의 운전 업무에 종사한 경우의 과태료 ➲ 1회 위반 – 50만 원, 2회 위반 – 50만 원, 3회 이상 위반 – 50만 원

51 운전 업무 종사 자격을 증명하는 증표를 발급받아 해당 사업용 자동차 안에 항상 게시하지 않은 경우의 과태료 ➲ 1회 위반 – 10만 원, 2회 위반 – 15만 원, 3회 이상 위반 – 20만 원

52 여객 자동차 운송 사업용 자동차 안에서 운수 종사자가 흡연하는 행위의 과태료 ➲ 1회, 2회, 3회 이상 모두 동일하게 각 각 10만 원

53 차량이 출발 전에 여객이 좌석 안전띠를 착용하도록 안내하지 않은 경우의 과태료 ➲ 1회 위반 – 3만 원, 2회 위반 – 5만 원, 3회 이상 위반 – 10만 원

54 **운수 종사자가 다음 각 호의 행위를 한 경우 과태료**
① 정당한 사유 없이 여객의 승차를 거부하거나 여객을 중도에서 내리게 하는 행위
② 부당한 운임 또는 요금을 받는 행위 또는 여객을 합승하도록 하는 행위
③ 일정한 장소에 오랜 시간 정차하여 여객을 유치하는 행위
④ 문을 완전히 닫지 아니한 상태에서 자동차를 출발시키거나 운행하는 경우 :
1회 – 20만 원, 2회 – 20만 원, 3회 이상 – 20만 원

55 **택시 공영 차고지** ⇨ 택시 운송 사업에 제공되는 차고지로서 특별시장, 광역시장, 특별자치시장, 도지사, 특별자치도지사 또는 시장, 군수, 구청장(자치구의 구청장)이 설치한 것

56 **택시 정책 심의 위원회의 위원 임기는** ⇨ 임기는 2년이며, 교통 관련 업무 공무원 경력 2년 이상 또는 택시 운송 사업에 5년 이상 종사 한 사람, 택시 운송 사업 분야에 관한 학식과 경험이 풍부한 사람 등을 10명 이내로 구성

57 **택시 운송 사업 기본 계획을 수립하는 자는** ⇨ 국토 교통부 장관

58 **택시 운송 사업 발전 기본 계획의 수립 주기** ⇨ 5년 마다

59 **택시 운송 사업 발전 법령상 택시 운송 사업자가 택시 구입비, 유류비, 세차비 등을 택시 운수 종사자에게 전가시켜 적발된 경우의 과태료** ⇨ 1회 위반 – 500만 원, 2회 위반 – 1.000만 원, 3회 이상 위반 – 1.000만 원

60 **도로 교통법의 목적** ⇨ 도로에서 일어나는 교통상의 모든 위험과 장애를 방지하고 제거하여 안전하고 원활한 교통을 확보하기 위함

61 **도로 교통법상 도로** ⇨ ① 도로법에 따른 도로, ② 유료 도로법에 따른 유료 도로, ③ 농어촌 도로 정비법에 따른 농어촌 도로

62 **도로 교통법상 "자동차 전용 도로"의 정의** ⇨ 자동차만 다닐 수 있도록 설치된 도로

63 **도로 교통법상 "횡단보도"의 정의** ⇨ 보행자가 도로를 횡단할 수 있도록 안전표지로 표시한 도로의 부분

64 **도로 교통법상 "차로"의 정의** ⇨ 차마가 한 줄로 도로의 정하여진 부분을 통행하도록 차선으로 구분한 차도의 부분

65 **도로 교통법상 "안전지대"의 정의** ➲ 도로를 횡단하는 보행자나 통행하는 차마의 안전을 위하여 안전표지나 이와 비슷한 인공 구조물로 표시한 도로의 부분

66 **도로 교통법상 "정차"의 정의** ➲ 운전자가 5분을 초과하지 아니하고 차를 정지시키는 것으로서 주차 외의 정지 상태

67 **도로 교통법상 "일시 정지"의 정의** ➲ 차 또는 노면 전차의 운전자가 그 차의 바퀴를 일시적으로 완전히 정지시키는 것

68 **도로 교통법상 "서행"의 정의** ➲ 운전자가 차 또는 노면 전차를 즉시 정지시킬 수 있는 정도의 느린 속도로 진행하는 것

69 **도로 교통법상 "차선"의 정의** ➲ 차로와 차로를 구분하기 위하여 그 경계지점을 안전표지로 표시한 선

70 **도로 교통법상 "차"에 해당하는 것** ➲ ① 자동차, ② 건설 기계, ③ 원동기 장치 자전거, ④ 자전거, ⑤ 사람 또는 가축의 힘이나 그 밖의 동력으로 도로에서 운전되는 것(다만 수동 휠체어, 전동 휠체어, 의료용 스쿠터, 유모차, 보행 보조용 의자차는 제외)

71 **긴급 자동차의 종류** ➲ ① 소방차, 구급차, 혈액 공급 차량, ② 수사 기관의 자동차 중 범죄 수사를 위하여 사용되는 자동차 또는 교통 단속, 긴급한 경찰 업무 수행에 사용되는 자동차 ③ 국군 및 주한 국제 연합국용 자동차 중 군 내부의 질서 유지나 부대의 질서 있는 이동을 유도하는데 사용되는 자동차, ④ 국내외 요인에 대한 경호 업무 수행에 공무로 사용되는 자동차

72 **차량 신호등 "삼색 등화"의 순서** ➲ 녹색 – 황색 – 적색

73 **차량 신호등 "4색 신호등"의 배열 순서** ➲ 적색 → 황색 → 녹색 화살표→ 녹색

74 **차량 신호등 "황색 등화"의 뜻** ➲ 차마는 우회전할 수 있고 우회전하는 경우에는 보행자의 횡단을 방해하지 못함

75 **차량 신호등 "황색 등화의 점멸"의 뜻** ➲ 차마는 다른 교통 또는 안전표지의 표시에 주의하면서 진행 가능

76 **차량 신호등 "녹색 등화"일 때** ➲ 비보호 좌회전 표지 또는 비보호 좌회전 표시가 있는 곳에서는 좌회전가능

77 차량 신호등 "적색의 등화"의 뜻
① 차마는 정지선, 횡단보도 및 교차의 직전에서 정지
② 차마는 우회전하려는 경우 정지선, 횡단보도 및 교차로의 직전에서 정지한 후 신호에 따라 진행하는 다른 차마의 교통을 방해하지 않고 우회전 가능
③ ②항에도 불구하고 차마는 우회전 삼색등이 적색의 등화인 경우 우회전 불가

78 차량 신호등 "원형 등화의 적색 등화 점멸 신호"의 뜻 ➲ 차마는 정지선이나 횡단보도가 있을 때에는 그 직전이나 교차로의 직전에 일시 정지한 후 다른 교통에 주의하면서 진행 가능

79 교통안전 표지의 종류와 그 의미 ➲ ① 주의 표지 : 도로 상태가 위험하거나 도로 또는 그 부근에 위험물이 있는 경우에 필요한 안전 조치를 할 수 있도록 이를 도로 사용자에게 알리는 표지, ② 규제 표지 : 도로 교통의 안전을 위하여 각종 제한 · 금지 등의 규제를 하는 경우에 이를 도로 사용자에게 알리는 표지, ③ 지시 표지 : 도로의 통행 방법. 통행 구분 등 도로 교통의 안전을 위하여 필요한 지시를 하는 경우에 도로 사용자가 이에 따르도록 알리는 표지, ④ 보조 표지 : 주의 표지, 규제 표지 또는 지시 표지의 주 기능을 보충하여 도로 사용자에게 알리는 표지, ⑤ 노면 표지 : 도로 교통의 안전을 위하여 각종 주의, 규제, 지시 등의 내용을 노면에 기호, 문자 또는 선으로 도로 사용자에게 알리는 표지

80 차도를 통행할 수 있는 사람 또는 행렬 ➲ ① 말 · 소 등의 큰 동물을 몰고 가는 사람, ② 기 또는 현수막 등을 휴대한 행렬, ③ 학생의 대열, ④ 도로에서 청소나 보수 등의 작업을 하고 있는 사람, ⑤ 군부대나 그 밖의 이에 준하는 단체의 행렬, ⑥ 사다리, 목재, 그 밖에 보행자의 통행에 지장을 줄 우려가 있는 사람, ⑦ 장의(葬儀) 행렬

81 끼어들기 위반 사항에 해당되는 것 ➲ ① 두 차로를 동시에 주행하는 것, ② 한 번에 여러 차선을 가로지르는 것, ③ 실선에서 차선을 변경하여 운전하는 것

82 일반 도로인 주거 지역 · 상업 지역 및 공업 지역에서 최고 속도 ➲ 매시 50km 이내

83 자동차 전용 도로에서의 최고 속도와 최저 속도 ➲ 최고 속도 : 90km, 최저 속도 : 30km

84 고속 도로가 폭우로 인하여 물이 많이 고여 있고, 가시거리가 60m이며 최고 속도가 시속 100km인 경우의 제한 최고 속도 ➲ 시속 50km

85 비, 안개, 눈 등으로 인한 악천후로 인해 감속 운행할 때 최고 속도의 100분의 20을 줄인 속도로 운행해야 하는 경우 ➲ 비가 내려 노면이 젖어 있는 경우

86 눈이 20mm 이상 쌓인 경우 자동차가 운행하여야 할 최고 속도 ➲ 100분의 50을 줄인 속도

87 편도 2차로인 일반 도로에서 눈이 30mm 미만 쌓인 경우 자동차의 최고 속도 ➲ 40km/h

88 비가 내려 노면이 젖어 있는 경우 제한 속도 80km/h인 도로에서의 최고 속도 ➲ 64km/h(비가 내려 노면이 젖어 있는 경우 최고 속도의 100분의 20을 줄인 속도로 운행하여야 하므로 80×0.8-64km/h로 운행)

89 소방용 자동차에 설치할 수 있는 경광등 ➲ 적색 또는 청색의 경광등 (구급차 · 혈액 공급 차량 – 녹색 경광등, 전파 감시 업무에 사용되는 자동차 – 황색 경광등)

90 보행자 전용 도로를 설치할 수 있는 자 ➲ 시 · 도 경찰청장이나 경찰서장

91 횡단보도를 설치할 수 있는 자 ➲ 시 · 도 경찰청장

92 차로를 설치할 수 없는 곳에 해당되는 곳 ➲ ① 교차로, ② 횡단보도, ③ 철길 건널목(단, 일방통행 도로에는 차로 설치 가능)

93 안전 기준을 넘는 화물의 적재 허가를 받은 운전자가 달아야 할 표지의 색과 기준 ➲ 너비 30cm, 길이 50cm 이상의 빨간색 헝겊으로 된 표지를 그 길이 또는 폭의 양끝에 달고 운행해야 함(야간에 운행하는 경우에는 반사체로 된 표지를 달고 운행해야 함)

94 회전 교차로에서의 운행 방향 ➲ 반시계 방향

95 일반 도로나 고속 도로 등에서 차로를 변경하는 경우 방향 지시등을 작동해야 하는 지점 ➲ ① 일반 도로 – 변경하려는 지점에 도착하기 30m 전, ② 고속 도로 – 변경하려는 지점에 도착하기 100m 전

96 앞을 보지 못하는 사람에 준하는 사람 ➲ ① 듣지 못하는 사람, ② 의족 등을 사용하지 아니하고는 보행을 할 수 없는 사람, ③ 신체에 평형 기능에 장애가 있는 사람 등

97 **앞지르기를 하는 요령** ➡ ① 모든 차는 다른 차를 앞지르고자 하는 때에는 앞차의 좌측으로 통행, ② 자전거 등의 운전자는 서행하거나 정지한 다른 차를 앞지르려면 앞차의 우측으로 통행

98 **앞지르기 금지 장소** ➡ ① 교차로, ② 터널 안, ③ 다리 위, ④ 도로의 구부러진 곳, ⑤ 비탈길의 고갯마루, ⑥ 가파른 비탈길의 내리막, ⑦ 시 · 도 경찰청장이 안전표지로 지정한 곳

99 **앞지르기를 할 수 없는 경우** ➡ ① 앞차가 다른 차를 앞지르고 있거나 앞지르려고 하는 경우, ② 앞차의 좌측에 다른 차가 앞차와 나란히 가고 있는 경우, ③ 경찰 공무원의 지시에 따라 정지하거나 서행하고 있는 경우, ④ 위험을 방지하기 위하여 정지하거나 서행하고 있는 경우, ⑤ 뒤차는 앞차가 다른 차를 앞지르고 있거나 앞지르고자 하는 때

100 **철길 건널목의 통과 방법** ➡ 모든 차 또는 노면 전차의 운전자는 철길 건널목을 통과하려는 경우에는 건널목 앞에서 일시 정지하여 안전을 확인한 후에 통과

101 **교차로 통행 방법** ➡ ① 모든 차의 운전자는 교차로에서 좌회전을 하려는 경우에는 미리 도로의 중앙선을 따라 서행하면서 교차로의 중심 안쪽을 이용하여 좌회전, ② 모든 차의 운전자는 교통정리를 하고 있지 아니하고 일시 정지나 양보를 표시하는 안전표지가 설치되어 있는 교차로에 들어가려고 할 때는 다른 차의 진행을 방해하지 아니하도록 일시 정지하거나 양보

102 **교통정리가 없는 교차로에서의 양보 운전의 방법** ➡ ① 교통정리를 하고 있지 아니하는 교차로에 들어가려고 하는 차의 운전자는 이미 교차로에 들어가 있는 다른 차가 있을 때에는 그 차에 진로를 양보, ② 교통정리를 하고 있지 아니하는 교차로에 동시에 들어가려고 하는 차의 운전자는 우측 도로의 차에 진로를 양보, ③ 이미 교차로에 들어가 있는 다른 차가 있을 때에는 그 차에 진로를 양보, ④ 좌회전하려고 하는 차의 운전자는 그 교차로에서 직진하거나 우회전하려는 다른 차가 있을 때에는 그 차에 진로를 양보, ⑤ 통행하고 있는 도로의 폭보다 교차하는 도로의 폭이 넓은 경우에는 서행

103 **회전 교차로 통행 방법**

① 모든 차의 운전자는 회전 교차로에서는 반시계 방향으로 통행

② 모든 차의 운전자는 회전 교차로에 진입하려는 경우 서행하거나 일시 정지하여야 하며, 이미 진행하고 있는 다른 차가 있는 때에는 그 차에 진로를 양보

③ ①항 및 ②항에 따라 회전 교차로 통행을 위하여 손이나 방향 지시기 또는 등화로써 신호를 하는 차가 있는 경우 그 뒤차의 운전자는 신호를 한 앞차의 진행 방해 불가

104 **일시 정지를 해야 할 장소** ➲ ① 교통정리를 하고 있지 아니하고 좌우를 확인할 수 없거나 교통이 빈번한 교차로, ② 철길 건널목, ③ 시 · 도 경찰청장이 도로에서 위험 방지 또는 교통의 안전과 원활한 소통을 확보하기 위하여 안전표지로 지정한 곳 등

105 **반드시 서행해야 할 장소** ➲ ① 도로가 구부러진 부근, ② 교통정리가 없는 교차로, ③ 가파른 비탈길의 내리막, ④ 비탈길의 고갯마루 부근, ⑤ 시 · 도 경찰청장이 안전표지로 지정한 곳

106 **교차로의 가장자리나 도로의 모퉁이로부터 5m 이내의 곳** ➲ 정차 및 주차의 금지 장소

107 **건널목의 가장자리 또는 횡단보도로부터 10m 이내인 곳** ➲ 정차 및 주차의 금지 장소

108 **소방 용수 시설 또는 비상 소화 장치가 설치된 곳으로부터 5m 이내의 곳** ➲ 정차 및 주차 금지 장소

109 **터널 안, 다리 위, 도로 공사 구역 양쪽 가장자리로 부터 5m 이내의 곳** ➲ 주차 금지 장소

110 **과로 운전 금지, 주취 운전 금지, 난폭 운전 금지** ➲ 운전자의 의무에 해당

111 **차 또는 노면 전차가 밤에 켜야 할 등화** ➲ ① 노면 전차 : 전조등, 차폭등, 미등 및 실내 조명등, ② 견인되는 차 : 미등 차폭등 및 번호등, ③ 자동차 : 전조등, 차폭등, 미등, 번호등, 실내 조명등(승합자동차, 여객 자동차 운송 사업용 승용차만 해당), ④ 원동기 장치 자전거 : 전조등 및 미등

112 **밤에 서로 마주보고 진행할 때 등화 조작 요령** ➲ 전조등의 밝기를 줄이거나 불빛의 방향을 아래로 향하게 하거나 잠시 전조등 소등

113 **밤에 앞의 차 또는 바로 뒤를 따라갈 때의 등화 조작 요령** ➲ 전조등 불빛의 방향을 아래로 향하게 하고, 전조등의 밝기를 함부로 조작하여 앞의 차 또는 노면 전차의 운전을 방해하지 않도록 주의

114 **교통이 빈번한 곳에서 운행할 때 등화 조작 요령** ➲ 모든 차 또는 노면 전차의 운전자는 전조등 불빛의 방향을 계속 아래로 향하게 유지(다만, 시 · 도 경찰청장이 교통의 안전과 원활한 소통을 확보하기 위하여 필요하다고 인정하여 지정한 지역에서는 제외)

115 **영업용 택시의 승차 인원** ➲ 승차 정원의 110% 이내(단, 고속 도로에서는 승차 정원을 넘어서 운행불가)

116 **화물 자동차의 화물 적재의 방법** ➲ ① 높이 : 지상으로부터 4m의 높이(도로 구조의 보전과 통행의 안전에 지장이 없다고 인정하여 고시한 도로 노선의 경우에는 4m 20cm), ② 길이 : 화물의 길이는 자동차 길이에 10분의 1을 더한 길이, ③ 너비 : 자동차의 후사경으로 뒤쪽을 확인할 수 있는 범위(후사경의 높이보다 화물을 낮게 적재한 경우에는 그 화물을, 후사경의 높이보다 화물을 높게 적재한 경우에는 뒤쪽을 확인할 수 있는 범위)의 너비

117 **운전이 금지되는 술에 취한 상태 기준** ➲ 혈중 알코올 농도의 0.03% 이상

118 **환각 물질에 해당되는 물질** ➲ ① 톨루엔, ② 초산 에틸 또는 메틸 알코올, ③ 접착제, 풍선류 또는 도료, ④ 부탄가스, ⑤ 아산화 질소(의료용으로 사용되는 경우는 제외)

119 **난폭 운전 행위의 정의** ➲ 자동차 운전자가 둘 이상의 행위를 연달아 하거나, 하나의 행위를 지속 또는 반복하여 다른 사람에게 위협 또는 위해를 가하거나 교통상의 위험을 발생케 하는 행위

120 **난폭 운전 행위** ➲ ① 신호 또는 지시 위반, ② 중앙선 침범, ③ 속도의 위반, ④ 횡단, 유턴, 후진 금지 위반, ⑤ 안전거리 미확보, 진로변경 · 급제동 금지 위반, ⑥ 앞지르기 방법 또는 앞지르기의 방해 금지 위반, ⑦ 정당한 사유 없는 소음 발생, ⑧ 고속 도로에서의 앞지르기 방법 위반, ⑨ 고속 도로에서의 횡단, 유턴, 후진 위반

121 **자동차의 앞면 창유리 및 운전석 좌우 옆면 창유리의 가시광선 투과율** ➲ ① 앞면 창유리 : 70% 미만 , ② 운전석 좌우 옆면 창유리 : 40% 미만(요인 경호용 구급용 및 장의용 자동차는 제외)

122 **자동차 운전자가 휴대용 전화를 사용할 수 있는 경우** ➲ ① 자동차 등 노면 전차 정지하고 있는 경우, ② 긴급 자동차를 운전하는 경우, ③ 각종 범죄 및 재해 신고 등 긴급한 필요가 있는 경우, ④ 안전 운전에 장애를 주지 아니하는 장치로서 대통령으로 정하는 장치를 이용하는 경우

123 어린이 통학 버스로 신고할 수 있는 자동차는 승차 정원(어린이 1명을 승차 정원 1명으로 간주) ➡ 승차 정원 9인승 이상의 자동차

124 어린이 통학 버스를 운영하거나 운전하는 사람의 정기 안전 교육을 받아야 하는 시기 ➡ 2년

125 어린이 보호 구역의 지정 속도 ➡ 30km/h

126 고속 도로에서 속도를 제한하고 전용 차로를 설치할 수 있는 자 ➡ 경찰청장

127 고속 도로를 제외한 도로에서 속도를 제한할 수 있는 자 ➡ 시 · 도 경찰청장

128 야간 고속 도로에서 고장 시, 고장 차량 표지 외에 적색 섬광 신호, 전기 제등 또는 불꽃 신호를 설치해야 하는 경우 주의 사항 ➡ 500m 거리에서 식별할 수 있도록 설치

129 교통안전 교육의 종류 구분 ➡ ① 교통안전 교육, ② 특별 교통안전 교육(특별 교통 의무 교육, 특별 교통 권장 교육), ③ 긴급 자동차 운전자 교통안전 교육, ④ 75세 이상인 사람에 대한 교육

130 긴급 자동차 운전자의 정기 교통안전 교육 시기 및 시간 ➡ 3년 마다 2시간 이상 실시(신규 교육 : 3시간 이상 실시)

131 특별 교통안전 교육 연기 신청을 하고자 하는 경우 연기 사유를 첨부한 신청서를 받는 자, 그리고 교육을 연기 받은 사람의 경우 그 사유가 없어진 날부터 특별 교통안전 의무 교육을 받아야 하는 기간 ➡ 경찰서장, 그 사유가 없어진 날부터 30일 이내

132 특별 교통안전 의무 교육 과정 중 음주 운전 교육에서 최근 5년 동안 1차, 2차 3차 음주 운전 위반을 한 사람이 받아야 할 교육 시간 ➡ ① 최근 5년 동안 처음으로 음주 운전을 한 사람 – 12시간, 3회, 회당 4시간, ② 최근 5년 동안 2번 음주 운전을 한 사람 – 16시간, 4회, 회당 4시간, ③ 최근 5년 동안 3번 이상 음주 운전을 한 사람 – 48시간, 12회, 회당 4시간

133 제1종 대형 면허로 운전할 수 있는 차량 ➡ ① 승용 자동차, 승합자동차, 화물자동차, ② 건설 기계(덤프트럭, 아스팔트 살포기, 노상 안정기, 콘크리트 믹서트럭, 콘크리트 펌프, 천공기(트럭 적재식), 콘크리트 믹서 트레일러, 아스팔트 콘크리트 재생기, 도로 보수 트럭, 3t 미만의 지게차, ③ 특수 자동차(대형 견인차, 소형 견인차 및 구난차는 제외), ④ 원동기 장치 자전거

134 제1종 보통 면허로 운전할 수 있는 차량 ➲ 승용 자동차, 원동기 장치 자전거, 적재 중량 12t 미만의 화물 자동차(단, 승차 정원 15명 이상의 승합자동차는 제1종 대형 면허로 운전)

135 제1종 특수 면허의 구분과 운전할 수 있는 차량 ➲ ① 대형 견인차 면허 : 견인형 특수 자동차, 제2종 보통 면허로 운전할 수 있는 차량, ② 소형 견인차 면허 : 총중량 3.5t 이하의 견인형 특수 자동차, 제2종 보통 면허로 운전할 수 있는 차량, ③ 구난차 : 구난형 특수 자동차, 제2종 보통 면허로 운전할 수 있는 차량

136 제1종 소형 면허로 운전할 수 있는 차량 ➲ 3륜 화물 자동차, 3륜 승용 자동차, 원동기 장치 자전거

137 제2종 보통 면허 구분 ➲ ① 보통 면허, ② 소형 면허, ③ 원동기 장치 자전거 면허

138 제2종 보통 면허로 운전할 수 있는 차량 ➲ ① 승용 자동차, ② 승차 정원 10명 이하의 승합자동차, ③ 적재 중량 4t 이하의 화물 자동차, ④ 총중량 3.5t 이하의 특수 자동차(구난차 등은 제외), ⑤ 원동기 장치 자전거

139 제1종 및 제2종 소형 면허로 운전할 수 없는 차량 ➲ 승용 자동차

140 제1종 보통 면허로 운전할 수 있는 승합자동차의 승차 정원 ➲ 15명 이하

141 제2종 보통 면허로 운전할 수 있는 승합자동차의 승차 정원 ➲ 10명 이하

142 3t 미만의 지게차를 운전할 수 있는 운전면허 ➲ 제1종 대형 면허

143 적재 중량 3t 또는 적재 용량 3,000L 초과의 화물 자동차를 운전할 수 있는 면허 ➲ 제1종 대형면허로 운전할 수 있고, 적재 중량 3t 미만 또는 적재 용량 3,000L 미만의 화물 자동차는 제1종 보통 면허로 운전 가능

144 제1종 대형 면허 또는 제1종 특수 면허 시험에 응시할 수 있는 연령 기준 ➲ 운전 경력(단, 이륜자동차 운전 경력은 제외)이 1년 이상이면서 19세 이상인 사람

145 무면허 운전의 정의 ➲ 누구든지 자동차 등을 운전하려는 사람은 시·도 경찰청장으로부터 운전면허를 받지 아니하거나, 운전면허의 효력이 정지된 경우에는 자동차 등을 운전하여서는 아니 되므로 운전한 경우

146 제1종 보통 면허로 12인승 승합자동차 운전 ➲ 무면허 운전이 아님(15명 이상은 무면허 운전)

147 **무면허 운전 또는 운전면허 결격 사유(운전면허 효력 정지 기간 운전 포함)에 해당자가 자동차를 운전한 경우 운전면허 결격 기간** ➡ 그 위반한 날부터 1년(효력 정지 기간 운전 포함 시에는 취소일로부터)

148 **무면허 운전, 운전면허 결격 기간 중 운전 3회 이상 자동차를 운전 위반하여 취소된 경우 결격 기간** ➡ 그 위반한 날부터 2년

149 **다음 각 목의 경우에는 운전면허가 취소된 날(무면허 운전 또는 운전면허 결격 기간 중 운전을 함께 위반한 경우에는 그 위반한 날)부터** ➡ 5년

① 술에 취한 상태의 운전, 과로한 때 등의 운전, 공동 위험 행위의 운전금지를 위반(무면허 운전 또는 운전 면허 결격 기간 중 운전 포함)하여 운전을 하다가 사람을 사상한 후 사고 발생 시의 조치 및 신고를 아니한 경우

② 술에 취한 상태 운전(무면허 운전 또는 운전면허 결격 기간 중 운전 포함)하다가 사람을 사망에 이르게 한 경우

150 **무면허 운전, 과로한 때 등의 운전, 공동 위험 행위의 운전 금지 위반 규정에 따른 사유가 아닌 다른 사유로 사람을 사상한 후 사고 발생 시의 조치 및 신고를 아니한 경우의 결격 기간** ➡ 그 취소된 날부터 4년

151 **다음 각목의 경우에는 취소된 날 또는 위반된 날부터** ➡ 3년

① 술에 취한 상태의 운전 또는 술에 취한 상태의 측정 거부(무면허 운전 또는 운전면허 결격 기간 중 운전이 포함된 경우는 위반한 날)하여 운전을 하다가 2회 이상 교통사고를 일으킨 경우(취소된 날부터)

② 자동차 등을 이용하여 범죄 행위를 하거나 다른 사람의 자동차 등을 훔치거나 빼앗은 사람이 무면허로 그 자동차 등을 운전한 경우(위반한 날부터)

152 **다음 각목의 경우에는 취소된 날(무면허 운전 또는 운전면허 결격 기간 중 운전을 함께 위반한 경우에는 위반한 날)부터** ➡ 2년

① 술에 취한 상태 운전 또는 술에 취한 상태 측정 거부 위반을 2회 이상 위반(무면허 운전 또는 운전면허 결격 기간 중 운전을 포함)한 경우

② 술에 취한 상태 운전 또는 술에 취한 상태의 측정 거부를 위반(무면허 운전 또는 운전면허 결격 기간 중 운전 포함)하여 운전을 하다가 교통사고를 일으킨 경우

③ 공동 위험 행위의 운전 금지를 2회 이상 위반(무면허 운전 또는 운전면허 결격 기간 중 운전 포함)하여 운전한 경우.

④ 운전면허를 받을 수 없는 사람이 운전면허를 받거나, 운전면허 효력의 정지 기간 중 운전면허증 또는 운전면허증을 갈음하는 증명서를 발급받은 사실이 드러난 경우, 다른 사람의 자동차 등을 훔치거나 빼앗은 경우, 다른 사람이 부정하게 운전면허를 받도록 하기 위하여 운전면허 시험에 대신 응시한 경우

153 **음주 운전의 혈중 알코올 농도에 대한 운전면허의 벌칙** ➡

① 0.03% 이상 0.08% 미만 – 1년 이하 징역이나 500만 원 이하 벌금

② 0.08% 이상 0.2% 미만 – 1년 이상 2년 이하 징역이나 500만 원 이상 1천만 원 이하 벌금

③ 0.2% 이상 – 2년 이상 5년 이하 징역이나 1천만 원 이상 2천만 원 이하 벌금

④ 음주 측정 거부 – 1년 이상 5년 이하의 징역이나 500만 원 이상 2천만 원 이하의 벌금

⑤ 0.03% 이상 0.2% 미만(10년 내 재위반) – 1년 이상 5년 이하 징역이나 500만 원 이상 2천만 원 이하 벌금

⑥ 0.2% 이상(10년 내 재위반) – 2년 이상 6년 이하 징역이나 1천만 원 이상 3천만 원 이하 벌금

⑦ 음주 측정 거부(10년 내 재위반) – 1년 이상 6년 이하의 징역이나 500만 원 이상 3천만 원 이하의 벌금

⑧ 과로 질병 약물로 인하여 정상적인 운전을 하지 못할 우려가 있는 상태에서 차 또는 노면전차를 운전한 자 : 3년 이하의 징역이나 1천만 원 이하의 벌금

154 **자동차 등의 운전에 필요한 적성의 기준에서 색각** ➡ 붉은색, 녹색 및 노란색을 구별 가능해야 함

155 **자동차 등의 운전에 필요한 적성의 기준에서 제1종 및 제2종 운전면허의 시력 및 청력 기준** ➡ ① 제1종 운전면허 : 두 눈을 동시에 뜨고 잰 시력이 0.8 이상, 두 눈의 시력이 각각 0.5 이상(다만, 한쪽 눈을 보지 못하는 사람은 다른 쪽 눈의 시력이 0.8 이상, 수평 시야가 20도 이상, 중심 시야는 20도 내 암점과 반맹이 없어야 함), ② 제2종 운전면허: 두 눈을 동시에 뜨고 잰 시력이 0.5 이상(다만, 한쪽 눈을 보지 못하는 사람은 다른 쪽 눈의 시력이 0.6 이상), ③ 청력 : 55dB(보청기를 사용하는 사람은 40dB)

156 **행정 처분의 기초 자료로 활용하기 위하여 법규 위반 또는 사고 야기에 대하여 그 위반의 경중, 피해의 정도 등에 따라 배점되는 점수의 용어** ➡ 벌점

157 **운전면허 행정 처분이 시작되는 벌점의 점수** ➲ 40점 이상으로 1일 1점으로 계산하여 행정 처분

158 **법규 위반 또는 교통사고로 인한 벌점을 누산하여 관리 하는 기간** ➲ 행정 처분 기준을 적용하고자 하는 당해 위반 또는 사고가 있었던 날을 기준으로 과거 3년 간의 모든 벌점, ① 1년간 : 121점 이상, ② 2년간 : 201점 이상, ③ 3년간 : 271점 이상

159 **경찰청장이 정하여 고시한 내용에 의하여 무위반 · 무사고 서약을 하고 1년간 이를 실천한 운전자에게 몇 점의 특혜 점수가 배점되며, 정지 처분을 받게 될 때 누산 점수에서 처리하는 방법** ➲ 특혜 점수는 10점이 배점되며, 정지 처분을 받게 될 때 누산 점수에서 10점을 공제하여 행정 처분을 실시

160 **처분 벌점이 40점 미만인 운전자가 최종 위반일 또는 사고일로부터 위반 및 사고 없이 1년이 경과하는 경우** ➲ 그 처분 벌점은 소멸

161 **인적 피해가 있는 교통사고를 야기하고 도주(뺑소니)한 차량의 운전자를 검거 또는 검거하게 한 운전자에게 배점되는 특혜 점수** ➲ 40점

162 **운전면허 취소 개별 기준에서 운전면허가 취소되는 기준** ➲ ① 운전자가 공동 위험 행위 · 난폭 운전으로 구속된 때, ② 단속하는 경찰 공무원을 폭행하여 형사 입건된 때 등

163 **운전면허 정지 처분 개별 기준 벌점** ➲ ① 100점 : 속도위반 100km/h 초과, 술에 취한 상태(0.03% 이상 ~ 0.08% 미만), 자동차 등을 이용하여 특수 상해 등(보복 운전)을 하여 입건된 때, ② 80점 : 속도위반 80km/h ~ 100km/h 이하, ③ 60점 : 속도위반 60km/h ~ 80km/h 이하, ④ 40점 : 공동 위험 행위 및 난폭 운전 위반으로 형사 입건된 때, ⑤ 30점 : 중앙선 침범, 속도위반 40km/h ~ 60km/h 이하, 철길 건널목 통과 방법 위반, 고속 도로, 자동차 전용 도로 갓길 통행 위반, ⑥ 15점 : 신호 · 지시 위반, 속도위반 20km/h ~ 40km/h 이하, 앞지르기 금지 시기 · 장소 위반, 운전 중 휴대용 전화 사용 위반, ⑦ 10점 : 보도 침범, 보행자 보호 불이행, 안전운전 의무 불이행, 노상 시비 · 다툼 등으로 차마의 통행 방해 행위

164 **자동차 등의 운전 중 교통사고를 일으킨 때 사고 결과에 의한 벌점** ➲ ① 사망 1명마다 : 90점(72시간 이내에 사망), ② 중상 1명마다 : 15점(3주 이상의 치료를 요하는 의사의 진단), ③ 경상 1명마다 : 5점 (3주 미만 5일 이상 치료를 요하는 의사 진단), ④ 부상 신고 1명마다 : 2점(5일 미만의 치료를 요하는 의사 진단)

165 신호 위반 충돌 사고로 사망 1명, 중상 1명의 피해가 발생한 경우의 벌점 종합 ➡ 총 120점(신호 위반 15점 + 사망 1명 90점 + 중상 1명 15점 = 총점 120점)

166 운전자가 속도위반(60km/h초과), 인적 사항 제공 의무 위반(주 · 정차된 차만 손괴한 것이 분명한 경우 한정) 시 범칙금 ➡ ① 승합자동차 : 13만 원, ② 승용 자동차 : 12만 원

167 운전자가 속도위반(40km/h~60km/h 이하), 승객의 차 안 소란 행위 방치 운전 위반 시 범칙금 ➡ ① 승합자동차 : 10만 원, ② 승용 자동차 : 9만 원

168 운전자가 신호 · 지시 위반, 중앙선 침범, 통행 구분 위반, 속도위반(20km/h 초과 40km/h 이하), 횡단 · 유턴 · 후진 위반, 철길 건널목 통과 방법 위반, 운전 중 휴대용 전화 사용, 고속 도로 · 자동차 전용 도로 갓길 통행, 운전 중 영상 표시 장치 조작 위반, 회전 교차로 통행 방법 위반, ➡ ① 승합자동차 : 7만 원, ② 승용 자동차 : 6만 원

169 운전자가 통행금지 · 제한 위반, 일반 도로 전용 차로 통행 위반, 앞지르기의 방해 금지 위반, 교차로 통행 방법 위반, 보행자의 통행 방해 또는 보호 불이행, 주차 금지 또는 정차 · 주차 방법 위반, 안전 운전 의무 위반, 도로에서 시비 · 다툼 등으로 인한 차마의 통행 방해 행위, 고속 도로 · 자동차 전용 도로 횡단 · 유턴 · 후진 또는 정차 · 주차 금지 위반, 교차로에서 양보 운전 위반, 회전 교차로 진입 · 진행 방법 위반 ➡ ① 승합자동차 : 5만 원, ② 승용자동차 : 4만 원

170 운전자가 속도위반(20km/h 이하), 급제동 금지 위반, 끼어들기 금지 위반, 서행 의무 또는 일시 정지 위반, 방향 전환 · 진로 변경 시 신호 불이행, 좌석 안전띠 미착용 ➡ ① 승합 또는 승용 자동차 : 3만 원

171 어린이 보호 구역 및 노인 · 장애인 보호 구역에서 신호 또는 지시를 따르지 않은 차 또는 노면 전차의 고용주 등에게 부과되는 과태료 ➡ ① 승합자동차 : 14만 원, ② 승용 자동차 : 13만 원

172 어린이 보호 구역 및 노인 · 장애인 보호 구역에서 제한 속도를 준수하지 않은 차 또는 노면 전차의 고용주 등에게 부과하는 과태료 ➡ ① 60km/h 초과 – 승합자동차(17만 원), 승용 자동차(16만 원), ② 40km/h 초과 ~ 60km/h 이하 – 승합자동차(14만 원), 승용 자동차(13만 원), ③ 20km/h 초과 ~ 40km/h 이하 – 승합자동차(11만 원), 승용 자동차(10만 원), ④ 20km/h 이하 – 승합자

동차(7만 원), 승용 자동차(7만 원), ⑤ 정차 또는 주차를 한 차의 고용주 등 – 승합자동차 등 9만 원(10만 원), 승용 자동차 8만 원(9만 원) ※ ⑤항 괄호 안의 금액은 2시간 이상 정차 또는 주차 위반을 한 경우에 적용하는 과태료

173 안전표지의 종류

① 주의표지	② 규제표지	③ 지시표지	④ 보조표지	⑤ 노면표시
	주·정차금지		안전속도 30	
노면 고르지 못함	정차 · 주차 금지	양 측방 통행	안전 속도	서행

174 **노면 표시에 사용되는 각종 선의 구분** ➡ ① 점선 : 허용, ② 실선 : 제한, ③ 복선 : 의미의 강조

175 **노면 표시에 사용되는 색채의 기준** ➡ ① 황색 : 중앙선 표시, 도로 중앙 장애물 표시, 주차 금지 표시, 정차 · 주차 금지 표시, 안전지대 표시(반대 방향의 교통 분리 또는 도로 이용의 제한 및 지시), ② 청색 : 버스전용 차로 표시 및 다인승 차량 전용 차선 표시(지정 방향의 교통류 분리 표시), ③ 적색 : 어린이 보호 구역 또는 주거 지역 안에 설치하는 속도 제한 표시의 테두리 선 및 소방 시설 주변 정차 · 주차 금지 표시, ④ 백색 : 황색 · 청색 · 적색에서 지정된 외의 표시(동일 방향의 교통류 분리 및 경계 표시)

176 **도주 차량 운전자(운전자가 피해자를 구호하는 등의 조치를 아니하고 도주한 경우)의 가중 처벌**

① 피해자를 사망에 이르게 하고 도주 하거나, 도주 후에 피해자가 사망한 경우 ➡ 무기 또는 5년 이상의 징역, ② 피해자를 상해에 이르게 한 경우 ➡ 1년 이상의 유기 징역 또는 500만 원 이상 3천만 원 이하의 벌금

177 **도주 차량 사고 운전자가 피해자를 사고 장소로부터 옮겨 유기하고 도주한 경우의 가중 처벌**

① 피해자를 사망에 이르게 하고 도주 하거나, 도주 후에 피해자가 사망한 경우 ➡ 사형, 무기 또는 5년 이상의 징역, ② 피해자를 상해에 이르게 한 경우 ➡ 3년 이상의 유기 징역

178 **술에 취한 상태 또는 약물의 영향(위험 운전)으로 운전 중 교통사고로 사람을 사상시 가중 처벌**
① 피해자를 사망에 이르게 한 운전자 ➡ 무기 또는 3년 이상의 징역, ② 피해자를 상해에 이르게 한 운전자 ➡ 1년 이상 15년 이하의 징역 또는 1천만 원 이상 3천만 원 이하의 벌금

179 **어린이 보호 구역 (13세 미만인 사람)에서 어린이 치사상의 교통사고 가중 처벌**
① 어린이를 사망에 이르게 한 경우 ➡ 무기 또는 3년 이상의 징역, ② 어린이를 상해에 이르게 한 경우 ➡ 1년 이상 15년 이하의 징역 또는 500만 원 이상 3천만 원 이하의 벌금

180 **교통사고 처리 특례법의 목적** ➡ ① 교통사고로 인한 피해의 신속한 회복, ② 국민 생활의 편익 증진, ③ 교통사고 운전자에 형사 처벌 특례

181 **과속** ➡ 법정 속도와 지정 속도를 20km/h 초과한 경우

182 **교통사고 처리 특례법상 형사 처벌 되는 앞지르기 금지 장소** ➡ 교차로, 터널 안, 다리 위

183 **황색 신호에 정지하지 않고 진행하다 발생한 교통사고** ➡ 신호 위반

184 **교통사고 처리 특례법에서 정한 교통사고 처리 합의 기간** ➡ 사고를 접수한 날부터 2주간

185 **횡단보도에서 보행자로 인정되는 사람** ➡ ① 자전거 등을 끌고 가는 사람, ② 횡단보도에서 원동기 장치 자전거를 타고 가다 이를 세우고 한 발은 페달에 다른 한 발은 지면에 서 있는 사람

186 **교통사고 발생 시 운전자의 책임** ➡ ① 행정적 책임, ② 형사적 책임, ③ 민사적 책임

187 **교통사고의 정의** ➡ 차의 교통으로 인하여 사람을 사상하거나 물건을 손괴하는 것

188 **대형 교통사고의 정의** ➡ 3명 이상이 사망하거나 20명 이상의 사상자가 발생한 교통사고

189 **교통사고 관련 용어**
① 추돌 : 2대 이상의 차가 동일한 방향으로 주행 중 뒤차가 앞차의 후면을 충격한 것

② 전복 : 차가 주행 중 도로 또는 도로 이외의 장소에 뒤집혀 넘어진 것
③ 전도 : 차가 주행 중 도로 또는 도로 이외의 장소에 차체의 측면이 지면에 접하고 있는 상태
④ 추돌 사고 : 2대 이상의 차가 동일 방향으로 주행 중 뒤차가 앞차의 후면을 충격한 것
⑤ 접촉 : 차가 추월하려다가 차의 좌우 측면을 서로 스친 것

190 스키드 마크(Skid mark) ➲ 차의 급제동으로 인하여 타이어의 회전이 정지된 상태에서 노면에 미끄러져 생긴 타이어 마모 흔적 또는 활주 흔적

191 요 마크(Yaw mark) ➲ 급핸들 등으로 인하여 차의 바퀴가 돌면서 차축과 평행하게 옆으로 미끄러진 타이어의 마모 흔적

제2편 안전 운행

01 시각의 특성 ➲ ① 속도가 빠를수록 시력은 떨어짐, ② 속도가 빠를수록 시야의 범위는 좁아짐, ③ 속도가 빠를수록 전방 주시점은 멀어짐

02 야간 운전 시 하향 전조등만으로 무엇인가 있다는 것을 인지하기 쉬운 옷 색깔 ➲ 흰색

03 동체 시력 ➲ 움직이는 물체 또는 움직이면서 다른 자동차나 사람 등의 물체를 보는 시력

04 동체 시력의 저하 요인 ➲ ① 정지 시력과 비례 관계, ② 물체의 이동 속도가 빠를수록 저하, ③ 조도(밝기)가 낮은 상황에서 쉽게 저하, ④ 연령이 높을수록 더욱 저하

05 현혹 현상 ➲ 자동차 운행 중 마주 오는 차량의 전조등 불빛을 직접 보았을 때 눈의 시력이 순간적으로 상실되는 현상

06 증발 현상 ➲ 야간에 대향차 전조등에 눈부심으로 인해 순간적으로 보행자를 잘 볼 수 없게 되는 현상

07 공주거리 ➲ 운전자가 자동차를 정지시켜야 할 상황임을 인지하고 브레이크 페달로 발을 옮겨 브레이크가 작동을 시작하기 전까지 이동한 거리

08 **제동 거리** ➲ 운전자가 브레이크 페달에 발을 올려 브레이크가 작동을 시작하는 순간부터 자동차가 완전히 정지할 때 까지 이동한 거리

09 **정지 거리** ➲ 공주거리 + 제동 거리

10 **암순응** ➲ 일광 또는 조명이 밝은 조건에서 어두운 조건으로 변할 때 사람의 눈이 그 상황에 적응하여 시력을 회복하는 것(밝은 곳에서 어두운 곳으로 들어갈 때) – 시력 회복이 매우 느림

11 **명순응** ➲ 일광 또는 조명이 어두운 조건에서 밝은 조건으로 변할 때 사람의 눈이 그 상황에 적응하여 시력을 회복하는 것(어두운 곳에서 밝은 곳으로 나올 때) – 시력 회복 속도가 빠름

12 **시야** ➲ 정지한 상태에서 눈의 초점을 한 물체에 고정시키고 양쪽 눈으로 볼 수 있는 범위

13 **정상적인 시력을 가진 사람의 시야 범위는** ➲ 180° ~ 200°(시속 100km로 주행 시 각도 : 40°)

14 **운전자 착각의 종류** ➲ ① 경사의 착각, ② 상반의 착각, ③ 크기의 착각, ④ 원근의 착각, ⑤ 속도의 착각

15 **자동차 일상 점검 중 운전석에서 점검 사항** ➲ 와이퍼, 엔진, 후사경, 경음기, 브레이크, 변속기, 각종 계기

16 **자동차 일상 점검 중 엔진 룸 내부 점검 사항** ➲ 엔진, 변속기, 라디에이터 상태, 엔진룸 오염 정도

17 **자동차 일상 점검 중 외관 점검 사항** ➲ 램프, 완충 스프링, 타이어, 등록 번호판, 배기가스

18 **헤드 레스트(머리 지지대)** ➲ 자동차의 좌석에서 등받이 맨 위쪽의 머리를 지지하는 부분

19 **안전벨트 착용 요령** ➲ ① 짧은 거리의 주행 시에도 안전벨트 착용, ② 안전벨트의 어깨띠 부분이 가슴 부위를 지나도록 착용, ③ 안전벨트는 동승자도 착용

20 **교통 약자에 해당하는 사람** ➲ 어린이, 고령자, 장애인, 임산부, 영유아를 동반한 사람

21 **타이어 마모에 영향을 주는 요소** ➡ 타이어 공기압, 차의 속도, 차의 하중, 브레이크, 커브(도로의 굽은 부분), 노면, 기온, 정비 불량, 운전자의 운전 습관, 타이어의 트레드 패턴

22 **LPG의 주성분** ➡ 부탄과 프로판의 혼합체

23 **LPG의 특징** ➡ ① 비중이 공기보다 무거움, ② 노킹이 적음, ③ 일산화탄소(CO) 배출량이 적음, ④ 가솔린에 비해 소음이 적음, ⑤ 겨울철에 시동이 잘 걸리지 않음

24 **LPG의 권장 충전량** ➡ 85% 이하로 충전

25 **베이퍼 록(Vaper Lock) 현상** ➡ 연료 회로 또는 브레이크 장치 유압 회로 내에 브레이크액이 온도 상승으로 인하여 기화되어 압력 전달이 원활하게 이루어지지 않아 제동 기능이 저하되는 현상

26 **모닝 록(Morning lock)** ➡ 장마철이나 습도가 높은 날, 장시간 주차 후 브레이크 드럼 등에 미세한 녹이 발생하는 현상

27 **페이드(Fade) 현상** ➡ 운행 중에 계속해서 브레이크를 사용함으로써 온도 상승으로 인해 제동 마찰제의 기능이 저하되어 마찰력이 약해지는 현상(방지 요령 : 엔진 브레이크를 적절히 사용)

28 **스탠딩 웨이브(Standing Wave) 현상** ➡ 공기압이 낮은 상태에서 뜨거운 노면을 고속으로 달리면 타이어 접지면의 일부가 물결 모양으로 주름 잡히는 현상(방지 요령 : 타이어의 공기압을 적정 수준보다 10~20% 정도 높게 유지)

29 **원심력** ➡ 차가 커브를 돌 때 주행하던 차로나 도로를 벗어나려는 힘을 말하고, 원심력은 속도의 제곱에 비례하여 커짐

30 **전조등 스위치 1단계에서 켜지는 등화** ➡ 차폭등, 미등, 번호판등, 계기판등

31 **전조등 스위치 2단계에서 켜지는 등화** ➡ 차폭등, 미등, 번호판등, 계기판등, 전조등

32 **보복 운전** ➡ 운전 중 의도적으로 특정인을 위협하는 행위

33 **난폭 운전** ➡ 불 특정인에게 불쾌감 또는 위협을 주는 운전 행위

34 **주행 중인 자동차의 배출 가스가 완전 연소될 때의 색** ➡ 무색 또는 약간 엷은 청색

35 자동차 엔진 안에서 다량의 엔진 오일이 실린더 위로 올라와 연소될 때의 색 ◎ 백색

36 자동차 엔진에 농후한 혼합 가스가 들어가 불완전하게 연소될 때의 색 ◎ 검은색

37 자동차의 공기 청정기가 막혔을 때의 배기가스 색은 ◎ 흑색

38 자동차 브레이크가 편제동 되는 원인 ◎ ① 타이어의 편마모, ② 좌 · 우 타이어 공기압의 불균형, ③ 좌 · 우 라이닝의 간극의 불균형

39 트램핑 현상 ◎ 자동차 바퀴가 정적 불평형일 때 일어나는 현상

40 시미 현상 ◎ 자동차 바퀴가 동적 불평형일 때 일어나는 현상

41 축간 거리(wheel base) ◎ 자동차의 앞 · 뒤 차축의 중심 간의 수평거리

42 윤거(Tread) ◎ 좌 · 우 타이어의 접지면 중심 간의 거리

43 적하대 옵셋(Rear body offset) ◎ 뒤 차축의 중심과 적하대 바닥면의 중심과의 수평 거리

44 전고(Overall height) ◎ 접지면에서 자동차의 최고부까지의 높이

45 자동차가 주행 중 클러치가 미끄러지는 원인 ◎ ① 클러치 디스크의 심한 마멸, ② 플라이휠 및 압력판의 손상, ③ 자유 간극이 없는 클러치 페달, ④ 클러치 디스크 라이닝의 경화 및 오일이 묻어 있을 때, ⑤ 클러치 스프링의 약한 장력, ⑥ 빈번한 반 클러치 사용

46 수동 변속기 차량에서 클러치의 구비 조건 ◎ ① 회전 관성이 작아야 함, ② 동력 전달이 확실하고 신속해야 함, ③ 회전 부분의 평형이 좋아야 함, ④ 방열이 잘 되어 과열되지 않아야 함

47 자동 변속기의 특징은 ◎ ① 조작 미숙으로 인한 시동 꺼짐이 없음, ② 차를 밀거나 끌어서 시동을 걸 수 없음, ③ 기어 변속이 자동으로 이루어져 운전이 편리함, ④ 연료 소비율이 약 10% 정도 많음

48 현가장치 기능 ◎ ① 주행 중 노면으로부터 발생하는 진동이나 충격을 완화시켜 차체나 각 장치에 직접 전달하는 것을 방지, ② 차축과 차량의 차체 사이에 위치하여 차량의 무게를 지지해 줌

49 현가장치 관련 사항(자동차의 진동) ◎ ① 바운싱 : 상 · 하 진동, ② 롤링 : 좌 · 우 진동, ③ 요잉 : 차체 후부 진동, ④ 피칭 : 앞 · 뒤 진동

50 **노즈 업(Nose up)** ➲ 자동차가 출발할 때 구동 바퀴는 이동하려 하지만 차체는 정지하고 있기 때문에 앞 범퍼 부분이 들리는 현상(스쿼트(Squat) 현상)
※ 노즈 다운(다이브 현상) – 앞 범퍼가 내려가는 현상

51 **내륜 차** ➲ 앞바퀴 안쪽과 뒷바퀴 안쪽과의 차이(이와 반대로 외륜 차는 바깥쪽과의 차이) : 대형차 일수록 내륜 차와 외륜 차가 크다.

52 **수막현상(Hydroplaning)** ➲ 회전하는 타이어와 노면 사이에 얇은 수막이 생기면서 차가 물 위에 미세하게 뜨는 현상(방지 방법 : ① 타이어 공기압을 적정수준보다 조금 높게 유지, ② 마모된 타이어 사용 자제, ③ 배수 효과가 좋은 타이어 사용)

53 **스탠딩 웨이브 현상(Standing Wave)** ➲ 타이어의 공기압이 부족한 상태에서 고속으로 주행할 경우 타이어 내에서 공기가 특정 부위로 쏠리게 되고, 이로 인해 타이어가 물결 모양으로 요동치면서 타이어가 파손 되는 현상(방지 방법 : 타이어의 공기압을 적정 수준보다 10~20% 높이는 것을 권장)

54 **버스나 화물 자동차에 많이 사용되는 스프링** ➲ 판스프링

55 **쇼크 업소버** ➲ 현가장치 중 하나로서 스프링 진동을 감압시켜 진폭을 줄이는 기능을 갖고 있고, 노면에서 발생한 스프링의 진동을 재빨리 흡수하여 승차감을 향상시키고 동시에 스프링의 피로를 줄이는 기능과 스프링의 상 · 하 운동 에너지를 열에너지로 변환시켜 주는 장치

56 **스태빌라이저** ➲ 자동차가 고속으로 선회할 때 차체가 기울어지는 것을 감소 또는 방지

57 **전자 제어 현가장치의 역할** ➲ ① 노면 상태에 따라 차량의 높이 조절(차고 조절), ② 급제동 시 노즈 다운(nose down) 방지, ③ 노면 상태에 따라 승차감 조절, ④ 급커브 또는 급회전 시 원심력에 의한 차량이 기울어지는 현상 방지(조향휠의 감도 선택)

58 **조향 장치의 요건** ➲ ① 조작이 쉽고, 방향 전환이 원활하게 이루어져야 함, ② 조향 조작이 주행 중의 충격을 적게 받아야 함, ③ 조향 핸들의 회전과 바퀴 선회 차이가 크지 않아야 함, ④ 진행 방향을 바꿀 때 섀시 및 바디 각 부에 무리한 힘이 작용하지 않아야 함, ⑤ 회전 반경은 작고, 수명은 길고 정비하기 쉬워야 하며, 고속 주행에서도 조향 조작이 안정적이어야 함.

59 **조향 핸들이 무거운 원인** ◐ ① 타이어 마멸의 과다, ② 타이어 공기압의 과다, ③ 조향 기어 톱니바퀴의 마모, ④ 조향 기어 박스 내의 오일 부족, ⑤ 앞바퀴의 정렬 상태 불량

60 **조향 핸들이 한 쪽으로 쏠리는 원인** ◐ ① 타이어 공기압의 불균형, ② 앞바퀴의 정렬 상태 불량, ③ 쇼크 업소버의 작동 상태 불량, ④ 허브 베어링 마멸의 과다

61 **휠 얼라인먼트의 요소** ◐ ① 캠버, ② 캐스터, ③ 토인, ④ 조향축(킹 핀) 경사각

62 **휠 얼라인먼트가 필요한 시기** ◐ ① 타이어의 편 마모가 발생한 경우, ② 타이어를 교환한 경우, ③ 핸들의 중심이 어긋난 경우, ④ 자동차에서 롤링(좌 · 우 진동)이 발생한 경우, ⑤ 자동차가 한 쪽으로 쏠림 현상이 발생한 경우, ⑥ 핸들이나 자동차의 떨림이 발생한 경우, ⑦ 자동차 하체가 충격을 받았거나 사고가 발생한 경우

63 **캠버** ◐ 앞바퀴를 보았을 때 바퀴의 중심선에 대하여 수직선이 이루는 각도

64 **캐스터** ◐ 앞바퀴를 옆에서 보았을 때 차축에 설치하는 킹 핀 조향축의 위쪽이 뒤쪽으로 기울어져 설치되어 있는 상태

65 **토인** ◐ 앞바퀴를 위에서 보았을 때 앞쪽의 좌우 타이어 중심 간의 거리가 뒤쪽의 좌우 타이어 중심 간의 거리보다 좁게 되어 있는 형태

66 **조향축(킹 핀) 경사각의 의미와 역할** ◐ ① 킹 핀 경사각 : 앞바퀴를 차축에 설치하는 킹 핀의 중심선과 수직선이 이루는 각도, ② 역할 : 캠버와 함께 조향 핸들의 조작을 가볍게 하고, 주행 또는 제동시의 충격을 감소시켜 주며, 조향 휠의 복원성(직진성)을 증대시켜 주고, 앞바퀴의 시미 현상(바퀴가 좌 · 우로 흔들리는 현상)을 방지

67 **유압식 브레이크에 이용되는 원리** ◐ 파스칼의 원리

68 **전자 제어 제동장치(ABS)의 적용 목적** ◐ ① 휠 잠김(lock) 방지, ② 차량의 스핀 방지, ③ 차량의 조종성 확보, ④ 차량의 방향성 확보

69 **전자 제어 제동 장치(ABS)의 특징** ◐ ① 앞바퀴의 고착에 의한 조향 능력 상실을 방지, ② 자동차의 방향 안정성과 조종 성능 확보, ③ 노면이 비에 젖더라도 우수한 제동 효과를 부여, ④ 바퀴에 미끄러짐 없는 제동 효과를 부여

70 **자동차의 정기 검사 기간** ◐ 해당 자동차의 검사 유효 기간 만료일 전후 31일 이내

71 임시 검사 ➡ 자동차 관리법에 따른 명령이나 자동차 소유자의 신청을 받아 비정기적으로 실시하는 검사

72 차령이 4년 초과인 비사업용 자동차의 검사 유효 기간 ➡ 2년(2년 초과인 사업용 승용 자동차 : 1년)

73 경형 · 소형의 승합 및 화물 자동차이고, 차령이 3년 초과인 자동차의 검사 유효 기간 ➡ 1년(차령이 2년 초과인 사업용 자동차 : 1년)

74 사업용 대형 화물 자동차이고, 차령이 2년 초과인 자동차의 검사 유효 기간 ➡ 6개월

75 사업용 대형 승합자동차이고, 차령이 2년 초과인 자동차의 검사 유효 기간 ➡ 차령 8년 까지는 1년, 이후부터는 6개월

76 중형 승합자동차(비사업용 : 차령 3년 초과인 자동차, 사업용 : 차령 2년 초과인 자동차)의 검사 유효 기간 ➡ 차령 8년 까지는 1년, 이후부터는 6개월

77 자동차 정기 검사를 받아야 하는 기간 만료일부터 30일 이내인 경우의 과태료 ➡ 4만 원

78 자동차 정기 검사를 받아야 하는 기간 만료일부터 30일 초과 114일 이내인 경우의 과태료 ➡ 4만 원에 31일째부터 계산하여 3일 초과 시 마다 2만 원을 더한 금액

79 자동차 정기 검사를 받아야 하는 기간 만료일부터 115일 이상인 경우의 과태료 ➡ 60만 원(최고 한도액)

80 자동차 정기 검사 시 실시하는 택시미터 검정의 종류는 ➡ 사용 검정

81 신규 자동차를 구입 후 임시 번호판을 부착할 수 있는 유효 기간은 ➡ 10일

82 운행 기록 장치를 장착하여야 하는 자가 운행 기록 장치에 기록된 운행 기록을 보관해야 하는 기간 ➡ 6개월

83 사업용 승용 자동차를 의무 보험에 가입하지 않고 운행한 경우 적발 시 부과되는 범칙금의 최고 한도액 ➡ 100만 원

84 사업용 자동차가 책임 보험 미가입 시 자동차 1대당 부과되는 최고 한도 과태료 금액 ➡ 100만 원

85 자동차 안전 기준에서 자동차 경적 소리의 최소 소리 크기 ◐ 90dB

86 자동차 안전 운전을 하는데 있어서 필수적인 과정 순서 ◐ 확인 → 예측 → 판단 → 실행

87 자동차 안전 운전 중 확인의 의미 ◐ 주변의 모든 것을 빠르게 한눈에 파악하는 것

88 자동차 운전중전 중 예측의 의미 ◐ 운전 중에 확인한 정보를 모으고, 사고가 발생할 수 있는 지점을 판단하는 것

89 자동차 안전 운전 중 실행의 의미 ◐ 결정된 행동을 실행에 옮기는 단계에서 중요한 것은 요구되는 시간 안에 필요한 조작을 가능한 부드럽고 신속하게 해내는 것

90 도로 교통의 3대 요소 ◐ ① 도로 환경, ② 자동차, ③ 사람

91 야간에 차량 운행 시 운전자가 구별할 수 없는 보행자의 의상 색깔 ◐ 검정색 옷

92 택시 운전자가 고속 도로 주행 시 자동차에 반드시 비치해 두어야하는 것 ◐ 고장 자동차 표지(삼각대)

93 자동차 안전 운전의 5가지 기본 기술 ◐ ① 전체적으로 살펴보기, ② 운전 중에 전방 멀리 보기, ③ 눈을 계속해서 움직이기, ④ 다른 사람들이 자신을 볼 수 있게 하기, ④ 차가 빠져나갈 공간 확보하기

94 방어 운전이라는 용어를 최초로 사용한 나라는 ◐ 미국(미국의 전미 안전 협회(NSC) 운전자 개선 프로그램에서 비롯됨)

95 철길 건널목에서 방어 운전 요령 ◐ ① 일시 정지 후에는 철도 좌 · 우의 안전 확인, ② 철도 건널목 통과 시에는 기어 변속 금지, ③ 철도 건널목에 접근할 때 속도를 줄여 접근, ④ 건널목의 건너편 여유 공간을 확인한 후 통과

96 앞지르기를 해서는 안 되는 경우 ◐ ① 앞차의 좌측에 다른 차가 나란히 가고 있을 때, ② 뒤차가 자신의 차를 앞지르고 있을 때, ③ 마주 오는 차의 진행을 방해하게 될 염려가 있을 때, ④ 앞차가 경찰 공무원 등의 지시에 따르거나 위험 방지를 위하여 정지 또는 서행하고 있을 때, ⑤ 앞차가 좌측으로 진로를 바꾸려고 하거나 다른 차를 앞지르려고 할 때, ⑥ 어린이 통학 버스가 어린이 또는 유아를 태우고 있다는 표시를 하고 도로를 통행할 때

97 도로의 유효 폭 이외에 도로변의 노면 폭에 여유를 두기 위하여 넓힌 부분의 명칭의 용어는 ◐ 길 어깨

98 고속 도로에서의 안전 운전 방법 ◐ 확인, 예측, 판단 과정을 이용하여 12초 ~ 15초 전방 안에 있는 위험 상황을 확인

99 터널 내 운행 시 안전 수칙 ◐ ① 터널 진입 시 라디오 켜기, ② 안전거리 유지, ③ 차선 변경 자제, ④ 선글라스를 벗고 라이트 켜기

100 야간에 운전할 때의 안전 운전 요령 ◐ 밤에 앞차의 바로 뒤를 따라가는 경우 전조등 불빛의 방향을 아래로 향하게 하고 운전

101 보행자와 자동차의 통행이 빈번한 도로에서 야간 운전 시 요령 ◐ 항상 전조등의 방향이 아래로 향하게 하고 운전

102 시야 확보가 어려운 교차로에서 야간 운전 시 요령 ◐ 교차로에 진입하는 경우 전조등으로 자신의 차가 진입 중임을 표시

103 야간 운전 중 자동차가 서로 마주보고 진행할 시 운전 요령 ◐ ① 대향차의 전조등을 직접 바라보지 않기, ② 앞차의 미등만 보고 주행하지 않기, ③ 전조등이 비추는 범위의 앞쪽까지 살피기

104 안개가 짙은 길 또는 폭우로 인해 가시거리가 100m 이내인 경우 안전 운전 요령 ◐ 최고 속도의 50%정도를 줄인 속도로 전조등, 안개등, 및 비상 점멸 표시등을 켜고 운행

105 경제 운전의 기본적인 방법 ◐ ① 급제동 및 급가속 자제, ② 불필요한 공회전 자제, ③ 일정한 차량 속도(정속 주행)를 유지, ④ 급한 운전 자제

106 관성 주행 ◐ 운전자가 가급적 액셀러레이터를 적게 밟으면서 기존에 달리던 자동차의 힘을 이용한 주행

107 관성 운전 ◐ 주행 중 내리막이나 신호등을 앞에 두고 가속 페달에서 발을 떼면 특정 속도로 떨어질 때까지 연료 공급이 차단되고 관성력에 의해 주행하게 되는 운전 현상

108 경사로에 주차하는 방법 ◐ 바퀴는 벽이나 도로 턱의 방향으로 돌려서 주차

109 편도 1차로 도로 등에서 앞지르기하고자 할 때 방법 ◐ ① 앞지르기가 허용된 구간에서만 시행, ② 앞차가 다른 자동차를 앞지르고자 할 때는 앞지르기를 시도 금지, ③ 교차로, 터널 안, 다리 위, 도로의 구부러진 곳, 오르막길의 정상 부근, 급한 내리막길에서는 앞지르기 금지

110 여름철 빗길 미끄러짐 등의 예방을 위하여 유지해야 하는 최저 트레드 홈 깊이 ➡ 1.6mm 이상

111 심한 일교차로 인하여 안개가 가장 많이 발생하는 계절 ➡ 가을

112 겨울철 타이어에 체인을 장착한 경우 주행해야 하는 속도 ➡ 30km/h 이내

113 겨울철 주행 중 차체가 미끄러질 때 핸들을 틀어주는 방향 ➡ 핸들을 미끄러지는 방향으로 틀어 스핀(Spin)을 방지

114 겨울철 미끄러운 도로에서 출발할 때의 안전 운전 요령 ➡ 미끄러운 길에서는 기어를 2단에 넣고 출발하여 구동력을 완화시키고 바퀴가 헛도는 것을 방지

제3편 운송서비스

01 서비스의 정의 ➡ 한 당사자가 다른 당사자에게 소유권의 변동 없이 제공해 줄 수 있는 무형의 행위 또는 활동

02 서비스 ➡ 승객의 이익을 도모하기 위해 행동하는 정신적 · 육체적 노동

03 올바른 서비스 제공을 위한 5요소 ➡ ① 단정한 용모 및 복장, ② 밝은 표정, ③ 공손한 인사, ④ 친근한 말, ⑤ 따뜻한 응대

04 서비스의 특징 ➡ ① 무형성, ② 동시성, ③ 인적 의존성, ④ 소멸성, ⑤ 무소유권, ⑥ 변동성, ⑦ 다양성

05 서비스의 특징 중 무형성 ➡ 보이지 않음

06 서비스의 특징 중 동시성 ➡ 생산과 소비가 동시에 발생하므로 재고가 발생하지 않음

07 서비스의 특징 중 인적 의존성 ➡ 사람에 의존

08 서비스의 특징 중 소멸성 ➡ 즉시 사라짐

09 서비스의 특징 중 무소유권 ➡ 가질 수 없음

10 서비스의 특징 중 변동성 ➡ 시간, 요일 및 계절별로 변동성을 가질 수 있음

11 서비스의 특징 중 다양성 ➡ 승객 욕구의 다양함과 감정의 변화, 서비스 제공자에 따라 상대적이며, 승객의 평가 역시 주관적이어서 일관되고 표준화된 서비스 질을 유지하기 어려움

12 **승객 만족의 개념 및 중요성** ➡ ① 정의 : 승객이 무엇을 원하고 있으며, 무엇이 불만인지 알아내어 승객의 기대에 부응하는 양질의 서비스를 제공함으로서 승객으로 하여금 만족감을 느끼게 하는 것, ② 주체 : 실제로 승객을 상대하고 승객을 만족시켜야 할 사람은 승객과 직접 접촉하는 운전자, ③ 중요성 : 100명의 운수 종사자 중 99명의 운수 종사자가 바람직한 서비스를 제공한다 하더라도 승객이 접해본 단 한 명이 불만족스러웠다면 승객은 그 한명을 통하여 회사 전체를 평가하게 됨

13 **한 업체에 대해 고객이 거래를 중단하는 가장 큰 이유** ➡ 최일선 종사자의 불친절
※ 통계 결과 : 일선 종사자의 불친절 : 68%, 제품에 대한 불만 : 14%, 경쟁사의 회유 : 9%, 가격 또는 기타 : 9%

14 **일반적인 승객의 욕구는** ➡ ① 기억되고 환영받고 싶어 함, ② 관심을 받고 존경받고 싶어 함, ③ 중요한 사람으로 인식되고 싶어 함, ④ 기대와 욕구를 수용하고 인정받고 싶어 함

15 **승객 만족을 위한 기본 예절** ➡ ① 승객 기억하기, ② 예의란 인간관계에서 지켜야 할 도리, ③ 승객의 입장을 이해하고 존중, ④ 승객의 여건 · 능력 · 개인차를 인정하고 배려, ⑤ 모든 인간관계는 성실을 바탕으로 함, ⑥ 항상 변함없는 진실한 마음으로 승객을 대면

16 **승객을 위한 이미지(인상)** ➡ 개인의 사고방식이나 생김새, 성격, 태도 등에 대해 상대방이 받아들이는 느낌(개인의 이미지는 상대방이 보고 느낀 것에 의해 결정됨)

17 **긍정적인 인상(이미지)의 3요소** ➡ ① 시선 처리(눈빛), ② 음성 관리(목소리), ③ 표정 관리(미소)

18 **인사의 개념** ➡ ① 서비스의 첫 동작이자 마지막 동작, ② 서로 만나거나 헤어질 때 말이나 태도 등으로 존경, 사랑, 우정을 표현하는 행동 양식, ③ 상대의 인격을 존중하고 배려하여 경의를 표시하는 수단, ④ 마음, 행동, 말씨가 일치되어 공경의 뜻을 전달하는 방법, ⑤ 상사에게는 존경심, 동료에게는 우애와 친밀감을 표현할 수 있는 수단

19 **인사의 중요성** ➡ ① 승객과 만나는 첫걸음, ② 서비스의 주요 기법 중 하나, ③ 애사심, 존경심, 우애, 자신의 교양 및 인격의 표현, ④ 평범하고도 대단히 쉬운 행동이지만 생활화되지 않으면 실천에 옮기기 어려움, ⑤ 승객에 대한 마음가짐의 표현이고 주요기법 중의 하나

20 **올바른 인사** ➲ ① 표정 : 밝고 부드러운 미소 짓기, ② 고개 : 반듯하게 들되 턱을 내밀지 않고 자연스럽게 당기기, ③ 시선 : 상대방의 눈을 정면으로 바라보고, 진심으로 존중하는 마음을 눈에 담아 인사하기, ④ 머리와 상체 : 일직선이 되도록 하며 천천히 숙이기, ⑤ 입 : 미소 짓기, ⑥ 손 : 남자는 가볍게 쥔 주먹을 바지 재봉 선에 자연스럽게 붙이고, 주머니에 손을 넣고 인사하는 것은 금지, ⑦ 발 : 뒤꿈치를 붙이되, 양발의 각도는 여자의 경우 15°, 남자의 경우 30° 정도를 유지, ⑧ 음성 : 적당한 크기와 속도로 자연스럽게 말하기, ⑨ 인사 : 본 사람이 먼저 하는 것이 좋으며, 상대방이 먼저 인사한 경우에는 응대

21 **정중한 인사(정중례)의 인사** ➲ ① 인사 각도 : 45°, ② 인사의 의미 : 정중한 인사를 표현

22 **정중한 인사(보통례)의 인사** ➲ ① 인사 각도 : 30°, ② 인사의 의미 : 승객 앞에 섰을 때 하는 인사

23 **정중한 인사(가벼운 예의 표현)의 인사** ➲ ① 인사 각도 : 15°, ② 인사의 의미 : 기본적인 예의 표현

24 **표정** ➲ 마음속의 감정이나 정서 따위의 심리 상태가 얼굴에 나타난 모습을 말하며, 매우 주관적이고 매 순간 변할 수 있으며 다양함

25 **표정의 중요성** ➲ ① 상대방에 대한 호감도를 나타냄, ② 업무 효과를 높임, ③ 표정은 첫 인상을 좋게 만듦, ④ 밝은 표정과 미소는 신체와 정신 건강을 향상시킴

26 **호감 받는 표정 관리에 따른 시선 처리** ➲ ① 눈동자는 항상 중앙에 위치시키기, ② 가급적 승객의 눈높이와 맞추기, ③ 자연스럽고 부드러운 시선으로 상대를 응시

27 **좋은 표정 만드는 방법** ➲ ① 밝고 상쾌한 표정을 짓기, ② 얼굴 전체가 웃는 표정을 짓기, ③ 입은 가볍게 다물고 입의 양 꼬리를 올리기, ④ 돌아서면서 표정이 굳어지지 않도록 주의

28 **잘못된 표정** ➲ ① 상대의 눈을 보지 않는 표정, ② 무관심하고 의욕이 없는 무표정, ③ 입을 일자로 굳게 다문 표정, ④ 갑자기 표정이 자주 변하는 얼굴, ⑤ 얼굴을 찡그리거나 코웃음을 치는 것 같은 표정

29 **승객 응대 마음가짐** ➲ ① 사명감을 갖기, ② 원만하게 대하기, ③ 승객이 호감을 갖도록 노력하기, ④ 투철한 서비스 정신을 지니기, ⑤ 자신감을 갖고 행동하기, ⑥ 부단히 반성하고 개선하기

30 **택시 운전자의 승객을 위한 서비스** ◐ ① 밝고 부드러운 미소 짓기, ② 공손하게 말하기, ③ 승객이 호감을 갖도록 노력하기, ④ 밝은 표정을 짓기, ⑤ 친절하게 대하기, ⑥ 투철한 서비스 정신을 갖기

31 **택시 운전 종사자의 복장 기본 원칙** ◐ ① 깨끗함, ② 단정함, ③ 품위 있음, ④ 규정에 맞음, ⑤ 통일감 있음, ⑥ 계절에 맞음, ⑦ 편한 신발을 신되, 샌들이나 슬리퍼는 금물

32 **택시 운전자의 용모 및 복장의 중요성** ◐ ① 승객이 받는 첫인상을 결정, ② 회사의 이미지를 좌우하는 요인을 제공, ③ 하는 일의 성과에 영향, ④ 활기찬 직장 분위기 조성에 영향

33 **택시 운전자 근무복에 대한 공 · 사적인 입장** ◐ ① 공적인 입장(운수회사 입장) – ㉠ 시각적인 안정감과 편안함을 승객에게 전달 가능, ㉡ 종사자의 소속감 및 애사심 등 심리적인 효과를 유발, ㉢ 효율적이고 능동적인 업무 처리에 도움을 줌 ② 사적인 입장(종사자 입장) : ㉠ 사복에 대한 경제적 부담을 완화, ㉡ 승객에게 신뢰감 부여

34 **택시 운전 종사자에게 좋은 옷차림의 의미** ◐ 단순히 좋은 옷을 멋지게 입는다는 뜻이 아니라, 운전자가 때와 장소는 물론, 자신의 생활에 맞추어 옷을 "올바르게" 입는다는 의미

35 **대화의 의미** ◐ 정보 전달, 의사소통, 정보 교환, 감정이입의 의미로 의견, 정보, 지식, 가치관, 기호, 감정 등을 전달하거나 교환함으로써 상대방의 행동을 변화시키는 과정

36 **대화의 4원칙** ◐ ① 밝고 적극적으로 말하기, ② 공손하게 말하기, ③ 명료하게 말하기, ④ 품위 있게 말하기

37 **존경어의 의미** ◐ 사람이나 사물을 높여 말해 직접적으로 상대에 대한 경의를 나타내는 말

38 **겸양어의 의미** ◐ 자신의 동작이나 자신과 관련된 것을 낮추어 말해 간접적으로 상대를 높이는 말

39 **정중어의 의미** ◐ 자신의 상대와 관계없이 말하고자 하는 것을 정중히 말해 상대에 대해 경의를 나타내는 말

40 대화를 할 때 듣는 입장에서의 주의 사항 ➲ ① 침묵으로 일관하는 등 무관심한 태도를 취하지 않기, ② 불가피한 경우를 제외하고 가급적 논쟁은 피하기, ③ 상대방의 말을 중간에 끊거나 말참견을 하지 않기, ④ 다른 곳을 바라보면서 말을 듣거나 말하지 않기

41 대화를 할 때 말하는 입장에서의 주의 사항 ➲ ① 전문적인 용어나 외래어를 남용하지 않기, ② 손아랫사람이라 할지라도 농담은 조심스럽게 하기, ③ 상대방의 약점을 잡아 말하는 것은 피하기, ④ 일부를 보고 전체를 속단하여 말하지 않기, ⑤ 자기 이야기만 일방적으로 말하는 행위는 조심하기

42 담배꽁초를 처리하는 경우 주의 사항 ➲ ① 담배꽁초는 반드시 재떨이에 버리기, ② 차창 밖으로 버리지 않기, ③ 꽁초를 손가락으로 튕겨 버리지 않기, ④ 꽁초를 바닥에 버리지 않으며 발로 비벼 끄지 않기, ⑤ 화장실 변기에 바리지 않기

43 직업의 개념 ➲ 경제적 소득을 얻거나 사회적 가치를 이루기 위해 참여하는 계속적인 활동으로 삶의 한 과정

44 직업의 의미 ➲ ① 경제적 의미, ② 사회적 의미, ③ 심리적 의미

45 직업의 의미 중 경제적 의미 ➲ ① 직업은 인간 개개인에게 일할 기회를 제공, ② 직업을 통해 안정 된 삶을 영위해 나갈 수 있어 중요한 의미를 지님, ③ 인간이 직업을 구하려는 동기 중의 하나는 노동의 대가, 즉, 임금을 얻는다는 소득 측면이 있음, ④ 일의 대가로 임금을 받아 본인과 가족의 경제생활을 영위

46 직업의 의미 중 심리적 의미 ➲ ① 인간은 직업을 통해 자신의 이상을 실현, ② 인간의 잠재적 능력, 타고난 소질과 적성 등의 직업을 통해 계발되고 발전, ③ 직업은 인간 개개인의 자아실현의 매개인 동시에 장이 됨, ④ 자신이 갖고 있는 제반 욕구를 충족하고 자신의 이상이나 자아를 직업을 통해 실현함으로써 인격의 완성을 기함

47 직업의 의미 중 사회적 의미 ➲ 현대 사회의 조직적이고 유기적인 분업 관계 속에서 분담된 기능의 어느 하나를 맡아 사회적 분업 단위의 지분을 수행함

48 직업관 ➲ 특정한 개인이나 사회의 구성원들이 직업에 대해 갖고 있는 태도나 가치관

49 직업관의 3가지 측면 ➲ ① 생계유지의 수단, ② 개성 발휘의 장, ③ 사회적 역할의 실현

50 **바람직한 직업관** ➲ ① 소명의식을 지닌 직업관, ② 사회 구성원으로서의 역할 지향적 직업관, ③ 미래 지향적 전문 능력 중심의 직업관

51 **잘못된 직업관** ➲ ① 생계유지 수단적 직업관, ② 지위 지향적 직업관, ③ 귀속적 직업관, ④ 차별적 직업관, ⑤ 폐쇄적 직업관

52 **올바른 직업윤리** ➲ ① 소명의식, ② 천직 의식, ③ 직분 의식, ④ 봉사 정신, ⑤ 전문 의식, ⑥ 책임 의식

53 **소명 의식** ➲ 직업에 종사하는 사람이 어떠한 일을 하든지 자신이 하는 일에 전력을 다하는 것이 하늘의 뜻에 따르는 것이라고 생각하는 것

54 **천직 의식** ➲ 자신이 하는 일보다 다른 사람의 직업이 수입도 많고 지위가 높더라도 자신의 직업에 긍지를 느끼며, 그 일에 열성을 기지고 성실히 임하는 것

55 **직업의 가치** ➲ ① 내재적 가치, ② 외재적 가치

56 **내재적 가치** ➲ ① 자신에게 있어서 직업 그 자체에 가치를 둠, ② 자신의 능력을 최대한 발휘하길 원하며, 그로 인한 사회적인 헌신과 인간관계를 중시, ③ 자기표현이 충분히 되어야 하고, 자신의 이상을 실현하는데 그 목적과 의미를 두는 것에 초점을 맞추려는 경향을 지님

57 **외재적 가치** ➲ ① 자신에 있어서 직업을 도구적인 면에 가치를 둠, ② 삶을 유지하기 위한 경제적인 도구나 권력을 추구하고자 하는 수단을 중시하는데 의미를 둠, ③ 직업이 주는 사회 인식에 초점을 맞추려는 경향을 지님

58 **운송 사업자의 준수 사항** ➲ ① 운수 종사자는 정비가 불량한 사업용 자동차 운행 자제, ② 차량 운행 전에 운수 종사자의 건강 상태, 음주 여부 및 운행 경로 숙지 여부 등을 확인, ③ 운수 종사자를 위한 휴게실 또는 대기실에 난방 장치, 냉방 장치 및 음수대 등 편의 시설을 설치, ④ 운송 사업자는 자동차를 깨끗하게 유지, ⑤ 대형(승합자동차를 사용하는 경우는 제외) 및 모범형 택시 운송 사업용 자동차에는 요금 영수증 발급과 신용 카드 결제가 가능하도록 관련 기기를 설치

59 **택시 운송 사업용 자동차 윗부분에 택시 운송 사업용 자동차임을 표시하는 설비를 설치하지 않아도 되는 자동차** ➲ 대형(승합자동차를 사용하는 경우로 한정) 및 고급형 택시 운송 사업용 자동차

60 택시 운송 사업자(대형 및 고급형 택시 운송 사업자는 제외)가 차량의 입 · 출고 내역, 영업 거리 및 시간 등 택시 미터기에서 생성되는 택시 운송 사업용 자동차의 운행 정보를 보존하는 기간 ◐ 1년

61 택시 운송 사업자가 택시 안에 게시할 사항 ◐ ① 자동차 번호, ② 운전자 성명, ③ 차고지

62 택시 운수 종사자의 준수 사항 ◐ ① 자동차의 운행 중 중대한 고장을 발견하거나 사고가 발생할 우려가 있다고 인정될 때에는 즉시 운행을 중지하거나 적절히 조치, ② 운전 업무 중 해당 도로에 이상이 있었던 경우에는 운전 업무를 마치고 교대 할 때에 다음 운전자에게 공지, ③ 관계 공무원으로부터 운전면허증, 신분증 또는 자격증의 제시 요구를 받으면 즉시 이에 응대, ④ 여객 자동차 운송 사업에 사용되는 자동차 안에서는 흡연 금지, ⑤ 문을 완전히 닫지 아니한 상태에서 자동차를 출발시키거나 운행시키는 것을 금지, ⑥ 택시 요금 미터를 임의로 조작 또는 훼손하는 행위 금지, ⑦ 운수종사자는 차량의 출발 전에 여객이 좌석 안전띠를 착용하도록 안내

63 차로 변경 시 방향 지시등을 작동시킬 때 반드시 거쳐야 하는 순서 ◐ 예고 → 확인 → 행동

64 택시 운전자가 가져야 할 자세는 ◐ ① 추측 운전 금지, ② 운전 기술 과신 금지, ③ 심신 상태 안정, ④ 여유 있는 양보 운전, ⑤ 교통 법규 이해와 준수, ⑦ 환경오염을 줄이기 위해 노력

65 운전자가 삼가야 하는 행동 ◐ ① 갓길 통행, ② 과속으로 운행하며 급브레이크를 밟는 행위, ③ 운행 중에 갑자기 끼어들거나 다른 운전자에게 욕설 뱉기, ④ 지그재그 운전으로 다른 운전자를 불안하게 만드는 행동, ⑤ 교통 경찰관의 단속에 불응하거나 항의하는 행위, ⑥ 신호등이 바뀌기 전에 빨리 출발하라고 전조등을 깜빡이거나 경음기로 재촉하는 행위, ⑦ 운행 중에 갑자기 오디오 볼륨을 크게 작동시켜 승객을 놀라게 하거나, 경음기 버튼을 작동 시켜 다른 운전자를 놀라게 하는 행위, ⑧ 도로상에서 사고가 발생한 경우 차량을 세워 둔 채로 시비, 다툼 등의 행위로 다른 차량의 통행을 방해하는 행위

66 운전자의 사명 ◐ ① 타인의 생명도 내 생명처럼 존중, ② 사업용 운전자는 '공인'이라는 사명감이 필요

67 **운전자의 인성** ➲ 운전자는 각 개인이 가지는 사고(思考), 태도(態度) 및 행동 특성(行動特性)인 인성(人性)의 영향을 받음

68 **운전자 습관의 중요성** ➲ ① 습관은 후천적으로 형성되는 조건 반사 현상으로 무의식 중 반복적으로 자신도 모르게 나타남, ② 습관은 본능에 가까운 강력한 힘을 발휘하게 되어 나쁜 습관이 몸에 배면 고치기 어려우며, 잘못된 습관은 교통사고로 이어질 가능성이 있음

69 **올바른 운전 습관** ➲ 다른 사람들에게 자신의 인격을 표현하는 방법 중의 하나

70 **운전 예절의 중요성** ➲ ① 사람은 일상생활의 대인 관계에서 예의범절을 중시함, ② 삶의 됨됨이를 그 사람이 얼마나 예의 바른가에 따라 가늠하는 경우도 있음, ③ 예의 바른 운전 습관은 명랑한 교통질서를 유지하고, 교통사고를 예방할 뿐만 아니라 교통 문화 선진화의 지름길이 될 수 있음

71 **교통사고 조사 규칙에 따른 대형사고** ➲ ① 3명 이상이 사망(사고 발생일로부터 30일 이내 사망한 것), ② 20명 이상의 사상자가 발생한 사고

72 **여객 자동차 운수 사업법에 따른 중대한 교통사고** ➲ ① 전복(顚覆)사고, ② 화재가 발생한 사고, ③ 사망자가 2명 이상 발생한 사고, ④ 사망자 1명과 중상자 3명 이상이 발생한 사고, ⑤ 중상자 6명 이상이 발생한 사고

73 **충돌사고** ➲ 차가 반대 방향 또는 측방에서 진입하여 그 차의 정면으로 다른 차의 정면 또는 측면을 충격한 것

74 **추돌사고** ➲ 2대 이상의 차가 동일 방향으로 주행 중 뒤차가 앞차의 후면을 충격한 것

75 **접촉사고** ➲ 차가 추월, 교행 등을 하려다가 차의 좌우측면을 서로 스친 것

76 **전복사고** ➲ 차가 주행 중 도로 또는 도로 이외의 장소에 뒤집혀 넘어진 것

77 **추락사고** ➲ 자동차가 도로의 절벽 또는 높은 곳에서 떨어진 사고

78 **전도사고** ➲ 차가 주행 중 도로 또는 도로 이외의 장소에 차체의 측면이 지면에 접하고 있는 상태(좌전도 – 좌측면이 지면에 접해 있는 상태, 우전도 – 우측면이 지면에 접해 있는 상태)

79 **자동차와 관련된 용어 중 승차 정원** ➲ 운전자를 포함한 자동차에 승차할 수 있도록 허용된 최대 인원

80 차량 총중량의 의미 ➲ 적차 상태의 자동차의 중량

81 공차 상태의 의미 ➲ 자동차에 사람이 승차하지 아니하고 물품(예비 부분품 및 공구 기타 휴대 물품을 포함)을 적재하지 아니한 상태로서 연료 · 냉각수 및 윤활유를 가득 채우고 예비 타이어(예비 타이어를 장착한 자동차만 해당)를 설치하여 운행할 수 있는 상태

82 차량 중량 의미 ➲ 공차 상태의 자동차 중량

83 적재 상태 의미 ➲ 공차 상태의 자동차에 승차 정원의 인원이 승차하고, 최대 적재량의 물품이 적재된 상태

84 적차 상태에서 승차 정원 1인(13세 미만의 자는 1.5인을 승차 정원 1인으로 간주)의 중량 ➲ 65kg으로 계산

85 교통사고 현장에서의 원인 조사 중 '노면에 나타난 흔적 조사' ➲ ① 차량 적재물의 낙하 위치 및 방향, ② 스키드 마크, 요 마크, 프린트 자국 등 타이어 자국의 위치 및 방향, ③ 차의 금속 부분이 노면에 접촉하여 생긴 파인 흔적 또는 긁힌 흔적의 위치 및 방향

86 교통사고 현장에서의 원인 조사 중 '사고 당사자 및 목격자 조사' ➲ 운전자, 탑승자, 목격자에 대한 사고 상황 조사

87 응급 처치의 정의 ➲ ① 전문적인 의료 행위를 받기 전에 이루어지는 처치, ② 환자나 부상자의 보호를 통해 고통을 덜어주는 조치, ③ 즉각적이고 임시적인 적절한 조치

88 응급 처치의 목적 ➲ ① 대상자의 생명을 구하고 통증과 불편함 및 고통을 감소시킴, ② 합병증 발생을 예방하고 부가적인 상해를 방지 ③ 대상자가 한 인간으로서 의미 있는 삶을 영위할 수 있도록 도움

89 교통사고로 인한 환자 발생 시 가장 우선적으로 확인할 사항 ➲ 환자의 의식 여부를 확인하고, 말을 걸거나 팔을 꼬집어 눈동자를 확인

90 의식이 없거나 구토하는 환자에 대한 응급 처치 ➲ 옆으로 눕히기

91 부상자가 의식이 없을 때의 조치 ➲ ① 의식이 없다면 기도를 확보, ② 부상자의 머리를 뒤로 젖힌 뒤, 입안에 있는 피나 토한 음식물 등을 긁어내 막힌 기도를 확보

92 **부상자가 목뼈 손상의 가능성이 있는 경우의 조치** ➡ ① 목의 뒤쪽을 한 손으로 받치기, ② 환자의 몸을 심하게 흔드는 것은 금지

93 **심폐 소생술의 순서** ➡ 의식 확인 → 호흡 확인 → 가슴 압박 → 기도 열기 및 인공호흡 → 가슴 압박 및 인공호흡 반복

94 **심폐 소생술을 할 시기** ➡ 심장과 폐의 활동이 멈추어 호흡이 정지했을 경우 실시하는 응급처치

95 **심폐 소생술에서의 골든타임** ➡ 4분 이내로 실시하며, 심장이 멈춘 후 1분 이내 심폐 소생술을 시행할 경우 생존율은 97%이며, 2분 이내로 실시할 경우 생존율은 90%에 달함

96 **심폐 소생술 실시 요령** ➡ 성인의 가슴 압박은 양쪽 어깨 힘을 이용하여 분당 100~120회 정도의 속도로 5cm 이상 깊이로 강하고 빠르게 30회 눌러준다.

97 **심폐 소생술을 실시할 때 가슴 압박 요령** ➡ ① 성인 · 소아 : 가슴 압박 30회(분당 100~120회)/ 약 5cm 이상의 깊이로 실시 ② 영아 : 가슴 압박 30회(분당 100~120회)/ 약 4cm 이상의 깊이로 실시

98 **기도 개방 및 인공호흡 실시 요령** ➡ 성인 · 소아 · 영아 – 가슴이 충분히 올라올 정도로 2회(1회당 1초간) 실시

99 **성인을 대상으로 심폐소생술을 시행하는 경우 가슴 압박과 인공호흡 횟수의 비율** ➡ 30 : 2

100 **건강한 성인의 분당 정상적인 호흡수** ➡ 12 ~ 20회

101 **출혈 시 지혈 방법** ➡ ① 지혈대 사용 압박, ② 직접 압박, ③ 간접 압박

102 **가슴이나 배를 강하게 부딪쳐 내출혈이 발생하였을 때의 증상과 응급 조치** ➡ ① 증상 : 얼굴이 창백함, 핏기가 없음, 식은땀을 흘림, 호흡이 얕고 빨라지는 쇼크 증상이 발생, ② 응급조치 : ㉠ 부상자가 입고 있는 옷의 단추를 푸는 등 옷을 헐렁하게 하고 하반신을 높게 조치, ㉡ 부상자가 춥지 않도록 모포 등을 덮어주기, ㉢ 햇볕은 직접 쬐지 않도록 주의

103 **골절 환자에 대한 응급 처치 방법** ➡ 골절 부위를 부목으로 고정시키고 건드리지 않도록 주의

104 **차멀미의 증상** ⭘ 자동차를 타면 어지럽고 속이 메스꺼우며, 토하는 증상이 나타나고, 심한 경우 갑자기 쓰러지고, 안색이 창백하며, 사지가 차가우면서 땀이 나는 허탈 증상이 나타나기도 함

105 **차멀미 승객에 대한 배려할 사항** ⭘ ① 통풍이 잘되고 흔들림이 적은 앞쪽으로 앉히기, ② 심한 경우에는 휴게소 내지는 안전하게 정차하여 차에서 내려 시원한 공기를 마시게 하기, ③ 차멀미 승객이 토할 경우를 대비해 위생 봉지를 준비하기, ④ 차멀미 승객이 토할 경우에는 주변 승객이 불쾌해 하지 않도록 신속히 처리하기

106 **교통사고가 발생한 경우 가장 먼저 취해야 할 행동** ⭘ 사망자 또는 부상자의 인명 구출 작업

107 **교통사고로 인해 부상자가 발생한 경우 가장 먼저 확인해야 할 사항** ⭘ 부상자의 호흡 확인

108 **교통사고 발생 시 운전자가 취할 조치 과정 순서** ⭘ 탈출(사고 차량으로 탈출) → 인명 구조(부상자, 노인, 어린 아이, 부녀자 등 노약자를 우선적 구조) → 후방 방어(위험한 행동 금지) → 연락(경찰 및 보험 회사 등) → 대기(위급 환자부터 긴급 후송 조치)

109 **재난 발생 시 운전자의 조치** ⭘ ① 신속하게 차량을 안전지대로 이동한 후 즉각 회사 및 유관 기관에 보고, ② 장시간 고립 시에는 유류, 비상 식량, 구급환자 발생 등을 즉시 신고하고, 한국 도로 공사 및 인근 유관 기관에 협조를 요청, ③ 승객의 안전 조치를 우선적으로 실행